临汾市清泉水流量调查成果

王云峰　主编

黄 河 水 利 出 版 社

·郑 州·

内 容 提 要

本书收录了临汾市境内五次清泉水调查成果，共 3 286 断面次，涉及全市 17 个县 1 360 个村。为方便使用，成果分水系分县进行编排，每个水系每个县均附有清泉水分布图。

书中成果将为当地水资源合理开发、中小型水利水电工程建设、饮水安全工程规划设计等提供不可或缺的重要依据。可供当地从事工程水文计算及从事农村水利和小水电站规划设计工作的广大技术人员使用，也可供有关科研单位和大专院校科研人员参考。

图书在版编目(CIP)数据

临汾市清泉水流量调查成果/王云峰主编.—郑州：黄河水利出版社，2020.4

ISBN 978-7-5509-2617-2

Ⅰ.①临…　Ⅱ.①王…　Ⅲ.①泉水-水流量-调查研究-临汾　Ⅳ.①TV131.2

中国版本图书馆 CIP 数据核字(2020)第 052155 号

出 版 社：黄河水利出版社　　网址：www.yrcp.com

地址：河南省郑州市顺河路黄委会综合楼 14 层　邮政编码：450003

发行单位：黄河水利出版社

发行部电话：0371-66026940、66020550、66028024、66022620(传真)

E-mail：hhslcbs@126.com

承印单位：虎彩印艺股份有限公司

开本：787 mm×1 092 mm　1/16

印张：18.25

字数：420 千字　　印数：1—1 000

版次：2020 年 4 月第 1 版　　印次：2020 年 4 月第 1 次印刷

定价：150.00 元

《临汾市清泉水流量调查成果》编纂人员

主　　　编：王云峰

副　主　编：薛俊英

主要参加人员：汪志鹏　卢　琼　孙花龙　王　泽

外业调查测量人员

王云峰　汪志鹏　宋小军　王晓鹏　张文雄
孙花龙　冯双明　张锁柱　解　斌　王　宇
宋则红　费晓轩　王炳鹏　王　泽　段秀杰
乔新伟　薛　炜　闫　浩　石国胜　王海川
郑文昌　张金虎

前 言

清泉水具有水质良好、水量较为稳定的特点。在水资源严重匮乏的地区,清泉水是十分重要的水资源,它既是山丘区人畜饮用水的主要水源,又是现有和规划中小型水利水电工程最可靠的水源。清泉水流量资料是支撑水资源匮乏地区水资源可持续利用和社会经济可持续发展极重要的宝贵资料,对中小型水利水电工程、饮水安全工程规划设计具有不可或缺的重要价值。

中华人民共和国成立以来,临汾全市范围的清泉水流量调查先后进行过四次:第一次是在山西历史上少有的特大干旱年1965年末到1966年初;第二次是在20世纪80年代初连续偏旱又经1986年大旱后的1987年;第三次是2004年临汾市在进行第二次水资源调查评价期间,组织的全市范围的清泉水流量调查;第四次是在2008~2009年山西省冬春持续偏旱的2009年进行的,同时也为山西省水文计算手册的编制提供资料支撑。

随着时间的推移,现状自然条件、河流水文情势等都发生了许多变化,为了进一步弄清全市清泉水资源的分布现状和开发利用情况,为山西省第三次水资源调查评价及水资源合理配置提供数据支撑。2019年,临汾市水文水资源勘测分局组织技术人员用时两个多月开展了全市范围的第五次清泉水流量调查分析工作,调查主要以2009年临汾市清泉水流量调查成果为基础,经过野外调查测量、内业整理汇总和统计分析,形成了系统的成果。

历史清泉水调查资料具有其独特的参考利用价值且无法复得,为使这些十分宝贵的历史调查资料不致遗散丢失并在水利建设中更好地发挥作用,专门组织技术人员对临汾市前后五次清泉水流量调查成果进行了审查以及合理性筛选,经过整理汇编和统计分析形成此书。

由于编者水平有限,加之时间仓促,本书不妥之处在所难免,敬请读者提出宝贵意见。

编 者

2019年10月

前言

目　录

1 概 述

1.1 项目由来

清泉水是十分重要的水资源,不仅水量比较稳定,而且水质良好,既是山丘区人畜饮用水的主要水源,又是现有和规划中小型水利水电工程的可靠水源。摸清本地清泉水资源现状,对搞好清泉水资源合理配置和保护,提高水资源的利用效率,协调生活、生产和生态用水,保障经济社会和环境的可持续发展具有十分重要的意义。

中华人民共和国成立以来,临汾全市范围的清泉水流量调查先后进行过四次:第一次是在山西历史上少有的特大干旱年1965年末到1966年初;第二次是在20世纪80年代初连续偏旱又经1986年大旱后的1987年;第三次是2004年临汾市在进行第二次水资源调查评价期间,组织的全市范围的清泉水流量调查;第四次是在2008~2009年山西省冬春持续偏旱的2009年进行的,同时也为山西省水文计算手册的编制提供资料支撑。

2019年,距最近一次清泉水调查也已近十年,由于社会经济的持续发展,人类活动影响不断加剧,现有水文情势发生了很大变化。为了进一步弄清全市清泉水资源的分布现状和开发利用情况,为第三次水资源调查评价和合理配置区域水资源提供数据支撑,确需开展本次清泉水调查。

1.2 历年调查情况

历史上,临汾全市范围内的清泉水调查共进行了四次,均覆盖了临汾市黄河、汾河、沁河三大流域水系。

第一次清泉水调查是在历史上少有的特大干旱年1965年末到1966年初,共调查清泉水40处,其中清水断面38处,泉水2处。清水断面调查涉及黄河水系7条河流12处断面,汾河水系4条河流6处断面,沁河水系4条河流20处断面;泉水调查仅有汾河水系2条河流2处泉水。

第二次清泉水调查是在20世纪80年代初连续偏旱又经1986年大旱后的1987年进行的,共调查清泉水196处,比第一次调查数量增加了近4倍。其中,清水断面101处,比第一次增加了63处;泉水95处,比第一次增加了93处。清水断面调查包括黄河水系18条河流51处断面,汾河水系10条河流20处断面,沁河水系6条河流30处断面;泉水调查包括黄河水系12条河流14处,汾河水系37条河流81处。

2004年,根据临汾市第二次水资源调查评价工作需要,在全市范围内进行了第三次清泉水调查。共调查清泉水538处,比第二次调查数量增加了近1倍,涉及的河流更多、更细,其中清水断面377处、泉水161处。清水断面调查包括黄河水系断面154处,涉及

27 条河流；汾河水系断面 135 处，涉及 31 条河流；沁河水系断面 88 处，涉及 14 条河流；泉水调查包括黄河水系 26 处，涉及 17 条河流；汾河水系 134 处，涉及 45 条河流；沁河水系 1 处，涉及 1 条河流。

第四次清泉水调查是在山西省冬春持续偏旱的 2009 年进行的，同时也为山西省修编水文计算手册提供基础资料。本次共调查清泉水 984 处，其中清水断面 618 处、泉水 366 处。清水断面调查包括黄河水系断面 339 处，涉及 42 条河流；汾河水系断面 183 处，涉及 31 条河流；沁河水系断面 96 处，涉及 14 条河流；泉水调查包括黄河水系 111 处，涉及 45 条河流；汾河水系 243 处，涉及 54 条河流；沁河水系 12 处，涉及 6 条河流。

从历年调查结果来看，随着经济社会的发展和测验方法的改进，清泉水调查工作调查的断面越来越多，涉及的河流越来越全面，资料精度越来越高，成果价值越来越大。

1.3　调查原则及方法

1.3.1　调查范围

本次调查以 2009 年临汾市清泉水调查成果为基础，对全市三大水系 129 条 50 km^2 及以上的河流开展调查，并对各条河流的源头区以及支沟进行补充调查。调查内容包括清泉水断面所在河流、水系、汇入上级河流、测验断面坐标、测验方法、流量成果等。

1.3.2　时间要求

本次外业调查工作共计 30 d 左右，以县市行政区划及 2009 年调查数量为主要依据进行分组，共划分 22 个小组，每组 2 名成员。

1.3.3　调查方法

2009 年清水调查成果表中所涉及的断面必须逐个进行调查，有水的断面必须进行流量测验，可根据实际情况选择使用流速仪法、三角堰法、容积法进行测验，干枯的只进行拍照。2009 年泉水调查成果表中所涉及的泉水必须全部进行调查，对泉眼附近的区域进行村庄走访调查，有泉水出露的断面必须进行流量测验，已经干枯的也要拍照。在调查过程中发现以前遗漏的清泉水，需要增加调查，但要注意重复，对所有清泉水断面进行拍照定位获取精确的经纬度位置。

流量测验要选择河段较为顺畅的地段，并对河段进行必要的修整，便于测验。

(1)流速仪法。当测验断面水深大于 6 cm 时，可采用 ls-10 型或 ls20B 型流速仪进行测量。

(2)三角堰法。当测验断面水深小于或等于 6 cm 时，可采用三角堰法，在测量水头高度时，应在水流平稳后再进行测量。

(3)容积法。对流量微小、有条件使用容器接收水的，可使用容积法。测量时要重复测量 2~3 次取平均值。

1.3.4 质量控制

成果上报包括纸质版上报和APP即时上报，纸质版为原始流量测验记载表和清泉水流量调查表，APP上报将相关信息直接输入，并对调查成果表、测流断面照片实时上报。具体工作要求如下：

（1）做好前期准备工作。必须事先了解清楚调查地的河流水系状况，并参照历次清泉水流量调查断面的布设位置，再到实地选取调查断面进行实测。

（2）清水资料的调查断面按照"自上而下，先干后支"原则进行排序，即先从上游向下游排干流上的断面，然后自上而下排各支流上的断面，在每条支流上也是先排支流的断面，再排支流的下级支流断面。泉水资料根据"自上而下，逢支插入"的原则进行排序，每一断面的历次调查成果按实测时间先后进行排序。

（3）调查中要做到"四随"。在实地调查中，应做到"随测、随算、随填表、随分析"，并详细了解、记录调查点上下游附近的引水、排水及各种水利工程等情况，这样能及时发现并解决测验中可能存在的问题，且便于资料整编和使用者应用，流量单位统一使用L/s。

（4）要认真细心。认真填写实测调查表中的每个信息，特别注意一个村中有多条河流通过的情况，必须弄清每条河流的来龙去脉，确保准确填写调查断面所在的"河名"及"汇入河名"，最好绘制调查断面所在河流、汇入河流的平面草图，否则会严重影响今后资料的使用。

1.4 调查结果

本次调查是根据山西省第三次水资源调查评价的安排部署，于2019年4月中旬开始，历时30 d左右。共调查清泉水1 528处，比2009年调查数量增加了547处，其中清水断面864处增加了247处，泉水664处增加了300处。清水断面：分布在黄河水系的有36条河流433处断面，分布在汾河水系的有33条河流315处断面，分布在沁河水系的有15条河流116处断面；泉水：黄河水系278处，涉及44条河流，汾河水系351处，涉及52条河流，沁河水系35处，涉及10条河流。

调查结果统计显示，清水断面流量小于1 L/s的断面有460处；流量在1～10 L/s的断面有219处；流量在10～50 L/s的断面有100处；流量在50～100 L/s的断面有28处；流量大于100 L/s的断面有57处，主要分布在西山的永和县、蒲县、隰县、大宁县，东山的安泽县、古县、浮山县和平川的洪洞县、霍州县、尧都区。泉水流量小于1 L/s的有531个；流量在1～10 L/s的有94个；流量在10～50 L/s的有12个；流量在50～100 L/s的有1个，为霍州市的东王峪泉；流量大于100 L/s的有11个，均为三大岩溶泉系；另外还有15处泉水有水无量。临汾市2019年清泉水调查数量统计详见表1-1。

表 1-1　临汾市 2019 年清泉水调查数量统计

县(市)名称	黄河水系		汾河水系		沁河水系		各县合计		
	清水	泉水	清水	泉水	清水	泉水	清水	泉水	小计
尧都区			41	39			41	39	80
曲沃县			8	11			8	11	19
翼城县	1	0	17	12			18	12	30
襄汾县			10	14			10	14	24
洪洞县			33	123			33	123	156
古县			103	31	7	1	110	32	142
安泽县					85	33	85	33	118
浮山县			79	12	24	1	103	13	116
吉县	78	33					78	33	111
乡宁县	38	47	0	20			38	67	105
大宁县	46	35					46	35	81
隰县	62	29					62	29	91
永和县	86	51					86	51	137
蒲县	122	83					122	83	205
汾西县			1	27			1	27	28
侯马市			2	13			2	13	15
霍州市			21	49			21	49	70
全市合计	433	278	315	351	116	35	864	664	1 528

2 地理及社会经济

2.1 自然地理

2.1.1 地理位置

临汾市位于山西省的中南部，黄河中游，汾水之滨，东倚太岳，西靠吕梁，中部是辽阔富饶的盆地。北起韩信岭与晋中市、吕梁市毗邻，东与长治市、晋城市相连，南与运城市相邻，西以黄河为界同陕西省相望。

地理坐标为：东经110°22′~112°34′，北纬35°23′~36°57′。南北长约170 km，东西宽约200 km，全市国土面积约20 294 km^2，其中盆地平原区面积3 020.5 km^2，占全市总面积的14.9%，山区面积17 273.5 km^2，占全市总面积的85.1%。

2.1.2 地质及水文地质

2.1.2.1 地层

1.太古界(Ar)

太古界(Ar)主要分布在霍山、中条山、紫金山区。霍山一带主要为片麻岩、变粒岩，厚度大于8 000 m。

2.下元古界中条群(P)

下元古界中条群(P)主要分布在中条山区的铜矿峪一带。岩性为细粒石英岩、白云石大理岩，厚度大于3 221 m。

3.上元古界震旦系(Z)

上元古界震旦系(Z)分布在中条山区。岩性为碎屑岩堆积，以砾岩和砂砾岩为主。

4.古生界

(1)寒武系(∈)。主要分布在西部吕梁山区、霍山东麓及中条山一带。岩层可分下、中、上三统。岩性为紫红色页岩夹灰岩、厚层状鲕状灰岩、泥灰岩，厚421~549 m。

(2)奥陶系(O)。主要分布在吕梁山、霍山东麓、中条山的塔儿山区，由下、中二统组成。下统主要以白云岩为主，含燧石团块及条带，裂隙、岩溶均不甚发育。中统分下马家沟组、上马家沟组及峰峰组。岩性为泥龙岩和巨厚层状灰岩，裂隙岩溶发育，构成良好含水层。

(3)石炭系(C)。在临汾市东西两山区广泛分布，由中、上二统组成。中统底部为鸡窝状的山西式铁矿，下部为灰色黏土岩，上部页岩及薄煤层，厚度3~11 m；上统由石英砂岩、砂质页岩、煤层及灰岩交替组成，为一明显的海陆交互相沉积含煤建造。厚49~113 m。

(4)二叠系(P)。东、西两山广泛分布，由下、上二统组成。下统底部为黄灰色砂岩，顶部紫红、粉红色泥岩，厚105 m；上统黄绿夹紫红色泥岩和砂岩、黄绿色砂岩及紫红色砂岩与紫红色泥岩互层,厚度 675~705 m。

5.中生界三叠系(T)

本区中生界仅见三叠系,主要分布于吕梁山西侧的大宁县、蒲县、吉县、隰县、乡宁县等地及霍山南麓的浮山县、古县等地,岩性为棕红、棕灰及紫红色中厚层细砂岩、砂质泥岩夹灰绿色泥岩及泥灰岩和黄绿厚层细粒长石砂岩,厚 1 097 m。

6.新生界第三系上新统(N_2)

本区内第三系仅发育上新统,主要分布于襄汾县、霍州县、洪洞县、尧都区等海拔 500~1 300 m 的深切沟谷中。分布零星、厚度较薄,岩性大多为半胶结的钙质黏土、红色黏土、砂砾石层和淡水灰岩。

7.新生界第四系(Q)

(1)下更新统(Q_1)。为一套湖相堆积物,由黄褐色、灰黄色、深灰色亚黏土、亚砂土及砂砾石层组成,盆地中部以灰色为主。

(2)中更新统(Q_2)。广泛分布于盆地之中,为一套砂、亚砂土、亚黏土互层的湖相为主、河流相次之的堆积物,以灰色为主。

(3)上更新统(Q_3)。广泛分布于三级阶地和山前倾斜平原,上部为灰色亚砂土、亚黏土,下部为灰绿色亚砂土、亚黏土互层。

(4)全新统(Q_4)。广泛分布于汾河、浍河一、二级阶地及河漫滩,岩性多为亚砂土、亚黏土及砂、砂砾石互层,具二元结构。

8.火成岩侵入体

火成岩侵入体主要分布在霍山、塔儿山以及中条山部分地段。岩性主要为花岗闪长岩、闪长岩和二长岩等。

2.1.2.2 构造

对区域水文地质条件起控制作用的构造主要有以下断裂和褶皱。

1.紫荆山断裂带

紫荆山断裂带分布于吕梁山西坡,其特征为西盘下降,东盘上升,是龙子祠泉的西部阻水边界。

2.霍山断裂带

霍山断裂带分布于临汾盆地东侧,为西盘下降,东盘上升的高角度正断层。霍山断裂是郭庄泉的东部阻水边界。

3.罗云山—龙门山断裂带

罗云山—龙门山断裂带分布于临汾盆地西侧,由一系列山前阶梯式断裂组成,是龙子祠泉的东部边界,亦是临汾盆地松散层孔隙水西部的控制边界。

4.上、下团柏断层及万安断层

上、下团柏断层及万安断层分布于霍州市、洪洞县境内,是一南降北升的正断层,北盘奥陶系碳酸盐岩抬升,汾河下切使其剥露地表,使整个郭庄泉域内的地下水在灰岩出露最低点溢流成泉。

5.紫金山断层

紫金山断层分布于翼城、曲沃、侯马一带,为一高角度正断层。该断裂把临汾与运城两个盆地隔开,形成了侯马盆地松散岩类孔隙水和滦池—古堆泉的南部阻水边界。

6.塔儿山—九原山隆起

塔儿山—九原山隆起将盆地本身划分为南北两个凹陷,即临汾盆地和侯马盆地。

7.汾河复向斜

汾河复向斜是一个南北两端翅起,西缓东陡,轴部近南北向的椭圆形宽缓向斜。其西界为紫荆山断裂,东界为霍山断裂,北起汾阳县北,南抵万安断层,其范围基本为郭庄泉域范围。

8.龙子祠复向斜

龙子祠复向斜北起蒲县克城以北,南抵乡宁县东南,北部向斜轴为北北西向,往南转南北向,地层总体东陡西缓,其范围为龙子祠泉域范围。

2.1.2.3 区域水文地质条件

1.区域水文地质特征

(1)松散岩类孔隙水含水岩组。主要指山前倾斜平原和冲积平原的松散岩类孔隙水含水岩组。山前的洪积扇,岩性为砂砾、卵石,潜水位扇顶埋深一般在10~50 m,扇前可溢出地表,有泉水出露。浅井单位涌水量1~10 m^3/(h·m),承压水含水层单位涌水量2~30 m^3/(h·m)。冲积平原,沿汾河两岸条带状分布,宽1~3 km,岩性颗粒变细,富水性强。潜水含水层埋深0~50 m,单位涌水量10~20 m^3/(h·m);承压含水层埋深40~160 m,为中下更新统的砂、砾、卵石,单位涌水量20~30 m^3/(h·m)。

(2)碳酸盐岩类裂隙岩溶水含水岩组。分布于西部吕梁山区、霍山东麓及中条山区,含水层由寒武系和奥陶系灰岩组成。地下岩溶形态为溶洞、溶孔、溶隙,呈蜂窝状或脉络状,岩溶发育程度受构造、岩性和埋藏深度的控制。不同时代的碳酸盐岩,岩溶发育程度也有很大差异,中奥陶统灰岩一般质纯,岩溶最发育。下奥陶统白云质灰岩则很差,加之中奥陶统底部泥灰岩隔水性能好,连同下奥陶统白云质灰岩是中奥陶统岩溶水的隔水底板。寒武系灰岩介于上述二者之间,有时能形成可观的岩溶泉水。该含水岩组在局部地段可形成极富水区。据钻孔抽水试验成果,在郭庄泉的排泄区,钻孔由浅到深,单位涌水量由56.4 L/(s·m)降至9.96 L/(s·m),这说明埋藏深度越深岩溶发育越差,富水性也随之减弱。

(3)碎屑岩类裂隙孔隙水含水岩组。主要指分布于盆地外东、西两山的二叠、三叠系碎屑岩,大部分地区有不同程度的黄土覆盖,一般沟谷底部基岩裸露。地下水赋存于基岩风化裂隙和砂岩构造裂隙孔隙中。在基岩裸露区,地下水以泉的形式出露地表,泉水流量较小,大都为0.000 1~0.001 m^3/s。该含水岩类主要接受大气降水入渗补给。在山区,地下水一般不经长途径流即沿沟谷底部以泉的形式排泄于地表,则形成地表径流,泉水动态季节性变化大。

2.地下水补给、径流、排泄条件

(1)松散岩类孔隙水。在新生代断陷盆地,地下水的补给源主要有三种:一是大气降水垂直入渗补给;二是基岩裂隙水以潜流形式侧向补给;三是地表水渗漏补给,包括农田灌溉入渗补给,河道、水库渗漏补给。

汾阳岭南北两侧的松散岩石类孔隙水没有水力联系,北部临汾盆地是一个封闭的地下水系统，地下水由四周向盆地中心运动，由上游向下游运动，由浅层向中深层运动。南部侯马盆地地下水从东向西、由北到南向侯马市超采漏斗方向运动。

松散岩类孔隙水排泄方式有三种：一是向汾河排泄，主要是汾阳岭以北临汾盆地区；二是潜水蒸发排泄，潜水蒸发排泄仅仅在水位埋深小于 5 m 的低阶地及山前洪积扇溢出带或扇间洼地部分地区发生；三是人工开采，现状人工开采已经成为松散岩类孔隙水的主要排泄方式。

(2)碎屑岩类裂隙孔隙水。该岩组补径排条件比较简单，大气降水入渗是主要补给源，一般不经长途径流即沿沟谷底部以泉的形式排泄于地表，碎屑岩类裂隙孔隙水形成的层间水，除接受大气降水补给外，补给区的沟谷地表水入渗也是补给方式之一。

(3)碳酸盐岩类裂隙岩溶水。碳酸盐岩类裂隙岩溶水则比较复杂，其补给来源虽然来自大气降水，但分直接补给和间接补给两种方式。前者是在石灰岩裸露区，大气降水通过节理裂隙和各种岩溶形态进入包气带补给地下水，这是主要补给方式。此外，还有地表水(包括洪水与其他基岩区产生的地表水流)渗漏补给地下水，称为间接补给，也是岩溶地下补给的重要组成部分。

2.1.3　地形地貌

临汾市地势呈北高南低，东西高中间低。东有太岳山及中条山、西有吕梁山，山地之间为临汾盆地。盆地北起霍州市境内的南涧河，南到侯马市的紫金山，中间由柴庄隆起将盆地隔为南北两部分，北部呈北东延伸，南部近东西走向。盆地海拔 420～550 m，由北东向南西倾斜，南北长约 102 km，东西宽平均 24 km，北窄南宽。东北部太岳山是汾河与沁河的分水岭，西北部吕梁山主峰自北向南有：姑射山、术山、豹子梁、脚柱岭，形成汾河与沿黄支流的分水岭。太岳山主峰霍山老爷顶海拔 2 346.8 m，是全市最高点，中条山的舜王坪海拔 2 321 m、吕梁山的紫荆山海拔 2 012 m，都是本市较高的山峰，全市最低点在乡宁县师家滩黄河沿岸，海拔不足 400 m。全市山脉多呈锯齿状，北北东走向。在石灰岩分布区，沟谷纵横，地形切割剧烈，有的深达数百米。

按地貌形态特征，将本区划分为三大类，在此基础上，依据其差异性，分为九个亚类。

1.平原地形

(1)河谷及低阶地。主要是指发育在汾河、浍河一、二级阶地区，是由河流的堆积作用形成的。河谷中除阶地间呈现低矮的陡坎外，一般都较平坦。但阶面均向河谷中心倾斜。河流的坡降一般都不大，汾河在开阔地段为 0.1‰～0.5‰，浍河上游为 2‰，下游为1.2‰。

(2)河谷高阶地。该地形发育在临汾、侯马盆地中汾河及浍河三、四级阶地，是在河流间断性堆积作用下形成的。四级阶地为本区域发育的主要地貌形态。尤其在汾河的两侧，高阶地的阶面总的来看比较平坦。

(3)山前倾斜平原。由洪积扇组成的山前倾斜平原，也是盆地中主要发育的形态之一。在吕梁山、中条山前尤其发育。

2.黄土塬及丘陵地形

(1)沟谷切割的黄土塬。围绕黄土塬周围，由于暂时性水流的长期侵蚀切割作用，较强的发育了黄土冲沟，破坏了塬面结构。冲沟的形状有两种，一为“V”形，二为“U”形，但以后者为主。冲沟间多呈长梁状,局部呈峁状。

(2)中等发育的微起伏黄土塬。该类地形发育在浮山县境内,地形自东向西,自南向北略有倾斜,并有微起伏。塬面上有较多而且深60~80 m的冲沟。

(3)沟谷弱发育的黄土平台。这类地形发育在东部的北捍、南唐一带。地形呈稍有起伏的宽阔的平台状。平台的边缘发育有小而短的冲沟。

(4)沟谷发育的黄土梁峁。该地形发育在东部的浇底、塔儿山周围一带。地形表现出严重的支离破碎,沟谷密布,切割较深,致使局部地段基岩裸露。

3.基岩山地形

(1)山坡平缓,局部黄土覆盖的中低山。是指发育在中部地带的紫金山、九原山、塔儿山等孤立的基岩裸露地区,并包括东北部的砂页岩组成的山地。上述山地的主峰海拔,除九原山之外,多在1 100~1 400 m,相对高差500~800 m。山顶多为浑圆状、山坡陡缓不一,如塔儿山南陡北缓,紫金山北陡南缓。一般沟谷不太发育,局部地段被黄土覆盖。

(2)山坡陡峻,沟谷发育的中高山。此类地形是指发育在西北部的吕梁山、东南部的中条山。山脉主峰标高在1 800~2 000 m,最高的舜王坪为2 321 m,相对高差800~1 200 m,局部1 300 m。山势一般陡峻,中条山分水岭东南一侧多陡坎高达百余米。山峰层峦叠嶂,雄伟壮观。

2.2 河流水系

临汾市大小河流均属于黄河流域。根据全国河湖普查成果统计,流域面积大于50 km^{2}的河流临汾境内共有128条(不含黄河干流),河流长度大于50 km的有20条,主要河流有汾河、沁河、芝河、昕水河、州川河、鄂河等。除汾河、沁河外,多是山溪性河流,坡陡流急,洪水暴涨暴落,来水集中,含沙量大。

汾河,是临汾市第一大河,也是山西省的最大河流,黄河的第二大支流。汾河发源于忻州市宁武县管涔山麓的雷鸣寺,流经太原、晋中两市,在霍州市王庄流入境内,自北向南穿经霍州市、洪洞县、尧都区、襄汾县等,于侯马市张王村向西进入运城市新绛县。在本市的流域面积为10 103 km^2,占全流域总面积的25.4%,占全市总面积的49.8%,在临汾市的河长为173.8 km,属于汾河的下游段。汾河在临汾市的主要支流有南涧河、北涧河、对竹河、团柏河、洪安涧河、涝洰河、浍河等,区域内有郭庄泉、霍泉、龙子祠泉出露。干流控制站柴庄水文站实测最大洪峰流量为2 450 m^3/s,发生在1958年7月16日,实测多年(1956~2000年)平均流量为38.0 m^3/s。

沁河,黄河的一级支流,发源于山西省沁源县王陶乡土岭上河底村,自北向南流经山西省沁源县、安泽县、沁水县、阳城县、泽州县、河南省济源市,于山西省阳城县山河镇万杆村省界汇入黄河,河流全长370 km,流域面积13 065 km^2,河流比降为2.03‰。自安泽县罗云乡义亭村北入临汾境,流经安泽县城,到安泽马壁村南入晋城市沁水县。在临汾市境内河长为95 km,流域面积为2 273 km^2,河道纵坡为2.2‰,本段内流域面积大于100 km^{2}的支流有东洪驿河、蔺河、李垣河、王村河、泗河、兰河、石漕河、马壁河、龙渠河等九条河。市内大部为土石丘陵区,分水岭地带为石山区,水量大,含沙量小。干流控制站飞岭水文站实测最大洪峰流量为 2 160 m^3/s，出现在 1993 年 8 月 5 日。

芝河，发源于石楼县介莫林场，流经永和县城，至永和县阁底乡高家垣村、佛堂村附近汇入黄河。河长为 67 km，流域面积为 806 km^2，河道纵坡为 9.65‰，河槽较窄，水流湍急，流域内水土流失严重。主要支流有王家塬沟、段家河、桑壁河，为黄河的一级支流。

昕水河，黄河一级支流，发源于蒲县太林乡东河村的朱家庄，流经蒲县、隰县、大宁县，在大宁县徐家垛乡于家坡村古镇附近汇入黄河，河长为 140 km，河道平均纵坡为 5.28‰，流域面积为 4 325 km^2。主要支流有黑龙关河、南川河、北川河、东川河、城川河、刁家峪河和义亭河，是临汾市沿黄最大河流。大宁水文站位于县城下游葛口村附近昕水河上，实测最大洪峰流量为 2 880 m^3/s（1966 年）。

清水河，又名州川河，为黄河一级支流，发源于吉县车城乡屯里林场石板店，经吉县县城向西汇入黄河。流域面积为 646 km^2，河长为 64 km，河道平均纵坡为 14.84‰。吉县水文站位于县城下游清水河上，实测最大洪峰流量为 1 050 m^3/s（1971 年）。

鄂河，也为黄河的一级支流，发源于乡宁县管头镇断山岭，途经乡宁县城关向西，在乡宁县枣岭乡掷沙村万宝山附近流入黄河。河长为 73 km，流域面积为 762 km^2，纵坡为 13. 3‰。乡宁水文站位于乡宁县下县村附近鄂河上，实测最大洪峰流量为 720 m^3/s（1999 年 8 月 9 日）。

2.3　水文气象

临汾市水资源的主要补给来源为当地降水。1956～2000 年全市多年平均降水量为 538.2 mm，折合水体 109.2 亿 m^3。全市多年平均水面蒸发量的变化范围在 900～1 100 mm，干旱指数在 1.8～2.2，属于半湿润地区。1956～2000 年多年平均水资源总量为 15.2 亿 m^3，河川径流资源量为 13.2 亿 m^3，地下水资源量为 10.3 亿 m^3，两者之间的重复量为 8.30亿 m^3。

黄土残垣区主要分布在西部山区的永和县、隰县、吉县、蒲县、大宁县、乡宁县、汾西县等，其自然特征是黄土较厚、沟深坡陡、垣面破碎，现有垣面多呈鸡爪形残垣。主要以面蚀和沟蚀为主，伴随有泻流、崩塌等。土壤侵蚀模数大多都在 5 000～10 000 t/ km^2，是临汾市水土流失严重的地区。黄土丘陵阶地区主要分布在汾河河道两侧的黄土阶地区的霍州县、古县、洪洞县、临汾市、浮山县、襄汾县、曲沃县、侯马市、翼城县等九县（市），主要以面蚀为主，年平均侵蚀模数为 2 000～5 000 t/ km^2，为临汾市水土流失较为严重的地区。土石山区主要分布在太岳、吕梁山、中条山三大山脉的两侧石质山地与丘陵过渡地带，其主要自然特征是：山高坡陡、石厚土薄、草木灌丛生，自然植被较好，为鳞片状面蚀，土壤侵蚀模数为 1 000～2 000 t/ km^2，为中等侵蚀区。冲积平原区主要分布在汾河沿岸的霍州市、洪洞县、尧都区等六个平川县（市、区），其主要自然特征是地势开阔，沿岸一、二阶梯普遍为土质肥沃的农田，土壤侵蚀轻微，一般为耕地面蚀和农田道路侵蚀，侵蚀模数在 500～1 000 t/ km^2，属于轻度侵蚀区。

临汾市地处半干旱半湿润季风气候区，属温带大陆性气候，四季分明，雨热同期。但由于受地形影响，山区平川气候差异较大，气候特征迥异。临汾市气温的一般特点是冬寒夏热。气温的年较差和日较差均大。光照时数全年为 2 417~2 741 h。积温有效性高。为华北地区光能资源高值区。全市年平均气温介于 8.6~12.6 ℃ 。全市极端最高气温为 42.0 ℃,极端最低气温为-25.6 ℃。

2.4 社会经济

临汾市行政区划共设 1 区、2 市、14 个县,分别为:尧都区、侯马市、霍州市、曲沃县、襄汾县、翼城县、洪洞县、安泽县、古县、浮山县、蒲县、隰县、乡宁县、吉县、大宁县、永和县、汾西县。下辖有 76 个乡、75 个镇、20 个街道办事处、182 个社区委员会、2 871 个村民委员会。

临汾市矿产资源丰富。目前已探明的矿种有 40 种,其中能源矿产 3 种、金属矿产 12 种、非金属矿产 23 种、水气矿产 2 种,煤、铁、石膏、石灰岩、白云岩、膨润土、花岗石、大理石、油页岩、耐火黏土等在省内及全国均占重要地位。煤炭是全市第一大矿产资源,截至 2018 年底,累计查明资源储量 465.13 亿 t,占全省的 15.6%。主要煤种有主焦煤、气肥煤、贫煤、无烟煤等,其中乡宁为全国三大主焦煤基地之一,且煤层厚,埋藏浅,易开采。铁矿是临汾市第二大矿产资源,截至 2017 年底,累计查明资源储量 1.96 亿 t。截至 2017 年底,石膏累计查明资源储量 5.24 亿 t,被誉为“有千种用途黏土”的膨润土分布在临汾市永和县、大宁县和吉县。2018 年,全市规模以上工业企业原煤产量 6 006.1 万 t,占全省的 6.72%;焦炭产量 1 616.37 万 t,占全省的 17.47%;生铁产量 1 091.7 万 t,占全省的 2.93%;钢产量 1 150.1 万 t,占全省的 21.35%;钢材产量 1 119 万 t,占全省的 22.82%。

临汾现有农作物播种面积 533.87 khm^2。耕地主要分布在盆地、河谷地带和黄土丘陵区,以种植粮食作物为主,作为主导产业的粮食种类较多,主要有小麦、谷子、玉米、薯类等。临汾盆地是山西主要的小麦产区。全市经济作物主要有棉花、油菜,其中集中种植的棉花是全市乃至全国的主要产地。全市林地主要分布在东、西两山。果林分布较广,生产多种温带果品,如苹果、梨、葡萄、核桃、枣、柿子等。临汾市农业生产条件较好。以粮食和多种经济作物为主,土地产出率较高,农副产品资源丰富。特别是中部临汾盆地,土质肥沃,气候温和,物产丰富,素称“膏腴之地”和“棉麦之乡”。2018 年,农业总产值 37.8 亿元,其中粮食产量 256.8 万 t,油料作物产量 1.4 万 t。

截至 2018 年底,全市总人口 450.02 万,其中城镇人口 236.44 万,农村人口 213.58 万。尧都区是临汾市政治、经济、文化中心,市区人口 98.88 万。

2018 年,临汾市生产总值 1 440 亿元,其中第一产业 93.8 亿元、第二产业 660.8 亿元,第三产业 685.4 亿元;工业总产值 1 599.6 亿元,工业增加值 483 亿元。全市城镇人均可支配收入 30 692 元,农村人均可支配收入 11 630 元,人们的生活消费水平显著提高。

3 临汾市清泉水按水系划分

临汾市河流均属黄河流域，分属黄河、汾河、沁河三大水系，其中黄河水系流域面积 7 812 km^2、汾河水系流域面积 10 209 km^2、沁河水系流域面积 2 273 km^2。

3.1 黄河水系清泉水分布

临汾市黄河水系主要涉及永和、隰县、大宁、蒲县、吉县、乡宁、翼城 7 个县，流域面积大于 50 km^2的河流共有 47 条（不含黄河），其中流域面积超过 300 km^2的河流有 8 条，分别为芝河、昕水河、东川河、城川河、义亭河、清水河、鄂河、允西河。

黄河水系临汾市境内最大的河流为昕水河，发源于蒲县太林乡东河村的朱家庄，流经蒲县、隰县、大宁县，临汾市境内流域面积 4 191.8 km^2；其次为芝河，流经临汾市永和县城，临汾市境内流域面积 786.3 km^2；鄂河流经临汾市乡宁县、吉县 2 个县，临汾市境内流域面积 761.6 km^2。2019 年黄河水系清泉水调查的断面主要分布在这 3 大河流。

2019 年，黄河水系共调查了清泉水断面 711 处，其中清水断面 433 处、泉水 278 处。在各县中，蒲县清泉水调查断面最多（205 处），全部分布在昕水河及其支流。临汾市黄河水系清泉水调查断面分县统计见表 3-1。

表 3-1 临汾市黄河水系清泉水调查断面分县统计

县名称	清水断面	泉水	断面总数
永和县	86	51	137
蒲县	122	83	205
隰县	62	29	91
大宁县	46	35	81
吉县	78	33	111
乡宁县	38	47	85
翼城县	1	0	1
合计	433	278	711

3.1.1 清水分布

2019 年，黄河水系共调查了清水断面 433 个，其中永和县 86 个、隰县 62 个、大宁县 46 个、蒲县 122 个、吉县 78 个、乡宁县 38 个、翼城县 1 个。

黄河水系清水流量最大的断面为昕水河干流午城断面，流量为 1 260 L/s，位于隰县午城乡上胡城村。清水流量小于或等于 1 L/s 的断面有 203 个，1～10 L/s 的断面有 149

个,10~50 L/s 的断面有 46 个,50~100 L/s 的断面有 14 个,100 L/s 以上的断面有 21 个。临汾市黄河水系清水流量分县统计见表 3-2。

表 3-2 临汾市黄河水系清水流量分县统计

县名称	断面总数	流量(L/s)				
		<1	1~10	10~50	50~100	>100
永和县	86	41	35	6	0	4
蒲县	122	53	49	12	5	3
隰县	62	30	13	11	3	5
大宁县	46	22	14	5	0	5
吉县	78	44	19	10	3	2
乡宁县	38	13	19	1	3	2
翼城县	1	0	0	1	0	0
合计	433	203	149	46	14	21

3.1.2 泉水分布

2019 年,黄河水系共调查到泉水 278 处,其中,永和县 51 处、隰县 29 处、大宁县 35 处、蒲县 83 处、吉县 33 处、乡宁县 47 处。临汾市黄河水系泉水流量分县统计见表 3-3。

表 3-3 临汾市黄河水系泉水流量分县统计

县名称	断面总数	流量(L/s)				
		<1	1~10	10~50	50~100	>100
永和县	51	47	3	1	0	0
蒲县	83	78	5	0	0	0
隰县	29	20	8	1	0	0
大宁县	35	28	6	0	0	1
吉县	33	26	7	0	0	0
乡宁县	47	39	8	0	0	0
合计	278	238	37	2	0	1

黄河水系调查到的泉水流量最大的为河底沟泉,流量为 109 L/s,位于大宁县昕水镇的葛口村,所在河流为昕水河的支流河底沟,其余泉水流量均小于 50 L/s,其中小于 1 L/s 的共有 238 处,占总数的 85.6%; 1~10 L/s 的有 37 处,占总数的 13.3%;10~50 L/s 的有 2 处,占总数的 0.7%。

3.2 汾河水系清泉水分布

临汾市汾河水系主要包括汾西、霍州、洪洞、尧都、襄汾、曲沃、侯马、古县、浮山、翼城和乡宁 11 个县(市、区)。流域面积大于 50 km^{2}的河流共有 65 条(不含汾河),其中流域面积 50~100 km^{2}的河流共有 28 条,流域面积 100~300 km^{2}的河流共有 22 条,流域面积超过 300 km^{2}的河流共有 13 条,分别为南涧河、团柏河、洪安涧河、旧县河、涝河、洰河、豁都峪、三官峪、滏河、浍河、续鲁峪河、黑河、马壁峪。

2019年,汾河水系共调查了清泉水断面666处,其中清水断面315处、泉水351处,其中洪洞县调查的清泉水数量最多(156处)。临汾市汾河水系清泉水调查断面分县(市)统计见表3-4。

表3-4 临汾市汾河水系清泉水调查断面分县(市)统计

县(市)名称	清水断面	泉水	断面总数
汾西县	1	27	28
霍州市	21	49	70
洪洞县	33	123	156
尧都区	41	39	80
襄汾县	10	14	24
曲沃县	8	11	19
侯马市	2	13	15
翼城县	17	12	29
浮山县	79	12	91
古县	103	31	134
乡宁县	0	20	20
合计	315	351	666

3.2.1 清水分布

2019年,汾河水系共调查了清水断面315个,其中,汾西县1个、霍州市21个、洪洞县33个、尧都区41个、襄汾县10个、曲沃县8个、侯马市2个、翼城县17个、浮山县79个、古县103个。

汾河水系汾河干流流量最大为下靳村断面,流量为2 200 L/s,支流中流量最大的为古县河,流量为1 310 L/s。其余断面流量小于或等于1 L/s的断面有187个,1~10 L/s的断面有51个,10~50 L/s的断面有42个,50 L/s以上的断面有35个。临汾市汾河水系清水流量分县(市)统计见表3-5。

表3-5 临汾市汾河水系清水流量分县(市)统计

县(市)名称	断面总数	流量(L/s)				
		<1	1~10	10~50	50~100	>100
汾西县	1	1	0	0	0	0
霍州市	21	8	3	3	2	5
洪洞县	33	22	0	3	1	7
古县	103	63	14	16	2	8
尧都区	41	28	3	5	2	3
浮山县	79	44	25	9	0	1
襄汾县	10	7	1	1	0	1
曲沃县	8	6	1	0	0	1
侯马市	2	1	0	0	0	1
翼城县	17	7	4	5	1	0
合计	315	187	51	42	8	27

3.2.2 泉水分布

2019 年,汾河水系共调查到泉水 351 处,其中汾西县 27 处、霍州市 49 处、洪洞县 123 处、尧都区 39 处、襄汾县 14 处、曲沃县 11 处、侯马市 13 处、翼城县 12 处、浮山县 12 处、古县 31 处、乡宁县 20 处。

汾河水系除霍泉、龙子祠两大岩溶泉外,其余泉水流量均小于 100 L/s,其中泉水流量小于或等于 1 L/s 的 279 处,占总数的 79.5%;在 1~10 L/s 的有 51 处,占总数的 14.5%;在 10~50 L/s 的有 10 处,占总数的 2.8%;在 50~100 L/s 的仅有 1 处。在汾河水系,洪洞县位于临汾盆地北缘,北侧向灵石隆起过渡、处于转折地带,构造复杂,断裂发育,受地质构造的影响,境内泉水出露点较多。临汾市汾河水系泉水流量分县(市)统计见表 3-6。

表 3-6 临汾市汾河水系泉水流量分县(市)统计

县(市)名称	断面总数	流量(L/s)				
		<1	1~10	10~50	50~100	>100
汾西县	27	26	1	0	0	0
霍州市	49	32	11	5	1	0
古县	31	25	4	2	0	0
洪洞县	123	97	20	1	0	5
尧都区	39	27	7	0	0	5
浮山县	12	8	4	0	0	0
襄汾县	14	11	3	0	0	0
曲沃县	11	9	0	2	0	0
侯马市	13	12	1	0	0	0
翼城县	12	12	0	0	0	0
乡宁县	20	20	0	0	0	0
合计	351	279	51	10	1	10

3.3 沁河水系清泉水分布

临汾市沁河水系主要涉及安泽县、古县、浮山县,流域面积大于 50 km^2的河流共有 14 条(不含沁河),流域面积超过 100 km^2的河流共有 9 条,分别为蔺河、东洪驿河、李垣河、泗河、王村河、兰河、石槽河、马壁河、龙渠河。

2019 年,沁河水系共调查了清泉水断面 151 处,其中清水断面 116 处,泉水 35 处。安泽县清泉水调查断面最多(118 处)。临汾市沁河水系清泉水调查断面分县统计见表 3-7。

表 3-7 临汾市沁河水系清泉水调查断面分县统计

县名称	清水断面	泉水断面	断面总数
安泽县	85	33	118
浮山县	24	1	25
古县	7	1	8
合计	116	35	151

3.3.1　清水分布

2019 年,沁河水系共调查了清水断面 116 个,其中安泽县 85 个、浮山县 24 个、古县 7 个。沁河水系中清水流量最大断面为沁河干流铁布山断面,流量为 1 250 L/s;各支流中流量最大的为兰河红圈凹断面,为 231 L/s,其后依次为三交河龙渠断面(202 L/s),蔺河入沁口断面(185 L/s),良马坪河断面(126 L/s),第五河断面(103 L/s),杨家沟断面(103 L/s)。流量小于或等于 1 L/s 的断面有 61 个,在 1~10 L/s 的断面有 26 个,在 10~50 L/s 的断面有 14 个,位于 50~100 L/s 的断面有 6 个。临汾市沁河水系清水流量分县统计见表 3-8。

表 3-8　临汾市沁河水系清水流量分县统计

县名称	断面总数	流量(L/s)				
		<1	1~10	10~50	50~100	>100
安泽县	85	46	16	12	4	7
古县	7	6	0	0	1	0
浮山县	24	9	10	2	1	2
合计	116	61	26	14	6	9

3.3.2　泉水分布

2019 年,沁河水系泉水流量最大的为梨八沟,流量为 7.7 L/s,位于安泽县唐城镇的庞壁村,所在河流为蔺河的支流。其余泉水流量均小于 7.7 L/s,其中小于或等于 1 L/s 的有 27 处,在 1~7.7 L/s 的有 7 处。临汾市沁河水系泉水流量分县统计见表 3-9。

表 3-9　临汾市沁河水系泉水流量分县统计

县名称	断面总数	流量(L/s)				
		<1	1~10	10~50	50~100	>100
安泽县	33	25	8	0	0	0
古县	1	1	0	0	0	0
浮山县	1	1	0	0	0	0
合计	35	27	8	0	0	0

4 临汾岩溶大泉

4.1 泉水概况

4.1.1 郭庄泉

郭庄泉位于山西省霍州市南7 km处东湾村至郭庄村的汾河河谷中,大部分出露于河漫滩上,少部分出露在一级阶地;南北出露长度约1.2 km。

该泉群共有6个泉组,河西岸有累山泉(厂库区泉)、五龙泉(厂区泉)、马跑泉;河东岸有普济泉、海眼泉、方池泉。大部分以散泉形式出露,大小泉眼共有60多个。泉水标高516~521 m。

泉水多年平均流量为7.59 m^3/s(1968~1984年),按1956~1984年系列平均流量则为8.17 m^3/s。1985~1999年系列平均流量为5.15 m^3/s。2001~2003年系列平均流量为2.12 m^3/s。

郭庄泉历史上就是当地重要的灌溉及生活水源,1965年,在郭庄泉下游修建了著名的“七一”渠,引泉水灌溉,成为汾西灌区的组成部分,灌溉面积26万亩。从1967年开始建设霍州发电厂,以该泉为水源地。自1974年建成投产后,泉区水位逐渐下降,现在绝大部分泉水干涸,据2005年4月24日现场调查,仅在电厂排污口附近汾河河床中见有2个小泉点,流量约为20 L/s。目前所测的“泉水流量”实际为电厂排水量与泉水天然流量之和。

泉域内分布有霍西煤田,特别是霍州煤矿区白龙井田就靠近泉区,矿床水文地质条件很复杂。

根据山西省第二次水资源评价成果,郭庄泉域1956~2000年系列多年平均岩溶水资源量为24 065万 m^3/年,可开采量为18 009万 m^3/年。

4.1.2 龙子祠泉

龙子祠泉位于山西省临汾市市区西南13 km的西山山前。西山属吕梁山脉,泉水出露于西山与临汾盆地交接处的坡积物中,由南池、北池、东池等泉组组成。其中南池占总流量的40%,东池占总流量的50%,北池约占总流量的10%,泉水大多以散流形式溢出地表。龙子祠泉水有高水和低水之分,高水指北池和南池,高程478 m,低水指东池,高程465.2 m,相差13 m。泉水流向临汾盆地,汇入汾河。

泉水20世纪60年代平均流量为6.14 m^3/s,2000~2003年平均流量下降为3.125 m^3/s。

根据山西省第二次水资源评价成果,龙子祠泉域1956~2000年系列多年平均岩溶水资源量为22 204万 m^3/年,可开采量为12 427万 m^3/年。

4.1.3 霍泉

霍泉又名广胜寺泉，因出露于霍山南麓而得名，位于山西省洪洞县东北 15 km。

泉水出于霍山山麓与平原交接处的坡积物中。标高 581.6 m，出水点较为集中。1958 年 4 月 17 日扩泉以前，泉水出露在南北长 57 m，东西宽 16 m 的长方形池内，由池周围坡积物中涌出。扩泉后，挖了长 155 m，宽 5 m，深 6～7 m 的截流槽，槽中发现大小泉眼 108 个，均从东侧山边的奥陶系灰岩溶蚀裂隙中渗出。该泉水 1956～1993 多年平均流量为 3.91 m^3/s，1994～2000 多年平均流量为 3.22 m^3/s，2001～2003 年多年平均流量为 2.92 m^3/s。广胜寺泉水目前主要用于灌溉，霍泉灌区灌溉面积 10 余万亩（1 亩 = 1/15 hm^2，下同）。此外，还供洪洞县部分企业和城镇居民生活用水。

根据山西省第二次水资源评价成果，霍泉泉域 1956～2000 年系列多年平均岩溶水资源量为 12 048 万 m^3/年，可开采量为 10 061 万 m^3/年。

4.1.4 古堆泉

古堆泉出露于新绛县三泉镇古堆村九原山西侧，由 22 个单泉组成，出露面积 500m^2，较大的泉眼有龙王泉、莲花泉、琵琶泉、清泉等。1957～1959 年多年平均流量为 1.3 m^3/s，泉水出露高程 450 m。受井群开采的影响，泉水逐年衰减，1997 年泉水流量为 0.5 m^3/s。现已断流。

古堆泉岩溶水系统应以塔儿山—九原山为主体，泉域面积共 460 km^2。其中碳酸盐岩裸露区面积 43.77 km^2，大部分地区为隐伏灰岩径流区。按照行政区划分，临汾市泉域面积 437 km^2，运城市泉域面积 23 km^2。

泉域范围内，盆地多年平均降水量 520 mm，山区多年平均降水量 560 mm，盆地与山区多年降水量均值为 544.1 mm。汾河由北向南穿越临汾盆地中部，经侯马盆地向西汇入黄河，山区沟谷多属夏雨型季节河，水量较少。

根据山西省第二次水资源评价成果，1956～2000 年系列古堆泉域多年平均岩溶水资源量为 4 100 万 m^3/年，可开采量为 3 879 万 m^3/年。

4.1.5 禹门口泉

禹门口泉域位于吕梁山最南端，地形总体趋势为东北高西南低，禹门口为最低点。泉域范围西起禹门口黄河东岸，东至陈家山碾东岭—北山—断山岭一线；南起吕梁山山前，北至天高山—马头山一线，面积约 1 100 km^2。区内寒武系、奥陶系碳酸盐岩广泛分布，其中东南部直接裸露，而西北部多被石炭系、二叠系覆盖。太古界涑水群变质岩为区域隔水底板。

泉域位于鄂尔多斯断块的东南侧，处于关王庙东北向褶断带内。在关王庙东北向褶断带中，尤以禹门口—上炭峪褶断带表现突出。该褶断带自西南端的禹门口起，向北东经西坡东至东北端的上炭峪一带，全长 50 km，宽 2 km，受影响的地层有寒武系、奥陶系、石炭系和二叠系。主要断裂有干泥坪—上炭峪断层、金桥沟逆断层，褶皱有西坡东背斜、上炭峪背斜等，总体走向 NE45°。

禹门口泉出露于禹门口附近黄河河床中，以泉群形式排出。

4.2 泉水成因

4.2.1 郭庄泉

郭庄泉域及岩溶水盆地的范围主要受汾西复向斜控制。

汾西复向斜位于吕梁复背斜和霍山背斜之间，是一个被破坏的复向斜，西以吕梁山复背斜核部为界，东以霍山断裂为界。该向斜是一个开阔不对称的向斜，西翼近向东倾斜，倾角10°左右；东翼向西倾，倾角20°~30°，轴向近南北，南北两端止于临汾盆地北缘和太原盆地南缘。

在向斜内部不仅存在着北北东向的次级褶皱和断裂，而且还存在着一系列近东西向的构造，把向斜又进一步分割成隆起和凹陷相间的状态，如灵石隆起、郭庄隆起在隆起的一侧或两侧发育压扭性断层，新生代以来又再次活动被改造为高角度正断层，如什林断层、下团柏断层等。

在地貌上，整个泉域东西两侧均为中高山，中部为构造侵蚀盆地，汾河从盆地中部穿过，与南北侧的断陷盆地迥然不同。

泉水在郭庄一带出露的原因是近东西向的郭庄背斜隆起并在汾河侵蚀作用下岩溶地层出露地表，成为地下水排泄通道；另一方面近东西向的下团柏断层南侧石炭、二叠纪地层下降480 m，成为良好的阻水坝，使地下水产生溢流。因此，郭庄泉应属侵蚀溢流泉。

4.2.2 龙子祠泉

龙子祠泉岩溶水盆地与岩溶泉域范围基本一致。北部为向斜盆地，南部为向北西倾斜的单斜构造。

泉域处于吕梁山脉的东坡，由西部山区补给的岩溶地下水，在向东部盆地运动过程中受到山前大断层的阻挡。大断层是导水通道，而断层东侧第四系覆盖下的C-P系地层是横向阻水体。地下水横向受阻后便沿断层顺向运动，在龙子祠一带地形最低，成为东部阻水边界的缺口，断层的东侧坡洪积物厚约35 m，下部为石炭、二叠纪地层，因下部阻水，上部部分透水，使岩溶水溢流成泉，该泉属于山前断裂溢流泉。

4.2.3 霍泉

霍泉出露于霍山大背斜的南端。该背斜轴走向近南北，核部为前震旦系变质岩系，东翼广泛出露寒武—奥陶系碳酸盐岩及石炭二叠系砂页岩。西翼受霍山大断裂切割，仅出露零星寒武—奥陶系。由此可见霍山大背斜是一个不对称的、地层主要向东倾并向南北倾伏的不完整的背斜，或者是背斜东翼的单斜构造。西翼的霍山大断裂，实际上是由一组北北东向的雁行状断裂与南北向断裂组成的，大部为向西倾的高角度正断层，显然是属新的断裂构造。

断层西盘的寒武—奥陶系碳酸盐岩地层被埋藏在地下100~200 m深处。

岩溶水盆地为一向东倾的单斜构造，西边界为下寒武—前震旦系非可溶岩隔水底板，东边界为石炭二叠系非可溶岩构成的隔水顶板，但寒武—奥陶系可溶岩含水层继续向东伸向沁水大向斜深部。

关于霍泉的成因，据山西省原216地质队在泉口下游勘探，在长420 m、深70 m的松散堆积物断面下，以黏性土夹碎石为主，渗透系数为0.15~10.30 m/d，渗透量为0.1 m^3/s，认为是第四系堆积物阻水形成的。根据现场观察，认为泉口下游有石炭系阻水，因此应属断层溢流泉，基本为全排型泉水。

4.2.4 古堆泉

泉域内的地貌景观可分为三大类型：①平原区，以沉积为主，包括河谷阶地与山前倾斜平原，地面高程350~500 m；②黄土台塬及丘陵区，以侵蚀堆积为主，分布于九原山、塔儿山隆起带周围，地面高程500~800 m；③基岩山区，以构造剥蚀为主，九原山、塔儿山属缓坡黄土覆盖中低山区，地面高程1 000~1 400 m。

受祁吕弧东翼构造系和新华夏构造系的影响，在临汾、侯马盆地中，归属于各构造体系的断裂、褶皱相互交叉，隆起与凹陷相间，将古生界可溶岩切割成相对独立的含水系统。沉降断块，形成深埋隐伏岩溶热水系统，承压水头高出地面5~16 m，水位高程460~465 m，水温38~41 ℃；塔儿山、九原山隆起区，灰岩裸露，燕山期侵入岩穿插，直接接受降水入渗补给，形成古堆泉凉水补给、径流、排泄系统，水温16~17 ℃。相邻断块中，深埋高水头岩溶热水沿部分隐伏透水断裂上涌，注入隆起区凉水系统，使热水、凉水混合，导致古堆泉水温增高，成为混合型岩溶温泉。

4.2.5 禹门口泉

禹门口泉岩溶水系统由两个子系统组成，即西硙口子系统和西坡子系统。子系统界线主要为禹门口—上炭峪褶断带，只是在北部由凤凰岭—碾东岭间的地表分水岭组成。由于禹门口上炭峪褶断带的存在，两侧的岩溶地下水不仅具有独立的流场，而且其他特征也存在明显差异。

禹门口泉域系统总体上呈现出上游煤系地层、下游碳酸盐岩地层，地下水流向与地层倾向相反的“单斜逆置型”模式类型特征。但受西侧的黄河排泄基准和构造的控制，与典型的“单斜逆置型”系统不同，在补给径流区地下水沿倾向运动并非完全因遇到隔水顶板改变流向，而是遇到禹门口—上炭峪褶断带使岩溶地下水中的大部分转向西南禹门口方向径流，而其中的小部分通过禹门口—上炭峪褶断带弱透水边界补给西坡子系统；禹门口泉也非由隔水底板阻隔出流的侵蚀下降泉，而是因黄河河谷深切岩溶含水层形成的侵蚀溢流泉。

4.3 泉水补给、径流、排泄

4.3.1 郭庄泉

在石灰岩裸露区，岩溶水直接接受大气降水补给；二叠、三叠系地层覆盖区，一方面降水形成的裂隙水通过断裂或裂隙通道直接补给岩溶地下水；另一方面，降水形成地表水流,汇集到下游石灰岩被切割出露的沟谷中,补给岩溶地下水。在灵石隆起上,汾河切穿了的石灰岩地层形成长约40 km的渗漏段,河水流经灰岩地层直接补给岩溶地下水。岩溶地下水从北向南径流至下团柏断层南北侧,由于下团柏断层以南处于封闭状态,起到阻水作用,以北奥陶系灰岩出露地表,岩溶水在下团柏断层以北,以泉群的形式出露于汾河河谷中。郭庄泉是一全排型岩溶大泉。现在上游地区人工取水已经成为郭庄泉的重要排泄方式。

4.3.2 龙子祠泉

大气降水是龙子祠泉的主要补给源。在石灰岩出露区,大气降水进入包气带,直接补给岩溶地下水。在覆盖区内,大气降水形成地表径流在出露灰岩的地层中形成补给地下水。龙子祠泉岩溶地下水从北、西、南三个方向向龙子祠一带汇集,在山前第四系地层的阻挡下,出露成泉。龙子祠泉除以泉的形式集中排泄外,由于第四系地层的透水性,在山前部分地段,岩溶地下水以潜流形式向第四系地层排泄,形成临汾盆地松散层地下水的重要补给源。

4.3.3 霍泉

霍泉又名广胜寺泉,其补给条件大致与龙子祠泉相同,大气降水补给是主要补给方式。泉域西部有霍山古老变质岩系阻挡,形成固定阻水边界,东部有沁水大向斜,石灰岩被巨厚的二叠、三叠系砂页岩、泥岩所覆盖,岩溶水呈滞流状态,相对阻水,迫使其岩溶地下水向北、南两个方向运动,北部出露洪山泉,南部向灰岩出露较低的广胜寺方向运移,地下水流向南西,到山前受西侧松散层相对阻隔,在较低处出露成泉,由于山前第四系地层的透水性,一部分岩溶水以潜流形式排入盆地,这也是霍泉的重要排泄方式。

4.3.4 滦池—古堆泉

中条山和塔儿山区的灰岩接受大气降水和地表水渗漏补给是其主要补给方式,岩溶地下水在从东部山区向西部径流,进入临汾盆地的隐伏灰岩中,在径流过程中,受盆地第四系岩层和隐伏的岩浆岩的阻挡,在构造的有利部位出露成泉。古堆泉、温泉、南梁泉成为这一岩溶水系统在不同高程的三个排泄点。

4.3.5 禹门口泉

禹门口泉以地下分水岭同龙子祠泉分界。补给方式主要是灰岩裸露区接受大气降水直接补给。岩溶水径流方向总体从东北向西南,在黄河岸边与上部水汇合排泄于黄河。

4.4 动态特征

三大岩溶泉水是临汾市一项重要的水资源,为临汾市工农业生产的发展发挥了很大的作用。三大岩溶泉多年(1956~2016年)平均泉口流量为4.74 m^3/s;2016年平均泉流量为2.85 m^3/s,占多年平均泉流量的60.1%。

4.4.1　龙子祠泉

该泉的补给以裸露灰岩区降水入渗为主，其次为砂页岩区的地表径流入渗补给。龙子祠泉为非全排型的山前断裂溢流泉，其天然资源量应为泉水天然流量与地下潜流量之和。泉水多年平均流量4.75 m^3/s(1956~2016年)，最大年平均流量为8.37 m^3/s(1965年)，最小年平均流量为2.97 m^3/s (2002年)。2016年流量3.49 m^3/s，为多年平均泉流量的73.5%。1956~2016年龙子祠泉泉水流量动态图见图4-1。

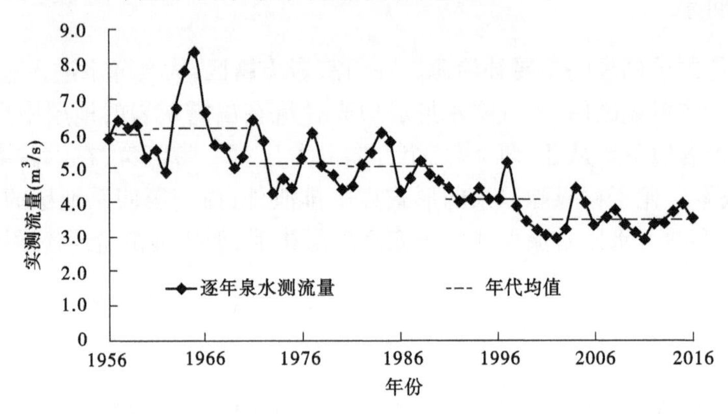

图4-1　1956~2016年龙子祠泉泉水流量动态图

4.4.2　霍泉

霍泉的补给主要靠大气降水的直接入渗补给，其次为地表径流的入渗补给，但很少。根据有关资料，泉水流量的峰值和低值与前5年的降水量有关。该泉基本为全排型泉水，其多年平均泉水流量基本代表了天然水资源量。泉水多年平均流量3.57 m^3/s，最大年平均流量为4.95 m^3/s(1964年)，最小年平均流量为2.75 m^3/s(2002年)。现在流量2.96 m^3/s(2016年)，为多年平均泉流量82.9%。泉水流量的衰减，主要是降水量减少引起的，泉域内开采量的增加也是一个因素。泉水对降水的滞后期为4~5年。1956~2016年霍泉泉水流量动态图见图4-2。

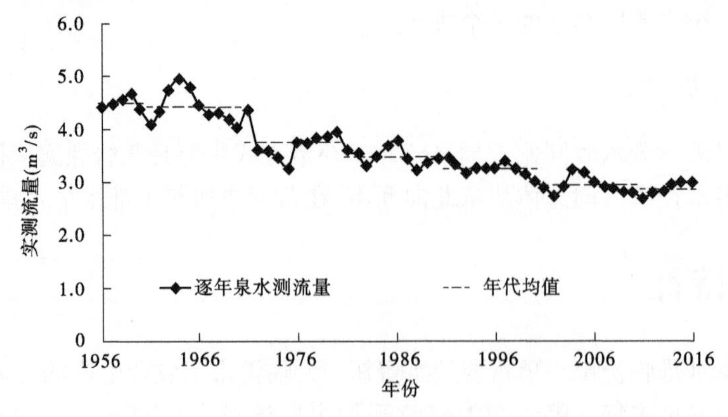

图4-2　1956~2016年霍泉泉水流量动态图

4.4.3 郭庄泉

郭庄泉的补给以大气降水的直接入渗补给及河川径流集中渗漏补给为主，该泉基本为全排型的侵蚀溢流泉，泉水天然状态下的多年平均流量即代表了天然水资源量。与以上两泉不同的是，河水上涨渗漏补给就会增加，所以该泉雨季来临泉水流量立即增加。自1974年霍州发电厂建成投产后，以该泉为水源地，泉区水位逐渐下降，现在大部泉水流量大减。目前所测的“泉水流量”实际为电厂排水量与泉水天然流量之和。泉水多年平均流量5.90 m^3/s，最大年平均流量为9.86 m^3/s（1964年），最小年平均流量为1.97 m^3/s（2002年）。现在流量2.11 m^3/s（2016年），为多年平均泉流量的35.8%。泉水流量的衰减，主要是降水量的减少、径流区取水量的增加、汾河河川径流量的减小，以及采煤排水引起的。1956~2006年郭庄泉泉水流量动态图见图4-3。

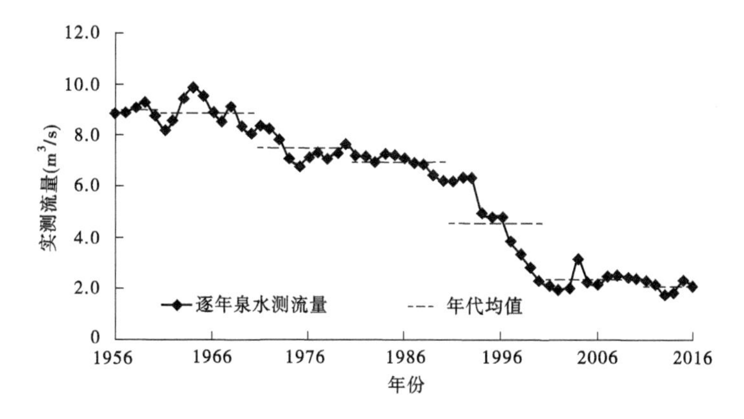

图4-3 1956~2016年郭庄泉泉水流量动态图

4.5 水质现状

根据2018年临汾市三大岩溶泉的水质监测数据，依据《地下水质量标准》（GB/T 14848—2017）进行分析评价，霍泉属Ⅲ类水质，适用于集中式生活饮用水源及工农业用水；龙子祠泉由于地下岩层影响，硫酸盐、总硬度偏高，属Ⅳ类水质，适当处理可作生活饮用水。郭庄泉水质因总硬度略高，属Ⅳ类水质，适当处理可作生活饮用水，见表4-1。

表 4-1　2018 年临汾市岩溶泉泉水水质评价

（单位：mg/L）

泉名	项目	pH	总硬度	氨氮	硝酸盐氮	高锰酸盐指数	氰化物	砷	挥发酚	六价铬	总汞	镉	铅	铜	锌	氟	硫酸盐	本年水质类别	主要污染物
霍泉	年均值	7.76	375	0.106	1.05	0.4	<0.000 5	<0.001 0	<0.001 3	<0.001 3	<0.004	<0.000 1	<0.005	<0.006	<0.004	0.35	178	Ⅲ	
	水质类别	Ⅰ	Ⅱ	Ⅲ	Ⅰ	Ⅰ	Ⅰ	Ⅰ	Ⅰ	Ⅰ	Ⅰ	Ⅲ	Ⅰ	Ⅰ	Ⅰ	Ⅰ	Ⅲ		
	超标倍数																		
龙子祠泉	年均值	7.56	518	0.074	1.65	0.4	<0.000 5	<0.001 0	<0.001 3	<0.001 3	<0.004	<0.000 1	<0.005	<0.006	0.012	0.57	302	Ⅳ	硫酸盐总硬度
	水质类别	Ⅰ	Ⅳ	Ⅱ	Ⅰ	Ⅰ	Ⅰ	Ⅰ	Ⅰ	Ⅰ	Ⅰ	Ⅲ	Ⅰ	Ⅰ	Ⅰ	Ⅰ	Ⅳ		
	超标倍数		0.15														0.21		
郭庄泉	年均值	7.62	529	0.163	1.96	0.5	<0.000 5	<0.001 0	<0.001 3	<0.001 3	<0.004	<0.000 1	<0.005	<0.006	0.00486	0.61	304	Ⅳ	硫酸盐总硬度
	水质类别	Ⅰ	Ⅳ	Ⅲ	Ⅰ	Ⅰ	Ⅰ	Ⅰ	Ⅰ	Ⅰ	Ⅰ	Ⅲ	Ⅰ	Ⅰ	Ⅰ	Ⅰ	Ⅳ		
	超标倍数		0.18														0.22		

注：本表采用《地下水质量标准》（GB/T 14848—2017）Ⅲ类限制进行评价，检测中带“<”号的数值，表示检测值小于该项目的最低检出限。

5 各县(市、区)清泉水

5.1 尧都区清泉水流量调查成果

5.1.1 自然地理

5.1.1.1 地理位置

尧都区位于山西省南部、临汾市中部,是临汾市委、市政府所在地,是临汾市政治、经济、文化、交通中心。东邻浮山县、古县,南接襄汾县,西连蒲县、吉县和乡宁县,北接洪洞县、汾西县。位于东经116°05′~111°48′,北纬35°35′~36°20′,总面积1 304 km²,高程为420~1 200 m。尧都区行政区辖16个乡(镇),10个街道办事处,381个村委会。

5.1.1.2 地形地貌

根据地表形态特征、成因及其物质组成,尧都区地形地貌划分为三大类型。

(1)土石山区。分布于尧都区西山地带,山坡陡峻,切割强烈,高程为600~1 200 m。山区沟谷稀疏,多呈"V"字形,组成岩石主要为奥陶系碳酸盐岩及石炭—二叠系碎屑岩类,局部为黄土覆盖,面积577.8 km²,占全区总面积的44.3%。西边界多为汾河流域的分水岭,最高峰是风葫芦嘴,高程达1 815 m。

(2)平川区。分布于尧都区中部,高程为420~600 m,面积456.2 km²,占全区总面积的35%。

①河谷及低阶地。发育在汾河一、二级阶地区,是由河流的堆形作用形成的。河谷中除一、二级阶地间呈现低矮的陡坡外,一般较为平坦,但阶面均向河谷中心倾斜。

②河谷高阶地。发育在汾河三级阶地区,是在河流间断性作用下形成的。主要分布在汾河东岸,阶面开阔平坦,向河床略倾。

③山前倾斜平原。广泛分布于山前,在山前沟谷出口处形成规模不等的新老洪积扇群,扇的前缘与汾河二、三级阶地接触并向阶地方向倾斜,组成岩性为第四系上更新统冲洪积相砾石、卵石等。

(3)黄土丘陵区。分布于尧都区东部一带,高程600~900 m,面积270 km²,占全区总面积的20.7%。区内有卧虎山、十村山两座隆起山头,主峰高程分别为926.6 m和1 035.8 m。

5.1.1.3 河流水系

尧都区除在昕水河仅有10 km²面积外,境内其余河流都归属于黄河流域汾河水系,流域面积大于50 km²的主要河流有14条。按照水利部河湖普查河流级别划分原则,1级河流有1条,为汾河;2级河流有10条,分别为大洪峪涧河、曲亭河、太涧河、岔口河、涝河、仙洞沟涧河、席坊沟、三圣沟、邓庄河、豁都峪;3级河流有2条,分别为杨村河和洰河;4级河流有1条,为赵南河。尧都区主要河流基本情况见表5-1。

表 5-1　尧都区主要河流基本情况

编号	河流名称	上级河流名称	河流等级	流域面积(km^2)	河长(km)	比降(‰)	县境内流域面积(km^2)
1	汾河	黄河	1	39 721.0	718	1.10	1 297.1
2	大洪峪涧河	汾河	2	133.5	33	15.93	90.9
3	太涧河	汾河	2	62.0	27	20.80	62.0
4	岔口河	汾河	2	110.0	30	19.39	110.0
5	涝河	汾河	2	888.0	68	6.38	243.8
6	杨村河	涝河	3	222.0	32	13.62	22.8
7	洰河	涝河	3	348.0	60	5.51	118.8
8	仙洞沟涧河	汾河	2	123	33	20.96	123
9	席坊沟	汾河	2	77.2	21	24.79	77.2
10	三圣沟	汾河	2	59.7	25	20.22	57.1
11	豁都峪	汾河	2	416.5	58	11.81	116.6

(1)汾河为黄河的一级支流。汾河源自忻州宁武,穿越太原盆地,在临汾市境内霍州市王庄流入境内,自北向南穿经霍州市、洪洞县,于北郃村进入尧都区境内,在下靳村出境,汾河在尧都区境内河长约 25.2 km,流域面积为 1 297.1 km^2。

(2)大洪峪涧河为汾河的一级支流,起源于洪洞县左木乡段家山村黄北凹(河源经度 111°21′47.8″,河源纬度 36°22′10.0″,河源高程 1 269.8 m),自西北向东南流经洪洞县、尧都区,于洪洞县辛村乡戍村汇入汾河(河口经度 111°36′22.2″,河口纬度 36°12′47.2″,河口高程 439.2 m),河流全长 33 km,河流比降为 15.93‰,流域面积 133.5 km^2,其中尧都区境内流域面积为 42.6 km^2。

(3)太涧河为汾河的一级支流,起源于尧都区一平垣乡段家凹村孟家庄(河源经度 111°21′04.1″,河源纬度 36°18′41.8″,河源高程 1 295.6 m),于尧都区吴村镇郃村汇入汾河(河口经度 111°34′03.4″,河口纬度 36°10′51.2″,河口高程 434.5 m),河流全长 27 km,河流比降为 20.80‰,流域面积 62.0 km^2,全部在尧都区境内。

(4)岔口河为汾河的一级支流,起源于尧都区一平垣乡郑家庄神岭(河源经度 111°17′23.2″,河源纬度 36°15′17.4″,河源高程 1 293.6 m),于尧都区吴村镇孙曲汇入汾河(河口经度 111°32′52.7″,河口纬度 36°09′33.7″,河口高程 430.0 m),河流全长 30 km,河流比降 19.39‰,流域面积 110.0 km^2,全部在尧都区境内。

(5)涝河为汾河的一级支流,发源于浮山县北王乡北石村浦口(河源经度 112°00′51.3″,河源纬度 35°59′05.6″,河源高程 1 307.9 m),自东南向西北流经浮山县,于尧都区屯里镇西高河汇入汾河(河口经度 111°29′46.5″,河口纬度 36°07′02.0″,河口高程 429.3 m),河流全长 68 km,流域面积 888.0 km^2,河流比降为 6.38‰,尧都区境内流域面积为 243.8 km^2。在尧都区大阳镇郭行村涝河干流上建有中型水库——涝河水库。

(6)洰河为涝河的支流,发源于浮山县槐埝乡峨沟村而后村(河源经度 111°41′14.2″,河源纬度 36°51′57.7″,河源高程 1 005.9 m),自东南向西北流经浮山县,于尧都区屯里镇南焦堡汇入涝河(河口经度 111°32′20.4″,河口纬度 36°07′01.9″,河口高程 436.8 m),河流全长 60 km,流域面积 348.0 km^2,河流比降为 5.51‰,尧都区境内流域面积为 118.8 km^2。在尧都区大阳镇合理庄洰河干流上建有中型水库——洰河水库。

(7)仙洞沟涧河为汾河的一级支流,起源于尧都区枕头乡仪上村前子孙角村(河源经度 111°27′05.2″,河源纬度 36°12′02.5″,河源高程 1 322 m),于尧都区金殿镇东麻册汇入汾河(河口经度 111°27′05.2″,河口纬度 36°03′38.8″,河口高程 424.5 m),河流全长 33 km,河流比降为 20.96‰,流域面积 123 km^2,全部在尧都区境内。

(8)席坊沟为汾河的一级支流,席坊沟起源于尧都区枕头乡土坡村(河源经度 111°17′29.0″,河源纬度 36°08′13.0″,河源高程 1 164.4 m),于尧都区金殿镇杜家庄汇入汾河(河口经度 111°26′08.1″,河口纬度 36°02′27.7″,河口高程 424.0 m),河流全长 21 km,河流比降为 24.79‰,流域面积 77.2 km^2,全部在尧都区境内。

(9)三圣沟为汾河的一级支流,起源于尧都区枕头乡红道村(河源经度 111°15′44.7″,河源纬度 36°08′53.0″,河源高程 1 192.4 m),自西北向东南流经尧都区、襄汾县,于襄汾县襄陵镇东街村汇入汾河(河口经度 111°25′16.9″,河口纬度 36°01′09.4″,河口高程 420.0m),河流全长 25 km,河流比降为 20.22‰,流域面积 59.7 km^2,绝大部分面积在尧都区境内。

(10)豁都峪,为汾河的一级支流,起源于尧都区河底乡十亩村杏虎山(河源经度 111°06′38.8″,河源纬度 35°10′59.2″,河源高程 1 550.7 m),自西北向东南流经尧都区、乡宁县、襄汾县,于襄汾县新城镇陈郭村汇入汾河(河口经度 111°12′22.8″,河口纬度 36°02′40.3″,河口高程 759.4 m),河流全长 58 km,流域面积 416.5 km^2,河流比降为 11.81‰。尧都区境内流域面积为 116.6 km^2。

5.1.2　清水分布

尧都区 1966 年共调查了 2 个清水断面,在杨村河和洰河;1987 年共调查了 3 个清水断面,分别在汾河、杨村河、洰河;2004 年共调查了 15 个清水断面,主要分布在汾河、杨村河、洰河、柏村河、岳壁沟、浮峪河及其支沟内;2009 年共调查了 19 个清水断面,主要分布在汾河、杨村河、洰河、柏村河、岳壁沟、浮峪河及其支沟内。

尧都区 2019 年共调查了 41 个清水断面,其中:洰河有 13 个,涝河有 6 个,杨村河有 5 个,赵南河有 8 个,太涧河有 4 个,岔口河有 2 个。汾河支沟有 1 个,汾河干流有 1 个。豁都峪源头区有 1 个。

5.1.3　泉水分布

尧都区泉水调查工作自 2004 年开始,之后调查年份均有延续。2004 年共调查到 11 处泉水,主要分布在洰河、岔口河、柏村河、太涧河及仙洞沟涧河。2009 年共调查到 25 处泉水,主要分布在汾河、杨村河、洰河、柏村河、岳壁沟、浮峪河及其支沟内。

2019 年尧都区共调查到 39 处泉水,总流量为 2 683.4 L/s。其中:汾河沿岸支沟 10 处,岔口河 8 处,席坊沟 6 处,洰河 5 处,太涧河 2 处,豁都峪 2 处,涝河 2 处,杨村河 1 处,赵南河 2 处,仙洞沟涧河 1 处。

5.1.4 尧都区调查成果

据 2019 年清水调查成果统计，尧都区清水流量大于 100 L/s 的有 3 个断面，在 50~100 L/s 的有 1 个断面，在 1~50 L/s 的有 6 个断面，小于 1 L/s 有 31 个断面，其中最大的是位于尧都区下靳村附近的汾河干流断面，流量为 2 200 L/s，太涧河、岔口河、豁都峪源头区均河干。尧都区各河流清水流量统计见表 5-2。

表 5-2　尧都区各河流清水流量统计

河流名称	总断面数	流量(L/s)			
		≤1	1~50	50~100	>100
汾河干流	1	0	0	0	1
涝河	6	3	1	1	1
洰河	13	10	2	0	1
杨村河	5	3	2	0	0
赵南河	8	7	1	0	0
太涧河	4	4	0	0	0
岔口河	2	2	0	0	0
汾河支沟	1	1	0	0	0
豁都峪	1	1	0	0	0
合计	41	31	6	1	3

2019 年泉水调查成果显示，龙子祠岩溶大泉位于尧都区，经测量包括龙子祠泉跃进渠、返修渠、母子河、红卫渠以及自来水水厂的流量共计 2 657 L/s，为本区最大泉水，其次是新风泉，流量为 10.0 L/s，位于尧都区金殿镇新风村，其余的泉水流量均小于 10 L/s，其中 1~10 L/s 的有 6 处，小于 1 L/s 的有 28 处。尧都区各河流泉水量统计见表 5-3。

表 5-3　尧都区各河流泉水流量统计

河流名称	总个数	流量(L/s)		
		≤1	1~10	≥10
汾河支沟	10	8	2	0
涝河	2	2	0	0
洰河	6	4	2	0
席坊沟	6	1	0	5
岔口河	8	8	0	0
太涧河	2	2	0	0
仙洞沟涧河	1	0	1	0
杨村河	1	1	0	0
赵南河	1	0	1	0
豁都峪	2	2	0	0
合计	39	28	6	5

5.2　曲沃县清泉水流量调查成果

5.2.1　自然地理

5.2.1.1　地理位置

曲沃县位于山西省临汾盆地南部,这里自古以来便是中华民族繁衍生息的场所和我国古代文化的发祥地。北部和襄汾县以塔儿山、乔山、垆顶山为界,南部隔紫金山同绛县、闻喜县为邻,东于翼城县接壤,北西与襄汾县隔河相望,西南与侯马市毗连。地理坐标为北纬35°33′~35°51′,东经110°24′~112°37′,全县南北长29.5 km,东西宽15.4 km,总面积429 km^2,占全市国土面积的2.1%。

5.2.1.2　地形地貌

曲沃县地处侯马断陷盆地南部,为两山夹一盆地的地貌单元,北部为塔儿山隆起,南部为紫金山,盆地呈东西向展部,大部分为冲积平原。地形特征是南、北、东三面高,西面低,形似簸箕。地貌主要分为三种:一是土石山区,北部自东向西有太岳山余脉塔儿山、乔山、垆顶山三峰,塔儿山主峰高程1 492.6 m,为全县最高点,南部有中条山支脉紫金山东西蜿蜒,主峰标高1 118 m;二是丘陵阶地区,分布在紫金山、塔儿山上前地带,高程500~600 m;三是冲积平原,主要分布在滏河、浍河流域,高程在500 m以下,约占全县面积的70%,是全县粮棉主产区。

从产流、汇流及漏水强弱的角度而言,境内的地貌大体可分为如下几类:

(1)塔儿山、紫金山区。地面坡度在17°以上,地面高程一般大于1 500 m,地表径流形成条件好,汇流快。

(2)塔儿山、紫金山山前倾斜平原区。地面坡度在5°~12°,地面高程一般在1 000 m以下,产流条件较差。

(3)浍河南北黄土层区。地面坡度在2°~5°,是地表径流与地下径流交换强烈的地区。

(4)浍河冲积平原区。地面坡度在2°以下,因地面平坦,地表径流形成条件差,蒸散发损失大。

5.2.1.3　河流水系

曲沃县境内河流均属于黄河流域汾河水系,流域面积大于50 km^{2}的主要河流有7条。按照水利部河湖普查河流级别划分原则,1级河流有1条,为汾河(干流从曲沃边境流过);2级河流有3条,为滏河、排碱沟和浍河;3级河流有2条,分别为曲村河和黑河;4级河流有1条,为沸泉河。

县境内流域控制面积较大的河流主要为滏河、浍河,曲沃县主要河流基本情况见表5-4。

(1)滏河为汾河的一级支流,起源于襄汾县大邓乡洞沟村(河源经度111°36′44.4″,河源纬度35°52′18.7″,河源高程1 189.6 m),自东北向西南流经襄汾县、翼城县、曲沃县,于曲沃县里村镇封王村汇入汾河(河口经度111°24′25.7″,河口纬度36°44′31.9″,河口高程404.5 m),河流全长47 km,流域面积323 km^2,河流比降为9.02‰。曲沃县境内流域面积为186.4 km^2。

表 5-4　曲沃县主要河流基本情况

编号	河流名称	上级河流名称	河流等级	流域面积（km^2）	河长（km）	比降（‰）	县境内流域面积（km^2）
1	滏河	汾河	2	323	47	9.02	186.4
2	曲村河	滏河	3	65.1	23	20.49	48.8
3	排碱沟	汾河	2	73.3	16	5.41	71.3
4	浍河	汾河	2	2 052	111	3.24	154.9
5	黑河	浍河	3	424	45	16.88	55.3
6	沸泉河	黑河	4	92.4	25	19.18	22.2

（2）曲村河为滏河的支流，起源于襄汾县陶寺乡云合十八盘（河源经度111°35′25.5″，河源纬度 36°51′59.6″，河源高程 1 179.3 m），自东北向西南流经襄汾县、翼城县、曲沃县，于曲沃县曲村镇北辛河汇入滏河（河口经度111°29′59.6″，河口纬度 35°43′06.2″，河口高程 450.0 m），河流全长 23 km，流域面积 65.1 km^2，河流比降为 20.49‰。曲沃县境内流域面积为 48.8 km^2。

（3）排碱沟起源于曲沃县史村镇南常村（河源经度 111°31′41.5″，河源纬度 35°40′10.1″，河源高程 513.9 m），自东北向西南流经曲沃县、侯马市，于曲沃县高显镇汾阴村汇入汾河（河口经度 111°22′59.6″，河口纬度 36°42′37.0″，河口高程 339.2 m），河流全长 16 km，河流比降为 5.41‰，流域面积 73.3 km^2，几乎全部在曲沃县境内。

（4）浍河为汾河的一级支流，发源于浮山县米家垣乡新庄村花沟（河源经度 112°00′22.7″，河源纬度 35°54′17.3″，河源高程 1 337.7 m），自东北向西南流经浮山县、翼城县、绛县、曲沃县、侯马市、新绛县，于新绛县开发区西曲村汇入汾河（河口经度 111°11′57.3″，河口纬度 35°35′27.0″，河口高程 390.0 m），河流全长 111 km，流域面积 2 052 km^2，河流比降为 3.24‰。浍河在曲沃县北董乡平乐村入本县境，于乐昌镇东韩村附近出境，境内河长约 18.4 km，流域面积为 154.9 km^2。在曲沃县史村镇东周村浍河干流上建有中型水库——浍河水库。

（5）黑河为浍河的支流，起源于绛县么里镇坦址村小岔（河源经度 111°53′27.4″，河源纬度 35°31′33.2″，河源高程 1 733.4 m），由东南向西北流经绛县、曲沃县，于曲沃县北董乡下裴庄村汇入浍河（河口经度 111°30′9.3″，河口纬度 35°37′23.4″，河口高程440.0 m），河流全长 45 km，流域面积 424 km^2，河流比降为 16.88‰。曲沃县境内流域面积为55.3 km^2。

（6）沸泉河为黑河的支流，起源于绛县卫庄镇张上村（河源经度 111°41′07.3″，河源纬度 35°28′27.1″，河源高程 1 265.1 m），自东南向西北流经绛县、曲沃县，于曲沃县北董乡营里村汇入黑河（河口经度 111°31′11.7″，河口纬度 35°36′17.2″，河口高程455.6 m），河流全长 25 km，流域面积 92.4 km^2，河流比降为 19.18‰。曲沃县境内流域面积为 22.2 km^2。

5.2.2　清水分布

曲沃县泉水调查工作自 1987 年开始，之后调查年份均有延续。1987 年在浍河上调查了 1 个清水断面，2004 年共调查了 5 个清水断面，主要分布在汾河干流、浍河、樊村河、黑河等。2009 年共调查了 4 个清水断面，主要分布在汾河干流、浍河、黑河。

2019 年曲沃县共调查了 8 个清水断面,其中:汾河干流河有 1 个,浍河有 2 个,樊村河有 3 个,黑河有 2 个。

5.2.3　泉水分布

曲沃县泉水调查工作自 1966 年开始,之后调查年份均有延续。1966 年在滏河流域调查到 1 处泉水,1987 年共调查到 2 处泉水,在滏河和黑河流域内,2004 年共调查到 6 处泉水,分布在滏河、樊村河、黑河流域内,2009 年共调查发现 13 处泉水,分布在滏河、樊村河、浍河、汾河支沟流域内。

曲沃县 2019 年共调查到 11 处泉水,总流量为 61.3 L/s。其中:浍河流域内有 4 处,樊村河流域内有 2 处,排碱沟流域内有 2 处,滏河流域内有 3 处。

5.2.4　曲沃县调查成果表

根据 2019 年曲沃县清水调查成果,清水流量大于 100 L/s 的只有 1 个断面,位于樊村河沸泉二库坝下,流量为 104 L/s;清水流量在 1~50 L/s 的也仅有 1 个断面,位于曲高显镇汾阴村西北 500 m;汾河干流上流量为 9.0 L/s;其余 6 个断面清水流量均小于 1.0 L/s。曲沃县各河流清水流量统计见表 5-5。

表 5-5　曲沃县各河流清水流量统计

河流名称	总断面数	流量(L/s)			
		≤1	1~50	50~100	>100
汾河干流	1	0	1	0	0
浍河	2	2	0	0	0
樊村河	3	2	0	0	1
黑河	2	2	0	0	0
合计	8	6	1	0	1

根据 2019 年泉水调查成果,流量大于 10 L/s 的有 2 处,一处在排碱沟流域内高显镇南太许村的太子滩温泉,泉水流量为 31.2 L/s,另一处在樊村河流域内北董乡南林交村东南 500 m 处的龙王泉,泉水流量为 30 L/s;其余 9 处泉水流量均小于 1.0 L/s。曲沃县各河流泉水流量统计见表 5-6。

表 5-6　曲沃县各河流泉水流量统计

河流名称	总个数	流量(L/s)		
		≤1	1~10	≥10
浍河	4	4	0	0
滏河	3	3	0	0
排碱沟	2	1	0	1
樊村河	2	1	0	1
合计	11	9	0	2

5.3 翼城县清泉水流量调查成果

5.3.1 自然地理

5.3.1.1 地理位置

翼城县位于山西省临汾市东南隅，中条山太行山之间，北纬 34°23′~35°31′，东经 111°34′~112°03′；东邻沁水，西连曲沃，北与浮山、襄汾接壤，南与绛县、垣曲毗邻，东西长约 44 km，南北宽约 25 km，总面积 1 159 km^2。

5.3.1.2 地形地貌

翼城县总的特点是地势东高西低，东部又向南延伸较远。而东部又是南高北低。北、东、南群山环绕，平原堆积地貌，黄土梁峁侵蚀堆积地貌和山丘侵蚀，均衡发育。

（1）平原台地堆积地貌。包括上梁庄、北捍、武子宫庄和南梁一线以西的地区，是 20 世纪以来长期下降的地区，堆积了大量的第四纪松散沉积物。平原台地的北部和东部边缘海拔大约 800 m，平原台地的北部地表微向南偏西倾斜，在郑庄、辛安一线以北地面坡度较陡，向南逐渐变缓。平原台地的东部武池、中卫、南梁一带地面微向西倾，靠近东部边缘，坡度也较陡，向西逐渐变缓。除此还有南卫台地、南唐台地、浍河河谷、塔儿山、和尚公德山地貌。

（2）黄土梁峁侵蚀堆积地貌。包括平原台地以东和甘泉，李家山一线以北的地区。海拔高度由西向东，从 800 m 逐渐上升到 1 200 m 以上，广为黄土覆盖。经历了黄土堆积和被强烈侵蚀两个阶段，形成特有的黄土梁峁地貌。更新世黄土的厚度为 50~100 m，黄土层下覆盖的石炭二叠系、三叠系地层，主要在各大河谷的底部出露。

（3）中山侵蚀地貌。包括黄土梁峁地貌以南的地区，属山丘地貌，一般山峰海拔为 1 500~2 000 m，最高峰舜王坪主峰海拔 2 322 m。出露岩层为元古代、古生代的震旦系、寒武系、奥陶系、石炭二叠系地层。山区广为森林植被覆盖，基岩裸露，浮土很少。

5.3.1.3 河流水系

翼城县境内河流分属黄河、汾河、沁河三大水系，除黄河水系的允西河、沁河水系的樊村河外，其余河流均在汾河水系。流域面积大于 50 km^{2}主要河流有 14 条。按照水利部河湖普查河流级别划分原则，1 级河流有 1 条，为允西河；2 级河流有 3 条，分别为滏河、浍河、允西河右支；3 级河流有 10 条，分别为曲村河、田家河、滑家河、翟家桥河、范村河、常家河、干河、二曲河、续鲁峪河、樊村河。县境内主要河流为浍河及其支流。翼城县主要河流基本情况见表 5-7。

（1）滏河为汾河的一级支流，发源于襄汾县大邓乡洞沟村（河源经度 111°36′44.4″，河源纬度 35°52′18.7″，河源高程 1 189.6 m），自东北向西南流经翼城县、曲沃县，于曲沃县里村镇封王村汇入汾河（河口经度 111°24′25.7″，河口纬度 36°44′31.9″，河口高程 404.5 m），河流全长 47 km，流域面积 323 km^2，河流比降为 9.02‰。翼城县境内流域面积为 114.9 km^2。

（2）浍河为汾河的一级支流，发源于浮山县米家垣乡新庄村花沟（河源经度112°00′22.7″，

表 5-7 翼城县主要河流基本情况

编号	河流名称	上级河流名称	河流等级	流域面积（km^2）	河长（km）	比降（‰）	县境内流域面积（km^2）
1	滏河	汾河	2	323	47	9.02	114.9
2	浍河	汾河	2	2 052	111	3.24	894.8
3	田家河	浍河	3	67.7	16	26.92	67.7
4	滑家河	浍河	3	121	29	16.03	23.7
5	翟家桥河	浍河	3	181.8	27	18.13	181.8
6	范村河	浍河	3	57.9	19	15.56	49.0
7	常家河	浍河	3	59.3	19	23.77	59.3
8	干河	浍河	3	63.9	26	11.72	62.7
9	二曲河	浍河	3	110	22	19.10	93.6
10	续鲁峪河	浍河	3	370	50	15.30	142.4
11	允西河	黄河	1	556.8	60	15.38	142.2
12	允西河右支河	允西河	2	58.9	14	43.37	46.8

河源纬度 35°54′17.3″,河源高程 1 337.7 m),自东向西流经浮山县、翼城县、绛县、曲沃县、侯马市、新绛县,于新绛县开发区西曲村汇入汾河(河口经度 111°11′57.3″,河口纬度 35°35′27.0″,河口高程 390.0 m),河流全长 111 km,流域面积 2 052 km^2,河流比降为 3.24‰。浍河在翼城县浇底乡上梁庄村入境,南唐乡河沄村出境,境内河长约 43.3 km,面积为 894.8 km^2。在田家河和滑家河交汇处翼城县浇底乡油庄村下游浍河干流有中型水库——小河口水库。

(3)田家河为浍河的支流,发源于翼城县隆化镇黄家铺村马槽河(河源经度 112°00′32.5″,河源纬度 35°45′40.5″,河源高程 1 393.6 m),于翼城县浇底乡油庄村汇入浍河(河口经度 111°51′42.2″,河口纬度 35°47′08.0″,河口高程 727.1 m),河流全长 16 km,河流比降为 26.92‰,流域面积 67.7 km^2,全部在翼城县境内。

(4)滑家河为浍河的支流,发源于浮山县米家垣乡滴水潭村南算坪(河源经度 112°00′03.4″,河源纬度 35°54′48.0″,河源高程 1 293.9 m),自东北向西南流经浮山县、翼城县,于翼城县王庄乡新村小河口水库汇入浍河(河口经度 111°48′00.7″,河口纬度 35°46′23.0″,河口高程 659.6 m),河流全长 29 km,流域面积 121 km^2,河流比降为 16.03‰。翼城县境内流域面积为 23.7 km^2。

(5)翟家桥河为浍河的支流,发源于翼城县桥上镇上交村张公曹(河源经度 112°01′16.6″,河源纬度 35°42′50.7″,河源高程 1 265.9 m),于翼城县隆化镇大河口村汇入浍河(河口经度 111°46′09.7″,河口纬度 35°44′23.6″,河口高程 583.0 m),河流全长27 km,河流比降为 18.13‰,流域面积 181.8 km^2,全部在翼城县境内。

(6)范村河为浍河的支流,发源于浮山县东张镇张家坡村(河源经度 111°47′34.5″,河源纬度 35°50′52.3″,河源高程 1 074.9 m),自北向南流经浮山县、翼城县,于翼城县唐兴镇北关村汇入浍河(河口经度 111°43′10.8″,河口纬度 35°43′42.3″,河口高程 549.8 m,河流全长 19 km,流域面积 57.9 km^2,河流比降为 15.56‰。翼城县境内流域面积为 49.0 km^2。

(7)常家河为浍河的支流,发源于翼城县中卫乡岳庄村(河源经度 111°52′03.4″,河源纬度 35°38′59.1″,河源高程 1 279.7 m),于翼城县南梁壁镇西王村汇入浍河(河口经度 111°42′23.2″,河口纬度 35°42′26.7″,河口高程 530.1 m),河流全长 19 km,河流比降为 23.77‰,流域面积 59.3 km^2,全部在翼城县境内。

(8)干河为浍河的支流,发源于浮山县东张乡南畔山村山羊坡(河源经度 111°42′08.8″,河源纬度 35°51′12.3″,河源高程 1 048.3 m),自北向南流经浮山县、翼城县,于翼城县南唐乡南丁村汇入浍河(河口经度 111°39′33.9″,河口纬度 35°39′13.9″,河口高程 498.8 m),河流全长 26 km,流域面积 63.9 km^2,河流比降为 11.72‰。翼城县境内流域面积为 62.7 km^2。

(9)二曲河为浍河的支流,发源于翼城县南梁镇兴岭村腰西沟(河源经度 111°50′28.4″,河源纬度 35°37′24.0″,河源高程 1 249.6 m),自东向西流经翼城县、绛县,于山西省大交镇大交村汇入浍河(河口经度 111°39′09.7″,河口纬度 35°38′26.2″,河口高程 491.4 m),河流全长 22 km,流域面积 110 km^2,河流比降为 19.10‰。翼城县境内流域面积为93.6 km^2。

(10)续鲁峪河为浍河的支流,发源于沁水县中村镇松峪村(河源经度111°58′46.8″,河源纬度 35°39′26.9″,河源高程 1 345.7 m),自东向西流经沁水县、翼城县、绛县,于大交镇大交村汇入浍河(河口经度 111°39′01.8″,河口纬度 35°38′28.1″,河口高程 491.4 m),河流全长 50 km,流域面积 370 km^2,河流比降为 15.30‰。翼城县境内流域面积为 142.4 km^2。

(11)允西河为黄河的一级支流,发源于翼城县西闫镇大河村垛村(河源经度 111°55′13.2″,河源纬度 35°30′23.7″,河源高程 1 887.9 m),自北向南流经翼城县、垣曲县,于垣曲县古城县古城村小浪底水库汇入黄河(河口经度 111°53′24.8″,河口纬度 35°04′46.1″,河口高程 219.0 m),河流全长 60 km,流域面积 556.8 km^2,河流比降为 15.38‰。翼城县境内流域面积为 142.2 km^2。

(12)允西河右支为允西河的一级支流,发源于翼城县西闫镇大河村龙头沟(河源经度 111°52′40.8″,河源纬度 35°30′23.9″,河源高程 1 724.8 m),于翼城县西闫镇大河村大西沟汇入允西河(河口经度 111°52′41.1″,河口纬度 35°24′59.8″,河口高 869.9 m),河流全长 14 km,流域面积 58.9 km^2,河流比降为 43.37‰。翼城县境内流域面积为 46.8 km^2。

5.3.2 清水分布

翼城县清水调查工作自第一次调查 1966 年开始,之后调查年份均有延续。1966 年调查了 2 个清水断面,分布在浍河、浇底河。1987 年调查了 6 个清水断面,分布在浍河、浇底河、续鲁峪河、允西河。2004 年调查了 13 个清水断面,2009 年共调查了 15 处清水断面,这两次调查都主要分布在浍河、浇底河、翟家桥河、滑家河、续鲁峪河、允西河。

2019 年翼城县共调查了 18 个清水断面,其中:浍河有 10 个,滑家河有 1 个,田家河有 1 个,翟家桥河有 3 个,续鲁峪河有 2 个,允西河有 1 个。

5.3.3 泉水分布

翼城县泉水调查工作与清水调查同步,自1966年开始,之后调查年份均有延续。1966年、1987年、2004年均调查到1处泉水,为浍河流域内的南梁泉。2009年共调查到5处泉水,分布在浍河、滏河、续鲁峪河流域内。

2019年翼城县共调查到12处泉水,总流量为0.36 L/s。其中:浍河流域内有4处,滏河流域内有3处,二曲河流域内有2处,续鲁峪河流域内有1处,翟家桥河流域内有2处。

5.3.4 翼城县调查成果表

据2019年清水调查成果统计,翼城县清水流量全部小于100 L/s,其中50~100 L/s的仅有1个断面,位于浍河干流两坂村附近,清水流量为63.0 L/s,1~50 L/s的有10个断面,小于1 L/s的断面有7个。翼城县各河流清水流量统计见表5-8。

表5-8 翼城县各河流清水流量统计

河流名称	总断面数	流量(L/s)			
		≤1	1~50	50~100	>100
浍河	10	5	4	1	0
续鲁峪河	2	0	2	0	0
翟家桥河	3	2	1	0	0
滑家河	1	0	1	0	0
田家河	1	0	1	0	0
允西河	1	0	1	0	0
合计	18	7	10	1	0

2019年泉水调查成果显示,翼城县调查到的12处泉水流量均小于1 L/s,其中浍河流域内的杨家庄泉流量最大,为0.18 L/s,位于翼城县浇底镇杨家庄村。翼城县各河流泉水流量统计见表5-9。

表5-9 翼城县各河流泉水流量统计

河流名称	总个数	流量(L/s)		
		≤1	1~10	≥10
浍河	4	4	0	0
滏河	3	3	0	0
二曲河	2	2	0	0
翟家桥河	2	2	0	0
续鲁峪河	1	1	0	0
合计	12	12	0	0

5.4　襄汾县清泉水流量调查成果

5.4.1　自然地理

5.4.1.1　地理位置

襄汾县位于山西省南部,北与尧都区接壤,南与曲沃县为邻,西靠乡宁县,东有太岳山,与浮山、翼城相连。地理坐标为北纬 35°42′~36°02′,东经 111°04′~112°39′。全县东西长 50 km,南北宽约 40 km,总面积 1 034 km^2。县境内交通便利,南同蒲铁路、霍侯一级路、大运高速路纵贯全境。

5.4.1.2　地形地貌

襄汾县东有塔儿山高耸而峙,西有姑射山犹如屏障,中部汾河由北而南纵贯全县,将全县分为河东、河北两个部分。由于汾河的垂直下切作用形成了南北和中间凹,向东向西逐步递增的地形景观。

襄汾县地貌特征按地形形态和成因类型可划分为如下单元:

(1)基岩山区。指盆地东西两侧的塔儿山和姑射山区。东侧塔儿山区高程一般为700~1 300 m,主峰高程 1 493 m,高出汾河河谷 300~900 m。西侧姑射山拔地而起,形似屏障,高程为 300~1 100 m,高出汾河河谷 385~690 m。两侧基岩山区与盆地皆呈陡倾的挠曲或断裂接触。

(2)低山丘陵区。指盆地中的九原山和汾阳岭,绝对高程为 500~850 m,高于汾河河谷 100~180 m。该区受断裂构造控制,并伴有燕山期火成岩侵入体,是从盆地基底突起的灰岩孤峰,上覆有黄土层。

(3)黄土台塬区。分布于塔儿山前、柴庄隆起、南贾垣及汾阳岭周围、横截盆地的隆起区。

(4)洪积扇群区。分布于盆地东西两侧山前地带,组成物质以 Q_2 黄土为主,卵砾砂次之。盆地西侧的峪口峪和霸王峪属贝壳状洪积扇,三官峪洪积扇和豁都峪洪积扇属鸟爪状洪积扇,盆地东侧的洪积扇皆为条状洪积扇。

(5)洪积或洪冲积倾斜平原区。洪积倾斜平原由洪积成因的黄土物质及条带状的卵砾砂透镜组成,分布于河西的南辛店、贾罕、景毛、汾城一带;洪冲积倾斜平原乃洪积扇群区与冲积平原区之间的过渡带,主要分布在河东的邓庄、南梁、刘家一带及河西的丰盈、赵康一带。

(6)冲积倾斜平原区。分布于河东的贾庄、赵曲一带和河西的永固、南柴一带,高程为 410~460 m,为中更新世汾河的四级阶地,其前缘高于汾河河床 40~50 m。

(7)现代汾河河谷区。由河漫滩和三级阶地组成,高程为 410~430 m,由全新世亚砂土、中粗细砂以及上更新世马兰黄土、中粗细砂物堆积形成。

5.4.1.3　河流水系

襄汾县境内河流全部在汾河水系,流域面积大于 50 km^2的主要河流有 11 条。按照水利部河湖普查河流级别划分原则,1 级河流有 1 条,为汾河;2 级河流有 9 条,分别为三圣沟、浪泉河、邓庄河、陶寺河、豁都峪、三官峪、滏河、汾城河和三泉河;3 级河流有 1 条,为曲村河。襄汾县河流基本情况详见表 5-10。

表 5-10　襄汾县主要河流基本情况

编号	河流名称	上级河流名称	河流等级	流域面积(km^2)	河长(km)	比降(‰)	县境内流域面积(km^2)
1	汾河	黄河	1	39 721	718	1.10	1 031.3
2	浪泉河	汾河	2	104	24	13.85	89.1
3	陶寺河	汾河	2	101	22	13.98	100.5
4	豁都峪	汾河	2	416	58	11.81	56.0
5	三官峪	汾河	2	355	49	11.93	81.2
6	汾城河	汾河	2	180	32	8.27	165.2

(1)汾河为黄河的一级支流,源自忻州宁武,穿越太原盆地,在临汾市境内霍州市王庄流入境内,自北向南穿经霍州市、洪洞县、尧都区,于东邓村进入襄汾县境内,下鲁村出境,汾河在襄汾县境内河长约 32.7 km,县内流域面积为 1 031.3 km^2。

(2)浪泉沟为汾河的一级支流,起源于乡宁县光华镇北家村石凹庄(河源经度 111°16′20.4″,河源纬度 36°01′19.4″,河源高程 1 025.7 m),自西向东流经乡宁县、襄汾县,于襄汾县襄陵镇李村屯大村汇入汾河(河口经度 111°24′46.7″,河口纬度 36°00′20.8″,河口高程 421.2 m),河流全长 24 km,流域面积 104 km^2,河流比降为 13.85‰。襄汾县境内流域面积为 89.1 km^2。

(3)陶寺河为汾河的一级支流,起源于襄汾县陶寺乡下庄村杜家庄(河源经度 111°35′35.8″,河源纬度 35°53′07.4″,河源高程 922.8 m),自东向西流经襄汾县陶寺,于襄汾县新城镇沟尔里村汇入汾河(河口经度 111°26′13.3″,河口纬度 36°54′11.3″,河口高程 416.8 m),河流全长 22 km,河流比降为 13.98‰,流域面积 101 km^2,几乎全部在襄汾县境内。

(4)豁都峪为汾河的一级支流,起源于尧都区河底乡十亩村杏虎山(河源经度 111°06′38.8″,河源纬度 35°10′59.2″,河源高程 1 550.7 m),自西北向东南流经尧都区、乡宁县、襄汾县,于襄汾县新城镇陈郭村汇入汾河(河口经度 111°12′22.8″,河口纬度36°02′40.3″,河口高程 759.4 m),河流全长 58 km,河流比降为 11.81‰,流域面积 416.5 km^2,其中襄汾县境内仅有 56.0 km^2。

(5)三官峪为汾河的一级支流,起源于乡宁县管头镇圪咀头村牛汾坪(河源经度 111°03′26.8″,河源纬度 36°01′25.3″,河源高程 1 201.5 m),自西北向东南流经乡宁县、襄汾县,于襄汾县新城镇柴寺村汇入汾河(河口经度 111°25′16.1″,河口纬度 35°52′28.7″,河口高程 413.3 m),河流全长 49 km,流域面积 355 km^2,河流比降为 11.93‰。襄汾县境内流域面积为 81.2 km^2。

(6)汾城河为汾河的一级支流,起源于乡宁县关王庙乡太尔凹村(河源经度 111°08′53.2″,河源纬度 35°51′40.0″,河源高程 990.0 m),自西北向东南流经乡宁县、襄汾县,于襄汾县永固乡车回东村汇入汾河(河口经度 111°23′14.9″,河口纬度 36°43′26.3″,河口高程 399.9 m),河流全长 32 km,河流比降为 8.27‰,流域面积 180 km^2,绝大部分面积在襄汾县境内。

5.4.2　清水分布

襄汾县清水调查工作自 1987 年开始,之后均有延续。1987 年调查了 1 个清水断面,位于汾河干流。2004 年和 2009 年清水调查均为 4 个断面,主要分布在汾河干流及其沿岸支沟。

2019 年襄汾县共调查了 10 个清水断面,其中:汾城河有 3 个,陶寺河有 1 个,浪泉河有 2 个,三圣沟有 1 个,汾河干流 1 个,沿岸支沟有 2 个。

5.4.3　泉水分布

襄汾县泉水调查工作自 1987 年开始,之后调查年份均有延续。1987 年共调查到 5 处泉水断面,2004 年共调查到 8 处泉水,2009 年共调查到 14 处泉水,三次调查的泉水均主要分布汾河沿岸支沟。

襄汾县 2019 年共调查到 14 处泉水,总流量为 17.4 L/s。其中:浪泉河有 5 处,滏河有 2 处,邓庄河有 1 处,汾河其他支沟有 6 处。

5.4.4　襄汾县调查成果

据 2019 年清水调查成果统计,襄汾县清水流量大于 100 L/s 的有 1 个断面,位于南贾镇仓头村东南汾河干流上,流量为 521 L/s;清水流量在 1~50 L/s 的有 2 个断面,分别在襄陵镇北街西北晋桥下三圣沟(流量为 30.0 L/s)、襄陵镇屯南东南三圣沟(流量为 9.0 L/s),其余 7 个断面清水流量均小于 1 L/s。襄汾县各河流清水流量统计见表 5-11。

表 5-11　襄汾县各河流清水流量统计

河流名称	总断面数	流量(L/s)			
		≤1	1~50	50~100	>100
汾河干流	1	0	0	0	1
汾河支沟	2	1	1	0	0
汾城河	3	3	0	0	0
陶寺河	1	1	0	0	0
浪泉河	2	2	0	0	0
三圣沟	1	0	1	0	0
合计	10	7	2	0	1

2019 年泉水调查成果显示,在调查到的 14 处泉水中流量大于 1 L/s 的有 3 处,其余 11 处流量均小于 1 L/s,最大的为浪泉河流域的娥英泉,位于襄汾县襄陵镇的西阳村,泉水流量为 9.0 L/s。襄汾县各河流泉水量统计表见表 5-12。

表 5-12 襄汾县各河流泉水流量统计

河流名称	总个数	流量	
		≤1 L/s	>1 L/s
浪泉河	5	2	3
滏河	2	2	0
邓庄河	1	1	0
汾河支沟	6	6	0
合计	14	11	3

5.5 洪洞县清泉水流量调查成果

5.5.1 自然地理

5.5.1.1 地理位置

洪洞县地处临汾盆地北端,东邻安泽、古县,西接汾西、蒲县,北界霍州市,南为尧都区,位于东经 111°20~111°54′,北纬 36°07~36°30′,面积 1 501 km^2。

5.5.1.2 地形地貌

洪洞县东、西、北三面环山,汾河自北而南贯穿中部,南部低平,形成东西高,中部低,北窄南宽的河谷盆地。东为霍山山脉,最高峰老爷顶海拔 2 347 m,西为吕梁山脉的青龙山、罗云山,最高峰泰山海拔 1 347 m,东西两侧为中低山区岭,海拔为 700~2 000 m,占总面积的 20%,从东西山区向中部汾河河谷依次为海拔 600~1 000 m 的丘陵地区,占总面积的 35%,阶梯状倾斜,平原海拔为 480~850 m,占总面积的 45%,境内最低点为汾河流出境口,海拔 430 m。

本次地貌划分按大纲要求,洪洞县分为一般山丘区、岩溶山区、盆地平原区。

一般山丘区为升降交替、侵蚀与堆积交替发生的丘陵台塬区,处于上升与下降之间的过渡区,分布范围广,海拔为 500~1 000 m,20 世纪以来,历经多次升降运动,交替接受侵蚀与堆积。古生界、中生界与上新统地层构成基底,其上普遍覆盖第四系堆积物,经不同程度剥蚀后形成黄土丘陵台塬与洪积扇。

岩溶山区为持续上升,长期遭受剥蚀的基岩山区。分布于县内的东北与西北部。东北部地形高程 800~2 200 m,西北部 1 000~1 400 m,由太古界至古生界地层组成。此范围印支运动至今长期隆起,遭受剥蚀,构成中高山区。

盆地平原区为持续下降接受堆积的河谷盆地区,上新统至今持续下降,晚新生界堆积累计厚度超过 1 000 m,高程 460~530 m。

5.5.1.3 河流水系

洪洞县境内所有的河流都属于汾河水系,流域面积大于 50 km^{2}主要河流有 14 条。按照水利部河湖普查河流级别划分原则,1 级河流有 1 条,为汾河;2 级河流有 12 条,分别为团柏河、轰轰涧河、午阳涧河、兴唐寺河、明姜沟、霍泉河、洪安涧河、三交河、大洪峪涧河、师村河、曲亭河、涝河;3 级河流有 1 条,为广胜寺涧河。洪洞县主要河流基本情况见表 5-13。

表 5-13　洪洞县主要河流基本情况

编号	河流名称	上级河流名称	河流等级	流域面积(km^2)	河长(km)	比降(‰)	县境内流域面积(km^2)
1	汾河	黄河	1	39 721	718	1.10	1 495.7
2	轰轰涧河	汾河	2	82.7	32	20.51	35.7
3	午阳涧河	汾河	2	197	35	18.17	155.9
4	兴唐寺河	汾河	2	69.7	27	38.10	69.7
5	明姜沟	汾河	2	61.2	25	23.12	61.2
6	霍泉河	汾河	2	184	24	12.60	184
7	广胜寺涧河	霍泉河	3	85.2	26	12.53	85.2
8	洪安涧河	汾河	2	1 123	84	10.44	136.5
9	三交河	汾河	2	172	40	12.97	172
10	大洪峪涧河	汾河	2	133.5	33	15.93	90.9
11	师村河	汾河	2	66.7	19	5.52	66.7
12	曲亭河	汾河	2	211	54	6.44	129.0

(1)汾河为黄河的一级支流,源自忻州宁武,穿越太原盆地,在临汾市境内霍州市王庄流入境内,自北向南穿经霍州市,于石滩村进入洪洞县境内,在南羊獬村出境,汾河在洪洞县境内河长约 40.0 km,流域面积约 1 495.7 km^2。

(2)轰轰涧河为汾河的一级支流,河起源于汾西县邢家要乡邢家要村(河源经度 111°26′36.0″,河源纬度36°33′04.3″,河源高程 1 289.8 m),自西北向东南流经汾西县、洪洞县,于洪洞县堤村乡北石明村汇入汾河(河口经度 111°39′28.7″,河口纬度 36°25′45.1″,河口高程 488.3 m),河流全长 32 km,流域面积 82.7 km^2,河流比降为 20.51‰。洪洞县境内流域面积为 35.7 km^2。

(3)午阳涧河为汾河的一级支流,起源于洪洞县山头乡东龙门村马士圪塔(河源经度 111°21′50.2″,河源纬度 36°30′58.0″,河源高程 1 419.7 m),自西北向东南流经洪洞县上下张端,于洪洞县堤村乡堤村汇入汾河(河口经度 111°40′9.7″,河口纬度 36°24′35.6″,河口高程 484.6 m),河流全长 35 km,流域面积 197 km^2,河流比降为 18.17‰。洪洞县境内流域面积为 155.9 km^2。

(4)兴唐寺河为汾河的一级支流,起源于洪洞县兴唐寺乡安子坪林场(河源经度 111°52′19.7″,河源纬度 36°26′19.2″,河源高程 1 924.5 m),自东北向西南流经洪洞县兴唐寺,于洪洞县赵城镇烧瓦窑村汇入汾河(河口经度 111°40′08.4″,河口纬度36°23′43.8″,河口高程 475.8 m),河流全长 27 km,河流比降为 38.10‰,流域面积 69.7 km^2,全部在洪洞县境内。

(5)明姜沟为汾河的一级支流,起源于洪洞县明姜镇安子坪林场黑神奄(河源经度 111°51′28.1″,河源纬度 36°23′18.0″,河源高程 1 735.9 m),自东北向西南流经洪洞县明姜,于洪洞县大槐树镇苗村汇入汾河(河口经度 111°40′05.2″,河口纬度 36°17′24.0″,河口高程 444.9 m),河流全长 25 km,河流比降为 23.12‰,流域面积 61.2 km^2,全部在洪洞县境内,明姜沟在洪洞县境内也称金沟子河。

(6)霍泉河为汾河的一级支流,起源于洪洞县明姜镇安子坪林场豹子凹(河源经度

111°50′37.5″,河源纬度 36°20′44.0″,河源高程 1 277.3 m),自东北向西南流经洪洞县东冯宝村,于洪洞县大槐树镇南官庄村汇入汾河(河口经度 111°39′45.8″,河口纬度36°16′4.0″,河口高程 443.0 m),河流全长 24 km,河流比降为 12.60‰,流域面积 184 km^2,全部在洪洞县境内。

(7)广胜寺涧河为霍泉河的支流,起源于洪洞县苏堡镇张家庄侯家安(河源经度 111°52′43.8″,河源纬度 36°19′29.5″,河源高程 993.1 m),自东向西流经洪洞县早觉村,于洪洞县大槐树镇南官庄村汇入霍泉河(河口经度 111°41′2.6″,河口纬度36°16′37.0″,河口高程 449.6 m),河流全长 26 km,流域面积 85.2 km^2,河流比降为 12.53‰。

(8)洪安涧河为汾河的一级支流,发源于古县北平镇北平林场水眼沟(河源经度 111°01′23.3″,河源纬度 36°34′58.8″,河源高程 1 845.7 m),自东向西流经古县,于洪洞县苏堡镇南铁沟村入境,大槐树镇南营村汇入汾河(河口经度 111°38′05.0″,河口纬度 36°15′11.1″,河口高程 438.7 m),河流全长 84 km,流域面积 1 123 km^2,河流比降为 10.44‰。洪安涧河在洪洞县境内河长约 63.1 km,流域面积为 136.5 km^2。

(9)三交河为汾河的一级支流,起源于洪洞县山头乡曲家岑村小庄上(河源经度 111°22′5.3″,河源纬度 36°25′16.7″,河源高程 1 238.1 m),自西北向东南流经洪洞县三交河,于洪洞县辛村乡西里村汇入汾河(河口经度 111°37′2.1″,河口纬度 36°13′31.3″,河口高程 438.7 m),河流全长 40 km,河流比降为 12.97‰,流域面积 172 km^2,全部在洪洞县境内。

(10)大洪峪涧河为汾河的一级支流,起源于洪洞县左木乡段家山村黄北凹(河源经度 111°21′47.8″,河源纬度 36°22′10.0″,河源高程 1 269.8 m),自西北向东南流经洪洞县、尧都区,于洪洞县辛村乡戍村汇入汾河(河口经度 111°36′22.2″,河口纬度 36°12′47.2″,河口高程 439.2 m),河流全长 33 km,流域面积 133.5 km^2,河流比降为15.93‰。洪洞县境内流域面积为 90.9 km^2。

(11)师村河为汾河的一级支流,起源于洪洞县曲亭镇师村雪安庄(河源经度 111°45′53.4″,河源纬度 36°10′43.6″,河源高程 633.3 m),于洪洞县甘亭镇杨曲村汇入汾河(河口经度 111°35′25.3″,河口纬度 36°11′45.3″,河口高程 438.8 m),河流全长 19 km,河流比降为 5.52‰,流域面积 66.7 km^2,全部在洪洞县境内。

(12)曲亭河为汾河的一级支流,起源于古县南垣陈香村郭店乡(河源经度 112°00′08.6″,河源纬度 36°05′57.7″,河源高程 1 050.0 m),自东向西流经古县、洪洞县、尧都区,于洪洞县甘亭镇羊獬村汇入汾河(河口经度 111°34′53.2″,河口纬度 36°11′16.2″,河口高程 433.8 m),河流全长 54 km,流域面积 211 km^2,河流比降为 6.44‰。洪洞县境内流域面积为 129.0 km^2。在洪洞县曲亭镇吉恒村南曲亭河干流上建有中型水库——曲亭水库。

5.5.2 清水分布

洪洞县清水调查工作自 1987 年开始,之后调查年份均有延续。1987 年和 2004 年均调查了 2 个清水断面,分别在汾河干流和曲亭河上。2009 年共调查了 11 个清水断面,主要分布在汾河干流、三交河、霍泉河、广胜寺涧河、曲亭河、涝河、师村河等。

2019 年洪洞县共调查了 33 个清水断面,其中:汾河干流有 2 个,汾河支沟有 14 个,曲亭河有 7 个,三交河有 2 个,霍泉河有 1 个,广胜寺涧河有 1 个,洪安涧河有 1 个,涝河有 3

个,师村河有 1 个, 午阳涧河有 1 个。

5.5.3 泉水分布

洪洞县泉水调查工作自 1987 年开始,之后调查年份均有延续。1987 年共调查到 30 处泉水,主要分布在汾河支沟、午阳涧河、兴唐寺河、霍泉河、广胜寺涧河、明姜沟、洪安涧河、曲亭河等。2004 年共调查到 41 处泉水,主要分布在汾河支沟、午阳涧河、兴唐寺河、霍泉河、明姜沟、洪安涧河、曲亭河等。2009 年共调查到 80 处泉水,主要分布在汾河支沟、午阳涧河、兴唐寺河、霍泉河、明姜沟、洪安涧河、曲亭河、三交河等。

2019 年洪洞县共调查到 123 处泉水,总流量为 3 068.86 L/s。其中:汾河沿岸支沟流域内 20 处、广胜寺涧河 15 处、洪安涧河 6 处、霍泉河 26 处、涝河 3 处、明姜沟 15 处、曲亭河 4 处、三交河 3 处、师村河 1 处、轰轰涧河 1 处、午阳涧河 17 处、辛置河 1 处、兴唐寺河 11 处。

5.5.4 洪洞县调查成果表

据 2019 年清水调查成果统计,洪洞县清水流量大于 100 L/s 的有 5 个断面,最大的位于三交村汾河干流断面,流量为 1 390 L/s;清水流量在 1~50 L/s 的有 4 个断面,其余 24 个断面清水流量均小于 1 L/s。洪洞县各河流清水流量统计见表 5-14。

表 5-14 洪洞县各河流清水流量统计

河流名称	总断面数	流量(L/s)			
		≤1	1~50	50~100	>100
汾河干流	2	0	0	0	2
汾河支沟	14	12	0	0	2
曲亭河	7	5	2	0	0
三交河	2	0	2	0	0
霍泉河	1	0	0	0	1
广胜寺涧河	1	1	0	0	0
洪安涧河	1	1	0	0	0
涝河	3	3	0	0	0
师村河	1	1	0	0	0
午阳涧河	1	1	0	0	0
合计	33	24	4	0	5

2019 年泉水调查成果显示,霍泉岩溶大泉位于洪洞县,包括霍泉南干、中干、北干渠农业用水,流量为 2 240 L/s,城市供水,流量为 300 L/s,工业用水,流量为 430 L/s,共计流量为 2 970 L/s,为本县最大泉水,其余的泉水流量均小于 10 L/s,其中 1~10 L/s 的有 22 处,小于 1 L/s 的有 96 处。洪洞县各河流泉水流量统计见表 5-15。

表 5-15 洪洞县各河流泉水流量统计

河流名称	总个数	流量(L/s)		
		≤1	1~10	≥10
汾河支沟	20	17	3	0
广胜寺涧河	15	11	4	0
洪安涧河	6	6	0	0
霍泉河	26	15	6	5
涝河	3	3	0	0
明姜沟	15	13	2	0
曲亭河	4	3	1	0
三交河	3	2	1	0
师村河	1	1	0	0
轰轰涧河	1	1	0	0
午阳涧河	17	16	1	0
辛置河	1	1	0	0
兴唐寺河	11	7	4	0
合计	123	96	22	5

5.6 古县清泉水流量调查成果

5.6.1 自然地理

5.6.1.1 地理位置

古县位于临汾市东北部,地理坐标在东经 111°47′~112°11′,北纬 36°02′~36°35′。地处太岳山东麓,沁水盆地西缘中段,东靠安泽县、西临洪洞县,南和浮山县,尧都区衔接,北与霍州市、沁源县毗连,面积 1 222 km^2。

5.6.1.2 地形地貌

古县地势北部、东部高,山岭连绵重叠,最高峰霍山主峰老爷顶,海拔 2 346.8 m;西南部低,为黄土丘陵,梁绵起伏,沟壑纵横。涧河北支由北而南,纵贯县境中北部,出境处海拔仅 590 m(城关镇偏涧村下河滩)。全县相对高差达 1 756.8 m。

5.6.1.3 河流水系

古县境内的河流分属于汾河、沁河两大水系,主要分布在汾河水系的洪安涧河。流域面积大于 50 km^{2}的主要河流有 11 条。按照水利部河湖普查河流级别划分原则,2 级河流有 6 条,为洪安涧河、曲亭河、柏子河、蔺河、李垣河、兰村河;3 级河流有 3 条,分别为大南坪河、麦沟河、旧县河;4 级河流有 2 条,分别为永乐河和石壁河。古县主要河流基本情况见表 5-16。

(1)洪安涧河为汾河的一级支流,发源于古县北平镇北平林场水眼沟(河源经度 111°01′23.3″,河源纬度 36°34′58.8″,河源高程 1 845.7 m),自西向北流经古县、洪洞县,于洪洞县大槐树镇常青村汇入汾河(河口经度 111°38′05.0″,河口纬度 36°15′11.1″,河口高程 438.7 m),河流全长 84 km,流域面积 1 123 km²,河流比降为 10.44‰。洪安涧河在古县岳阳镇偏涧村出境,境内河长约 20.9 km,流域面积为 974.3 km²。

表 5-16　古县主要河流基本情况

编号	河流名称	上级河流名称	河流等级	流域面积(km²)	河长(km)	比降(‰)	县境内流域面积(km²)
1	洪安涧河	汾河	2	1 123	84	10.44	974.3
2	大南坪河	洪安涧河	3	71.2	17	17.52	71.2
3	麦沟河	洪安涧河	3	70.5	24	18.88	65.4
4	旧县河	洪安涧河	3	381	40	12.13	380.1
5	永乐河	旧县河	4	101.3	15	13.76	101.3
6	石壁河	旧县河	4	100	23	13.57	100.0
7	曲亭河	汾河	2	211	54	6.44	71.9
8	蔺河	沁河	2	285	46	6.74	48.6

(2)大南坪河为洪安涧河的支流,起源于古县北平镇千佛沟村麻糊沟(河源经度 112°05′18.6″,河源纬度 36°30′31.8″,河源高程 1 313.6 m),于古县古阳镇古阳村汇入洪安涧河(河口经度 112°01′6.4″,河口纬度 36°25′01.0″,河口高程 928.4 m),河流全长 17 km,河流比降为 17.52‰,流域面积 71.2 km²,全部在古县境内。

(3)麦沟河为洪安涧河的支流,发源于安泽县府城镇原木村火烧凹(河源经度 112°03′01.5″,河源纬度 36°20′03.6″,河源高程 1 191.8 m),于古县岳阳镇张庄村汇入洪安涧河(河口经度 111°54′04.3″,河口纬度 36°14′54.8″,河口高程 638.8 m),河流全长 24 km,流域面积 70.5 km²,河流比降为 18.88‰。古县境内流域面积为 65.4 km²。

(4)旧县河为洪安涧河的支流,发源于安泽县吉县南垣乡南圈林场南安(河源经度 112°03′48.5″,河源纬度 36°03′56.1″,河源高程 1 289.8 m),自东南向西北流经古县旧县镇,于古县岳阳镇五马村汇入洪安涧河(河口经度 111°52′30.6″,河口纬度 36°13′50.9″,河口高程 603.0 m),河流全长 40 km,河流比降为 12.13‰,流域面积 381 km²,几乎全部在古县境内。

(5)永乐河为旧县河的支流,起源于古县永乐乡范寨村曲里沟(河源经度 112°08′28.6″,河源纬度 36°07′27.0″,河源高程 1 133.1 m),于古县旧县镇交口河汇入旧县河(河口经度 111°01′14.5″,河口纬度 36°09′26.6″,河口高程 845.6 m),河流全长 15 km,流域面积 101.3 km²,河流比降为 13.76‰。

(6)石壁河为旧县河的支流,发源于石壁乡高城村紫树圪塔(河源经度 112°05′51.9″,

河源纬度36°17′10.5″,河源高程1 151.5 m),于古县石壁乡贾村汇入旧县河(河口经度111°56′26.6″,河口纬度36°12′32.0″,河口高程715.3 m),河流全长23 km,流域面积100 km^2,河流比降为13.57‰。

(7)曲亭河为汾河的一级支流,发源于古县南垣陈香村郭店乡(河源经度112°00′08.6″,河源纬度36°05′57.7″,河源高程1 050.0 m),自东向西流经古县、洪洞县,于洪洞县甘亭镇羊獬村汇入汾河(河口经度111°34′53.2″,河口纬度36°11′16.2″,河口高程433.8 m),河流全长54 km,流域面积211 km^2,河流比降为6.44‰。古县境内流域面积为71.9 km^2。

(8)蔺河为沁河的一级支流,发源于古县北平镇李子坪村上峰鸡(河源经度112°04′39.2″,河源纬度36°33′09.2″,河源高程1 419.7 m),自西北向东南流经安泽县唐城镇,于安泽县和川镇和川村汇入沁河(河口经度112°15′18.1″,河口纬度36°15′22.4″,河口高程890.0 m),河流全长46 km,流域面积285 km^2,河流比降为6.74‰。古县境内流域面积为48.6 km^2。

5.6.2 清水分布

古县清水调查工作自1966年开始,之后调查年份均有延续。1966年、1987年均在洪安涧河调查了1个清水断面。2004年调查了64个清水断面,2009年调查了88个清水断面,这两次调查主要分布在洪安涧河、曲亭河、杨村河、大南坪河、蔺河、兰村河及其沿岸支沟。

2019年古县共调查了110个清水断面,其中:洪安涧河有32个,永乐河有16个,旧县河有26个,曲亭河有8个,麦沟河有4个,石壁河有8个,杨村河有8个,大南坪河有1个,蔺河有4个,兰村河有2个,沁河支沟有1个。

5.6.3 泉水分布

古县泉水调查工作从2004年才开始,之后几次调查年份均有延续。2004年共调查到8处泉水,分布在洪安涧河、大南坪河流域内。2009年共调查到18处泉水,分布在洪安涧河、大南坪河、石壁河流域内。

2019年古县共调查到32处泉水,总流量为47.0 L/s。其中:洪安涧河流域内有20处,大南坪河流域内有2处,旧县河流域内有1处,兰村河流域内有1处,麦沟河流域内有1处,曲亭河流域内有1处,石壁河流域内有3处,永乐河流域内有2处,杨村河流域内有1处。

5.6.4 古县调查成果表

据2019年清水调查成果统计,古县清水流量大于100 L/s的有7个断面,在50~100 L/s的有2个断面,在1~50 L/s的有32个断面,小于1 L/s的有71个断面。古县清水流量最大的断面为旧县河引沁入汾出口,流量为1 330 L/s,其次洪安涧河北支古县岳阳镇五马村,流量为135 L/s。古县各河流清水流量统计见表5-17。

表 5-17　古县各河流清水流量统计

河流名称	总断面数	流量(L/s)			
		≤1	1~50	50~100	>100
洪安涧河	32	24	4	2	2
永乐河	16	8	8	0	0
旧县河	26	17	5	0	4
曲亭河	8	5	3	0	0
麦沟河	4	0	4	0	0
石壁河	8	5	2	0	1
杨村河	8	5	3	0	0
大南坪河	1	0	1	0	0
蔺河	4	3	1	0	0
兰村河	2	2	0	0	0
沁河支沟	1	1	0	0	0
合计	110	70	31	2	7

2019 年泉水调查成果显示,古县泉水流量大于 10 L/s 的有 1 处,位于洪安涧河流域北平镇宽平村的宽平泉,泉水流量为 15.7 L/s;1~10 L/s 的泉水有 4 处,小于 1 L/s 的泉水有 23 处。古县各河流泉水流量统计见表 5-18。

表 5-18　古县各河流泉水流量统计

河流名称	总个数	流量(L/s)		
		≤1	1~10	≥10
洪安涧河	20	16	3	1
石壁河	3	2	1	0
永乐河	2	2	0	0
杨村河	1	1	0	0
大南坪河	2	1	1	0
旧县河	1	1	0	0
曲亭河	1	1	0	0
麦沟河	1	1	0	0
兰村河	1	1	0	0
合计	32	26	5	1

5.7 安泽县清泉水流量调查成果

5.7.1 自然地理

5.7.1.1 地理位置

安泽县位于山西省临汾市的东部,北部、东部分别为长治市的沁源县、屯留县、长子县,南部为晋城市的沁水县,西部为古县、浮山县。地理坐标东径111°05′01″~112°34′20″,北纬35°53′28″~36°32′38″,南北长约91 km,东西宽约43 km,全县总面积为1 967 km^2。全县辖7个乡(镇)104个行政村。县城居县境中略偏西,西距古县境12 km,东到屯留县31 km,北距沁源界38 km,南至沁水界48 km。

安泽县交通便利,有高速G22、309国道线穿过县城,省道326线贯穿全县53 km,县乡公路153 km,乡村公路481 km。高速G22东西横穿县境,西去临汾市约70 km,东到长治市约100 km。

5.7.1.2 地形地貌

安泽县位于沁河流域的上游,属低土石山区,受新华夏地壳运动构造格架的影响,铸成县境东西两翼高高隆起,中间河川谷地相对下降的地貌特征。西侧有从(古县)北平至永乐突起的霍山分支草峪岭与东坞岭北南高翘,形如马鞍,东侧受晋东南"山"字形构造的控制,安太山、盘秀山、安子山并肩耸立,错落有致,气势昂然。

全境各山脉自成体系,又相互交错,形成了山峦叠起、沟壑纵横、丘陵发育、深谷遍布的景象。西北部界古县的祭星台高程1 511.1 m,相对高569.0 m;西南隅界古县的将军墓高程1 446.2 m,相对高620.7 m;东部界屯留的盘秀山高程1 575.0 m,相对高461.0 m;东南隅的安太山高程1 592.4 m,相对高642.4 m;东北隅界沁源的安子山高程1 399.0 m,相对高557.0 m。全境高程1 400.0 m以上的山峰有57座,最高峰为与沁源县交界的灵空山,高程1 855.8 m。总的趋势是东西诸山峰逐渐向内倾斜,构成宽窄不等的沁河河谷,沁河北南流向纵贯全境,入境处高程942.0 m,出境处高程732.0 m,落差210.0 m。两翼有支流23条,网络着610条长5 km以上的沟壑。

5.7.1.3 河流水系

安泽县境内河流几乎全在沁河水系,仅有小部分面积在汾河水系的洪安涧河。流域面积大于50 km^2的河流有13条,其中沁河水系12条,汾河水系1条。按照水利部河湖普查河流级别划分原则,1级河流有1条,为沁河;2级河流有10条,分别为东洪驿河、蔺河、李垣河、郭都河、兰村河、王村河、泗河、兰河、石槽河和马壁河;3级河流有2条,分别为横水河和麦沟河。安泽县主要河流基本情况见表5-19。

(1)沁河为黄河的一级支流,发源于山西省沁源县王陶乡土岭上河底村,自安泽县罗云乡义亭村北入临汾境,流经安泽县城,到安泽马壁村南入晋城市沁水县,安泽县境内河长为95 km,流域面积为1 994.2 km^2,在安泽县府城镇飞岭村沁河干流设有飞岭水文站,1956年建站,实测最大洪峰流量为2 160 m^3/s,出现在1993年8月5日。

表 5-19 安泽县主要河流基本情况

序号	河流名称	上级河流名称	河流等级	流域面积(km^2)	河长(km)	比降(‰)	县境内流域面积(km^2)
1	沁河	黄河	1	13 065	495	2.03	1 944.2
2	东洪驿河	沁河	2	115	22	11.49	115
3	蔺河	沁河	2	285	46	6.47	235
4	李垣河	沁河	2	150	39	10.55	145.4
5	郭都河	沁河	2	58.4	18	14.96	58.4
6	兰村河	沁河	2	55.4	15	15.6	38.6
7	王村河	沁河	2	121	22	13.7	121
8	泗河	沁河	2	261	52	9.23	256.3
9	兰河	沁河	2	358	47	8.29	209.5
10	石槽河	沁河	2	171	27	13.34	129.3
11	马壁河	沁河	2	174	38	13.92	157.6

(2)东洪驿河为沁河的一级支流,发源于安泽县和川镇上田村秀才沟(河源经度112°26′23.5″,河源纬度36°19′59.2″,河源高程1 259.7 m),自东北向西南流经上田村、徐林、东洪驿村、西洪驿村,于安泽县和川镇西洪驿村汇入沁河(河口经度112°15′20.6″,河口纬度36°16′00.9″,河口高程897.0 m),河流全长22 km,流域面积115 km^2,河流比降为11.49‰。安泽县境内流域面积为115 km^2,大部分为砂页岩森林山地和砂页岩灌丛山地,植被覆盖较好。

(3)蔺河为沁河的一级支流,发源于古县北平镇李子坪村上峰鸡(河源经度112°04′39.2″,河源纬度36°33′09.2″,河源高程1 419.7 m),在安泽县境内流经东湾村、亢驿村、固县村、河川村,于安泽县和川镇和川村汇入沁河(河口经度112°15′18.1″,河口纬度36°15′22.4″,河口高程890.0 m),河流全长46 km,流域面积285 km^2,河流比降为6.74‰。安泽县境内流域面积为235 km^2。

(4)李垣河为沁河的一级支流,发源于古县古阳镇江水坪村艾蒿原(河源经度112°15′14.2″,河源纬度36°24′28.0″,河源高程1 355.47m),自北向南由古县流入安泽县,在安泽县内由西北向东南流经交口、上掌、李垣,于安泽县府城镇高壁村汇入沁河(河口经度112°15′14.2″,河口纬度36°09′40.9″,河口高程848.7 m),河流全长39 km,流域面积150 km^2,河流比降为10.55‰。安泽县境内流域面积为145.4 km^2,大部分为砂页岩森林山地和砂页岩灌丛山地,植被覆盖较好。

(5)郭都河为沁河的一级支流,发源于安泽县良马乡劳井村缸窑(河源经度112°23′01.5″,河源纬度36°13′21.8″,河源高程1 205.9 m),自东北向西南流经劳井、郭都,于安泽县府城镇第五村川口汇入沁河(河口经度112°14′51.6″,河口纬度36°08′40.4″,河口高程850.0 m),河流全长18 km,河流比降为14.96‰,流域面积58.4 km^2,全部在安泽县境内。郭都河流域大部分为砂页岩森林山地和砂页岩灌丛山地,植被覆盖较好。

(6)兰村河为沁河的一级支流,发源于古县永乐乡范寨村官道(河源经度112°07′39.5″,河源纬度36°05′11.8″,河源高程1 167.4 m),自西向东由古县流入安泽县,于安泽县冀氏镇兰村汇入沁河(河口经度112°16′05.1″,河口纬度36°05′23.5″,河口高程828.3 m),河流全长15 km,流域面积55.4 km²,河流比降为15.60‰,安泽县境内流域面积为38.6 km²。

(7)王村河为沁河的一级支流,发源于安泽县冀氏镇李庄村东吴岭(河源经度112°05′18.8″,河源纬度36°02′52.2″,河源高程1 260 m),自西向东流经李庄、核桃庄、王村沟口,于安泽县冀氏镇兰村汇入沁河(河口经度112°18′05.2″,河口纬度36°02′25.2″,河口高程818.5 m),河流全长22 km,河流比降为13.70‰,流域面积121 km²,全部在安泽县境内。

(8)泗河为沁河的一级支流,发源于安泽县良马乡华寨村松沟(河源经度112°33′16.5″,河源纬度36°15′13.3″,河源高程1 353.6 m),自东向西由华寨村流至良马村,经过良马村后由东北向西南流经英寨、上寨、东唐,于安泽县冀氏镇北孔滩村汇入沁河(河口经度112°20′03.6″,河口纬度36°00′13.4″,河口高程798.4 m),河流全长52 km,流域面积261 km²,河流比降为9.23‰,安泽县境内流域面积为256.3 km²。

(9)兰河为沁河的一级支流,发源于长子县石哲镇东沟(河源经度112°38′56.4″,河源纬度36°10′32.9″,河源高程1 248.1 m),自西北向东南流经长子县、安泽县,在安泽县境内自东北向西南流经小李、杜村、文洲,于安泽县冀氏镇北孔滩村神湾汇入沁河(河口经度112°20′20.6″,河口纬度35°59′11.5″,河口高程794.3 m),河流全长47 km,流域面积358 km²,河流比降为8.29‰,安泽县境内流域面积为209.5 km²。

(10)石槽河为沁河的一级支流,发源于沁水县十里乡南峪村(河源经度112°32′53.2″,河源纬度36°00′03.5″,河源高程1 110.4 m),自东北向西南流经沁水县和安泽县,在安泽县境内流经王河、石槽村,于安泽县马壁乡海东村汇入沁河(河口经度112°20′15.0″,河口纬度35°55′00.0″,河口高程752.3 m),河流全长27 km,流域面积171 km²,河流比降为13.34‰,安泽县境内流域面积为129.3 km²。

(11)马壁河为沁河的一级支流,发源于浮山县北韩乡茨庄村(河源经度112°3′26.8″,河源纬度36°02′27.1″,河源高程1 316.3 m),自西北向东南流经浮山县、安泽县,在安泽县境内流经段峪、秦壁,于安泽县马壁乡马壁村汇入沁河(河口经度112°19′08.0″,河口纬度36°53′53.0″,河口高程739.8 m),河流全长38 km,流域面积174 km²,河流比降为13.92‰,安泽县境内流域面积为157.6 km²。

5.7.2 清水分布

安泽县清水调查工作自第一次调查1966年开始,之后调查年份均有延续。1966年调查了20个清水断面,1987年调查了28个清水断面,2004年调查了63个清水断面,2009年共调查了68个清水断面,这四次调查断面都主要分布在沁河、蔺河、东洪驿河、李垣河、泗河、兰河、马壁河、石槽河、第五河。

2019年安泽县共调查了85个清水断面,其中,沁河有24个,蔺河有14个,东洪驿河有9个,李垣河有3个,郭都河有5个,泗河有7个,兰河有5个,兰村河有1个,王村河有1个,石槽河有8个,马壁河有8个。

5.7.3 泉水分布

安泽县泉水调查工作从2009年才开始,本年共调查到12处泉水,分布在沁河、石槽河、东洪驿河、蔺河、马壁河。

2019 年安泽县共调查到 33 处泉水断面，总流量为 32.3 L/s。其中，沁河流域内有 5 处，石槽河流域内有 3 处，马壁河流域内有 9 处，李垣河流域内有 4 处，郭都河流域内有 1 处，王村河流域内有 3 处，东洪驿河流域内有 2 处，蔺河流域内有 2 处，泗河流域内有 4 处。

5.7.4　安泽县调查成果表

据 2019 年清水调查成果统计，安泽县清水流量大于 100 L/s 的有 7 个断面，在 50 ~ 100 L/s 的有 3 个断面，在 1 ~ 50 L/s 的有 33 个断面，小于 1 L/s 的有 42 个断面。安泽县清水流量最大的断面位于沁河干流铁布山断面，流量为 1 250 L/s。安泽县各河流清水流量统计见表 5-20。

表 5-20　安泽县各河流清水流量统计

河流名称	总断面数	流量(L/s)			
		≤1	1 ~ 50	50 ~ 100	>100
沁河	24	9	10	2	3
蔺河	14	6	7	0	1
东洪驿河	9	6	3	0	0
李垣河	3	2	1	0	0
郭都河	5	4	0	0	1
泗河	7	2	5	0	0
兰河	5	1	1	1	2
兰村河	1	1	0	0	0
王村河	1	0	1	0	0
石槽河	8	5	3	0	0
马壁河	8	6	2	0	0
合计	85	42	33	3	7

2019 年泉水调查成果显示，安泽县调查到的泉水流量均小于 10 L/s，其中 1 ~ 10 L/s 的泉水有 9 处，小于 1 L/s 的泉水有 24 处。最大的泉水为沁河流域内的半沟泉，位于安泽县府城镇大黄村，流量为 5.4 L/s。安泽县各河流泉水流量统计见表 5-21。

表 5-21　安泽县各河流泉水流量统计

河名	总个数	流量(L/s)		
		≤1	1 ~ 10	≥10
沁河	5	4	1	0
石槽河	3	3	0	0
蔺河	2	0	2	0
李垣河	4	4	0	0
马壁河	9	7	2	0
郭都河	1	1	0	0
王村河	3	1	2	0
东洪驿河	2	0	2	0
泗河	4	4	0	0
合计	33	24	9	0

5.8 浮山县清泉水流量调查成果

5.8.1 自然地理

5.8.1.1 地理位置

浮山县属于太岳山余脉,地处太岳山南麓,临汾盆地东延。地理坐标为北纬 35°49～36°46′,东经 110°41′～113°13′。东西长 51.7 km,南北宽 31.8 km,国土面积 938 km²。

5.8.1.2 地形地貌

浮山县境内地形分为西部残垣平川区、中部坡梁沟壑丘陵区、东部和西南部土石山区三大主体地貌单位。地貌大致为东高西低,东部山岭起伏,有大圪塔删、媳妇山、蘑菇山圪塔;西部黄土丘陵,有黄花岭和月山岭;中东部的四十里岭为分水岭,横穿南北;南部有二峰山和司空山;北部有北天坛山;中部有天坛山和分布不均的小平原。平均高程为 1 044.8 m,最低处位于西佐乡的前河村,高程为 577.8 m;最高处为寨圪塔乡的西凹东山,高程为 1 511.8 m;县城高程 800 m。

5.8.1.3 河流水系

浮山县境内的河流分属于汾河、沁河两大水系,流域面积大于 50 km² 的主要河流有 13 条。按照水利部河湖普查河流级别划分原则,2 级河流有 2 条,分别为涝河和邓庄河;3 级河流有 8 条,分别为杨村河、洰河、浍河、滑家河、范村河、干河、马壁河、龙渠河;4 级河流有 3 条,分别为柏村河、赵南河和樊村河。浮山县主要河流基本情况见表 5-22。

表 5-22 浮山县主要河流基本情况

编号	河流名称	上级河流名称	河流级别	流域面积(km²)	河长(km)	比降(‰)	县境内流域面积(km²)
1	涝河	汾河	2	888	68	6.38	712
2	杨村河	涝河	3	222	32	13.62	125.7
3	孔家河	杨村河	4	68.4	25	18.17	68.4
4	洰河	涝河	3	348	60	5.51	228.9
5	赵南河	洰河	4	53.8	17	14.44	33.7
6	浍河	汾河	2	2 052	111	3.24	151.6
7	滑家河	浍河	3	121	29	16.03	97.1
8	龙渠河	沁河	2	468	50	10.15	218.9

(1)涝河为汾河的一级支流,发源于浮山县北王乡北石村浦口(河源经度 112°00′51.3″,河源纬度 35°59′05.6″,河源高程 1 307.9 m),自东向西流经浮山县、尧都区,于尧都区屯里镇西高河汇入汾河(河口经度 111°29′46.5″,河口纬度 36°07′02.0″,河口高程 429.3 m),河流全长 68 km,流域面积 888 km²,河流比降为 6.38‰。在浮山县境内涝河也称丞相河,境内流域面积为 712 km²。

(2)杨村河为涝河的一级支流,发源于浮山县北韩乡茨庄村核桃庄(河源经度 112°02′27.3″,河源纬度 36°01′49.2″,河源高程 1 220.3 m),于尧都区大阳镇岳壁村涝河水库汇入涝河(河口经度111°45′08.7″,河口纬度36°04′21.2″,河口高程540.1 m),河流全长32 km,流域面积222 km²,河流比降为13.62‰。在浮山县境内杨村河也称柏村河,境内流域面积为125.7 km²。

(3)孔家河为杨家河的支流,起源于浮山县北王乡驮腰村万家咀(河源经度112°02′11.8″,河源纬度36°00′22.2″,河源高程1 328.7 m),于浮山县北韩乡杨村河村南河汇入杨村河(河口经度111°49′18.3″,河口纬度36°03′38.7″,河口高程637.5 m),河流全长25 km,流域面积68.4 km²,河流比降为18.17‰。

(4)洰河为涝河的支流,发源于浮山县槐埝乡峨沟村(河源经度111°41′14.2″,河源纬度36°51′57.7″,河源高程1 005.9 m),自东北向西南流经浮山县、尧都区,于尧都区屯里镇南焦堡汇入涝河(河口经度111°32′20.4″,河口纬度36°07′01.9″,河口高程436.8m),河流全长60 km,流域面积348 km²,河流比降为5.51‰。洰河在浮山境内也称为响水河,境内流域面积为228.9 km²。

(5)赵南河为洰河的支流,发源于浮山县槐埝乡毕曲村龙尾村(河源经度111°41′10.0″,河源纬度35°53′32.9″,河源高程996.2 m),于尧都区贺家庄乡口子里村刘家庄汇入洰河(河口经度111°42′53.4″,河口纬度36°00′27.1″,河口高程585.2 m),河流全长17 km,流域面积53.8 km²,河流比降为14.44‰。浮山县境内流域面积为33.7 km²。

(6)浍河为汾河的一级支流,发源于浮山县米家垣乡新庄村花沟(河源经度112°00′22.7″,河源纬度35°54′17.3″,河源高程1 337.7 m),自东向西流经浮山县、翼城县、绛县、曲沃县、侯马市、新绛县,于新绛县开发区西曲村汇入汾河(河口经度111°11′57.3″,河口纬度35°35′27.0″,河口高程390.0 m),河流全长111 km,流域面积2 052 km²,河流比降为3.24‰。浍河在浮山县米家垣乡前史演河村出境,境内河长约10.9 km,面积为151.6 km²。

(7)滑家河为浍河的支流,发源于浮山县米家垣乡滴水潭村南算坪(河源经度112°00′03.4″,河源纬度35°54′48.0″,河源高程1 293.9 m),于翼城县王庄乡新村小河口水库汇入浍河(河口经度111°48′00.7″,河口纬度35°46′23.0″,河口高程659.6m),河流全长29 km,流域面积121 km²,河流比降为16.03‰。浮山县境内流域面积为97.1 km²。

(8)龙渠河为沁河的支流,发源于浮山县北韩乡茨庄村郑沟(河源经度112°02′51.6″,河源纬度36°00′56.2″,河源高程1 384.7 m),自西北向东南流经浮山县、沁水县,于沁水县郑庄镇王壁村河汇入沁河(河口经度112°19′08.3″,河口纬度35°48′45.3″,河口高程720.1 m),河流全长50 km,流域面积468 km²,河流比降为10.15‰。在浮山县境内龙渠河也称三交河,境内流域面积为218.9 km²。

5.8.2 清水分布

浮山县1987年共调查了4个清水断面,分别在崔村河、柏村河、洰河、浇底河。2004年共调查了28个清水断面,2009年共调了查38个清水断面,这两次调查断面主要分布在涝河、洰河、浍河及其支流。

2019年浮山县共调查了103个清水断面,其中,洰河有21个,涝河有24个,杨村河有11个,孔家河有7个,滑家河有12个, 浍河有4个,龙渠河有22个,樊村河有2个。

5.8.3　泉水分布

浮山县泉水调查工作也是从1987年开始的,之后调查均有延续。1987年共调查到3处泉水,在洰河、孔家河。2004年共调查到4处泉水,分布在洰河、孔家河、龙渠河。2009年共调查到9处泉水,分布在杨村河、涝河、洰河、孔家河。

2019年浮山县共调查到13处泉水,总流量为11.4 L/s。其中,洰河有4处,杨村河有3处,涝河有2处,孔家河有2处,龙渠河有1处,赵南河有1处。

5.8.4　浮山县调查成果表

据2019年清水调查成果统计,浮山县清水流量大于100 L/s的有3个断面,在50~100 L/s的有1个断面,在1~50 L/s的有45个断面,小于1 L/s的断面有54个。浮山县清水流量最大的断面位于北韩乡杨村河西南230 m杨村河上,清水流量为220 L/s。浮山县各河流清水流量统计见表5-23。

2019年泉水调查成果显示,浮山县调查到的泉水流量均小于10 L/s,其中1~10 L/s的泉水有4处,小于1 L/s的泉水有9处。最大的泉水为洰河流域孙家河泉,位于浮山县张庄乡孙家河村,泉水流量为4.5 L/s。浮山县各河流泉水流量统计见表5-24。

表5-23　浮山县各河流清水流量统计

河流名称	总断面数	流量(L/s)			
		≤1	1~50	50~100	>100
涝河	23	15	8	0	0
洰河	21	17	4	0	0
浍河	4	1	3	0	0
孔家河	7	3	4	0	0
杨村河	12	7	4	0	1
滑家河	12	2	10	0	0
龙渠河	22	8	11	1	2
樊村河	2	1	1	0	0
合计	103	54	45	1	3

表5-24　浮山县各河流泉水流量统计

河名	总个数	流量(L/s)		
		≤1	1~10	≥10
涝河	4	4	0	0
洰河	4	3	1	0
孔家河	1	0	1	0
杨村河	3	1	2	0
龙渠河	1	1	0	0
合计	13	9	4	0

5.9 吉县清泉水流量调查成果

5.9.1 自然地理

5.9.1.1 地理位置

吉县,又名吉洲,因明代曾设平阳府吉洲而得名。地处黄河中游,山西吕梁山南麓,以石头山、金岗岭、姑射山为界,东与蒲县、尧都区接壤,西濒黄河与陕西宜川相望,南以下张尖为界与乡宁县相连,北以处鹤沟为界与大宁县毗邻。地理坐标为北纬 35°53′10″~36°21′02″,东经 110°27′30″~111°07′20″。东西最长跨度 62 km,南北宽度 48 km,高程为 1 820 m 的高天山至 405 m 的黄河畔,总面积为 1 777.26 km^2,占全市面积的 8.8%。

5.9.1.2 地形地貌

吉县的地形成东高西低的倾斜,高差达 1 400 m,境内山峦起伏,梁峁交错,沟壑纵横,切割严重,各区域之间,自然条件差异很大。吕梁山支脉分两支穿越全县,一支由人祖山、管头山、高祖山组成,以人祖山最高,高程为 1 742.6 m。山势走向呈 NNE—SSW。另一支由石头山、金岗岭、高天山、云太山组成,以高天山最高,高程为 1 820.5 m,山势走向呈 ENE—WSW,境内地形复杂,受降雨时空分布影响,天然植被分布不匀,林草大多分布在东北部,全县水土流失面积 12.5 万 hm^2,占总面积的 70.3%,林地和灌木面积为 4.63 万 hm^2,现已初步治理 6.6 万 hm^2,占应治理面积的 52.8%。

吉县是个黄土残垣沟壑区,露头地层形成较晚,表面为第四系上更新统风积黄土所覆盖。在人祖山、管头山、高天山、石头山地区为中生界三叠系红色砂岩和砂质泥岩,在风积黄土下部为第三系红土,多夹有石炭结核层。黄红土厚达数十米以至百米以上。在黄河沿岸清水河中下游和义亭河沿岸,分布有古生界三叠系红色砂岩。由于地层主要为二叠系以后的陆相沉积,没有地下矿藏的露头。第三系红土和第四系黄土组成了吉县黄土高原。由于严重的水土流失,把吉县黄土高垣切割得千沟万壑,有程度不同的水蚀、风蚀,所以致使吉县地貌十分复杂。

5.9.1.3 河流水系

吉县境内所有的河流都属于黄河流域黄河水系,流域面积大于 50 km^2 的河流有 11 条。按照水利部河湖普查河流级别划分原则,1 级河流有 5 条,分别为岔口河、王家源河、文城河、清水河、鄂河;2 级河流有 4 条,分别为义亭河、鲁家河、马家河、柳沟河;3 级河流有 2 条,分别为大东沟河和杨家河。县境内主要河流为清水河和义亭河及其支流,吉县主要河流基本情况见表 5-25。

(1)清水河为黄河的一级支流,发源于吉县车城乡屯里林场石板店(河源经度 110°56′26.9″,河源纬度 36°06′38.7″,河源高程 1 600.6 m),自东北向西南流经吉县县城,于吉县车城乡真村柿子滩汇入黄河(河口经度 110°29′25.7″,河口纬度 36°00′54.3″,河口高程 420.0 m),河流全长 64 km,河流比降为 14.84‰,流域面积 646 km^2,几乎全在吉县境内。清水河流域吉县境内大部分为砂页岩森林山地和黄土丘陵沟壑,上游植被覆盖较好,下游植被覆盖较差。

表 5-25　吉县主要河流基本情况

编号	河流名称	上级河流名称	河流级别	流域面积(km^2)	河长(km)	比降(‰)	县境内流域面积(km^2)
1	清水河	黄河	1	646	64	14.84	626.3
2	鲁家河	清水河	2	84.7	16	17.68	84.7
3	马家河	清水河	2	123	20	17.37	123
4	鄂河	黄河	1	762	73	13.30	177.3
5	柳沟河	鄂河	2	76.3	21	16.42	76.3
6	义亭河	昕水河	2	778	72	8.48	504.2
7	大东沟河	义亭河	3	103	18	21.65	103
8	杨家河	义亭河	3	65.3	22	19.01	65.3
9	岔口河	黄河	1	111	29	25.59	26.8
10	王家源	黄河	1	60.5	22	33.09	60.5
11	文城河	黄河	1	69.3	22	33.86	69.3

(2)鲁家河为清水河的一级支流,起源于吉县文城乡山西省人祖山省级自然保护区店庄(河源经度 110°39′57.7″,河源纬度 36°16′08.3″,河源高程 1 366.9 m),于吉县车城乡车城村汇入清水河(河口经度 110°43′12.8″,河口纬度 36°09′42.9″,河口高程 905.6 m),河流全长 16 km,河流比降为 17.86‰,流域面积 84.7 km^2,全部在吉县境内。

(3)马家河为清水河的一级支流,起源于吉县昌宁镇摩托垣村苏家岭(河源经度 110°050′51.6″,河源纬度 36°05′48.9″,河源高程 1 303.2 m),于吉县吉昌镇城区汇入清水河(河口经度 110°40′54.2″,河口纬度 36°06′01.0″,河口高程 813.4 m),河流全长 20 km,流域面积 123 km^2,河流比降为 17.37‰。吉县境内流域面积为 102.7 km^2。

(4)鄂河为黄河的一级支流,发源于山西省乡宁县管头镇管头林场段山岭,流经山西省乡宁县城,于山西省乡宁县枣岭乡搠沙村万宝山汇入黄河,河流全长 73 km,流域面积 762 km^2,河流比降为 13.30‰。吉县境内流域面积为 177.3 km^2。

(5)柳沟河为鄂河的一级支流,发源于吉县中垛乡永固村南牛堤(河源经度 110°44′04.9″,河源纬度 36°02′34.6″,河源高程 1 125.2 m),于吉县中垛乡南光村腰西汇入鄂河(河口经度 110°35′58.1″,河口纬度 35°55′30.6″,河口高 664.9 m),河流全长 21 km,流域面积 76.3 km^2,河流比降为 16.42‰。流域面积全在吉县境内,柳沟河上游建有上帖水库。

(6)义亭河为昕水河的一级支流,发源于吉县屯里镇屯里林场后棉花凹(河源经度 111°04′05.6″,河源纬度 36°09′15.6″,河源高程 1 687.7 m),自东向西流经吉县屯里镇、大宁县三多乡,于大宁县昕水镇城关村汇入昕水河(河口经度 110°44′40.0″,河口纬度 36°27′41.7″,河口高程 710.0 m),河流全长 72 km,流域面积 778 km^2,河流比降为 8.48‰。吉县境内流域面积为 504.2 km^2,流域内大部分为砂页岩森林山地和砂页岩灌丛山地,植被覆盖较好。吉县境内分布有多座淤地坝。

(7)大东沟河为义亭河的一级支流,发起源于吉县屯里镇屯里林场腰庄(河源经度111°03′26.6″,河源纬度36°09′21.9″,河源高程1 650.4 m),自东南向西北流经吉县明珠,于吉县屯里镇五龙宫村汇入义亭河(河口经度110°56′10.6″,河口纬度36°12′09.2″,河口高1 091.5 m),河流全长18 km,河流比降为19.01‰,流域面积103 km²,全部在吉县境内。

(8)杨家河为义亭河的一级支流,发源于大宁县三多乡盘龙山林场东门口(河源经度110°00′31.7″,河源纬度36°16′56.5″,河源高程945 m),自东北向西南流经吉县放马岭,于吉县屯里镇窑曲村县底汇入义亭河(河口经度110°48′49.1″,河口纬度36°14′45.1″,河口高程1 091.5 m),河流全长22 km,流域面积65.3 km²,河流比降为19.01‰。吉县境内流域面积为33.1 km²。

(9)岔口河为黄河的一级支流,发源于大宁县太古乡二郎山林场大卧卜沟(河源经度110°40′18.3″,河源纬度36°18′32.3″,河源高程1 439.5 m),自东向西流经大宁县、吉县,于吉县文城乡王家垣村仁义村汇入黄河(河口经度110°27′48.5″,河口纬度36°20′59.0″,河口高程480.0 m),河流全长29 km,流域面积111 km²,河流比降为25.59‰。吉县境内流域面积为26.8 km²。

(10)王家源河为黄河的一级支流,发源于吉县文城乡山西省人祖山省级自然保护区(河源经度110°39′45.6″,河源纬度36°16′25.6″,河源高程1 425.45 m),于吉县文城乡文城乡办林场汇入黄河(河口经度110°28′12.5″,河口纬度36°16′55.0″,河口高程479.7 m),河流全长22 km,河流比降为33.09‰,流域面积60.5 km²,全部在吉县境内。

(11)文城河为黄河的一级支流,发源于吉县文城乡山西省人祖山省级自然保护区上曹花坪(河源经度110°37′57.7″,河源纬度36°15′22.5″,河源高程1 489.8 m),自东向西流经吉县文城镇,于吉县文城乡文成村冯家坡汇入黄河(河口经度110°28′11.3″,河口纬度36°15′02.4″,河口高程479.0 m),河流全长22 km,河流比降为33.86‰,流域面积69.3 km²,全部在吉县境内。

5.9.2　清水分布

吉县清水调查工作自1966年开始,之后调查年份均有延续。1966年调查了5个清水断面,1987年调查了12个清水断面,2004年调查了40个清水断面,2009年共调查了56个清水断面,这四次调查主要分布在义亭河、大东沟河、清水河、马家河、鲁家河、杨家河、柳沟河、鄂河等。

2019年吉县共调查了78个清水断面,其中,清水河有21个,义亭河有22个,黄河沿岸支沟内有11个,大东沟河有8个,杨家河有5个,岔口河有2个,鲁家河有5个,柳沟河有3个,鄂河有1个。

5.9.3　泉水分布

吉县泉水调查从1987年开始,之后几次均进行了调查。1987年共调查到3处泉水,2004年共调查到5处泉水,2009年共调查到19处泉水,主要分布在义亭河、大东沟河、杨家河、岔口河、清水河等流域内。

2019 年吉县共调查到33 处泉水,总流量为17.7 L/s。其中,义亭河流域内有6 处,大东沟河流域内有 2 处,杨家河流域内有 9 处,清水河流域内有 9 处,岔口河流域内有 2 处,柳沟河流域内有 1 处,马家河流域内有 1 处,文城河流域内有 1 处,沿黄支沟流域内有 5 处。

5.9.4 吉县调查成果表

据 2019 年清水调查成果统计,吉县清水流量大于 100 L/s 的有 2 个断面,在 50 ~ 100 L/s 的有 3 个断面,在 1 ~ 50 L/s 的有 28 个断面,小于 1 L/s 的有 45 个断面。吉县清水流量最大的断面位于清水河入黄口,流量为 178 L/s。吉县各河流清水流量统计见表 5-26。

2019 年泉水调查成果显示,吉县泉水流量均小于 10 L/s,其中 1 ~ 10 L/s 的泉水有 6 处,小于 1 L/s 的泉水有 27 处。吉县泉水流量最大的为马家河流域内的苏村泉,位于吉昌镇苏村,流量为 3.6 L/s。吉县各河流泉水流量统计见表 5-27。

表 5-26 吉县各河流清水流量统计

河流名称	总断面数	流量(L/s)			
		≤1	1 ~ 50	50 ~ 100	>100
清水河	21	12	7	0	2
大东沟河	8	6	2	0	0
义亭河	22	10	9	3	0
杨家河	5	2	3	0	0
鲁家河	5	5	0	0	0
柳沟河	3	2	1	0	0
鄂河	1	1	0	0	0
岔口河	2	0	2	0	0
沿黄支沟	11	7	4	0	0
合计	78	45	28	3	2

表 5-27 吉县各河流泉水流量统计

河名	总个数	流量(L/s)		
		≤1	1 ~ 10	≥10
岔口河	2	1	1	0
大东沟	2	1	1	0
沿黄支沟	5	5	0	0
柳沟河	1	0	1	0
马家河	1	0	1	0
清水河	9	8	1	0
文城河	1	1	0	0
杨家河	6	6	0	0
义亭河	6	5	1	0
合计	33	27	6	0

5.10 乡宁县清泉水流量调查成果

5.10.1 自然地理

5.10.1.1 地理位置

乡宁县地处吕梁山南端,位于东经 110°30′18″ ~ 111°16′57″,北纬 35°41′30 ″ ~ 36°09′07″。东与临汾、襄汾相接,西隔黄河与陕西省韩城、宜川相望,南与河津、稷山、新绛接壤,北与吉县相接。东西长约 70 km,南北宽约 50 km,总面积 2 029 km^2。

5.10.1.2 地形地貌

乡宁县处于中低山区,高程 1 000 ~ 1 500 m,西部为黄土残塬区,梁峁发育,基岩山区山岭重叠,延绵起伏,中部是黄河与汾河的分水岭。总观地势:东北高,西南低。最高处为北部边缘的高天山,高程 1 869 m,最低处为西部黄河岸边的师家滩,高程 381.5 m,地区相对高差 1 487.5 m。

境内紫荆山断裂带天然地将该区分成两个地质、地貌单元,东部以吕梁山为主体,是裸露的基岩山区,西部为黄土覆盖的高原区。基岩山区出露地层有太古界涑水群,古生界寒武系、奥陶系、石炭系、二叠系地层,西部黄土塬出露二、三叠系、第三系、第四系松散堆积物。

5.10.1.3 河流水系

乡宁县境内河流分属于黄河和汾河两大水系,俗有"一河六峪"之称。流域面积大于 50 km^{2}的河流有 17 条,按照水利部河湖普查河流级别划分原则,境内的 1 级河流有 3 条,分别为鄂河、顺义河、遮马峪河;2 级河流有 11 条,分别为马家河、下善河、冷泉沟、浪泉沟、豁都峪、三官峪、汾城河、三泉河、马壁峪、黄华峪、瓜峪河,其中马家河、下善河、冷泉河隶为鄂河支流,浪泉沟、豁都峪、三官峪、汾城河、三泉河、马壁峪、黄华峪、瓜峪河隶属于汾河。3 级河流有 3 条,分别为高家河、小峪河、西汾峪,为汾河的二级支流。乡宁县主要河流基本情况见表 5-28。

表 5-28 乡宁县主要河流基本情况

编号	河流名称	河流等级	上级河流名称	流域面积(km^2)	河长(km)	比降(‰)	县境内流域面积(km^2)
1	马家河	2	清水河	123	20	17.37	20.0
2	鄂河	1	黄河	762	73	13.30	584.3
3	下善河	2	鄂河	86.0	14	21.83	86.0
4	冷泉沟	2	鄂河	68.7	15	26.59	68.7
5	顺义河	1	黄河	60.8	20	30.45	60.8
6	遮马峪河	1	黄河	181	43	14.03	103.0
7	豁都峪	2	汾河	416	58	11.81	243.9
8	高家河	3	豁都峪	92.1	19	24.47	92.1
9	三官峪	2	汾河	355	49	11.93	273.9
10	小峪河	3	三官峪	67.9	24	21.13	65.9
11	马壁峪	2	汾河	329	47	17.54	242.4
12	西汾沟	3	马壁峪	58.6	16	30.97	58.6
13	黄华峪	2	汾河	279	40	24.05	169
14	瓜峪河	2	汾河	296	58	13.73	162.1

(1)马家河为清水河的一级支流,发源于山西省乡宁县昌宁镇摩托垣村苏家岭(河源经度110°50′51.6″,河源纬度36°05′48.9″,河源高程1 303.2 m),流经山西省乡宁县、吉县,于山西省吉县吉昌镇城区汇入清水河(河口经度110°40′54.2″,河口纬度36°06′1.0″,河口高程813.4 m),河流全长20 km,流域面积123 km^2,河流比降为17.37‰。乡宁县境内流域面积为20.0 km^2。

(2)鄂河为黄河的一级支流,发源于山西省乡宁县管头镇管头林场断山岭(河源经度110°59′46.5″,河源纬度36°07′09.4″,河源高程1 589.6 m),流经山西省乡宁县城,于山西省乡宁县枣岭乡揶沙村万宝山汇入黄河(河口经度110°30′31.3,河口纬度36°53′30.7″,河口高程400.0 m),河流全长73 km,流域面积762 km^2,河流比降为13.3‰。乡宁县境内流域面积为584.3 km^2。

(3)下善河为鄂河的一级支流,发源于山西省乡宁县管头镇苍上村磁窑沟(河源经度111°00′32. 0″,河源纬度35°57′13.2″,河源高程1 386.2 m),于山西省乡宁县管头镇樊家坪村汇入鄂河(河口经度110°54′12.6″,河口纬度35°59′43.5″,河口高程1 028.8 m),河流全长14 km,河流比降为21.8‰,流域面积86.0 km^2,全部在乡宁县境内。

(4)冷泉河为鄂河的一级支流,发源于山西省乡宁县尉庄乡店淹村店儿坪(河源经度110°55′16.5″,河源纬度35°55′43.8″,河源高程1 527.5 m),于山西省乡宁县昌宁镇寺院村汇入鄂河(河口经度110°47′23.8″,河口纬度35°56′45.5″,河口高886.9 m),河流全长15 km,河流比降为26.59‰,流域面积68.7 km^2,全部在乡宁县境内。

(5)顺义河为黄河的一级支流,发源于山西省乡宁县枣岭乡岭上村(河源经度111°43′41.0″,河源纬度35°51′51.7″,河源高程1 110.2 m),于山西省乡宁县枣岭乡师家滩村汇入黄河(河口经度110°33′38.46″,河口纬度35°49′08.3″,河口高390.0 m),河流全长20 km,河流比降为30.45‰,流域面积60.8 km^2,全部在乡宁县境内。

(6)遮马峪河为黄河的一级支流,发源于山西省乡宁县西交口乡敖顶村面坪(河源经度110°47′29.1″,河源纬度35°53′02.4″,河源高程1 201.8 m),流经山西省乡宁县、河津市,于山西省河津市清涧街道办事处龙门村汇入黄河(河口经度110°35′56.9″,河口纬度35°39′33.5″,河口高370.00 m),河流全长43 km,流域面积181 km^2,河流比降为14.03‰,乡宁县境内流域面积为103.0 km^2。

(7)豁都峪为汾河的一级支流,发源于山西省尧都区河底乡十亩村(河源经度111°06′38.8″,河源纬度36°10′59.2″,河源高程1 550.7 m),流经山西省尧都区、乡宁县、襄汾县,于山西省襄汾县新城镇陈郭村汇入汾河(河口经度111°25′32.1″,河口纬度35°52′35.1″,河口高程412.6 m),河流全长58 km,流域面积416 km^2,河流比降为11.81‰。乡宁县境内流域面积为243.9 km^2。

(8)高家河为豁都峪的支流,发源于山西省乡宁县台头镇神角村后神角(河源经度111°3′28.7″,河源纬度36°07′42.5″,河源高程1 542.7 m),于山西省乡宁县光华镇光华村汇入豁都峪(河口经度111°12′22.8″,河口纬度36°02′40.3″,河口高程759.4 m),河流全长19 km,河流比降为24.47‰,流域面积92.1 km^2,全部在乡宁县境内。

(9)三官峪为汾河的一级支流,发源于山西省乡宁县管头镇圪咀头村牛汾坪(河源经度 111°03′26.8″,河源纬度 36°01′25.3″,河源高程 1 201.5 m),流经山西省乡宁县、襄汾县,于山西省襄汾县新城镇柴寺村汇入汾河(河口经度 111°25′16.1″,河口纬度 35°52′28.7″,河口高程 413.3 m),河流全长 49 km,流域面积 355 km^2,河流比降为 11.93‰。乡宁县境内流域面积为 273.9 km^2。

(10)小峪河为三官峪河的支流,发源于山西省乡宁县双鹤乡蝉峪河村后曲里(河源经度 111°06′46.2″,河源纬度 36°03′10.3″,河源高程 1 251.2 m),于山西省乡宁县双鹤乡红凹村三官庙汇入三官峪(河口经度 111°12′30.0″,河口纬度 35°53′39.7″,河口高程 657.8 m),河流全长 24 km,河流比降为 21.13‰,流域面积 67.9 km^2,几乎全在乡宁县境内。

(11)马壁峪为汾河的一级支流,发源于山西省乡宁县关王庙乡窑沟村(河源经度 110°58′06.0″,河源纬度 35°55′47.5″,河源高程 1 468.4 m),流经山西省乡宁县、稷山县,于山西省稷山县稷峰镇管村汇入汾河(河口经度 111°01′35.0″,河口纬度 35°35′55.9″,河口高程 379.6 m),河流全长 47 km,流域面积 329 km^2,河流比降为 17.54‰。乡宁县境内流域面积为 242.4 km^2。

(12)西汾沟为马壁峪的支流,发源于山西省乡宁县尉庄乡加凹村桥上(河源经度 110°56′50.9″,河源纬度 35°55′13.9″,河源高程 1 464.9 m),于山西省乡宁县关王庙乡梁坪村东交口河汇入马壁峪(河口经度 111°01′46.5″,河口纬度 35°48′50.9″,河口高程 870.0 m),河流全长 16 km,河流比降为 30.79‰,流域面积 58.6 km^2,全部在乡宁县境内。

(13)黄华峪为汾河的一级支流,发源于山西省乡宁县尉庄乡尉庄村辛家湾(河源经度 110°55′49.6″,河源纬度 35°53′21.8″,河源高程 1 428.8 m),流经山西省乡宁县、稷山县,于山西省稷山县稷峰镇下迪村汇入汾河(河口经度 110°53′22.1″,河口纬度 35°34′37.4″,河口高程 379.4 m),河流全长 40 km,流域面积 279 km^2,河流比降为 20.05‰。乡宁县境内流域面积为 169 km^2。

(14)瓜峪河为汾河的一级支流,发源于山西省乡宁县尉庄乡桐上村老庄(河源经度 110°55′57.1″,河源纬度 35°55′20.3″,河源高程 1 577.4 m),流经山西省乡宁县、河津市、稷山县,于山西省稷山县城区街道办事处西王村汇入汾河(河口经度 110°49′12.9″,河口纬度 35°33′42.4″,河口高程 374.8 m),河流全长 58 km,流域面积 296 km^2,河流比降为 13.73‰。乡宁县境内流域面积为 162.1 km^2。

5.10.2 清水分布

乡宁县清水调查工作自 1966 年开始,之后调查年份均有延续。1966 年调查了 4 个清水断面,1987 年调查了 4 个清水断面,2004 年调查了 5 个清水断面,2009 年调查了 6 个清水断面,这三次调查断面均在冷泉河等鄂河沿岸支沟。

2019 年乡宁县共调查了 38 个清水断面,其中,鄂河有 24 个,黄河沿岸支沟内有 9 个,遮马峪有 2 个,顺义河有 2 个,黄华峪有 1 个。

5.10.3 泉水分布

乡宁县泉水调查工作从 1987 年开始,之后调查年份均有延续。1987 年调查到 1 处泉水,2004 年调查 3 处泉水,都在鄂河流域内,2009 年共调查到 13 处泉水,分布在鄂河、顺义河和沿黄支沟流域内。

2019 年乡宁县共调查到 67 处泉水,总流量为 40.2 L/s。其中,鄂河流域内有 25 处,顺义河流域内有 6 处,沿黄支沟流域内有 13 处,下善河流域内有 2 处,马壁峪流域内有 6 处,三官峪流域内有 5 处,黄华峪流域内有 3 处,遮马峪河流域内有 2 处,西汾沟流域内有 3 处,瓜峪流域内有 1 处,清水河流域内有 1 处。

5.10.4 乡宁县调查成果表

据 2019 年清水调查成果统计,乡宁县清水流量大于 100 L/s 的有 2 个断面,均在鄂河干流,一处在枣岭乡万宝山村西北 1 500 m 处,清水流量 182 L/s,另一处在昌宁镇下宽井西 230 m 处,清水流量 108 L/s;在 50 ~ 100 L/s 的有 3 个断面,在 1 ~ 50 L/s 的有 20 个断面,小于 1 L/s 的有 13 个断面。乡宁县各河流清水流量统计见表 5-29。

表 5-29 乡宁县各河流清水流量统计

河流名称	总断面数	流量(L/s)			
		≤1	1 ~ 50	50 ~ 100	>100
鄂河	24	9	10	3	2
顺义河	2	1	1	0	0
遮马峪	2	0	2	0	0
黄华峪	1	1	0	0	0
沿黄支沟	9	2	7	0	0
合计	38	13	20	3	2

2019 年泉水调查成果显示,乡宁县泉水流量均小于 10 L/s,其中 1 ~ 10 L/s 的泉水有 8 处,小于 1 L/s 的泉水有 59 处。乡宁县泉水流量最大的为沿黄支沟流域内的碟子泉,位于乡宁县枣岭乡王家岭村,泉水流量为 3.2 L/s,乡宁县各河流泉水流量统计见表 5-30。

表 5-30 乡宁县各河流泉水流量统计

河名	总个数	流量(L/s)		
		≤1	1 ~ 10	≥10
鄂河	25	20	5	0
瓜峪河	1	1	0	0
黄河	13	11	2	0
黄华峪	3	3	0	0
马壁峪	6	6	0	0
清水河	1	1	0	0
三官峪	5	5	0	0
顺义河	6	5	1	0
西汾沟	3	3	0	0
下善河	2	2	0	0
遮马峪河	2	2	0	0
合计	67	59	8	0

5.11 大宁县清泉水流量调查成果

5.11.1 自然地理

5.11.1.1 地理位置

大宁县地处山西省吕梁山南端，临汾市的西部，黄河东岸。位于东经 111°28′～111°01′，北纬 36°17′～36°37′。县境北与永和县接壤，南同吉县毗连，东与蒲县、隰县为邻，西与陕西省延长县隔黄河相望，东西长 50 km，南北宽 38 km，总面积 966 km^2。

5.11.1.2 地形地貌

大宁县地形地貌为黄土高原残垣沟壑区，境内沟壑纵横，山峦逶迤，梁峁层叠，垣坡连绵。南部有盘龙山、二郎山，北部有双座山，中部昕水河川绵延至黄河，形成川、垣、山三个台阶的掌形地貌，整个地形东高西低，向西逐渐倾斜，高程最低为 481 m，最高为 1 719 m。从川到山形成中部河川区、南北部土石山区，东部残垣沟壑区和西部破碎残垣沟壑区等四种地貌单元。

5.11.1.3 河流水系

大宁县境内所有的河流均归属于黄河流域黄河水系，流域面积大于 50 km^2 主要河流有 9 条。按照水利部河湖普查河流级别划分原则，1 级河流有 3 条，分别为峪里沟、昕水河、岔口河；2 级河流有 4 条，分别为刁家峪河、茹谷河、义亭河、河底沟；3 级河流有 2 条，分别杨家河和堡子河。大宁县境内主要河流为昕水河及其支流，主要河流基本情况见表 5-31。

表 5-31 大宁县主要河流基本情况

编号	河流名称	上级河流名称	河流级别	流域面积 (km^2)	河长 (km)	比降 (‰)	县境内流域面积(km^2)
1	峪里沟	黄河	1	81.2	26	24.42	30.5
2	昕水河	黄河	1	4 325	140	5.28	744.4
3	茹古沟	昕水河	2	51.4	18	14.85	50.8
4	义亭河	昕水河	2	778	72	8.48	209.9
5	杨家河	义亭河	3	65.3	22	19.01	32.3
6	堡子河	义亭河	3	95.7	24	18.35	31.5
7	河底沟	昕水河	2	68.8	26	17.98	68.8
8	岔口河	黄河	1	111	29	25.59	84.5

(1)昕水河为黄河的一级支流，发源于蒲县太林乡东河村朱家庄，自东南向西北流经蒲县、隰县，于大宁县昕水镇坡根底村进入大宁县境内，在徐家垛乡于家坡村汇入黄河，昕水河在大宁县境内河长约 63.1 km，流域面积为 744.4 km^2。境内昕水河干流葛口村建有

大宁水文站。

(2)峪里沟为黄河的一级支流,发源于大宁县昕水镇北山林场肖家岭(河源经度110°42′06.3″,河源纬度36°34′41.0″,河源高程1 309.2 m),自东北向西南流经大宁县、永和县,于大宁县徐家垛乡岭上村汇入黄河(河口经度110°29′31.9″,河口纬度36°34′46.1″,河口高程520.0 m),河流全长26 km,流域面积81.2 km^2,河流比降为24.42‰。大宁县境内流域面积为30.5 km^2。

(3)岔口河为黄河的一级支流,发源于大宁县太古乡二郎山林场大卧卜沟(河源经度110°40′18.3″,河源纬度36°18′32.3″,河源高程1 439.5 m),自东向西流经大宁县、吉县,于吉县文城乡王家垣村仁义村汇入黄河(河口经度110°27′48.5″,河口纬度36°20′59.0″,河口高程480.0 m),河流全长29 km,流域面积111 km^2,河流比降为25.59‰。大宁县境内面积84.5 km^2。

(4)茹古沟为昕水河的一级支流,发源于大宁县太德乡北山林场王家嵎(河源经度111°44′36.3″,河源纬度36°35′13.5″,河源高程1 084.4 m),自北向南流经大宁县峪里,于大宁县太德乡北山林场王家嵎汇入昕水河(河口经度110°46′21.0″,河口纬度36°27′52.5″,河口高程718.1 m),河流全长18 km,河流比降为14.85‰,流域面积51.4 km^2,几乎全在大宁县境内。

(5)义亭河为昕水河的一级支流,发起源于吉县屯里镇屯里林场后棉花凹(河源经度111°04′5.6″,河源纬度36°09′15.6″,河源高程1 687.7 m),自东南向西北流经吉县屯里镇、大宁县三多乡,于大宁县昕水镇城关村汇入昕水河(河口经度110°44′40.0″,河口纬度36°27′41.7″,河口高程710.0 m),河流全长72 km,流域面积778 km^2,河流比降为8.48‰。大宁县境内流域面积为209.9 km^2。义亭河流域大宁县境内大部分为砂页岩森林山地和砂页岩灌丛山地,植被覆盖较好,建有20余座淤地坝。

(6)杨家河为义亭河的一级支流。杨家河起源于大宁县三多乡盘龙山林场东门口(河源经度110°00′31.7″,河源纬度36°16′56.5″,河源高程945 m),自东北向西南流经大宁县、吉县,于吉县屯里镇窑曲村县底汇入义亭河(河口经度110°48′49.1″,河口纬度36°14′45.1″,河口高程1 091.5 m),河流全长22 km,流域面积65.3 km^2,河流比降为19.01‰。在大宁县境内流域面积为32.3 km^2。

(7)堡子河为义亭河的一级支流,发源于蒲县山中乡川南岭村羊道角(河源经度110°57′55.4″,河源纬度36°18′59.0″,河源高程1 335.8 m),自东南向西北流经大宁县、吉县,于大宁县三多乡楼底村汇入义亭河(河口经度110°47′31.5″,河口纬度36°24′25.2″,河口高程758.0 m),河流全长24 km,流域面积95.7 km^2,河流比降为18.35‰。在大宁县境内流域面积为31.5 km^2。

(8)河底沟为昕水河的一级支流,发源于大宁县太古乡二郎山林场中贺家山(河源经度111°40′52.0″,河源纬度36°18′27.0″,河源高程1 341.4 m),于大宁县昕水镇葛口村汇入昕水河(河口经度110°42′53.6″,河口纬度36°27′15.0″,河口高程689.8 m),河流全长26 km,河流比降为17.98‰,流域面积68.8 km^2,全部在大宁县境内。

5.11.2　清水分布

大宁县1966年调查了2个清水断面,在义亭河和昕水河。1987年共调查了8个清水断面,主要分布在昕水河、河底沟、义亭河、黄河沿岸支沟。2004 年共调查了 28 个清水断面,主要分布在昕水河、河底沟、义亭河、黄河沿岸支沟。2009 年共调查了 37 个清水断面,主要分布在昕水河、河底沟、义亭河、黄河沿岸支沟。

2019 年大宁县共调查了 46 个清水断面,其中,昕水河有 24 个,黄河沿岸支沟内有 7 个,义亭河有 8 个,河底沟有 2 个,岔口河有 1 个,堡子河有 1 个,杨家河有 1 个,峪里沟有 1 个,茹古沟有 1 个。

5.11.3 泉水分布

大宁县泉水调查工作自 1987 年开始,之后调查年份均有延续。1987 年共调查到 2 处泉水,在昕水河流域;2004 年共调查到 6 处泉水,也在昕水河流域内;2009 年共调查到 13 处泉水,主要分布在昕水河、义亭河和沿黄支沟内。

2019 年大宁县共调查到 35 处泉水,总流量为 125.51 L/s。其中,黄河沿岸支沟流域内有 1 处,河底沟流域内有 3 处,昕水河流域内有 20 处,杨家河流域有 2 处,义亭河有 9 处。

5.11.4 大宁县调查成果表

根据 2019 年清水调查成果,大宁县清水流量大于 100 L/s 的有 5 个断面,其中昕水河 3 个,义亭河 2 个,最大的断面位于昕水河干流大宁水文站,清水流量为 1 080 L/s;在 1 ~ 50 L/s 的有 19 个断面,小于 1 L/s 的有 22 个断面。大宁县各河流清水流量统计见表 5-32。

表 5-32 大宁县各河流清水流量统计

河流名称	总断面数	流量(L/s)			
		≤1	1 ~ 50	50 ~ 100	>100
昕水河	24	12	9	0	3
义亭河	8	3	3	0	2
河底沟	2	1	1	0	0
岔口河	1	0	1	0	0
堡子河	1	0	1	0	0
杨家河	1	0	1	0	0
峪里沟	1	0	1	0	0
茹古沟	1	0	1	0	0
沿黄支沟	7	6	1	0	0
合计	46	22	19	0	5

2019 年泉水调查成果显示,大宁县泉水流量大于 10 L/s 的仅有 1 处,位于大宁县昕水镇葛口村河底沟流域内的河底沟泉,泉水流量为 109 L/s;1 ~ 10 L/s 的泉水有 6 处;小于 1 L/s 的泉水有 28 处。大宁县各河流泉水流量统计见表 5-33。

表5-33 大宁县各河流泉水流量统计

河名	总个数	流量(L/s)		
		≤1	1~10	≥10
河底沟	3	2	0	1
黄河	1	1	0	0
昕水河	20	16	4	0
杨家河	2	2	0	0
义亭河	9	7	2	0
合计	35	28	6	1

5.12 隰县清泉水流量调查成果

5.12.1 自然地理

5.12.1.1 地理位置

隰县位于吕梁山南麓,山西省西南部,为临汾市西部山区的次级中心城镇。地理坐标为东经110°45′~111°15′,北纬36°28′~36°52′。东与汾西县相连,西与永和县交界,西南、东南分别与蒲县、大宁县毗邻,北与石楼、交口县接壤,县境南北长48 km,东西宽46 km。国土面积为1 413.11 km^2。

5.12.1.2 地形地貌

隰县地处晋西黄土高原,吕梁山中段,属典型黄土高原残垣沟壑区,塬沟相对高差在150~200 m,黄土冲沟自塬头切向沟底,直达三叠系砂页岩之上。总观隰县地势:东北高,西南低。全县主要有两大川、七大沟、八大塬。两川是东川和城川;七塬是无愚塬、陡坡塬、乔村塬、北庄塬、唐户塬、阳头升塬和后堰塬;八沟是刁家峪沟、卫家峪沟、朱家峪沟、石马沟、古城沟、南峪沟、峪里沟、回珠沟。

5.12.1.3 河流水系

隰县境内的河流几乎归属于黄河流域黄河水系,仅有小部分面积在汾河水系的团柏河流域。流域面积大于50 km^{2}的主要河流有12条。按照水利部河湖普查河流级别划分原则,1级河流有1条,为昕水河;2级河流有5条,分别为耙子河、东川河、城川河、刁家峪河、团柏河;3级河流有6条,分别为紫峪河、回珠河、古城河、朱家峪河、北沟河、卫家峪河。县境内主要河流为东川河、城川河及其支流。隰县主要河流基本情况见表5-34。

(1)昕水河为黄河的一级支流,发源于蒲县太林乡东河村朱家庄,自东南向西北流经蒲县,于隰县午城镇曹家坡村进入隰县境内,在上胡城村出境,昕水河干流在隰县境内河长约6.3 km,流域面积为1 379.7 km^2。

(2)东川河为昕水河的一级支流,发源于蒲县克城镇东辛庄窑沟(河源经度111°22′26.6″,河源纬度36°35′03.6″,河源高程1 467.6 m),自东北向西南流经蒲县、隰县,于隰县午城镇川口村汇入昕水河(河口经度111°52′46.1″,河口纬度36°29′55.4″,河口高程 784.7 m)，河流全长 63 km，流域面积 593 km²，河流比降为 9.48‰。隰县境内流域面积为 439.7 km²。

表 5-34　隰县主要河流基本情况

编号	河流名称	上级河流名称	河流级别	流域面积(km²)	河长(km)	比降(‰)	县境内流域面积(km²)
1	昕水河	黄河	1	4 325	140	5.28	1 379.7
2	东川河	昕水河	2	593	63	9.48	439.7
3	紫峪河	东川河	3	84.7	16	22.73	84.7
4	回珠河	东川河	3	55.4	15	17.01	55.4
5	城川河	昕水河	2	943	64	8.47	804.3
6	古城河	城川河	3	83.6	26	17.81	83.6
7	朱家峪河	城川河	3	264	41	7.83	256.0
8	北沟河	城川河	3	74.0	28	17.29	74.0
9	卫家峪河	城川河	3	91.8	30	11.12	86.0
10	刁家峪河	昕水河	2	158.1	38	10.21	99.7

(3)紫峪河为东川河的一级支流，发源于隰县黄土镇岭上村路家沟(河源经度 111°11′33.6″，河源纬度 36°45′13.7″，河源高程 1 516.1 m)，自北向南流经隰县上、下紫峪村，于隰县黄土镇上庄村汇入东川河(河口经度 111°12′06.4″，河口纬度 36°38′28.8″，河口高程 1 166.8 m)，河流全长 16 km，河流比降为 22.73‰，流域面积 84.7 km²，全部在隰县境内。

(4)回珠河为东川河的一级支流，发源于隰县陡坡乡吕梁山国有林管理局下河家山(河源经度 111°08′10.9″，河源纬度 36°43′04.8″，河源高程 1 361.8 m)，于隰县黄土镇黄土村回珠汇入东川河(河口经度 111°05′25.8″，河口纬度 36°37′02.1″，河口高程 1 028.8 m)，河流全长 15 km，河流比降为 17.01‰，流域面积 55.4 km²，全部在隰县境内。

(5)城川河为昕水河的一级支流，发源于交口县石口乡龙神殿粗村(河源经度 111°09′55.0″，河源纬度 36°55′01.1″，河源高程 1 410.5 m)，自东北向西南流经交口县、隰县县城，于隰县午城镇午城村汇入昕水河(河口经度 110°51′34.2″，河口纬度36°30′00.5″，河口高程 770.0 m)，河流全长 64 km，流域面积 943 km²，河流比降为 8.47‰。隰县境内流域面积为 804.3 km²。

(6)古城河为城川河的一级支流，发源于隰县下李乡吕梁山国有林管理局新庄河(河源经度 111°07′34.4″，河源纬度 36°47′28.7″，河源高程 1 590.7 m)，于隰县龙泉镇城关村古城村汇入城川河(河口经度 110°05′55.8″，河口纬度 36°42′01.4″，河口高程 958.8 m)，河流全长 26 km，河流比降为 17.81‰，流域面积 83.6 km²，全部在隰县境内。

(7)朱家峪河为城川河的一级支流，发源于隰县下李乡梁家河村双字坪(河源经度 111°02′36.1″，河源纬度 36°54′05.9″，河源高程 1 393.6 m)，自东北向西南流经隰县峨仙、堡子，在堡子自北向南流经城南乡，于隰县龙泉镇城关村古城村汇入城川河(河口经度 110°55′10.2″，河口纬度 36°40′18.6″，河口高程 932.4 m)，河流全长 41 km，流域面积 264 km²，河流比降为 7.83‰。隰县境内流域面积为 256.0 km²。

(8)北沟河为城川河的一级支流,发源于隰县下李乡吕梁山国有林管理局黑疙塔(河源经度111°7′51.6″,河源纬度36°45′38.6″,河源高程1 578.5 m),于隰县龙泉镇城关村古城村汇入城川河(河口经度110°55′52.4″,河口纬度36°37′42.1″,河口高程883.9 m),河流全长28 km,河流比降为17.29‰,流域面积74.0 km^2,全部在隰县境内。

(9)卫家峪河为城川河的一级支流,发源于隰县阳头升乡罗镇堡村(河源经度110°48′31.7″,河源纬度36°37′24.0″,河源高程1 187.8 m),自西北向东南流经隰县、永和县,于隰县午城镇水堤村汇入城川河(河口经度110°54′13.4″,河口纬度36°34′54.5″,河口高程830.6 m),河流全长30 km,流域面积91.8 km^2,河流比降为11.12‰。隰县境内流域面积为86.0 km^2。

(10)刁家峪河为昕水河的一级支流,发源于永和县桑壁镇乡林场核桃凹(河源经度111°45′38.6″,河源纬度36°45′01.8″,河源高程1 258.1 m),自北向南流经永和县、隰县、大宁县,于隰县午城镇午城村店窑坡汇入昕水河(河口经度110°50′47.2″,河口纬度36°29′42.3″,河口高程770.0 m),河流全长38 km,流域面积158.1 km^2,河流比降为10.21‰。隰县境内流域面积为99.7 km^2。

5.12.2 清水分布

隰县清水调查工作从2004年开始,之后调查年份均有延续。2004年在东川河上调查了1个清水断面,2009年共调查了60个清水断面,主要分布在昕水河、城川河、东川河、古城河、朱家峪河、刁家峪河、紫峪河。

2019年隰县共调查了62个清水断面,其中,昕水河有3个,城川河有13个,东川河有19个,朱家峪河有10个,刁家峪河有6个,卫家峪河有3个,紫峪河有3个,古城河有4个,耙子河有1个。

5.12.3 泉水分布

隰县泉水调查工作是从1987年开始的,之后调查年份均有延续。1987年共调查到5处泉水,2004年共调查到6处泉水,2009年共调查到11处泉水,三次调查均分布在城川河、东川河、朱家峪河和紫峪河流域内。

2019年隰县共调查到29处泉水,总流量为41.6 L/s。其中,城川河流域内有12处,东川河流域内有7处,朱家峪河流域内有6处,回珠河流域内有1处,北沟河流域内有1处,卫家峪河流域内有1处,紫峪河流域内有1处。

5.12.4 隰县调查成果表

根据2019年清水调查成果,隰县清水流量大于100 L/s的有5个断面,在50~100 L/s的有3个断面,在1~50 L/s的有24个断面,小于1 L/s的有30个断面。其中,清水流量最大的断面位于昕水河午城,流量为1 260 L/s,其次是位于隰县城南乡留城村的朱家峪断面,流量为273 L/s。隰县各河流清水流量统计见表5-35。

表 5-35　隰县各河流清水流量统计

河流名称	总断面数	流量(L/s)			
		≤1	1 ~ 50	50 ~ 100	>100
城川河	13	4	6	1	2
东川河	19	13	6	0	0
昕水河	3	2	0	0	1
朱家峪河	10	3	5	1	1
刁家峪河	6	4	1	1	0
卫家峪河	3	1	1	0	1
紫峪河	3	1	2	0	0
古城河	4	1	3	0	0
耙子河	1	1	0	0	0
合计	62	30	24	3	5

2019 年泉水调查成果显示,隰县泉水流量大于 10 L/s 的仅有 1 处,位于东川河流域内黄土镇义泉村的茄沟泉,泉水流量为 14.2 L/s;1 ~ 10 L/s 的泉水有 8 处;小于 1 L/s 的泉水有 20 处。隰县各河流泉水流量统计见表 5-36。

表 5-36　隰县各河流泉水流量统计

河名	总个数	流量(L/s)		
		≤1	1 ~ 10	≥10
城川河	12	10	2	0
东川河	7	5	1	1
朱家峪河	6	2	4	0
回珠河	1	1	0	0
卫家峪河	1	1	0	0
紫峪河	1	0	1	0
北沟河	1	1	0	0
合计	29	20	8	1

5.13　永和县清泉水流量调查成果

5.13.1　自然地理

5.13.1.1　地理位置

永和县地处吕梁山脉南端,晋陕大峡谷黄河中游东岸,临汾市西北边陲,位于东经 110°22′ ~ 110°50′、北纬 36°22′ ~ 36°31′。南与大宁县接壤,北与离石市的石楼县毗邻,西与陕西省的延川县隔河相望,东与隰县相连。全县总面积 1 211 km^2,辖 2 镇 5 个乡,即芝河镇、桑壁镇、坡头乡、交口乡、南庄乡、打石腰乡和阁底乡,79 个村委,309 个自然村组。

5.13.1.2　地形地貌

永和县属晋西黄土残垣丘陵沟壑区,山塬墚峁与河川沟渠纵横交错,形成千沟万壑。地势东北高西南低,最高点茶布山峰高程 1 521 m,最低点芝河入黄口取材湾高程 519 m。

总体地形地貌可概括为:三山五垣两川一道岸,形成千沟万壑之貌。全县东、西、南三面环山,中部为河谷地,主要河流流向与地势倾向和两侧山脉走向大体一致,山脉的脊线成为河流的天然分水岭,支流上游地处石质地区,节理发育,渗漏严重,水量很小或时有时无,属时令河且上游集水面积不大,流量较小,但切割严重。

芝河从永和县东北斜流西南,注入黄河,把全境分为两个大三角形。永和县境内有三大山系,九座大山,2 500 多条沟道,梁峁重叠,沟壑纵横。黄河流经县境 68 km,林草覆盖率低,水土流失比较严重。县城西部一支以四十里山为最高,高程 1 399 m;县城东部一支地势高亢,高程在 1 500 m 以上,茶布山高程 1 521 m,为县内最高峰;县境南部一支,高程也在 1 500 m 左右;西部黄河岸畔,高程在 600 m 以下。

5.13.1.3　河流水系

永和县境内所有的河流都属于黄河流域黄河水系,流域面积大于 50 km^2 的主要河流有 9 条。按照水利部河湖普查河流级别划分原则,1 级河流有 4 条,分别为冯家河、马家河、芝河、峪里沟;2 级河流有 4 条,分别为王家塬河、段家河、桑壁河、刁家峪河;3 级河流有 1 条,为卫家峪河。县境内主要河流为芝河及其支流,河流基本情况见表 5-37。

表 5-37　永和县主要河流基本情况

编号	河流名称	上级河流名称	河流级别	流域面积(km^2)	河长(km)	比降(‰)	县境内流域面积(km^2)
1	冯家河	黄河	1	61.3	20	20.74	18.5
2	马家河	黄河	1	55.6	15	27.19	55.6
3	芝河	黄河	1	806	67	9.65	767.9
4	王家塬河	芝河	2	61	15	16.74	59.3
5	段家河	芝河	2	103	18	15.52	94.1
6	桑壁河	芝河	2	185	31	14.50	180.9
7	峪里沟	黄河	1	81.2	26	24.42	50.7

(1)冯家河为黄河的一级支流,发源于石楼县合河乡南陀崾村后山(河源经度 110°34′08.3″,河源纬度 36°52′00.5″,河源高程 1 128.0 m),自东南向西北流经石楼县、永和县,于石楼县合河乡杨家沟村后北头汇入黄河(河口经度 110°24′16.5″,河口纬度 36°54′10.7″,河口高程 560.0 m),河流全长 20 km,流域面积 61.3 km^2,河流比降为 20.74‰。永和县境内流域面积为 18.5 km^2。

(2)马家河为黄河的一级支流,发源于永和县打石腰乡马家岭村下山里村(河源经度 110°33′10.8″,河源纬度 36°46′11.6″,河源高程 1 308.2 m),于永和县打石腰乡尉家坬村冯家山村汇入黄河(河口经度 110°26′44.8″,河口纬度 36°44′2.6″,河口高程 520.0 m),河流全长 15 km,河流比降为 27.19‰。,流域面积 55.6 km^2,全部在永和县境内。

(3)芝河为黄河的一级支流,发源于石楼县合河乡珍珠塌村(河源经度 110°38′29.4″,河源纬度 36°55′33.6″,河源高程 1 241.5 m),自西北向东南流经石楼县、永和县,于永和县阁底乡高原村佛堂村汇入黄河(河口经度110°29′31.9″,河口纬度36°34′46.1″,河口高程520.0 m),河流全长67 km,流域面积806 km^2,河流比降为9.65‰。永和县境内流域面积为767.9 km^2。

(4)王家塬沟为芝河的一级支流,发源于永和县坡头乡任家庄范家峪村(河源经度110°46′14.6″,河源纬度36°45′56.3″,河源高程1 282.4 m),于永和县坡头乡坡头村岔上汇入芝河(河口经度110°41′10.6″,河口纬度36°49′25.6″,河口高程971.8 m),河流全长15 km,河流比降为16.47‰,流域面积61 km^2,几乎全在永和县境内。

(5)段家河为芝河的一级支流,发源于石楼县合河乡郭家沟村(河源经度110°37′49.5″,河源纬度36°53′50.3″,河源高程1 232.5 m),自北向南流经石楼县、永和县,于永和县芝河镇城关村河西坡村汇入芝河(河口经度110°37′26.2″,河口纬度36°45′46.7″,河口高程883.2 m),河流全长18 km,流域面积103 km^2,河流比降为15.52‰,永和县境内流域面积为94.1 km^2。

(6)桑壁河为芝河的一级支流,发源于永和县桑壁镇乡林场乔家山(河源经度110°43′36.3″,河源纬度36°44′49.4″,河源高程1 321.6 m),自北向南流经永和县桑壁镇,于永和县交口乡交口村汇入芝河(河口经度110°35′20.5″,河口纬度36°37′51.4″,河口高程711.0 m),河流全长31 km,流域面积185 km^2,河流比降为14.50‰。永和县境内流域面积为180.9 km^2。

(7)峪里沟为黄河的一级支流,发源于大宁县昕水镇北山林场肖家岭(河源经度110°42′06.3″,河源纬度36°34′41.0″,河源高程1 309.2 m),自东北向西南流经大宁县、永和县,于大宁县徐家垛乡岭上村汇入黄河(河口经度110°29′31.9″,河口纬度36°34′46.1″,河口高程520.0 m),河流全长26 km,流域面积81.2 km^2,河流比降为24.42‰。永和县境内流域面积为50.7 km^2。

5.13.2　清水分布

永和县1966年在桑壁河调查了1个清水断面;1987年共调查了16个清水断面,主要分布在芝河、段家河、桑壁河、峪里沟、刁家峪河;2004年共调查了42个清水断面,主要分布在芝河、段家河、桑壁河、黄河沿岸支沟内;2009年共调查了74个清水断面,主要分布在芝河、段家河、桑壁河、刁家峪河、黄河沿岸支沟内。

2019年永和县共调查了86个清水断面,其中,黄河沿岸支沟内有10个,芝河有38个,桑壁河有13个,段家河有10个,王家塬河有12个,峪里沟有2个,刁家峪河有1个。

5.13.3　泉水分布

永和泉水调查工作从1987年开始进行,之后调查年份均有延续。1987年共调查到2处泉水,在芝河、段家河流域内;2004年共调查到4处泉水,主要分布在黄河、芝河、段家河流域内;2009年共调查到47处泉水,主要分布在黄河、芝河、段家河、桑壁河、刁家峪河、王家塬河、峪里沟、马家河流域内。

2019年永和县共调查到51处泉水,总流量为31.1 L/s。其中,黄河沿岸支沟流域内有10处,芝河流域内有22处,段家河有5处,桑壁河有7处,王家塬河有3处,马家河有2

处,峪里沟有 1 处,刁家峪河有 1 处。

5.13.4 永和县调查成果表

据 2019 年清水调查成果统计,永和县清水流量大于 100 L/s 的有 4 个断面,在 1 ~ 50 L/s 的有 41 个断面,小于 1 L/s 的有 41 个断面,其中最大的位于芝河药家湾断面,流量为 159 L/s。永和县各河流清水流量统计见表 5-38。

表 5-38 永和县各河流清水流量统计

河流名称	总断面数	流量(L/s)			
		≤1	1 ~ 50	50 ~ 100	>100
芝河	38	22	12	0	4
桑壁河	13	7	6	0	0
段家河	10	0	10	0	0
王家塬河	12	3	9	0	0
峪里沟	2	1	1	0	0
刁家峪河	1	0	1	0	0
沿黄支沟	10	8	2	0	0
合计	86	41	41	0	4

2019 年泉水调查成果显示,永和县泉水流量大于 10.0 L/s 的只有 1 处,位于坡头乡乌门村芝河流域内的乌门泉,流量为 12.2 L/s,其余的泉水流量均小于 10 L/s,其中 1 ~ 10 L/s 的有 3 处,小于 1 L/s 的有 47 处。永和县各河流泉水流量统计见表 5-39。

表 5-39 永和县各河流泉水流量统计

河名	总个数	流量(L/s)		
		≤1	1 ~ 10	≥10
刁家峪河	1	1	0	0
段家河	5	5	0	0
黄河	10	10	0	0
马家河	2	2	0	0
桑壁河	7	6	1	0
王家塬河	3	2	1	0
峪里沟	1	1	0	0
芝河	22	20	1	1
合计	51	47	3	1

5.14　蒲县清泉水流量调查成果

5.14.1　自然地理

5.14.1.1　地理位置

蒲县位于山西省西南部，吕梁山南端，县境似海棠状。东与洪洞县接壤，西与大宁县毗连，南与蒲县、临汾相边，北与蒲县、汾西交界。境内南东至太林孔加坡，西至山中乡丰台村，东西长48.5 km；南起黑龙关镇屯里南山，北至克城镇泰山梁，南北宽49.4 km，面积1 508 km^2，其中耕地面积25万亩。地理坐标为东经110°51′~111°23′，北纬36°11′~36°38′。

5.14.1.2　地形地貌

蒲县境内地形复杂，大体分为土石山区和黄土高原沟壑区。地势东高西低，北、东、南三面环山。主要山峰：东北部有秦山梁、牛槽山、菊花山、木岭山；东部有桃卜山、石门山、太山、白头山；北部有五鹿山、五龙洞；南部有石头山、豹子梁、五股山。诸山高程均在1 500 m以上，其中以五鹿山为最高，高程1 946 m。县内带状残垣有古县、山中、古坪垣、红道、太夫、郑家垣、山口等7个垣面。

5.14.1.3　河流水系

蒲县境内所有的河流均归属于黄河流域黄河水系的昕水河流域，流域面积大于50 km^2主要河流有13条。按照水利部河湖普查河流级别划分原则，1级河流有1条，为昕水河；2级河流有9条，分别为黑龙关河、中垛河、南川河、北川河、南沟、枣家河、四沟河、耙子河，东川河；3级河流有3条，分别为屯里沟、解家河、堡子河。蒲县主要河流基本情况见表5-40。

表5-40　蒲县主要河流基本情况

编号	河流名称	上级河流名称	河流级别	流域面积(km^2)	河长(km)	比降(‰)	县境内流域面积(km^2)
1	昕水河	黄河	1	4 325	140	5.28	1 511.4
2	黑龙关河	昕水河	2	170	28	10.62	166.3
3	中垛河	昕水河	2	80.3	25	18.78	80.3
4	南川河	昕水河	2	185	28	14.67	185
5	屯里沟	南川河	3	58.3	14	26.60	58.3
6	北川河	昕水河	2	156	27	19.03	156.0
7	解家河	北川河	3	67.3	18	26.04	67.3
8	南沟	昕水河	2	50.3	19	21.50	50.3
9	枣家河	昕水河	2	60.8	18	17.35	60.8
10	四沟河	昕水河	2	96.2	25	18.78	96.2
11	耙子河	昕水河	2	62.1	22	18.06	43.7
12	东川河	昕水河	2	593	63	9.48	152.2
13	堡子河	义亭河	3	95.7	24	18.35	64.2

(1)昕水河为黄河的一级支流,发源于蒲县太林乡东河村朱家庄,于薛关镇下堆圪塔村出境,昕水河在蒲县境内河长约70.6 km,面积为1 511.4 km^2,其主要支流有黑龙关河、南川河、北川河、东川河等。

(2)黑龙关河为昕水河的一级支流,发源于蒲县黑龙关镇碾沟村上火石洼(河源经度111°11′24.2″,河源纬度36°13′0.5″,河源高程1 500.5 m),于蒲县黑龙关镇前庄村岔上汇入昕水河(河口经度111°11′30.5″,河口纬度36°22′05.1″,河口高程1 042.7 m),河流全长28 km,流域面积170 km^2,河流比降为10.62‰。蒲县境内流域面积为166.3 km^2。

(3)中垛河为昕水河的一级支流。中垛河起源于蒲县太林乡高阁村下辛庄(河源经度111°16′02.2″,河源纬度36°31′03.5″,河源高程1 513.7 m),于蒲县黑龙关镇肖家沟村汇入昕水河(河口经度111°10′51.8″,河口纬度36°22′08.1″,河口高程1 036.7 m),河流全长25 km,河流比降为18.78‰,流域面积80.3 km^2,全部在蒲县境内。

(4)南川河为昕水河的一级支流,发源于蒲县蒲城镇南耀村曹碾沟(河源经度111°08′3.9″,河源纬度36°12′38.2″,河源高程1 538.4 m),于蒲县蒲城镇城关村荆坡村汇入昕水河(河口经度111°06′08.7″,河口纬度36°24′28.6″,河口高程957.0 m),河流全长28 km,河流比降为14.67‰,流域面积185 km^2,全部在蒲县境内。

(5)屯里沟,南川河支流,发源于蒲县蒲城镇碾凹村后仁家沟(河源经度111°02′56.0″,河源纬度36°15′22.4″,河源高程1 536.4 m),于蒲县蒲城镇枣林村屯里汇入南川河(河口经度111°06′08.7″,河口纬度36°24′28.6″,河口高程1 034.3 m),河流全长14 km,流域面积58.3 km^2,河流比降为26.60‰。屯里沟流域平均年降水为511.8 mm,平均年径流深50.0 mm。

(6)北川河为昕水河的一级支流,发源于蒲县克城镇马武村安窊(河源经度111°14′30.7″,河源纬度36°31′39.2″,河源高程1 578.8 m),自东向西流经蒲县红道乡,在红道乡自北向南流经前古坡,于蒲县蒲城镇城关村汇入昕水河(河口经度111°05′24.9″,河口纬度36°24′27.9″,河口高程948.9 m),河流全长27 km,河流比降为19.03‰,流域面积156 km^2,全部在蒲县境内。

(7)解家河,北川河的一级支流,发源于蒲县克城镇马武村背里(河源经度111°14′14.2″,河源纬度36°29′15.2″,河源高程1 626.6 m),于蒲县蒲城镇城关村前古坡汇入北川河(河口经度111°06′19.8″,河口纬度36°26′07.0″,河口高程994.5 m),河流全长18 km,流域面积67.3 km^2,河流比降为26.04‰。

(8)南沟为昕水河的一级支流,发源于蒲县山中乡山口村老虎圪洞(河源经度111°00′55.8″,河源纬度36°17′08.5″,河源高程1 504.7 m),于蒲县薛关镇乔子滩南沟汇入昕水河(河口经度111°02′12.6″,河口纬度36°26′06.1″,河口高程905.0 m),河流全长19 km,河流比降为21.50‰,流域面积50.3 km^2,全部在蒲县境内。

(9)枣家河为昕水河的一级支流,发源于蒲县山中乡枣家河村蔡家沟(河源经度111°58′38.7″,河源纬度36°18′47.7″,河源高程1 361.5 m),于蒲县薛关镇薛关村南沟汇入昕水河(河口经度111°59′42.2″,河口纬度36°26′48.2″,河口高程878.5 m),河流全长18 km,河流比降为17.35‰,流域面积60.8 km^2,全部在蒲县境内。

(10)四沟河为昕水河的一级支流，发源于蒲县古县乡马场村(河源经度111°10′38.7″，河源纬度36°33′47.7″，河源高程1 735.2 m)，于蒲县薛关镇薛关村南沟汇入昕水河(河口经度111°59′30.5″，河口纬度36°26′56.1″，河口高程877.1 m)，河流全长25 km，河流比降为18.78‰，流域面积96.2 km^2，全部在蒲县境内。

(11)耙子河为昕水河的一级支流，发源于蒲县古县乡曹村曹村(河源经度111°05′11.5″，河源纬度36°34′01.2″，河源高程1 287.1 m)，于蒲县薛关镇常家湾村张庄汇入昕水河(河口经度111°54′53.2″，河口纬度36°29′31.5″，河口高程814.5 m)，河流全长22 km，流域面积62.1 km^2，河流比降为18.06‰。蒲县境内流域面积为43.7 km^2。

(12)东川河为昕水河的一级支流。东川河起源于蒲县克城镇东辛庄窑沟(河源经度111°22′26.6″，河源纬度36°35′03.6″，河源高程1 467.6 m)，自东北向西南流经蒲县、隰县，于蒲县午城镇川口村川口汇入昕水河(河口经度111°52′46.1″，河口纬度36°29′55.4″，河口高程784.7 m)，河流全长63 km，流域面积593 km^2，河流比降为9.48‰。蒲县境内流域面积为152.2 km^2。

(13)堡子河为义亭河的一级支流。堡子河起源于蒲县山中乡川南岭村羊道角(河源经度110°57′55.4″，河源纬度36°18′59.0″，河源高程1 335.8 m)，自东南向西北流经蒲县、大宁县，于大宁县三多乡楼底村汇入义亭河(河口经度110°47′31.5″，河口纬度36°24′25.2″，河口高程758.0 m)，河流全长24 km，流域面积95.7 km^2，河流比降为18.35‰。蒲县境内流域面积为64.2 km^2。

5.14.2　清水分布

蒲县清水调查工作自1987年开始，之后调查年份均有延续。1987年调查了8个清水断面，分布在昕水河、东川河。2004年共调查了35个清水断面，主要分布在昕水河、东川河、南川河、北川河、解家河、堡子河、屯里沟。2009年共调查了86个清水断面，主要分布在昕水河、东川河、南川河、北川河、解家河、堡子河、屯里沟、枣家河、中朵河。

2019年蒲县共调查了122个清水断面，其中，昕水河有49个，东川河有9个，南川河有14个，中垛河有9个，北川河有6个，解家河有8个，枣家河有8个，黑龙关河有3个，南沟有1个，四沟河有3个，屯里沟有5个，耙子河有1个。

5.14.3　泉水分布

蒲县泉水调查工作自1987年开始，之后调查年份均有延续。1987年共调查到1处泉水，位于解家河流域内，2004年共调查到2处泉水，在解家河和南川河流域内，2009年共调查到8处泉水，在昕水河、南川河、四沟河、堡子河、圪芦沟流域内。

2019年蒲县共调查到83处泉水，总流量为26.85 L/s。其中，昕水河流域内有28处，东川河流域内有4处，北川河流域内有9处，南川河流域内有8处，黑龙关河流域内有16处，解家河流域内有1处，中朵河河流域内有7处，堡子河流域内有4处，枣家河流域内有2处，耙子河流域内有1处，四沟河流域内有1处，南沟河流域内有2处。

5.14.4　蒲县调查成果表

根据2019年清水调查成果，蒲县清水流量大于100 L/s的有3个断面，在50～100 L/s

有6个断面,在1~50 L/s的有58个断面,小于1 L/s的有56个断面,其中清水流量最大的断面位于昕水河干流蒲县出境断面,流量为398 L/s。蒲县各河流清水流量统计见表5-41。

表5-41　蒲县各河流清水流量统计

河流名称	总断面数	流量(L/s)			
		≤1	1~50	50~100	>100
昕水河	49	24	18	4	3
东川河	9	6	2	1	0
南川河	14	7	7	0	0
北川河	6	2	4	0	0
解家河	8	1	7	0	0
黑龙关河	3	2	1	0	0
南沟	4	1	3	0	0
中垜河	9	6	3	0	0
堡子河	3	2	1	0	0
四沟河	3	1	2	0	0
枣家河	8	2	6	0	0
屯里沟	5	1	4	0	0
耙子河	1	1	0	0	0
合计	122	56	58	6	3

2019年泉水调查成果显示,蒲县泉水流量均小于10 L/s,其中1~10 L/s的泉水有4处,小于1 L/s的泉水有78处。蒲县泉水流量最大的为解家河流域内的河秀沟泉,位于蒲县红道乡华尧酒厂内,流量为3.4 L/s。蒲县各河流泉水流量统计见表5-42。

表5-42　蒲县各河流泉水流量统计

河名	总个数	流量(L/s)		
		≤1	1~10	≥10
堡子河	4	3	1	0
北川河	9	9	0	0
东川河	4	4	0	0
黑龙关河	16	16	0	0
解家河	1	1	0	0
南川河	8	8	0	0
南沟	2	1	1	0
耙子河	1	1	0	0
四沟河	1	0	1	0
昕水河	28	27	1	0
枣家河	2	2	0	0
中朵河	7	7	0	0
合计	83	79	4	0

5.15 汾西县清泉水流量调查成果

5.15.1 自然地理

5.15.1.1 地理位置

汾西县地处黄河中游，吕梁山的东麓，山西省中南部，临汾市西北端。东经111°13′12″~111°40′43″，北纬36°27′06″~36°48′13″。东临霍州市，西依隰县、蒲县，北靠灵石、交口，南与洪洞接壤。国土面积875 km²，汾西县地处吕梁山大背斜东翼汾河以西的向斜中，地势西北高，东南低。

5.15.1.2 地形地貌

汾西县地处吕梁山大背斜东翼汾河以西的向斜中，地势西北高，东南低，西部最高的老爷顶高程1 890.8 m，东南部最低处的团柏河出境地高程550 m，高差1 340.8 m。由于地壳不断抬升，水流不断侵蚀，地表形成了沟壑纵横、梁峁起伏、土地支离破碎的黄土残垣沟壑区的地形地貌。

5.15.1.3 河流水系

汾西县境内所有的河流基本都属于黄河流域汾河水系，流域面积大于50 km²的主要河流有6条。按照水利部河湖普查河流级别划分原则，2级河流有3条，分别为对竹河、团柏河和轰轰涧河；3级河流有3条，分别为白家河、康和河和佃坪河。县境内主要河流为团柏河与对竹河。汾西县主要河流基本情况见表5-43。

表5-43 汾西县主要河流基本情况

编号	河流名称	上级河流名称	河流级别	流域面积(km²)	河长(km)	比降(‰)	县境内流域面积(km²)
1	对竹河	汾河	2	282	51	10.98	185.6
2	团柏河	汾河	2	644	61	11.37	573.0
3	白家河	团柏河	3	50	13	13.48	33.7
4	康和河	团柏河	3	49.8	11	16.57	49.8
5	佃坪河	团柏河	3	146	34	19.01	144.6
6	轰轰涧河	汾河	2	82.7	32	20.51	47.0

(1)对竹河为汾河的一级支流。对竹河起源于灵石县梁家焉乡角角焉(河源经度111°24′51.8″，河源纬度36°49′52.5″，河源高程1 195.4 m)，自西北向东南流经灵石县、汾西县、霍州市，于霍州市白龙镇涧北村汇入汾河(河口经度111°42′43.3″，河口纬度36°34′35.1″，河口高程539.8 m)，河流全长51 km，流域面积282 km²，河流比降为10.98‰。汾西县境内流域面积为185.6 km²。

(2)团柏河为汾河的一级支流。团柏河起源于隰县黄土镇岭上村太平庄(河源经度111°14′45.1″，河源纬度36°43′59.0″，河源高程1 305.3 m)，自西北向东南流经隰县、汾西县、洪洞县，于洪洞县堤村乡干河村汇入汾河(河口经度111°41′22.0″，河口纬度

36°27′51.3″,河口高程 508.3 m),河流全长 61 km,流域面积 644 km^2,河流比降为 11.37‰。汾西县境内流域面积为 573.0 km^2。

(3)白家河为团柏河的支流。白家河起源于汾西县对竹镇西河村瓦家沟(河源经度 111°22′53.2″,河源纬度 36°47′38.7″,河源高程 1 262 m),于汾西县勍香镇云城村东阳沟汇入团柏河(河口经度 111°21′31.7″,河口纬度 36°42′26.4″,河口高程 1 073.2 m),河流全长 13 km,流域面积 50 km^2,河流比降为 13.48‰。汾西县境内流域面积为 33.7 km^2。

(4)康和河为团柏河的支流。康和河起源于汾西县对竹镇塔上村(河源经度 111°27′18.7″,河源纬度 36°43′01.1″,河源高程 1 024.0 m),于汾西县永安镇申家庄村汇入团柏河(河口经度 111°30′35.7″,河口纬度 36°38′33.1″,河口高程 864.6 m),河流全长 11 km,河流比降为 16.57‰,流域面积 49.8 km^2,全部在汾西县境内。

(5)佃坪河为团柏河的支流。佃坪河起源于汾西县田坪乡徐庄村宋家山(河源经度 111°16′08.9″,河源纬度 36°37′42.2″,河源高程 1 446.9 m),于汾西县僧念镇细上村北方庄村汇入团柏河(河口经度 111°33′06.6″,河口纬度 36°35′57.4″,河口高程 733.6 m),河流全长 34 km,河流比降为 19.01‰,流域面积 146 km^2,几乎全在汾西县境内。

(6)轰轰涧河为汾河的一级支流。轰轰涧河起源于汾西县邢家要乡邢家要村(河源经度 111°26′36.0″,河源纬度 36°33′4.3″,河源高程 1 289.8 m),自西北向东南流经汾西县、洪洞县,于洪洞县堤村乡北石明村汇入汾河(河口经度 111°39′28.7″,河口纬度 36°25′45.1″,河口高程 488.3 m),河流全长 32 km,流域面积 82.7 km^2,河流比降为 20.51‰。汾西县境内流域面积为 47.0 km^2。

5.15.2 清水分布

汾西县清水调查工作自 1987 年开始,之后调查年份均有延续。1987 年和 2004 年各调查了 1 个清水断面,均在轰轰涧河。2009 年共调查了 2 个清水断面,在团柏河和轰轰涧河。

汾西县 2019 年共调查了 1 个清水断面,在团柏乡茶房村西沟团柏河上,河道干枯。

5.15.3 泉水分布

汾西县泉水调查工作自 1987 年开始,之后调查年份均有延续。1987 年共调查到 6 处泉水断面,2004 年共调查到 13 处泉水断面,2009 年共调查到 22 处泉水断面,三次调查断面均主要分布在对竹河、佃坪河、团柏河河、轰轰涧河。

2019 年汾西县共调查到 27 处泉水,总流量为 6.41 L/s。其中,对竹河有 8 处,团柏河有 10 处,佃坪河有 8 处,轰轰涧河有 1 处。

5.15.4 汾西县调查成果表

根据 2019 年汾西县泉水调查成果,泉水流量大于 1 L/s 的有 26 处,小于 1 L/s 的有 1 处,其中对竹河流域内的于家岭泉流量最大,位于汾西县永安镇于家岭村,泉水流量为 1.1 L/s;轰轰涧河流域内的申村泉,有出露,流量很小,采用蓄水窑储水,无法测量。汾西县各河流泉水流量统计见表 5-44。

表 5-44　汾西县各河流泉水流量统计

河流名称	总个数	流量	
		≤1 L/s	>1 L/s
对竹河	8	1	7
团柏河	10	0	10
佃坪河	8	0	8
轰轰涧河	1	0	1
合计	27	1	26

5.16　侯马市清泉水流量调查成果

5.16.1　自然地理

5.16.1.1　地理位置

侯马市位于汾河下游，临汾盆地南部，地理位置为东径 111°23′～111°41′、北纬 35°34′～35°52′，东邻曲沃，西接新绛，南依紫金山与闻喜、绛县接壤，北与襄汾隔汾河相望，东西长 17.5 km，南北宽 16.5 km，总面积 222 km^2。

5.16.1.2　地形地貌

本市地貌可划分为三种地貌形态，其特征如下。

1. 构造剥蚀的中低山区

构造剥蚀的中低山区主要指紫金山区，走向近于东西，外应力以流水和水化学剥蚀作用为主。新构造运动上升幅度中等，在隆起和断裂作用下产生。冲沟十分发育，多呈“V”形，地形切割巨烈，现代堆积物很少保留，北坡基岩裸露，南麓黄土覆盖，一般高程 750～900 m，主峰高程 1 114.2 m，为中低山地形。

2. 剥蚀堆积的黄土丘陵区

剥蚀堆积的黄土丘陵区主要指峨嵋岭，原生的黄土垣状地貌在长期的外应力作用下，四周沟谷密布，呈“U”形，沟长 200～2 000 m，深 5～20 m，宽 20～100 m。梁面较平，坡长连绵，呈长梁状黄土丘陵地貌，梁的长轴走向东南，梁面高度 420～470 m，相对高差 20～50 m。

3. 侵蚀堆积的山前倾斜平原区及河谷阶地区

(1)山前洪积扇裙区主要分布在紫金山前，范围较小，地貌上反映比较明显，前缘与浍河二级阶地后缘毗连，岩性以粉土夹圆度极差的砂砾石、土夹砾石、粗细砂等为主。

(2)河谷阶地区主要指浍河河谷地形，现代河谷结构复杂，由河床漫滩及阶地组成。河床与漫滩呈渐变关系，漫滩高出河床 0.5～1 m。沿河床呈不连续的带状分布一级阶地在区内发育良好，前缘高出河床 2～4 m，阶面宽 200～300 m，由粉细砂及粉土组成，呈层状堆积，以 2°～3°倾角微向河床倾斜。二级阶地发育不对称，驿桥一带阶面较宽，达 1.5～2 km^2，前缘高出河床 10 m 左右，属 Q_3 堆积。

5.16.1.3 河流水系

侯马市境内所有的河流都属于黄河流域汾河水系,流域面积大于50 km^{2}的主要河流有4条。按照水利部河湖普查河流级别划分原则,1级河流有1条,为汾河(干流从侯马边境流过);2级河流有2条,分别为排碱沟和浍河;3级河流有1条,为礼元河。侯马市主要河流基本情况见表5-45。

(1)浍河为汾河的一级支流,发源于浮山县米家垣乡新庄村花沟(河源经度112°00′22.7″,河源纬度35°54′17.3″,河源高程1 337.7 m),自东向西流经浮山县、翼城县、绛县、曲沃县、侯马市、新绛县,于新绛县开发区西曲村汇入汾河(河口经度111°11′57.3″,河口纬度35°35′27.0″,河口高程390.0 m),河流全长111 km,流域面积2 052 km^2,河流比降为3.24‰。浍河在侯马市凤城乡西韩村入境,上马街道办庄里村出境,境内河长约20.6 km,面积为156.1 km^2。在侯马市香邑村南浍河干流上建有中型水库——浍河二库。

表5-45 侯马市主要河流基本情况

编号	河流名称	上级河流名称	河流级别	流域面积(km^2)	河长(km)	比降(‰)	县境内流域面积(km^2)
1	浍河	汾河	2	2 052	111	3.24	156.1
2	礼元河	浍河	3	53.5	13	12.87	14.2

(2)礼元河为汾河的一级支流。礼元河起源于闻喜县礼元镇南村(河源经度111°15′35.3″,河源纬度35°29′56.6″,河源高程703.1 m),自南向北流经闻喜县、侯马市,于侯马市上马街道办事处驿桥汇入浍河(河口经度111°18′41.5″,河口纬度35°34′51.1″,河口高程399.5 m),河流全长13 km,流域面积53.5 km^2,河流比降为12.87‰。侯马市境内流域面积为14.2 km^2。

5.16.2 清水分布

侯马市清水调查工作自2004年开始进行,2004年共调查了6个清水断面,2009年共调查了2个清水断面,两次调查都分布在汾河干流、浍河。

2019年侯马市共调查了2个清水断面,汾河干流和浍河各1个断面。

5.16.3 泉水分布

侯马市泉水调查工作也是从2004年开始,2004年共调查到11处泉水,2009年共调查12处泉水,两次调查都分布在浍河、礼元河流域内。

2019年侯马市共调查到13处泉水,总流量为2.9 L/s。其中,浍河流域内有12处,礼元河流域内有1处。

5.16.4 侯马市调查成果表

根据2019年清水调查成果,侯马市调查的2个清水,一个在高村乡张王村北700 m汾河干流上,断面流量为500 L/s;一个在新田乡乔村南500 m浍河干流上,河道干枯。

2019年泉水调查成果显示,侯马市泉水流量最大的为浍河流域内的复兴泉,位于侯马市上马乡复兴村,流量为 1.4 L/s;其余流域内 12 处泉水流量均小于 1.0 L/s。侯马市各河流泉水流量统计见表 5-46。

表 5-46　侯马市各河流泉水流量统计

河名	总个数	流量(L/s)		
		≤1	1~10	≥10
浍河	12	11	1	0
礼元河	1	1	0	0
合计	13	12	1	0

5.17　霍州市清泉水流量调查成果

5.17.1　自然地理

5.17.1.1　地理位置

霍州市位于山西省中南部,临汾市的北端,因地处霍山西麓而得名。本市北跨韩信岭与灵石县交界,西与汾西县毗邻,东依太岳山与沁源、古县相连,南与洪洞县接壤,地理坐标为 110°37′~112°01′,北纬 36°27′~36°43′,南北最大距离 30 km,东西最大距离为 36 km,全市总面积 764 km^2。

5.17.1.2　地形地貌

霍州市处于灵石隆起与临汾盆地的过渡地带,汾河自北而南穿越本市西部,东西两侧为山地,山前是丘陵,中间为汾河,总的地势是东北高,西南低,东部为古老变质岩系构成的霍山侵蚀山地,最高峰金钩漫上,高程为 2 346 m,向西为黄土台垣与坡洪积平原,地势渐次变低,汾河河谷地带地势最低,高程 516~600 m。汾河两侧为黄土丘陵区,地带沟谷纵横,高程 600~1 000 m。按地形分类平原占 31.1%,丘陵占 38.4%,山地占 30.5%。除东部森林石山区外,植被覆盖很差。

5.17.1.3　河流水系

霍州市境内河流也都归属于黄河流域汾河水系,流域面积大于 50 km^2 的主要河流有 7 条。按照水利部河湖普查河流级别划分原则,1 级河流有 1 条,为汾河;2 级河流有 4 条,分别为姚村河、对竹河、南涧河、辛置河;3 级河流有 2 条,分别为李曹河、北涧河。霍州市主要河流基本情况见表 5-47。

表 5-47　霍州市主要河流基本情况

编号	河流名称	上级河流名称	河流级别	流域面积(km^2)	河长(km)	比降(‰)	县境内流域面积(km^2)
1	汾河	黄河	1	39 721	718	1.10	764
2	姚村河	汾河	2	61.2	24	21.30	56.9
3	南涧河	汾河	2	442	42	26.82	431.1
4	李曹河	南涧河	3	68.1	18	43.53	68.1
5	北涧河	南涧河	3	128	25	21.00	128
6	辛置河	汾河	2	51.6	17	44.70	51.6

(1)汾河为黄河的一级支流。汾河源自忻州宁武,穿越太原盆地,在霍州市王庄流入境内,辛置附近出境,汾河在霍州市境内河长约27.9 km,流域面积为764 km^2。

(2)姚村河。姚村河是汾河的一级支流。姚村河起源于霍州市三教乡史家庄柏家洼(河源经度111°51′55.6″,河源纬度36°42′50.2″,河源高程1 247.2 m),自东北向西南流经霍州市、灵石县,于霍州市退沙街道办事处退沙村汇入汾河(河口经度111°41′18.8″,河口纬度36°35′40.1″,河口高程549.8 m),河流全长24 km,流域面积61.2 km^2,河流比降为21.30‰。霍州市境内流域面积为56.9 km^2。

(3)南涧河是汾河的一级支流。南涧河起源于沁源县韩洪乡仁道(河源经度111°03′13.6″,河源纬度36°40′10.2″,河源高程1 939.0 m),自东向西流经沁源县、霍州市,于霍州市南环路街道办事处南坛村汇入汾河(河口经度111°42′43.6″,河口纬度36°33′37.4″,河口高程539.1 m),河流全长42 km,流域面积442 km^2,河流比降为26.82‰。霍州市境内流域面积为431.1 km^2。

(4)李曹河是南涧河的支流。李曹河起源于霍州市李曹镇杨家庄村红沙岭(河源经度111°58′00.5″,河源纬度36°34′08.1″,河源高程1 752.6 m),于霍州市李曹镇杨枣村汇入南涧河(河口经度111°48′29.3″,河口纬度36°34′35.7″,河口高程659.6m),河流全长18 km,河流比降为43.53‰,流域面积68.1 km^2,全部在霍州市境内。

(5)北涧河是南涧河的支流。北涧河起源于霍州市三教乡青岗坪林场青岗坪(河源经度111°55′32.9″,河源纬度36°40′03.5″,河源高程1 338.9 m),于霍州市开元街道办事处李诠庄汇入南涧河(河口经度111°45′18.2″,河口纬度36°33′57.7″,河口高程584.9 m),河流全长25 km,流域面积128 km^2,河流比降为21.00‰。

(6)辛置河是汾河的一级支流。辛置河起源于霍州市陶唐峪乡小涧峪林场(河源经度111°42′13.4″,河源纬度36°29′56.2″,河源高程520.0 m),于霍州市辛置镇辛置村辛置汇入汾河(河口经度111°42′13.4″,河口纬度36°29′56.2″,河口高程520.0 m),河流全长17 km,河流比降为44.70‰,流域面积51.6 km^2,全部在霍州市境内。

5.17.2　清水分布

霍州市1966年调查了1个清水断面,1987年调查了2个清水断面,均位于南涧河。2004年共调查了5个清水断面,主要分布在王庄河、北涧河、南涧河。2009年共调查了9个清水断面,主要分布在王庄河、北涧河、南涧河、李曹河以及汾河沿岸支沟。

2019年霍州市共调查了21个清水断面,其中,汾河干流有1个、李曹河有2个,北涧河有1个,南涧河有3个,辛置河有3个,姚村河有1个,王庄河有1个,汾河支沟有9个。

5.17.3　泉水分布

霍州市泉水调查工作自1987年开始,之后调查年份均有延续。1987年共调查到30处泉水,2004年共调查到33处泉水,2009年共调查40处泉水,三次调查都主要分布在北涧河、南涧河、辛置河、李曹河和汾河支沟流域内。

2019年霍州市共调查到49处泉水,总流量为223.75 L/s。其中,汾河沿岸支沟5处,北涧河 14 处,南涧河 17 处,李曹河 3 处,辛置河 10 处。

5.17.4 霍州市调查成果表

据 2019 年清水调查成果统计,霍州市清水流量大于 100 L/s 的有 6 个断面,最大的位于汾河干流团柏矿断面,流量为 2 120 L/s;清水流量在 50 ~ 100 L/s 的有 2 个断面,清水流量在 1 ~ 50 L/s 的有 6 个断面,其余 7 个断面清水流量均小于 1 L/s。霍州市各河流清水流量统计见表 5-48。

表 5-48 霍州市各河流清水流量统计

河流名称	总断面数	流量(L/s)			
		≤1	1 ~ 50	50 ~ 100	>100
汾河干流	1	0	0	0	1
汾河支沟	9	3	3	1	2
李曹河	2	0	1	0	1
北涧河	1	1	0	0	0
南涧河	3	1	1	0	1
辛置河	3	1	1	0	1
姚村河	1	0	0	1	0
王庄河	1	1	0	0	0
合计	21	7	6	2	6

2019 年泉水调查成果显示,除境内的郭庄泉未统计外,大于 10 L/s 有 6 处,最大为北涧河流域内的东王峪泉,位于霍州市三教乡油磨村,泉水流量为 72.0 L/s,其次是南涧河流域内的三眼窑泉,位于霍州市李曹镇三眼窑村,泉水流量为 22.0 L/s,排在第三的是李曹河流域内的下王村泉,位于霍州市李曹镇下王村,泉水流量为 21.0 L/s;1 ~ 10 L/s 的有 11 处,小于 1 L/s 的有 32 处。霍州市各河流泉水流量统计见表 5-49。

表 5-49 霍州市各河流泉水流量统计

河流名称	总个数	流量(L/s)		
		≤1	1 ~ 10	≥10
北涧河	14	7	3	4
南涧河	17	13	3	1
李曹河	3	2	0	1
辛置河	10	6	4	0
汾河支沟	5	4	1	0
合计	49	32	11	6

附 表

附表 1 临汾市历次清水流量调查成果

序号	河名	汇入河名	水系	施测地点				坐标		流量	测验时间			测验方法
				县(市、区)	乡(镇)	村	断面位置	东经	北纬	(L/s)	年	月	日	
1	关口河	黄河	黄河	永和县	南庄乡	永和关	村北 1 000 m	110°25′20″	36°50′47″	9	2004	4	10	
				永和县	南庄乡	永和关	村北 1 000 m	110°25′20″	36°50′47″	2.48	2009	4	7	体积法
				永和县	南庄乡	永和关	村北 500 m	110°25′18″	36°50′48″	1.7	2019	4	3	容积法
2	下山里沟	黄河	黄河	永和县	南庄乡	下山里	村西 1 500 m	110°26′01″	36°47′53″	4	2004	4	10	
				永和县	南庄乡	穆家窑	村南 400 m	110°28′15″	36°48′09″	0.66	2009	4	7	体积法
				永和县	南庄乡	穆家窑	村南 600 m	110°28′14″	36°48′08″	0.65	2019	4	3	容积法
3	郑家塬沟	黄河	黄河	永和县	打石腰乡	郑家塬	村西南 500 m	110°27′54″	36°47′27″	0.475	2009	4	8	体积法
				永和县	打石腰乡	郑家塬	村西 700 m	110°27′54″	36°47′27″	0.21	2019	4	3	容积法
4	贺家河	黄河	黄河	永和县	打石腰乡	李家塬	村东南 100 m	110°25′55″	36°47′16″	0.497	2009	4	8	体积法
				永和县	打石腰乡	贺家河	村西南 600 m	110°25′56″	36°47′16″	0.57	2019	4	4	容积法
5	冯家山沟	黄河	黄河	永和县	打石腰乡	冯家山	沟口	110°27′31″	36°44′08″	0.8	2004	4	8	
				永和县	打石腰乡	冯家山	村西南 800 m	110°27′31″	36°44′08″	4.99	2009	4	8	体积法
				永和县	打石腰乡	冯家山	村南 600 m	110°27′31″	36°44′10″	0.50	2019	4	5	容积法
6	西后峪沟 1	黄河	黄河	永和县	阁底乡	于家山	村东 3 000 m	110°28′45″	36°40′39″	2.4	2009	4	9	体积法
				永和县	阁底乡	于家山	村西北 1 500 m	110°26′18″	36°41′12″	0	2019	4	4	
7	西后峪沟 2	黄河	黄河	永和县	阁底乡	下退干	村西北 600 m	110°28′46″	36°40′40″	0.07	2019	4	4	容积法
8	李家山沟	黄河	黄河	永和县	阁底乡	佛堂	村西北沟口	110°28′46″	36°35′25″	1	2004	4	8	
				永和县	阁底乡	佛堂	村西北 500 m	110°28′46″	36°35′25″	1.58	2009	4	6	体积法
				永和县	阁底乡	佛堂	村西北 600 m	110°28′46″	36°35′25″	0.67	2019	4	2	容积法

续附表 1

序号	河名	汇入河名	水系	施测地点				坐标		流量	测验时间			测验方法
				县(市、区)	乡(镇)	村	断面位置	东经	北纬	(L/s)	年	月	日	
9	下铁崖沟	黄河	黄河	永和县	阁底乡	佛堂	村西北沟口	110°29′23″	36°35′16″	9	2004	4	8	
				永和县	阁底乡	佛堂	村南 100 m	110°29′23″	36°35′16″	0	2009	4	6	体积法
				永和县	阁底乡	佛堂	村东南 300 m	110°29′26″	36°35′13″	0.02	2019	4	2	容积法
10	芝河	黄河	黄河	永和县	芝河镇	城北	河口上游 100 m	110°37′47″	36°46′01″	87.2	2009	3	31	流速仪法
				永和县	芝河镇	永和县水务局	东南 60 m	110°37′42″	36°45′58″	105	2019	3	24	流速仪法
11	芝河 1	黄河	黄河	永和县	芝河镇	药家湾	村东南 300 m	110°37′21″	36°44′19″	143	2009	4	2	流速仪法
				永和县	芝河镇	药家湾	村南 600 m	110°37′20″	36°44′19″	159	2019	3	25	流速仪法
12	芝河 2	黄河	黄河	永和县	交口乡	交口	村东大桥下 100 m	110°35′15″	36°37′56″	182	1987	5	3	
				永和县	交口乡	交口	村东大桥下 100 m	110°35′15″	36°37′56″	150	2004	4	6	
				永和县	交口乡	交口	变电站西 80 m	110°35′15″	36°37′56″	181	2009	4	3	流速仪法
				永和县	交口乡	交口	村东北 300 m	110°35′17″	36°37′59″	151	2019	3	28	流速仪法
13	芝河 3	黄河	黄河	永和县	交口乡	王家山	村北 1 000 m	110°29′52″	36°34′46″	40.1	2009	4	4	流速仪法
				永和县	交口乡	王家山	村北 1 000 m	110°29′45″	36°34′43″	135	2019	4	2	流速仪法
14	芝河 4	黄河	黄河	永和县	阁底乡	佛堂	村南 2 500 m	110°29′47″	36°34′48″	204	1987	5	4	
				永和县	阁底乡	佛堂	村南 2 500 m	110°29′47″	36°34′48″	200	2004	4	8	
15	白家崖沟	芝河	黄河	永和县	坡头乡	前塔子	村南 200 m 河口	110°43′15″	36°51′51″	11	2004	4	5	
				永和县	坡头乡	前塔子	村西 100 m	110°43′16″	36°51′52″	4.8	2009	3	30	流速仪法
				永和县	坡头乡	后塔子	村东南 500 m	110°43′14″	36°52′01″	3.1	2019	3	20	容积法
16	陈家沟	白家崖沟	黄河	永和县	坡头乡	白家崖	村北 200 m	110°40′25″	36°54′19″	0.8	2004	4	5	
17	李家崖沟	芝河	黄河	永和县	坡头乡	李家崖	村西 150 m	110°40′04″	36°54′46″	3.9	2009	3	30	流速仪法
				永和县	坡头乡	白家崖	白家崖大队东北 150 m	110°40′34″	36°54′14″	2.1	2019	3	20	容积法

续附表 1

序号	河名	汇入河名	水系	施测地点				坐标		流量	测验时间			测验方法
				县(市、区)	乡(镇)	村	断面位置	东经	北纬	(L/s)	年	月	日	
18	卢家沟	芝河	黄河	永和县	坡头乡	成家坪	沟口	110°41′34″	36°53′30″	0.3	1987	4	28	
				永和县	坡头乡	成家坪	沟口	110°41′34″	36°53′30″	0.8	2004	4	5	
				永和县	坡头乡	成家坪	东北 500 m	110°41′34″	36°53′30″	0.05	2009	3	30	体积法
				永和县	坡头乡	成家坪	村东南 500 m 桥下	110°41′36″	36°53′27″	3.0	2019	3	20	容积法
19	赵家沟	芝河	黄河	永和县	坡头乡	赵家沟	与孟家沟交汇处	110°43′40″	36°52′16″	2.7	1987	4	28	
				永和县	坡头乡	赵家沟	与孟家沟交汇处	110°43′40″	36°52′16″	1.3	2004	4	5	
				永和县	坡头乡	赵家沟	村东南 100 m	110°43′40″	36°52′16″	1.52	2009	3	30	体积法
				永和县	坡头乡	赵家沟	村西南 1 km 公路桥下	110°43′40″	36°52′16″	2.5	2019	3	21	容积法
20	孟家沟	芝河	黄河	永和县	坡头乡	呼家庄	与赵家沟交汇处	110°44′24″	36°52′18″	2.4	2004	4	5	
21	土罗沟	芝河	黄河	永和县	坡头乡	土罗		110°45′35″	36°51′02″	12	2004	4	5	
				永和县	坡头乡	岔口村	村南 300 m	110°43′02″	36°50′47″	10	2009	3	30	流速仪法
				永和县	坡头乡	岔口村	村南 50 m	110°43′02″	36°50′47″	20.0	2019	3	21	流速仪法
22	黄背沟	芝河	黄河	永和县	坡头乡	孙家庄	村南 500 m	110°46′03″	36°51′01″	0.365	2009	3	29	体积法
				永和县	坡头乡	孙家庄	村西 700 m	110°46′09″	36°51′3″	0.29	2019	3	21	容积法
23	西峪沟	芝河	黄河	永和县	坡头乡	岔口村	村西北 500 m	110°42′24″	36°51′12″	0.091	2009	3	30	体积法
				永和县	坡头乡	岔口村	村东南 200 m	110°42′54″	36°50′55″	0.21	2019	3	21	容积法
24	柳沟	芝河	黄河	永和县	坡头乡	柳沟	沟口	110°43′06″	36°50′31″	4	2004	4	5	
				永和县	坡头乡	柳沟	村西南 150 m	110°43′06″	36°50′31″	1.9	2009	3	30	体积法
				永和县	坡头乡	柳沟	村西 100 m	110°43′06″	36°50′31″	0.99	2019	3	21	容积法
25	王家塬沟 1	芝河	黄河	永和县	坡头乡	王家塬	贺家崖沟汇入处	110°46′31″	36°48′42″	6	2004	4	5	
26	王家塬沟 2	芝河	黄河	永和县	坡头乡	贺家崖	沟口公路桥上游 10 m	110°43′32″	36°48′31″	16.1	2009	3	30	体积法
				永和县	坡头乡	贺家崖	村北 1 000 m	110°43′23″	36°48′32″	1.5	2019	3	23	三角堰法

续附表 1

序号	河名	汇入河名	水系	施测地点				坐标		流量	测验时间			测验方法
				县(市、区)	乡(镇)	村	断面位置	东经	北纬	(L/s)	年	月	日	
27	王家塬沟 3	芝河	黄河	永和县	坡头乡	岔上	村南 20 m 沟口	110°41′28″	36°49′18″	19	2004	4	5	
28	王家塬沟 4	芝河	黄河	永和县	坡头乡	坡头	村南 600 m	110°41′15″	36°49′22″	3.5	2019	3	23	三角堰法
29	贺家崖沟	王家塬沟	黄河	永和县	坡头乡	贺家崖	沟口	110°43′23″	36°48′32″	10	2004	4	5	
				永和县	坡头乡	贺家崖	村中	110°43′23″	36°48′32″	8.7	2009	3	31	流速仪法
				永和县	坡头乡	贺家崖	村北 1 000 m	110°43′26″	36°48′33″	1.9	2019	3	23	三角堰法
30	南岔沟	王家塬河	黄河	永和县	坡头乡	南岔	村西 500 m	110°44′15″	36°47′22″	1.39	2009	3	30	体积法
				永和县	坡头乡	南岔	村西 600 m 公路桥下	110°44′14″	36°47′22″	3.0	2019	3	22	三角堰法
31	胡家沟	王家塬河	黄河	永和县	坡头乡	贺家崖	村西南 100 m	110°43′35″	36°47′57″	0.608	2009	3	30	体积法
				永和县	坡头乡	贺家崖	村西南 200 m	110°43′34″	36°47′57″	1.6	2019	3	22	三角堰法
32	柏寨沟	王家塬河	黄河	永和县	坡头乡	任家庄	村东 100 m	110°45′04″	36°48′46″	0.114	2009	3	30	体积法
				永和县	坡头乡	任家庄	村东 800 m	110°45′03″	36°48′46″	0	2019	3	22	
33	龙莱沟	王家塬河	黄河	永和县	坡头乡	任家庄	村南 300 m	110°44′46″	36°48′39″	0.368	2009	3	30	体积法
				永和县	坡头乡	任家庄	村东 300 m	110°44′47″	36°48′40″	2.6	2019	3	22	三角堰法
34	任家庄沟	王家塬河	黄河	永和县	坡头乡	任家庄	村西南 1 000 m	110°44′11″	36°48′30″	0.287	2009	3	30	体积法
				永和县	坡头乡	任家庄	村西 300 m	110°44′07″	36°48′32″	2.6	2019	3	22	三角堰法
35	坡头沟	芝河	黄河	永和县	坡头乡	坡头	汇入芝河处	110°41′23″	36°49′49″	0.9	2004	4	5	
				永和县	坡头乡	坡头	村中	110°41′23″	36°49′49″	0.766	2009	3	30	体积法
				永和县	坡头乡	坡头	村中	110°41′22″	36°49′52″	0.72	2019	3	23	三角堰法
36	业家山沟	芝河	黄河	永和县	坡头乡	乌门	村西 15 m	110°40′22″	36°49′00″	4	2004	4	5	
				永和县	坡头乡	乌门	村西 100 m	110°40′22″	36°49′00″	3.04	2009	3	31	体积法
				永和县	坡头乡	乌门	村西南 200 m	110°40′22″	36°48′60″	2.6	2019	3	23	三角堰法

续附表 1

序号	河名	汇入河名	水系	施测地点				坐标		流量	测验时间			测验方法
				县(市、区)	乡(镇)	村	断面位置	东经	北纬	(L/s)	年	月	日	
37	不来沟	芝河	黄河	永和县	坡头乡	乌门	村东南 800 m	110°40′25″	36°48′48″	0.119	2009	3	31	体积法
				永和县	坡头乡	乌门	村东南 600 m	110°40′24″	36°48′48″	0	2019	3	23	
38	桃家沟	芝河	黄河	永和县	坡头乡	乌门	村东南 500 m	110°40′26″	36°48′52″	0.285	2009	3	31	体积法
				永和县	坡头乡	乌门	村东南 500 m 高速桥下	110°40′25″	36°48′52″	0	2019	3	23	
39	王家坪沟	芝河	黄河	永和县	芝河镇	王家坪	村东南 1 100 m	110°39′44″	36°47′55″	0.792	2009	3	31	体积法
40	麻峪沟	芝河	黄河	永和县	芝河镇	前麻峪	沟口大桥下 20 m	110°39′05″	36°48′35″	3	2004	4	11	
				永和县	芝河镇	王家坪	公路桥上游 15 m	110°39′26″	36°48′04″	0.665	2009	3	31	体积法
				永和县	芝河镇	王家坪	村西南 800 m	110°39′25″	36°48′04″	2.4	2019	3	24	三角堰法
41	羊毛沟	芝河	黄河	永和县	芝河镇	花石崖	村西 300 m	110°40′07″	36°47′41″	3	2004	4	11	
42	花儿山沟	芝河	黄河	永和县	芝河镇	花儿山	沟口大桥下	110°38′04″	36°47′50″	3	2004	4	11	
				永和县	芝河镇	花儿山	村东 200 m	110°38′40″	36°47′14″	1.39	2009	3	31	体积法
				永和县	芝河镇	花儿山	川口村北 300 m	110°38′41″	36°47′14″	0.61	2019	3	24	容积法
43	东峪沟	芝河	黄河	永和县	芝河镇	东峪沟	村口大桥上游 50 m	110°38′04″	36°46′03″	8.3	1987	4	30	
				永和县	芝河镇	东峪沟	村口大桥上游 50 m	110°38′04″	36°46′03″	8	2004	4	11	
				永和县	芝河镇	东峪沟	村西 50 m	110°38′04″	36°46′03″	5.9	2009	3	31	流速仪法
				永和县	芝河镇	东峪沟	村西 100 m	110°38′03″	36°46′03″	0	2019	3	24	
44	段家河	芝河	黄河	永和县	芝河镇	榆林则	村南 50 m	110°36′19″	36°47′29″	6.7	2009	4	1	流速仪法
				永和县	芝河镇	杨家庄	村东南 100 m	110°36′24″	36°47′29″	16.8	2009	4	1	流速仪法
				永和县	芝河镇	杨家庄	村东南 500 m	110°36′24″	36°47′30″	16.6	2019	3	24	三角堰法

续附表 1

序号	河名	汇入河名	水系	施测地点				坐标		流量（L/s）	测验时间			测验方法
				县(市、区)	乡(镇)	村	断面位置	东经	北纬		年	月	日	
45	段家河 1	芝河	黄河	永和县	芝河镇	河口	村口汇入芝河处	110°37′10″	36°46′17″	0.2	1987	4	29	
				永和县	芝河镇	河口	村口汇入芝河处	110°37′10″	36°46′17″	30	2004	4	4	
				永和县	芝河镇	河口	村西北 100 m	110°37′10″	36°46′17″	37.3	2009	4	1	流速仪法
				永和县	芝河镇	河口	村西北 500 m	110°37′09″	36°46′18″	23.0	2019	3	25	流速仪法
46	段家河 2	芝河	黄河	永和县	芝河镇	段家河	村东与贺家庄沟交汇处	110°34′23″	36°48′56″	7	1987	4	29	
				永和县	芝河镇	段家河	村东与贺家庄沟交汇处	110°34′23″	36°48′56″	7	2004	4	4	
				永和县	芝河镇	榆林则	村西 300 m	110°34′18″	36°48′54″	3.4	2009	4	1	流速仪法
				永和县	芝河镇	榆林则	村西北 400 m	110°34′17″	36°48′54″	2.0	2019	3	25	三角堰法
47	贺家庄沟	段家河	黄河	永和县	芝河镇	榆林则	村口与段家河交汇处	110°34′19″	36°48′54″	4.4	1987	4	29	
				永和县	芝河镇	榆林则	村口与段家河交汇处	110°34′19″	36°48′54″	7	2004	4	4	
				永和县	芝河镇	榆林则	村西 250 m	110°34′19″	36°48′54″	2.1	2009	4	1	流速仪法
				永和县	芝河镇	榆林则	村西北 400 m	110°34′19″	36°48′55″	1.1	2019	3	25	三角堰法
48	贺家庄沟 1	段家河	黄河	永和县	芝河镇	贺家庄	村东南 100 m	110°34′14″	36°49′49″	1.0	2019	3	25	三角堰法
49	杨家庄河	段家河	黄河	永和县	芝河镇	杨家庄	村口汇入小芝河处	110°36′10″	36°47′37″	9	2004	4	4	
				永和县	芝河镇	杨家庄	村南 600 m	110°36′19″	36°47′29″	12.2	2019	3	24	三角堰法
50	葛家河	芝河	黄河	永和县	芝河镇	刘家庄	村口与刘家庄沟交汇处	110°37′11″	36°49′34″	12	2004	4	4	
				永和县	芝河镇	刘家庄	村东南 50 m	110°37′11″	36°49′34″	1.72	2009	3	31	体积法
				永和县	芝河镇	刘家庄	村东南 250 m	110°37′12″	36°49′35″	8.5	2019	3	24	三角堰法
51	刘家庄沟	芝河	黄河	永和县	芝河镇	刘家庄	村口与葛家河交汇处	110°37′09″	36°49′30″	16.3	1987	4	29	
				永和县	芝河镇	刘家庄	村口与葛家河交汇处	110°37′09″	36°49′30″	0.8	2004	4	4	
				永和县	芝河镇	刘家庄	村南 200 m	110°37′09″	36°49′30″	0.346	2009	3	31	体积法
				永和县	芝河镇	刘家庄	村南 350 m	110°37′09″	36°49′29″	2.4	2019	3	24	三角堰法

续附表 1

序号	河名	汇入河名	水系	施测地点				坐标		流量	测验时间			测验方法
				县(市、区)	乡(镇)	村	断面位置	东经	北纬	(L/s)	年	月	日	
52	枣窑上沟	杨家庄河	黄河	永和县	芝河镇	李家渠	村西 40 m	110°36′43″	36°48′54″	9	2004	4	4	
53	薛马岔河	小芝河	黄河	永和县	芝河镇	薛马岔	村口汇入小芝河处	110°36′16″	36°47′04″	5.6	1987	4	29	
				永和县	芝河镇	薛马岔	村口汇入小芝河处	110°36′16″	36°47′04″	1.9	2004	4	4	
				永和县	芝河镇	杜家庄	村西 100 m	110°36′24″	36°46′59″	1.5	2009	4	1	体积法
54	交道沟	芝河	黄河	永和县	芝河镇	南圪塔	厂西墙外	110°37′36″	36°45′25″	1	2004	4	9	
55	南圪塔沟	芝河	黄河	永和县	芝河镇	南圪塔	村口大桥下 10 m	110°37′14″	36°45′32″	1.3	1987	4	30	
				永和县	芝河镇	南圪塔	村口大桥下 10 m	110°37′14″	36°45′32″	5	2004	4	9	
56	后沟	芝河	黄河	永和县	芝河镇	下刘台	村东南 100 m	110°37′13″	36°43′17″	0.653	2009	4	1	体积法
				永和县	芝河镇	下刘台	村西南 350 m	110°37′12″	36°43′17″	0.24	2019	3	26	容积法
57	前甘露河	芝河	黄河	永和县	芝河镇	延家河	村口大桥下河口	110°36′28″	36°42′08″	6	2004	4	9	
				永和县	芝河镇	延家河	村西南 350 m	110°36′28″	36°42′08″	1.69	2009	4	2	体积法
				永和县	芝河镇	延家河	村南 600 m	110°36′24″	36°42′11″	0	2019	3	26	
58	闫家山沟	前甘露河	黄河	永和县	芝河镇	后甘露	村东 100 m	110°34′27″	36°42′31″	1.27	2009	4	2	体积法
59	霍家沟	芝河	黄河	永和县	芝河镇	上罢骨	村东 200 m	110°36′30″	36°41′16″	0.994	2009	4	2	体积法
				永和县	芝河镇	上罢骨	村东 200 m	110°36′32″	36°41′16″	0.77	2019	3	26	容积法
60	北泽沟	芝河	黄河	永和县	芝河镇	下罢骨	村口汇入芝河处	110°36′03″	36°40′03″	4	2004	4	9	
				永和县	芝河镇	下罢骨	村南 800 m	110°36′03″	36°40′03″	0.823	2009	4	2	体积法
				永和县	芝河镇	下罢骨	村南 800 m	110°36′04″	36°40′02″	0.71	2019	3	26	容积法
61	长乐沟	芝河	黄河	永和县	芝河镇	长乐	入芝河处	110°34′55″	36°41′12″	0.9	2004	4	6	
				永和县	芝河镇	下罢骨	村北 200 m	110°36′12″	36°40′36″	0.773	2009	4	3	体积法
				永和县	芝河镇	下罢骨	村北 250 m	110°36′12″	36°40′36″	0.65	2019	3	26	容积法

续附表 1

序号	河名	汇入河名	水系	施测地点				坐标		流量(L/s)	测验时间			测验方法
				县(市、区)	乡(镇)	村	断面位置	东经	北纬		年	月	日	
62	岭上沟	芝河	黄河	永和县	交口乡	岭儿上	村东南 400 m	110°35′59″	36°39′29″	0.169	2009	4	2	体积法
				永和县	交口乡	岭上	村西南 300 m	110°35′58″	36°39′29″	0.11	2019	3	27	容积法
63	罗岔沟	芝河	黄河	永和县	交口乡	毛家塬	村东 150 m	110°35′54″	36°38′59″	0.127	2009	4	2	体积法
				永和县	交口乡	毛家塬	村东南 800 m	110°35′53″	36°38′59″	0.58	2019	3	27	容积法
64	毛家塬沟	芝河	黄河	永和县	交口乡	毛家塬	村西南 50 m	110°35′35″	36°38′52″	0.489	2009	4	2	体积法
				永和县	交口乡	毛家塬	村东南 700 m	110°35′38″	36°38′50″	0.39	2019	3	27	容积法
65	桑壁河	芝河	黄河	永和县	桑壁镇	上桑壁	村东南 100 m	110°43′39″	36°38′25″	14.9	2009	4	3	流速仪法
				永和县	桑壁镇	上桑壁	村东 300 m	110°43′39″	36°38′24″	14.0	2019	3	28	流速仪法
66	桑壁河 1	芝河	黄河	永和县	交口乡	交口	村口汇入芝河处	110°35′27″	36°37′51″	400	1966	4	5	
				永和县	交口乡	交口	村口汇入芝河处	110°35′27″	36°37′51″	42	1987	5	5	
				永和县	交口乡	交口	村口汇入芝河处	110°35′27″	36°37′51″	43	2004	4	6	
				永和县	交口乡	交口	村东 300 m	110°35′27″	36°37′51″	56.7	2009	4	4	流速仪法
				永和县	交口乡	交口	村东 500 m	110°35′34″	36°37′52″	43.0	2019	4	2	流速仪法
67	南坡沟	桑壁河	黄河	永和县	桑壁镇	辛庄	村东南 150 m	110°44′58″	36°41′06″	7.1	2009	4	3	流速仪法
				永和县	桑壁镇	辛庄	村东南 500 m	110°44′58″	36°41′07″	1.9	2019	3	28	三角堰法
68	长索沟	桑壁河	黄河	永和县	桑壁镇	长索	村南 150 m	110°44′13″	36°39′25″	1.3	2009	4	3	体积法
				永和县	桑壁镇	长索	村南 350 m	110°44′14″	36°39′26″	1.5	2019	3	28	容积法
69	菜沟	桑壁河	黄河	永和县	桑壁镇	长索	村东北 300 m	110°44′30″	36°38′28″	0.126	2009	4	3	体积法
				永和县	桑壁镇	长索	村东 400 m	110°44′30″	36°39′32″	0.19	2019	3	28	容积法
70	上桑壁沟	桑壁河	黄河	永和县	桑壁镇	上桑壁	大桥下 10 m	110°43′43″	36°38′28″	1.6	1987	4	29	
				永和县	桑壁镇	上桑壁	大桥下 10 m	110°43′43″	36°38′28″	11	2004	4	6	

续附表 1

序号	河名	汇入河名	水系	施测地点				坐标		流量	测验时间			测验方法
				县(市、区)	乡(镇)	村	断面位置	东经	北纬	(L/s)	年	月	日	
71	井源沟	桑壁河	黄河	永和县	桑壁镇	桑壁	村东北 30 m	110°43′01″	36°38′13″	0.697	2009	4	3	体积法
				永和县	桑壁镇	井源	村东 50 m	110°43′02″	36°38′14″	0.90	2019	3	28	容积法
72	岔上沟	桑壁河	黄河	永和县	桑壁镇	岔儿上	大桥上游 50 m 处	110°41′13″	36°38′16″	6	2004	4	6	
				永和县	桑壁镇	岔儿上	村西南 100 m	110°41′13″	36°38′16″	4.22	2009	4	3	体积法
				永和县	桑壁镇	岔儿上	村西北 100 m	110°41′12″	36°38′17″	1.2	2019	3	29	三角堰法
73	后河里	桑壁河	黄河	永和县	桑壁镇	岔儿上	沟口公路桥上游 20 m	110°40′18″	36°38′03″	2.31	2009	4	4	体积法
				永和县	桑壁镇	岔儿上	村西 350 m	110°40′18″	36°38′05″	2.4	2019	3	29	容积法
74	定家塬沟	桑壁河	黄河	永和县	桑壁镇	定家塬	村东北 1 000 m	110°37′16″	36°37′29″	0.09	2009	4	4	体积法
				永和县	交口乡	定家塬	村北 1 000 m	110°37′16″	36°37′26″	0.06	2019	3	29	容积法
75	上冯仓沟	桑壁河	黄河	永和县	桑壁镇	定家塬	村西北 1 000 m	110°36′58″	36°37′22″	0.143	2009	4	4	体积法
				永和县	交口乡	定家塬	村北 1 300 m	110°37′00″	36°37′26″	0.45	2019	3	29	容积法
76	后窑上沟	桑壁河	黄河	永和县	桑壁镇	后窑上	村东南 100 m	110°37′47″	36°37′26″	0.504	2009	4	4	体积法
				永和县	交口乡	后窑上	村东北 50 m	110°37′48″	36°37′26″	0.96	2019	3	29	容积法
77	三儿沟	桑壁河	黄河	永和县	桑壁镇	龙石腰	村西北 500 m	110°38′15″	36°37′22″	4.61	2009	4	4	体积法
78	团山沟	桑壁河	黄河	永和县	桑壁镇	李塬	村东 500 m	110°39′59″	36°37′33″	1.27	2009	4	4	体积法
				永和县	桑壁镇	李塬	村北 1 200 m	110°39′58″	36°37′34″	0.08	2019	3	29	容积法
79	下可若沟	桑壁河	黄河	永和县	交口乡	下可若	沟口公路桥上游 50 m	110°36′26″	36°37′34″	0.063	2009	4	4	体积法
				永和县	交口乡	下可若	村南 900 m	110°36′26″	36°37′34″	0.09	2019	3	29	容积法
80	桥沟	芝河	黄河	永和县	交口乡	交口	公路桥下游 100 m	110°35′18″	36°37′58″	0.836	2009	4	3	体积法
				永和县	交口乡	交口	村东北 300 m	110°35′17″	36°38′01″	1.7	2019	3	28	容积法
81	樊家圪塔沟	芝河	黄河	永和县	交口乡	交口	村西 1 000 m	110°34′49″	36°37′49″	0.659	2009	4	9	体积法
				永和县	交口乡	交口	村西 500 m	110°34′51″	36°37′46″	0.58	2019	4	2	容积法

续附表 1

序号	河名	汇入河名	水系	施测地点				坐标		流量(L/s)	测验时间			测验方法
				县(市、区)	乡(镇)	村	断面位置	东经	北纬		年	月	日	
82	黄家川	芝河	黄河	永和县	交口乡	黄家川	村西南 200 m	110°34′42″	36°37′34″	0.334	2009	4	9	体积法
83	弓长坡沟	芝河	黄河	永和县	交口乡	南坡头	村南 50 m	110°34′56″	36°35′10″	0.334	2009	4	5	体积法
				永和县	交口乡	南坡头	村南 800 m	110°34′56″	36°35′10″	0.15	2019	4	2	容积法
84	庙头沟	黄河	黄河	永和县	交口乡	泊洋	村东南 1 600 m	110°35′44″	36°32′21″	0.814	2009	4	4	体积法
85	坡沙沟	黄河	黄河	永和县	交口乡	坡沙	沿黄公路桥上游 100 m	110°28′04″	36°21′55″	3.9	2009	4	4	流速仪法
86	峪里沟	黄河	黄河	永和县	交口乡	陈家垣	桥东 200 m	110°35′42″	36°32′14″	9.3	1987	5	5	
				永和县	交口乡	陈家垣	桥东 200 m	110°35′42″	36°32′14″	25	2004	4	7	
				永和县	交口乡	陈家垣	桥东 200 m	110°35′42″	36°32′14″	5.17	2009	4	4	流速仪法
				永和县	交口乡	陈家塬	村北 700 m	110°35′42″	36°32′13″	1.4	2019	4	2	容积法
87	呼家沟	芝河	黄河	永和县	坡头乡	牛尾沟	村西北 500 m	110°43′25″	36°51′46″	7.0	2019	3	21	三角堰法
88	南沟(土罗村)	芝河	黄河	永和县	坡头乡	土罗	村南 300 m	110°45′42″	36°50′57″	5.4	2019	3	21	混合法
89	柳沟	王家塬河	黄河	永和县	坡头乡	上刘台	村东北 150 m	110°45′33″	36°48′43″	0.09	2019	3	22	容积法
90	南沟(上刘台)	王家塬河	黄河	永和县	坡头乡	上刘台	村南 50 m	110°45′28″	36°48′39″	2.6	2019	3	22	三角堰法
91	杏渠沟	王家塬河	黄河	永和县	坡头乡	杏渠	村东北 600 m	110°43′60″	36°47′30″	1.3	2019	3	22	三角堰法
92	刘家沟	王家塬河	黄河	永和县	坡头乡	索驮	村东南 200 m	110°42′56″	36°48′12″	0.33	2019	3	23	容积法
93	花石崖沟	芝河	黄河	永和县	坡头乡	王家坪	村西南 750 m	110°39′43″	36°47′56″	0.45	2019	3	24	容积法
94	李家渠沟	段家河	黄河	永和县	芝河镇	李家渠	村东南 250 m	110°36′42″	36°48′46″	1.3	2019	3	24	容积法
95	杜家庄沟	段家河	黄河	永和县	芝河镇	杜家庄	村东 250 m	110°36′24″	36°46′59″	5.8	2019	3	25	三角堰法
96	烟家山沟	芝河	黄河	永和县	芝河镇	后甘露河	村东北 140 m	110°34′27″	36°42′30″	1.7	2019	3	26	容积法
97	甘露沟	芝河	黄河	永和县	芝河镇	延家河	村东南 650 m	110°36′27″	36°42′10″	1.8	2019	3	26	三角堰法

续附表 1

序号	河名	汇入河名	水系	施测地点				坐标		流量(L/s)	测验时间			测验方法
				县(市、区)	乡(镇)	村	断面位置	东经	北纬		年	月	日	
98	金沟渠	芝河	黄河	永和县	芝河镇	下罢骨	村西南 200 m	110°35′59″	36°40′27″	0	2019	3	26	
99	张家塬沟	芝河	黄河	永和县	交口乡	索珠	村南 600 m	110°34′10″	36°39′16″	0.85	2019	3	28	容积法
100	后河沟	刁家峪河	黄河	永和县	桑壁镇	前河	村东 200 m	110°47′39″	36°39′31″	1.6	2019	3	28	容积法
101	樊家川沟	芝河	黄河	永和县	交口乡	樊家川	村东北 600 m	110°34′42″	36°37′34″	0.20	2019	4	2	容积法
102	庙头沟	峪里沟	黄河	永和县	交口乡	南楼	村东南 1 100 m	110°35′44″	36°32′21″	0.94	2019	4	2	容积法
103	后沟渠	黄河	黄河	永和县	阁底乡	佛堂	村西 200 m	110°29′05″	36°35′22″	1.7	2019	4	2	容积法
104	河里沟	峪里沟	黄河	永和县	交口乡	河里	跃进水库下游 200 m	110°31′48″	36°33′06″	0.9	1987	5	5	
				永和县	交口乡	河里	跃进水库下游 200 m	110°31′48″	36°33′06″	0.8	2004	4	7	
105	龙河沟	刁家峪河	黄河	永和县	桑壁镇	前河里	村西 50 m	110°47′39″	36°39′30″	0.5	1987	5	3	
				永和县	桑壁镇	前河里	村西 50 m	110°47′39″	36°39′30″	0.8	2004	4	6	
				永和县	桑壁镇	前河里	村西南 100 m	110°47′39″	36°39′30″	0.681	2009	4	3	体积法
106	昕水河	黄河	黄河	蒲县	乔家湾乡	乔家湾	西桥下	111°19′53″	36°23′47″	19	2009	3	28	体积法
				蒲县	乔家湾乡	乔家湾	村东公路边	111°19′40″	36°23′31″	67.0	2019	3	22	流速仪法
107	昕水河 1	黄河	黄河	蒲县	乔家湾乡		罗克桥下游 400 m	111°16′24″	36°22′41″	79.0	2019	3	21	流速仪法
108	昕水河 2	黄河	黄河	蒲县	黑龙关镇	洛阳	村南桥下游 200 m	111°09′15″	36°22′44″	46.0	2019	3	27	流速仪法
109	昕水河 3	黄河	黄河	蒲县	蒲城镇	蒲城	公路桥上游 20 m	111°05′48″	36°24′36″	88	2009	3	26	流速仪法
				蒲县	蒲城镇	蒲伊东街	蒲伊东街昕水河桥上游	111°05′54″	36°24′39″	93.0	2019	3	24	流速仪法
110	昕水河 4	黄河	黄河	蒲县	蒲城镇	北桃湾	桥上游 300 m	111°03′51″	36°25′28″	195	2019	3	28	流速仪法
111	昕水河 5	黄河	黄河	蒲县	薛关镇	古驿村	村中	110°58′13″	36°28′02″	92	2009	4	7	流速仪法
				蒲县	薛关镇	古驿村		110°58′14″	36°27′57″	306	2019	4	1	流速仪法

续附表 1

序号	河名	汇入河名	水系	施测地点				坐标		流量(L/s)	测验时间			测验方法
				县(市、区)	乡(镇)	村	断面位置	东经	北纬		年	月	日	
112	昕水河 6	黄河	黄河	蒲县	薛关镇	常家湾		110°53′14″	36°29′28″	167	1987	4	4	
				蒲县	薛关镇	常家湾		110°53′14″	36°29′28″	490	2004	10		
				蒲县	薛关镇	常家湾	界碑处	110°53′14″	36°29′28″	255	2009	4	7	流速仪法
				蒲县	薛关镇	皮条沟	县界出口处	110°53′15″	36°29′32″	398	2019	4	2	流速仪法
113	克城河	东川河	黄河	蒲县	克城镇	克城		111°17′39″	36°34′18″	35	2004	4		
				蒲县	克城镇	克城	公路桥上 20 m	111°17′39″	36°34′18″	24	2009	3	29	流速仪法
				蒲县	克城镇	克城	公路桥下游 50 m	111°17′41″	36°34′23″	1	2019	3	23	容积法
114	克城河 1	东川河	黄河	蒲县	克城镇	下柏	村东 500 m	111°14′46″	36°36′39″	56	2009	3	29	流速仪法
				蒲县	克城镇	磨沟		111°14′43″	36°36′40″	26	1987	4	7	
				蒲县	克城镇	磨沟		111°14′43″	36°36′40″	150	2004	4		
115	翟家沟	克城河	黄河	蒲县	克城镇	翟家沟		111°21′36″	36°32′44″	1.4	2004	4		
				蒲县	克城镇	翟家沟	村东 200 m	111°21′36″	36°32′44″	0.8	2009	3	29	体积法
116	兔儿山沟	东川河	黄河	蒲县	克城镇	兔儿山		111°21′08″	36°33′19″	2.9	2004	4		
				蒲县	克城镇	兔儿山	村东公路桥下 100 m	111°21′08″	36°33′19″	0	2009	3	29	
				蒲县	克城镇	兔儿山	公路桥处	111°21′08″	36°33′19″	0	2019	3	23	容积法
117	生铁凹沟	东川河	黄河	蒲县	克城镇	生铁凹村		111°17′53″	36°32′21″	0.8	1987	4	7	
				蒲县	克城镇	生铁凹村		111°17′53″	36°32′21″	5.3	2004	4		
				蒲县	克城镇	生铁凹村	村口公路边	111°17′53″	36°32′21″	0.25	2009	3	29	
				蒲县	克城镇	生铁凹村	村东沟口	111°17′56″	36°32′25″	0.05	2019	3	22	容积法
118	后沟	东川河	黄河	蒲县	克城镇	克城		111°16′41″	36°33′53″	16	2004	4		
				蒲县	克城镇	克城	村中	111°16′41″	36°33′53″	0	2009	3	29	
				蒲县	克城镇	后沟	村西 1 000 m 沟内	111°16′40″	36°33′53″	1.3	2019	3	23	容积法

续附表 1

序号	河名	汇入河名	水系	施测地点				坐标		流量	测验时间			测验方法
				县(市、区)	乡(镇)	村	断面位置	东经	北纬	(L/s)	年	月	日	
119	许家沟	克城河	黄河	蒲县	克城镇	许家沟		111°15′59″	36°35′14″	1.8	2004	4		
				蒲县	克城镇	许家沟	村中	111°15′59″	36°35′14″	0.93	2009	3	29	体积法
120	下柏沟	克城河	黄河	蒲县	克城镇	下柏		111°15′36″	36°35′58″	1.5	2004	4		
				蒲县	克城镇	下柏	公路桥东 50 m	111°15′36″	36°35′58″	0	2009	3	29	
121	麦沟	昕水河	黄河	蒲县	太林乡	麦沟	村西 200 m	111°22′04″	36°27′30″	2.2	2009	3	29	体积法
122	曹村河	昕水河	黄河	蒲县	太林乡	木坪	公路桥上游 200 m	111°19′08″	36°19′30″	9.1	2009	3	25	流速仪法
				蒲县	乔家湾乡	曹村	沟内 500 m	111°18′43″	36°20′59″	1.0	2019	3	21	容积法
123	崔家沟	曹村河	黄河	蒲县	乔家湾乡	崔家沟		111°18′42″	36°19′37″	11	2004	5		
				蒲县	乔家湾乡	崔家沟	村东 200 m	111°18′42″	36°19′37″	0.16	2009	3	25	体积法
124	南柏沟	昕水河	黄河	蒲县	太林乡	南柏		111°17′46″	36°30′58″	11	2004	4		
				蒲县	太林乡	南柏	村南 100 m	111°17′46″	36°30′58″	0.21	2009	3	29	体积法
125	新庄沟	昕水河	黄河	蒲县	太林乡	太林		111°20′04″	36°29′17″	3.5	2004	4		
				蒲县	太林乡	太林	村北 300 m	111°20′04″	36°29′17″	0.55	2009	3	29	体积法
126	辛庄河	昕水河	黄河	蒲县	太林乡	辛庄村	村口	111°20′02″	36°29′18″	0	2019	3	22	容积法
127	蛤蟆河	昕水河	黄河	蒲县	太林乡	道子村	学校南 100 m	111°21′20″	36°25′54″	6.65	2009	3	29	体积法
				蒲县	乔家湾乡	道子村	村口	111°21′21″	36°25′55″	0	2019	3	22	容积法
128	闫家沟	昕水河	黄河	蒲县	乔家湾乡	闫家沟	村中	111°19′05″	36°19′27″	0.19	2009	3	25	体积法
129	后山河	昕水河	黄河	蒲县	黑龙关镇	岔上		111°16′31″	36°22′26″	2.3	1987	4	7	
				蒲县	黑龙关镇	岔上		111°16′31″	36°22′26″	22	2004	5		
130	山底沟	中朵河	黄河	蒲县	太林乡	山底	村北 2 500 m	111°13′56″	36°24′36″	0.16	2009	4	5	体积法
				蒲县	黑龙关镇	后山底	村西北沟内	111°13′49″	36°24′46″	0.23	2019	3	26	容积法

续附表 1

序号	河名	汇入河名	水系	施测地点				坐标		流量 (L/s)	测验时间			测验方法
				县(市、区)	乡(镇)	村	断面位置	东经	北纬		年	月	日	
131	西沟河	中朵河	黄河	蒲县	太林乡	曹洼村	沟内 300 m	111°12′15″	36°23′39″	2.8	2009	4	5	体积法
				蒲县	黑龙关镇	中朵村	村北 1 000 m	111°12′15″	36°23′39″	2.1	2019	3	26	容积法
132	许沟	中朵河	黄河	蒲县	太林乡	曹洼村	村西沟内 1 000 m	111°12′33″	36°24′05″	0.9	2009	4	5	体积法
				蒲县	黑龙关镇	曹洼村	村西北许沟内	111°12′33″	36°24′05″	0.09	2019	3	26	容积法
133	中朵北沟	中朵河	黄河	蒲县	太林乡	中朵村	沟内 500 m	111°11′21″	36°23′20″	0.19	2009	4	5	体积法
				蒲县	黑龙关镇	中朵村	村西北	111°11′21″	36°23′21″	0.26	2019	3	26	容积法
134	中朵南沟	中朵河	黄河	蒲县	太林乡	中朵村	沟内 1 000 m	111°11′16″	36°23′13″	0.12	2009	4	5	体积法
				蒲县	黑龙关镇	中朵村	村南 200 m	111°11′15″	36°23′17″	0.30	2019	3	26	容积法
135	中朵南沟 1	中朵河	黄河	蒲县	黑龙关镇	中朵村	村南 500 m	111°11′11″	36°23′04″	0.15	2019	3	26	容积法
136	屈家沟	中朵河	黄河	蒲县	黑龙关镇	屈家沟	村西沟内 500 m	111°10′49″	36°22′49″	0.25	2009	4	5	体积法
				蒲县	黑龙关镇	屈家沟	村西南沟内	111°10′50″	36°22′49″	0.13	2019	3	26	容积法
137	肖家沟	昕水河	黄河	蒲县	黑龙关镇	屈家沟	南沟内 2 000 m	111°10′34″	36°22′00″	1.03	2009	4	5	体积法
				蒲县	黑龙关镇	南沟村	村南沟口处	111°10′23″	36°21′55″	0.15	2019	3	26	容积法
138	北小河	昕水河	黄河	蒲县	蒲城镇	前古坡	村北 900 m	111°06′18″	36°26′04″	56	2009	4	2	流速仪法
				蒲县	红道乡	山上村	北川河与红道沟交汇口上游	111°06′20″	36°26′06″	44.0	2019	3	24	流速仪法
139	北小河 1	昕水河	黄河	蒲县	蒲城镇	蒲城		111°05′29″	36°24′40″	6.5	1987	4	8	
				蒲县	蒲城镇	蒲城		111°05′29″	36°24′40″	50	2004	8		
				蒲县	蒲城镇	蒲城	北川河桥下	111°05′46″	36°24′52″	26	2009	3	31	流速仪法
				蒲县	蒲城镇	小河沿街	路东	111°05′55″	36°25′01″	49.0	2019	3	24	流速仪法
140	返底沟	北小河	黄河	蒲县	红道乡	古坡		111°06′19″	36°26′07″	19	2004	8		
				蒲县	红道乡	古坡	村北 1 000 m	111°06′19″	36°26′07″	20	2009	3	29	流速仪法

续附表 1

序号	河名	汇入河名	水系	施测地点				坐标		流量 (L/s)	测验时间			测验方法
				县(市、区)	乡(镇)	村	断面位置	东经	北纬		年	月	日	
141	解家河	北小河	黄河	蒲县	红道乡	解家河		111°06′40″	36°26′41″	15	2004	8		
				蒲县	红道乡	解家河	红道沟汇口上游 100 m	111°06′40″	36°26′41″	31	2009	3	29	流速仪法
				蒲县	红道乡		与红道沟交汇口上游	111°06′40″	36°26′40″	10.0	2019	3	24	流速仪法
142	温店沟	解家河	黄河	蒲县	红道乡	解家河		111°06′40″	36°26′41″	3.7	2004	8		
				蒲县	克城镇	解家河	酒厂西沟内	111°08′27″	36°27′57″	2.25	2009	3	29	体积法
143	铁路排水渠	北川河	黄河	蒲县	红道乡	山上村	村南铁路桥两侧	111°06′10″	36°26′37″	3.1	2019	3	23	容积法
144	红道沟	北川河	黄河	蒲县	红道乡	山上村	入北川河口	111°06′20″	36°26′07″	19.0	2019	3	24	流速仪法
145	红道沟 1	解家河	黄河	蒲县	红道乡	红道	沟口桥下	111°06′42″	36°26′37″	8	2009	4	2	流速仪法
				蒲县	红道乡		与解家河交汇口上游	111°06′41″	36°26′38″	3.4	2019	3	24	三角堰法
146	南川河	昕水河	黄河	蒲县	蒲城镇	刁口		111°07′43″	36°15′59″	10	2004	6		
				蒲县	蒲城镇	刁口	沟内 200 m	111°07′43″	36°15′59″	6	2009	4	2	体积法
				蒲县	蒲城镇	荆南村	村内老桥下游	111°05′57″	36°24′19″	36.0	2019	3	24	流速仪法
147	南川河 1	昕水河	黄河	蒲县	蒲城镇	蒲城		111°05′35″	36°24′35″	1.6	1987	4	4	
				蒲县	蒲城镇	蒲城		111°05′35″	36°24′35″	89	2004	6		
				蒲县	蒲城镇	蒲城	南川河桥下	111°06′07″	36°24′26″	62	2009	4	1	流速仪法
				蒲县	蒲城镇	蒲伊东街	蒲伊东街南川河桥下游入河口处	111°06′08″	36°24′27″	42.0	2019	3	24	流速仪法
148	东沟	南川河	黄河	蒲县	蒲城镇	南耀		111°09′05″	36°13′34″	0.4	1987	4	7	
				蒲县	蒲城镇	南耀		111°09′05″	36°13′34″	3.6	2004	6		
149	底家河	南川河	黄河	蒲县	蒲城镇	底家河		111°09′51″	36°14′06″	2.2	2004	6		
				蒲县	蒲城镇	底家河	沟内 500 m	111°09′51″	36°14′06″	0.51	2009	4	2	体积法
				蒲县	蒲城镇	底家河	村东	111°09′33″	36°14′09″	1.0	2019	3	27	容积法

续附表 1

序号	河名	汇入河名	水系	施测地点				坐标		流量 (L/s)	测验时间			测验方法
				县(市、区)	乡(镇)	村	断面位置	东经	北纬		年	月	日	
150	牛圈沟	南川河	黄河	蒲县	蒲城镇	窑湾		111°08′15″	36°14′45″	12	2004	6		
				蒲县	蒲城镇	窑湾	村南 200 m	111°08′15″	36°14′45″	1.96	2009	4	2	体积法
				蒲县	蒲城镇	窑湾	公路桥上游 50 m	111°08′18″	36°14′50″	1.8	2019	3	26	三角堰法
151	窑湾沟	昕水河	黄河	蒲县	蒲城镇	窑湾	村西沟内 300 m	111°07′54″	36°15′13″	0.62	2009	4	2	体积法
152	牛窑沟	南川河	黄河	蒲县	蒲城镇	牛窑		111°08′50″	36°14′29″	1.9	2004	6		
				蒲县	蒲城镇	牛窑	村东 100 m	111°08′47″	36°14′31″	0.55	2009	4	2	体积法
				蒲县	蒲城镇	牛窑	村东 100 m	111°08′51″	36°14′36″	3.4	2019	3	26	三角堰法
153	屯里沟	南川河	黄河	蒲县	蒲城镇	屯里村		111°06′21″	36°21′37″	14	2004	6		
				蒲县	蒲城镇	屯里村	公路桥上游 30 m	111°06′21″	36°21′37″	7.5	2009	3	31	体积法
				蒲县	蒲城镇	屯里村	公路桥上游 50 m	111°06′20″	36°21′37″	2.7	2019	3	24	容积法
154	木家庄沟	屯里沟	黄河	蒲县	蒲城镇	木家庄		111°05′24″	36°20′37″	1.2	2009	4	1	体积法
				蒲县	蒲城镇	无人	木家庄沟	111°05′25″	36°20′41″	1.5	2019	3	24	容积法
155	枣林沟	南川河	黄河	蒲县	蒲城镇	枣林	公路桥上游 200 m	111°06′30″	36°21′27″	0.22	2009	4	2	体积法
				蒲县	蒲城镇	枣林	公路桥上游 200 m	111°06′30″	36°21′27″	0.18	2019	3	26	容积法
156	后仁家沟	屯里沟	黄河	蒲县	蒲城镇	土家河		111°04′17″	36°17′54″	3	2004	6		
				蒲县	蒲城镇	后仁家沟	村东北 1 000 m	111°03′16″	36°16′16″	0.3	2009	4	1	体积法
157	油铁沟	南川河	黄河	蒲县	蒲城镇	油铁	村北 500 m	111°07′42″	36°17′43″	1.15	2009	4	2	体积法
				蒲县	蒲城镇	油铁	入南川河口	111°07′39″	36°17′42″	1.2	2019	3	26	三角堰法
158	圪台沟	南川河	黄河	蒲县	蒲城镇	圪台	村西南 1 000 m	111°07′04″	36°19′09″	0.12	2009	4	2	体积法
159	天嘉庄沟	南川河	黄河	蒲县	蒲城镇	天嘉庄	蒲县二中西南 200 m	111°06′05″	36°23′23″	5	2009	4	1	体积法
160	北桃湾沟	昕水河	黄河	蒲县	蒲城镇	北桃湾	沟口	111°03′56″	36°25′28″	0.24	2009	4	6	体积法
				蒲县	蒲城镇	北桃湾	村东 100 m	111°03′56″	36°25′28″	1.3	2019	3	28	容积法

续附表 1

序号	河名	汇入河名	水系	施测地点				坐标		流量	测验时间			测验方法
				县(市、区)	乡(镇)	村	断面位置	东经	北纬	(L/s)	年	月	日	
161	南桃湾沟	昕水河	黄河	蒲县	蒲城镇	南桃湾		111°04′12″	36°25′07″	4.1	2004	9		
				蒲县	蒲城镇	南桃湾	公路桥上游 50 m	111°04′12″	36°25′07″	0.32	2009	4	1	体积法
				蒲县	蒲城镇	南桃湾	老公路桥上游	111°04′13″	36°25′04″	1.3	2019	3	28	容积法
162	店坡沟	昕水河	黄河	蒲县	蒲城镇	店坡	村南 100 m	111°04′48″	36°24′36″	0.21	2009	4	6	体积法
163	西沟	昕水河	黄河	蒲县	蒲城镇	河西	村北 300 m	111°03′41″	36°25′55″	0.17	2009	4	6	体积法
164	李家坡沟	昕水河	黄河	蒲县	蒲城镇	李家坡		111°03′27″	36°28′21″	1.2	2004	9		
				蒲县	蒲城镇	李家坡	沟内 200 m	111°03′27″	36°28′21″	1.1	2009	4	7	体积法
				蒲县	蒲城镇	南桃湾	村西三岔路口南 200 m	111°03′25″	36°25′20″	1.0	2019	3	28	容积法
165	大东沟	昕水河	黄河	蒲县	蒲城镇	洛阳	村北 1 800 m	111°09′48″	36°23′13″	0.4	2009	4	1	体积法
				蒲县	黑龙关镇	洛阳	村东南 1 000 m	111°09′49″	36°23′13″	0.14	2019	3	27	容积法
166	蒲沟	昕水河	黄河	蒲县	蒲城镇	洛阳	村南公路旁沟	111°09′05″	36°22′30″	0.1	2009	4	1	体积法
				蒲县	黑龙关镇	洛阳	黑龙关洛阳公路边	111°08′58″	36°22′26″	0.67	2019	3	27	容积法
167	小东沟	枣家河	黄河	蒲县	蒲城镇	洛阳	村北 1 500 m	111°09′23″	36°23′08″	0.11	2009	4	1	体积法
				蒲县	山中乡	枣家河	小东沟	110°59′43″	36°22′21″	3.4	2019	4	2	三角堰法
168	砖瓦窑沟	昕水河	黄河	蒲县	蒲城镇	洛阳	村东南 1 500 m	111°09′39″	36°22′30″	0.25	2009	4	1	体积法
				蒲县	黑龙关镇	砖瓦窑	砖瓦窑沟口	111°09′39″	36°22′28″	0.02	2019	3	26	容积法
169	堡子沟	北川河	黄河	蒲县	蒲城镇	前古坡	村东沟口	111°06′27″	36°25′50″	0.3	2009	4	2	体积法
				蒲县	蒲城镇	堡子	入北川河口	111°06′27″	36°25′51″	2.1	2019	3	24	容积法
170	前洼沟	昕水河	黄河	蒲县	蒲城镇	前洼	村西北 500 m	111°04′06″	36°26′47″	2.2	2009	4	6	体积法
				蒲县	蒲城镇	前洼村	村西 500 m 沟内	111°03′51″	36°26′37″	2.1	2019	3	28	容积法
171	茹家坪沟	南川河	黄河	蒲县	蒲城镇	茹家坪	砖厂往上 1 000 m	111°07′07″	36°18′25″	0.25	2009	4	2	体积法
				蒲县	蒲城镇	茹家坪	沟内 500 m	111°07′03″	36°18′22″	0.25	2019	3	26	容积法

续附表 1

序号	河名	汇入河名	水系	施测地点				坐标		流量 (L/s)	测验时间			测验方法
				县(市、区)	乡(镇)	村	断面位置	东经	北纬		年	月	日	
172	郜家湾沟	南川河	黄河	蒲县	蒲城镇	茹家坪	西庄沟内 300 m	111°07′01″	36°18′47″	0.22	2009	4	2	体积法
				蒲县	蒲城镇	郜家湾	村西南沟口	111°07′02″	36°18′47″	0.13	2019	3	26	容积法
173	石堆沟	昕水河	黄河	蒲县	蒲城镇	石堆	纸厂南 100 m	111°07′59″	36°22′34″	0.2	2009	4	1	体积法
				蒲县	黑龙关镇	石堆	石堆沟口	111°07′59″	36°22′32″	0.12	2019	3	26	容积法
174	卧口沟	南川河	黄河	蒲县	蒲城镇	卧口	公路桥下 20 m	111°07′11″	36°20′35″	0.61	2009	4	2	体积法
				蒲县	蒲城镇	卧口村	公路桥上游	111°07′12″	36°20′35″	0.16	2019	3	26	容积法
175	闫家庄沟	昕水河	黄河	蒲县	蒲城镇	闫家庄	村西桥上游 50 m	111°06′58″	36°23′38″	1.41	2009	4	2	体积法
				蒲县	蒲城镇	闫家庄	村口桥下	111°06′59″	36°23′41″	1.8	2019	3	27	容积法
176	常家湾沟	昕水河	黄河	蒲县	薛关镇	常家湾	村南 500 m	110°54′28″	36°29′05″	1.55	2009	4	7	体积法
				蒲县	薛关镇	常家湾村	村南 500 m	110°54′28″	36°29′04″	1.5	2019	4	1	容积法
177	天神沟	昕水河	黄河	蒲县	薛关镇	常家湾	村西南 500 m	110°53′19″	36°29′24″	0.1	2009	4	7	体积法
				蒲县	薛关镇	皮条沟	村西南 500 m	110°53′20″	36°29′30″	1.2	2019	4	2	三角堰法
178	李子湾沟	昕水河	黄河	蒲县	薛关镇	井沟	沟内 1 000 m	110°56′29″	36°28′42″	0.2	2009	4	7	体积法
179	略东北沟	昕水河	黄河	蒲县	薛关镇	略东村	公路边	111°02′17″	36°26′36″	5.6	2004	9		
				蒲县	薛关镇	略东村	村东公路边	111°02′17″	36°26′36″	3.21	2009	4	6	体积法
				蒲县	薛关镇	略东村	村东	111°02′17″	36°26′36″	7.0	2019	3	28	三角堰法
180	略东南沟	昕水河	黄河	蒲县	薛关镇	略东村	公路边	111°01′42″	36°25′54″	6.8	2004	9		
				蒲县	薛关镇	略东村	村北公路东	111°02′41″	36°26′52″	0.17	2019	3	28	容积法
181	姜家峪	略东沟	黄河	蒲县	薛关镇	略东村	村北 1 000 m	111°02′54″	36°27′06″	0.11	2009	4	6	体积法
182	又家沟	昕水河	黄河	蒲县	薛关镇	略东村	新村南水坝上游 150 m	111°01′42″	36°25′54″	0.18	2009	4	6	体积法
				蒲县	薛关镇	桥子滩	村西沟内淤地坝	111°01′45″	36°25′56″	0	2019	4	1	容积法

续附表 1

序号	河名	汇入河名	水系	施测地点				坐标		流量 (L/s)	测验时间			测验方法
				县(市、区)	乡(镇)	村	断面位置	东经	北纬		年	月	日	
183	南沟	昕水河	黄河	蒲县	薛关镇	乔子滩	公路桥上游 100 m	111°02′11″	36°25′48″	2.14	2009	4	6	体积法
				蒲县	薛关镇	桥子滩	村西口公路桥上游	111°02′11″	36°25′48″	10.3	2019	3	28	三角堰法
184	西河沟	昕水河	黄河	蒲县	薛关镇	薛关		110°59′39″	36°27′19″	21	2004	9		
				蒲县	薛关镇	薛关	村西公路桥下	110°59′39″	36°27′19″	3.75	2009	4	6	体积法
185	圪芦沟	昕水河	黄河	蒲县	薛关镇	圪芦源		110°57′57″	36°26′41″	5.9	2004	9		
				蒲县	薛关镇	古驿村	村东南 1 000 m	110°58′12″	36°27′41″	3.21	2009	4	7	体积法
				蒲县	薛关镇	古驿村	东南 1 000 m	110°58′11″	36°27′40″	7.0	2019	4	1	三角堰法
186	观家沟	昕水河	黄河	蒲县	薛关镇	古驿村	村西南 1 000 m	110°57′29″	36°28′05″	2.81	2009	4	7	体积法
				蒲县	薛关镇	前平村	村南观家沟内	110°57′29″	36°28′07″	7.0	2019	4	1	三角堰法
187	后山沟	昕水河	黄河	蒲县	薛关镇	古驿村		110°58′01″	36°28′17″	3.9	2004	9		
				蒲县	薛关镇	古驿村	公路桥下	110°58′01″	36°28′17″	1.73	2009	4	7	体积法
				蒲县	薛关镇	古驿村	公路桥上游 20 m	110°58′02″	36°28′18″	1.0	2019	4	1	容积法
188	柳沟	昕水河	黄河	蒲县	薛关镇	古驿村	村东北公路桥下	110°58′15″	36°27′51″	2	2009	4	7	体积法
				蒲县	薛关镇	古驿村	东北 500 m	110°58′14″	36°27′51″	1.2	2019	4	1	容积法
189	孤子沟	昕水河	黄河	蒲县	薛关镇	井沟村		110°56′45″	36°28′33″	11	1987	4	4	
				蒲县	薛关镇	井沟村		110°56′45″	36°28′33″	6.4	2004	9		
				蒲县	薛关镇	井沟村	公路桥上游 200 m	110°55′49″	36°29′12″	7.5	2009	4	7	体积法
				蒲县	薛关镇	井沟村	村西公路桥上游 200 m	110°55′49″	36°29′10″	1.3	2019	4	1	容积法
190	郝家湾	昕水河	黄河	蒲县	薛关镇	井沟村	学校南 1 500 m	110°56′45″	36°28′33″	0.3	2009	4	7	体积法
				蒲县	薛关镇	井沟村		110°56′42″	36°28′33″	0	2019	4	1	容积法
191	薛关沟	昕水河	黄河	蒲县	薛关镇	雷家沟	村南公路桥下	110°59′41″	36°26′45″	26	2009	4	6	流速仪法

续附表 1

序号	河名	汇入河名	水系	施测地点				坐标		流量	测验时间			测验方法
				县(市、区)	乡(镇)	村	断面位置	东经	北纬	(L/s)	年	月	日	
192	东沟	枣家河	黄河	蒲县	山中乡	雷家沟	金枣桥下游 500 m	110°59′51″	36°24′01″	0.15	2009	4	9	体积法
				蒲县	山中乡	枣家河	村北	110°59′50″	36°24′01″	1.3	2019	4	3	容积法
193	雷家沟	枣家河	黄河	蒲县	山中乡	雷家沟	提水房旁边	110°59′49″	36°24′17″	1	2009	4	9	体积法
				蒲县	山中乡	雷家沟	沟内	110°59′15″	36°23′36″	0.39	2019	4	3	容积法
194	西沟	薛关河	黄河	蒲县	山中乡	雷家沟	雷家沟水坝西 200 m	110°59′19″	36°23′46″	0.3	2009	4	9	体积法
195	枣家河 1	昕水河	黄河	蒲县	山中乡	枣家河	村东 200 m	110°59′53″	36°23′06″	7.5	2009	4	9	体积法
				蒲县	薛关镇	南沟村	公路桥上游	110°59′40″	36°26′42″	14.2	2019	4	1	三角堰法
196	枣家河 2	枣家河	黄河	蒲县	山中乡	枣家河	村北	110°59′53″	36°23′10″	19.1	2019	4	3	三角堰法
197	折沟	枣家河	黄河	蒲县	山中乡	枣家河	金枣桥东 100 m	110°59′59″	36°23′50″	1.01	2009	4	9	体积法
				蒲县	山中乡	枣家河	村南	110°59′59″	36°23′50″	1.0	2019	4	3	容积法
198	皮条沟	昕水河	黄河	蒲县	薛关镇	皮条沟		110°53′50″	36°29′24″	9	2004	9		
				蒲县	薛关镇	常家湾	村北沟口	110°53′30″	36°29′32″	0	2009	4	7	
				蒲县	薛关镇	皮条沟	村东公路桥边	110°53′31″	36°29′32″	0	2019	4	2	容积法
199	么垣沟	昕水河	黄河	蒲县	薛关镇	张庄	公路桥上游 100 m	110°55′30″	36°29′29″	0.14	2009	4	7	体积法
				蒲县	薛关镇	张庄村	村东 200 m	110°55′30″	36°29′29″	0	2019	4	1	容积法
200	耙子沟	昕水河	黄河	蒲县	薛关镇	张庄	村西公路桥下	110°54′55″	36°29′32″	13.5	2009	4	7	体积法
				蒲县	薛关镇	张庄村	村西 200 m	110°54′55″	36°29′33″	0.65	2019	4	1	容积法
201	伊田煤矿排水	黑龙关河	黄河	蒲县	黑龙关镇	宜家坡	村南	111°16′15″	36°16′57″	7.0	2019	3	20	三角堰法
202	黑龙煤矿排水	黑龙关河	黄河	蒲县	黑龙关镇	西沟村	村口桥头	111°15′15″	36°15′18″	0.78	2019	3	20	容积法
203	黑龙关河	昕水河	黄河	蒲县	黑龙关镇	岔上	公路桥上游入昕水河口	111°11′20″	36°22′06″	0	2019	3	21	容积法
204	曹村河	昕水河	黄河	蒲县	乔家湾乡	木坪村	公路桥下	111°16′40″	36°22′08″	0	2019	3	22	容积法

续附表 1

序号	河名	汇入河名	水系	施测地点				坐标		流量（L/s）	测验时间			测验方法
				县（市、区）	乡（镇）	村	断面位置	东经	北纬		年	月	日	
205	牛上角河	昕水河	黄河	蒲县	太林乡	牛上角村	村内	111°20′55″	36°28′19″	60.0	2019	3	22	流速仪法
206	潞安蒲东煤矿排水	东川河	黄河	蒲县	克城镇	高家峪村	村口桥下	111°17′54″	36°32′56″	4.5	2019	3	22	三角堰法
207	安凹沟	北川河	黄河	蒲县	克城镇	安凹村	村口	111°14′52″	36°31′25″	0	2019	3	22	容积法
208	马武沟	北川河	黄河	蒲县	克城镇	马武村	村南沟内	111°14′55″	36°30′31″	0	2019	3	22	容积法
209	夏柏沟	东川河	黄河	蒲县	克城镇	夏柏村	村口入东川河口	111°15′36″	36°35′58″	0	2019	3	23	容积法
210	东川河	昕水河	黄河	蒲县	克城镇	磨沟村	村西县界处（蒲县出境）	111°14′40″	36°36′45″	64.0	2019	3	23	流速仪法
211	梁路沟	东川河	黄河	蒲县	克城镇	梁路村	村南煤矿东面	111°17′11″	36°33′07″	0	2019	3	23	容积法
212	南沟	解家河	黄河	蒲县	红道乡	华尧酒厂	大门南 300 m	111°07′50″	36°27′37″	16.0	2019	3	24	流速仪法
213	前井山沟	南川河	黄河	蒲县	蒲城镇	前井山	公路桥上游 50 m	111°07′36″	36°17′29″	0.21	2019	3	26	容积法
214	大南沟	南川河	黄河	蒲县	蒲城镇	刁口	沟内 200 m	111°07′43″	36°15′60″	8.5	2019	3	26	三角堰法
215	东沟泉	南川河	黄河	蒲县	蒲城镇	东沟村	（蒲城东沟村南川河源头）	111°10′00″	36°12′53″	1.5	2019	3	27	容积法
216	闫家沟	昕水河	黄河	蒲县	蒲城镇	闫家沟	村口桥下	111°06′59″	36°23′41″	1.8	2019	3	27	容积法
217	有枣河	南沟	黄河	蒲县	蒲城镇	李家坡	村东北河流三岔口	111°02′33″	36°24′18″	2.0	2019	3	28	容积法
218	四沟河	昕水河	黄河	蒲县	薛关镇	薛关村	公路桥口	110°59′37″	36°27′19″	0	2019	4	1	容积法
219	后河沟	昕水河	黄河	蒲县	古县乡	后河	村口	111°04′43″	36°32′01″	16.6	2019	4	2	三角堰法
220	老狼沟	枣家河	黄河	蒲县	山中乡	枣家河	村西南	110°59′39″	36°22′25″	7.0	2019	4	3	三角堰法
221	古县沟	四沟河	黄河	蒲县	古县乡	古县	村东沟内	111°03′46″	36°31′17″	1.5	2019	4	3	容积法
222	太仙河 1	昕水河	黄河	蒲县	山中乡	杜家河村	村南	110°56′15″	36°22′37″	0.22	2019	4	3	容积法
223	太仙河 2	堡子河	黄河	蒲县	山中乡	杜家河村	县界出口处	110°53′34″	36°22′36″	0	2019	4	3	容积法
224	言宿沟	圪芦沟	黄河	蒲县	山中乡	下言宿	村南沟内	110°58′07″	36°26′28″	2.2	2019	4	4	容积法

续附表 1

序号	河名	汇入河名	水系	施测地点				坐标		流量	测验时间			测验方法
				县(市、区)	乡(镇)	村	断面位置	东经	北纬	(L/s)	年	月	日	
225	蛇叶沟	中朵河	黄河	蒲县	太林乡	桐树沟村	村北蛇叶沟内	111°18′03″	36°27′23″	3.6	2019	4	4	容积法
226	后蒲伊沟	中朵河	黄河	蒲县	太林乡	后蒲伊	村北	111°18′02″	36°27′57″	5.3	2019	4	4	容积法
227	下柏木岭沟	昕水河	黄河	蒲县	黑龙关	下柏木岭村	公路旁边	111°09′12″	36°22′38″	0	2019	3	27	容积法
228	车居河沟	南川河	黄河	蒲县	蒲城镇	车居河村	村南公路桥上游	111°07′14″	36°20′04″	0.28	2019	3	26	容积法
229	木炭沟	昕水河	黄河	蒲县	乔家湾乡	前坡河村	木炭沟内	111°19′06″	36°19′03″	0	2019	3	21	容积法
230	后坡河	昕水河	黄河	蒲县	乔家湾乡	后坡河村	村东沟内	111°19′16″	36°18′36″	5.3	2019	3	21	容积法
231	东河村	昕水河	黄河	蒲县	太林乡	东河村	村南路西面沟口	111°19′50″	36°30′07″	0.25	2019	3	22	容积法
232	许家沟	东川河	黄河	蒲县	克城镇	许家沟村	村南沟口	111°15′59″	36°35′20″	0.14	2019	3	23	容积法
233	翟家沟	东川河	黄河	蒲县	克城镇	翟家沟	村口小桥处	111°21′56″	36°32′47″	0.80	2019	3	23	容积法
234	后沟	解家河	黄河	蒲县	红道乡	华尧酒厂	厂区东北方	111°08′20″	36°27′49″	1.2	2019	3	23	三角堰法
235	圪岔沟	解家河	黄河	蒲县	红道乡	华尧酒厂	门房后面	111°08′06″	36°27′51″	5.6	2019	3	23	三角堰法
236	温店沟	解家河	黄河	蒲县	红道乡	华尧酒厂	厂区西北方	111°08′27″	36°27′57″	1.8	2019	3	23	三角堰法
237	锁子沟	南川河	黄河	蒲县	蒲城镇	胡家庄村	锁子沟沟口	111°06′10″	36°22′41″	1.6	2019	3	24	容积法
238	南家湾沟	屯里沟	黄河	蒲县	蒲城镇	南家湾	南家湾沟	111°05′56″	36°21′08″	0.40	2019	3	24	容积法
239	后仁家沟	屯里沟	黄河	蒲县	蒲城镇	无人	后仁家沟	111°05′35″	36°20′12″	8.5	2019	3	24	三角堰法
240	玉家山沟	屯里沟	黄河	蒲县	蒲城镇	无人	玉家山沟	111°05′41″	36°19′26″	1.8	2019	3	24	三角堰法
241	槐子沟河	昕水河	黄河	蒲县	黑龙关镇	槐子沟	槐子沟河养殖场南	111°11′03″	36°21′45″	0.03	2019	3	26	容积法
242	南耀村南沟	南川河	黄河	蒲县	蒲城镇	南耀村	村南 500 m	111°08′58″	36°13′14″	0.54	2019	3	27	容积法
243	小东沟	昕水河	黄河	蒲县	黑龙关镇	洛阳	村北 200 m	111°09′24″	36°23′08″	0	2019	3	27	容积法
244	磁窑河	解家河	黄河	蒲县	红道乡	磁窑河	村东北 1 000 m 沟内	111°12′57″	36°26′31″	0.33	2019	3	27	容积法

续附表 1

序号	河名	汇入河名	水系	施测地点				坐标		流量(L/s)	测验时间			测验方法
				县(市、区)	乡(镇)	村	断面位置	东经	北纬		年	月	日	
245	河西村西沟	昕水河	黄河	蒲县	蒲城镇	河西村	村北 500 m 沟内	111°03′41″	36°26′06″	0.10	2019	3	28	容积法
246	桥子滩沟	南沟	黄河	蒲县	薛关镇	桥子滩	村南	111°02′39″	36°25′37″	0.06	2019	3	28	容积法
247	马店南沟	南沟	黄河	蒲县	薛关镇	马店	村东南	111°02′07″	36°25′01″	1.1	2019	3	28	容积法
248	垃圾沟	昕水河	黄河	蒲县	薛关镇	桥子滩	蒲县垃圾填埋厂	111°01′03″	36°25′41″	0	2019	4	1	容积法
249	泉子沟	昕水河	黄河	蒲县	薛关镇	劝学村	村南 1 000 m 公路旁	110°57′13″	36°29′01″	0.28	2019	4	1	容积法
250	小狼沟	枣家河	黄河	蒲县	山中乡	枣家河	村南小桥西	110°59′43″	36°22′45″	0.27	2019	4	3	容积法
251	堡子河	义亭河	黄河	蒲县	山中乡	杜家河		110°56′16″	36°22′37″	2.5	2004	10		
				蒲县	山中乡	杜家河	村东 1 500 m	110°56′16″	36°22′37″	0.9	2009	4	9	体积法
252	曹家河	堡子河	黄河	蒲县	山中乡	曹家河	村南 200 m	110°57′39″	36°21′23″	1.11	2009	4	9	体积法
				蒲县	山中乡	曹家河村	水厂上游	110°57′38″	36°21′25″	1.3	2019	4	3	容积法
253	昕水河 7	黄河	黄河	隰县	午城镇	上胡城	村西南 500 m	110°50′48″	36°29′37″	985	2009	3	14	流速仪法
				隰县	午城镇	上胡城	上胡城村西 300 m	110°50′52″	36°29′45″	1260	2019	3	24	流速仪法
254	城川河	昕水河	黄河	隰县	龙泉镇	县城北	公路桥上游 250 m	110°55′57″	36°42′03″	2.7	2009	3	26	流速仪法
				隰县	城南乡	前南峪	前南峪村西公路桥上游 200 m	110°55′54″	36°37′60″	230	2019	3	23	流速仪法
255	城川河 1	昕水河	黄河	隰县	龙泉镇	下王庄	村西 200 m	110°55′13″	36°40′21″	37.4	2009	3	26	流速仪法
				隰县	龙泉镇	接官坪	城川河朱家峪入口上游 60 m	110°55′13″	36°40′21″	70.0	2019	3	22	流速仪法
256	城川河 2	昕水河	黄河	隰县	午城镇	午城	村西 300 m	110°51′42″	36°30′03″	334	2009	3	20	流速仪法
				隰县	午城乡	午城	午城村西 100 m	110°51′45″	36°30′03″	180	2019	3	24	流速仪法
257	石马沟	城川河	黄河	隰县	下李乡	桑湾	村南 30 m	111°06′24″	36°49′19″	2.15	2009	3	26	体积法
				隰县	下李乡	黑家山	黑家山村东 1 200 m	111°06′25″	36°49′18″	0.45	2019	3	23	三角堰法

续附表 1

序号	河名	汇入河名	水系	施测地点				坐标		流量	测验时间			测验方法
				县(市、区)	乡(镇)	村	断面位置	东经	北纬	(L/s)	年	月	日	
258	安乐沟	城川河	黄河	隰县	下李乡	安乐沟	村南 10 m	111°01′45″	36°49′01″	0.608	2009	3	26	体积法
				隰县	下李乡	上李村	上李村村东 600 m	111°01′34″	36°49′05″	0.22	2019	3	23	三角堰法
259	合石沟	城川河	黄河	隰县	下李乡	合石沟	村北 20 m	110°58′32″	36°46′43″	6.6	2009	3	26	流速仪法
				隰县	下李乡	前湾村	前湾村村北 100 m	110°58′29″	36°46′46″	3.0	2019	3	23	三角堰法
260	前峪沟	城川河	黄河	隰县	下李乡	前峪	村南 10 m	111°00′13″	36°47′51″	6.1	2009	3	26	流速仪法
				隰县	下李乡	前峪	前峪村村南	111°00′13″	36°47′50″	14.0	2019	3	23	流速仪法
261	古城河	城川河	黄河	隰县	龙泉镇	古城	村西 100 m	110°56′27″	36°42′00″	32.5	2009	3	26	流速仪法
				隰县	龙泉镇	城北	城北村村南河道内	110°56′29″	36°41′59″	29.0	2019	3	23	流速仪法
262	路家沟	古城河	黄河	隰县	龙泉镇	路家沟	村南 200 m	110°59′18″	36°43′56″	7.6	2009	3	26	流速仪法
				隰县	龙泉镇	路家沟	汪家沟坝坝下	110°59′17″	36°43′57″	7.0	2019	3	23	三角堰法
263	史家庄沟	古城河	黄河	隰县	龙泉镇	史家庄	村西 100 m	110°58′37″	36°42′38″	16.6	2009	3	26	流速仪法
				隰县	龙泉镇	史家庄	史家庄西南 700 m	110°58′38″	36°42′39″	28.0	2019	3	23	
264	龙神沟	城川河	黄河	隰县	城南乡	龙神沟	村西南 20 m	110°55′38″	36°39′04″	9.3	2009	3	29	流速仪法
				隰县	城南乡	龙神沟	龙神沟村村南河道内	110°55′40″	36°39′04″	10.0	2019	3	23	流速仪法
265	北沟河	城川河	黄河	隰县	城南乡	前南峪	村西南 150 m	110°56′01″	36°37′46″	36.4	2009	3	28	流速仪法
266	乔村沟	城川河	黄河	隰县	城南乡	曹城	东南 800 m	110°55′54″	36°37′54″	0.112	2009	3	28	体积法
267	拐子沟	城川河	黄河	隰县	城南乡	西曹	村西南 500 m	110°55′34″	36°36′37″	2.38	2009	3	28	体积法
				隰县	午城镇	冯家坡	冯家坡村北 800 m	110°55′33″	36°36′37″	0.54	2019	3	24	三角堰法
268	朱家峪 1	城川河	黄河	隰县	城南乡	蓬门	村东 50 m	110°54′05″	36°46′41″	40.2	2009	3	27	流速仪法
				隰县	城南乡	蓬门	蓬门村石桥上游 200 m	110°54′05″	36°46′40″	59.0	2019	3	22	流速仪法
269	朱家峪 2	城川河	黄河	隰县	城南乡	前留城	村东 100 m	110°54′56″	36°40′26″	65.7	2009	3	27	流速仪法
				隰县	城南乡	留城	入东川河口上游 300 m	110°54′58″	36°40′24″	273	2019	3	22	流速仪法

续附表 1

序号	河名	汇入河名	水系	施测地点				坐标		流量(L/s)	测验时间			测验方法
				县(市、区)	乡(镇)	村	断面位置	东经	北纬		年	月	日	
270	坊底沟	朱家峪河	黄河	隰县	城南乡	坊底	村东 100 m	110°53′56″	36°49′43″	1.95	2009	3	27	体积法
271	和宿沟	朱家峪河	黄河	隰县	城南乡	朱家峪	公路桥上游 10 m	110°54′28″	36°47′59″	16.5	2009	3	27	流速仪法
				隰县	城南乡	朱家峪	朱家峪村南石桥下	110°54′28″	36°47′59″	13.0	2019	3	22	流速仪法
272	要宿沟	朱家峪河	黄河	隰县	城南乡	朱家峪	村东 100 m	110°54′30″	36°47′54″	1.36	2009	3	27	体积法
273	蓬门沟 1	朱家峪河	黄河	隰县	城南乡	蓬门	村南 50 m	110°53′49″	36°46′38″	21.1	2009	3	27	流速仪法
				隰县	城南乡	蓬门	蓬门村蓬门沟入河口上游 100 m	110°53′53″	36°46′36″	8.1	2019	3	22	容积法
274	蓬门沟 2	朱家峪河	黄河	隰县	城南乡	上蓬门	村南 200 m	110°52′15″	36°47′28″	10.2	2009	3	27	流速仪法
				隰县	城南乡	上蓬门	上蓬门沟 1 号公路桥下游 150 m	110°52′15″	36°47′32″	3.2	2019	3	22	容积法
275	辛窑沟	朱家峪河	黄河	隰县	城南乡	上蓬门	村东南 220 m	110°52′16″	36°47′29″	1.15	2009	3	27	体积法
				隰县	城南乡	上蓬门	上蓬门村村南 300 m	110°52′15″	36°47′29″	0.22	2019	3	22	三角堰法
276	路家沟	古城河	黄河	隰县	城南乡	路家峪	村东 50 m	110°52′28″	36°47′15″	1.34	2009	3	27	体积法
				隰县	龙泉镇	路家沟	汪家沟坝坝下	110°59′17″	36°43′57″	7.0	2019	3	23	三角堰法
277	柴家沟	朱家峪河	黄河	隰县	城南乡	柴家沟	公路桥西 150 m	110°54′05″	36°42′52″	2.28	2009	3	27	体积法
				隰县	城南乡	苛西	苛西村东南 600 m	110°54′09″	36°42′51″	0	2019	3	22	
278	鸭湾沟	朱家峪河	黄河	隰县	城南乡	前圪堆	村南 500 m	110°54′11″	36°48′51″	14.8	2009	3	27	流速仪法
				隰县	城南乡	后村	后村东 100 m 水井旁	110°54′32″	36°49′02″	31.0	2019	3	22	流速仪法
279	半沟(桥)	朱家峪河	黄河	隰县	城南乡	后留城	村南 30 m	110°54′26″	36°41′12″	4.2	2009	3	27	流速仪法
				隰县	城南乡	留城	后留城村半沟公路桥下	110°54′27″	36°41′12″	2.6	2019	3	22	三角堰法
280	兔家沟	城川河	黄河	隰县	午城镇	水堤	村东 200 m	110°55′25″	36°36′00″	0.306	2009	3	28	体积法
				隰县	午城镇	冯家坡	冯家坡村西 50 m	110°55′26″	36°36′05″	0	2019	3	24	

续附表 1

序号	河名	汇入河名	水系	施测地点				坐标		流量	测验时间			测验方法
				县(市、区)	乡(镇)	村	断面位置	东经	北纬	(L/s)	年	月	日	
281	卫家峪河	城川河	黄河	隰县	阳头升乡	下崖底	村东南 300 m	110°50′55″	36°40′57″	1.1	2009	3	28	体积法
				隰县	阳头升乡	下崖底	下崖底村东南 1 000 m	110°51′03″	36°40′47″	150	2019	3	24	流速仪法
282	卫家峪河 1	城川河	黄河	隰县	午城镇	卫家峪	沟口公路桥上游 300 m	110°54′14″	36°35′04″	41.5	2009	3	28	流速仪法
				隰县	午城镇	水堤	水堤村西南 1 500 m	110°54′13″	36°34′58″	14.2	2019	3	24	三角堰法
283	碾沟	城川河	黄河	隰县	午城镇	桑梓	村东南 50 m	110°52′57″	36°33′42″	2.15	2009	3	28	体积法
				隰县	午城镇	桑梓	桑梓西南 800 m	110°52′57″	36°33′43″	3.4	2019	3	24	三角堰法
284	刁家峪河 1	昕水河	黄河	隰县	午城镇	高家崖	村西南 500 m	110°47′53″	36°38′11″	0.241	2009	3	28	体积法
				隰县	阳头升乡	贺家峪	贺家峪村南 300 m	110°48′23″	36°38′38″	17.0	2019	3	24	流速仪法
285	刁家峪河 3	昕水河	黄河	隰县	午城镇	上胡塬	村西北 500 m	110°50′48″	36°29′46″	67.6	2009	3	20	流速仪法
				隰县	午城镇	上胡城	上胡城村西 300 m	110°50′48″	36°29′45″	60.0	2019	3	24	流速仪法
286	刁家峪河 2	昕水河	黄河	隰县	午城镇	枣庄河	村西北 200 m	110°50′11″	36°34′02″	25.1	2009	3	28	流速仪法
287	贺家峪沟	刁家峪河	黄河	隰县	午城镇	高家崖	村南 200 m	110°48′23″	36°38′38″	9.1	2009	3	28	流速仪法
288	宋家垣沟	刁家峪河	黄河	隰县	午城镇	刁家峪	村西南 120 m	110°47′51″	36°37′07″	0.503	2009	3	28	体积法
				隰县	阳头升乡	刁家峪	刁家峪村南 100 m	110°47′51″	36°37′07″	0.61	2019	3	24	三角堰法
289	安沟	刁家峪河	黄河	隰县	午城镇	上河村	村南 500 m	110°48′06″	36°36′15″	0.253	2009	3	28	体积法
				隰县	阳头升乡	上河村	上河村村南 20 m	110°48′03″	36°36′15″	0	2019	3	24	
290	枣庄河	刁家峪河	黄河	隰县	午城镇	枣庄河	村北 100 m	110°50′11″	36°34′02″	14.8	2009	3	28	流速仪法
				隰县	阳头升乡	枣庄河	枣庄河村西北 400 m	110°50′11″	36°34′03″	0.61	2019	3	24	三角堰法
291	东川河 1	昕水河	黄河	隰县	黄土镇	上庄	村南 50 m	111°11′58″	36°38′27″	168	2009	3	24	流速仪法
				隰县	黄土镇	上庄	上庄村西 100 m	111°12′12″	36°38′27″	0	2019	3	25	
292	东川河 2	昕水河	黄河	隰县	午城镇	川口村	村东南 100 m	110°52′59″	36°29′58″	169	2009	3	20	流速仪法
				隰县	午城镇	川口村	川口村南 500 m	110°52′53″	36°29′58″	36.0	2019	3	26	流速仪法

续附表 1

序号	河名	汇入河名	水系	施测地点				坐标		流量(L/s)	测验时间			测验方法
				县(市、区)	乡(镇)	村	断面位置	东经	北纬		年	月	日	
293	克城河	东川河	黄河	隰县	黄土镇	南合	村北 200 m	111°14′08″	36°37′11″	34.5	2009	3	24	流速仪法
294	紫峪沟	东川河	黄河	隰县	黄土镇	上庄	村北 300 m	111°12′20″	36°38′45″	16.5	2009	3	24	流速仪法
				隰县	黄土镇	上庄	上庄村中	111°12′10″	36°38′33″	26.0	2019	3	25	流速仪法
295	紫峪河	东川河	黄河	隰县	黄土镇	下紫峪	下紫峪村南 200 m	111°13′29″	36°39′42″	25.0	2019	3	25	流速仪法
296	紫峪东沟	紫峪河	黄河	隰县	黄土镇	下紫峪	下紫峪村南 250 m	111°13′32″	36°39′40″	0.04	2019	3	25	容积法
297	秋石沟	东川河	黄河	隰县	黄土镇	上庄	村东北 1 000 m	111°11′03″	36°38′34″	0.335	2009	3	24	体积法
				隰县	黄土镇	下庄	上庄村西 1 500 m	111°11′04″	36°38′31″	0	2019	3	25	
298	神天沟	东川河	黄河	隰县	黄土镇	上庄	村南 500 m	111°10′03″	36°37′50″	0.233	2009	3	24	体积法
				隰县	黄土镇	下庄	下庄村村南 700 m	111°09′60″	36°37′54″	0	2019	3	25	
299	小松沟	东川河	黄河	隰县	黄土镇	上庄	村东北 200 m	111°10′10″	36°38′24″	0.108	2009	3	24	体积法
				隰县	黄土镇	下庄	下庄村东北 1 200 m	111°10′11″	36°38′21″	0	2019	3	25	
300	回珠沟	东川河	黄河	隰县	黄土镇	回珠	村西 100 m	111°05′30″	36°27′28″	0.622	2009	3	24	体积法
301	阳子沟	东川河	黄河	隰县	黄土镇	回珠	村南 1 000 m	111°05′18″	36°36′46″	0.055	2009	3	25	体积法
				隰县	黄土镇	回珠	回珠村南 700 m	111°05′12″	36°36′56″	0	2019	3	25	
302	曹家庄沟	东川河	黄河	隰县	寨子乡	曹家庄	村中	110°54′36″	36°32′21″	0.633	2009	3	23	体积法
				隰县	午城镇	曹家庄	曹家庄东北角	110°54′36″	36°32′21″	0.22	2019	3	26	容积法
303	峪里沟	东川河	黄河	隰县	寨子乡	上桑峨	村西桥上游 200 m	111°02′05″	36°37′01″	19.2	2009	3	25	流速仪法
				隰县	寨子乡	上桑峨	上桑峨村东 600 m	111°02′07″	36°36′58″	3.9	2019	3	25	三角堰法
304	桑峨南沟	东川河	黄河	隰县	寨子乡	中桑峨	村南沟口 50 m	111°01′46″	36°36′38″	1.6	2004	4	5	
				隰县	寨子乡	中桑峨	村南 500 m	111°01′46″	36°36′38″	0.052	2009	3	25	体积法
				隰县	寨子乡	上桑峨	上桑峨村南 300 m	111°01′45″	36°36′40″	0	2019	3	25	

续附表1

序号	河名	汇入河名	水系	施测地点				坐标		流量 (L/s)	测验时间			测验方法
				县(市、区)	乡(镇)	村	断面位置	东经	北纬		年	月	日	
305	定国沟	东川河	黄河	隰县	寨子乡	下桑峨	村西 1 000 m	111°00′02″	36°36′13″	3.6	2009	3	23	流速仪法
				隰县	寨子乡	桑峨咀	桑峨咀西南 200 m	111°00′02″	36°36′14″	8.0	2019	3	25	流速仪法
306	兴老虎沟	东川河	黄河	隰县	寨子乡	下桑峨	村南 200 m	111°01′00″	36°36′34″	0.967	2009	3	25	体积法
				隰县	寨子乡	中桑峨	中桑峨村西南 600 m	111°01′02″	36°36′33″	6.3	2019	3	25	三角堰法
307	台头沟	东川河	黄河	隰县	寨子乡	寨子	村东南 200 m	111°03′09″	36°36′49″	12.7	2009	3	25	流速仪法
				隰县	黄土镇	义泉	义泉村西南 1 000 m	111°03′08″	36°36′50″	0.08	2019	3	25	三角堰法
308	无腰沟	东川河	黄河	隰县	寨子乡	寨子	村南 800 m	110°59′07″	36°35′41″	0.641	2009	3	23	体积法
				隰县	寨子乡	寨子	寨子村西南 1 000 m	110°59′01″	36°35′43″	0	2019	3	26	
309	兔沟	东川河	黄河	隰县	寨子乡	下司徒	东北 400 m	110°57′39″	36°34′49″	2.22	2009	3	23	体积法
				隰县	午城镇	下司徒	下司徒村东 700 m	110°57′37″	36°34′50″	1.8	2019	3	26	三角堰法
310	庄沟	东川河	黄河	隰县	寨子乡	下司徒	村中	110°57′07″	36°35′02″	0.311	2009	3	25	体积法
				隰县	午城镇	下司徒	下司徒村北 200 m	110°57′08″	36°35′06″	0.003	2019	3	26	三角堰法
311	树叶沟	东川河	黄河	隰县	午城镇	后太平庄	村东南 600 m	110°53′53″	36°30′46″	0.14	2009	3	23	体积法
				隰县	午城镇	太平庄	太平庄南 700 m	110°53′52″	36°30′46″	0.01	2019	3	26	三角堰法
312	柳树沟	昕水河	黄河	隰县	午城镇	午城	村东南 200 m	110°52′00″	36°29′35″	0.33	2009	3	22	体积法
				隰县	午城镇	午城	午城村东南 150 m	110°52′02″	36°29′35″	0	2019	3	24	
313	南家沟	昕水河	黄河	隰县	午城镇	午城	村南 200 m	110°51′50″	36°29′30″	0.053	2009	3	22	体积法
				隰县	午城镇	午城	午城村南 100 m	110°51′49″	36°29′32″	0	2019	3	24	
314	耙子沟	昕水河	黄河	隰县	黄土镇	胡吉舍	村东南 500 m	110°54′54″	36°29′32″	6.5	2009	3	20	流速仪法
				隰县	午城镇	胡家社	蒲县张庄村西 400 m	110°54′55″	36°29′32″	0.45	2019	3	26	三角堰法
315	路家峪	朱家峪河	黄河	隰县	城南乡	路家峪	路家峪沟口	110°52′21″	36°47′12″	0	2019	3	22	
316	南峪沟	城川河	黄河	隰县	城南乡	前南峪	前南峪村村南石桥下	110°56′05″	36°37′47″	27.0	2019	3	23	流速仪法

续附表 1

序号	河名	汇入河名	水系	施测地点				坐标		流量 (L/s)	测验时间			测验方法
				县(市、区)	乡(镇)	村	断面位置	东经	北纬		年	月	日	
317	汪家沟	古城河	黄河	隰县	龙泉镇	汪家沟	汪家沟坝坝下	110°59′22″	36°43′58″	0.08	2019	3	23	三角堰法
318	前河沟	刁家峪河	黄河	隰县	阳头升乡	高崖底	高崖底村西南 300 m	110°47′56″	36°38′09″	0.01	2019	3	24	三角堰法
319	河沟	卫家峪河	黄河	隰县	阳头升乡	河沟	河沟村南 1 500 m	110°50′38″	36°41′45″	1.0	2019	3	24	三角堰法
320	无愚沟	东川河	黄河	隰县	寨子乡	寨子	寨子乡东南 600 m	110°59′51″	36°35′53″	4.0	2019	3	25	流速仪法
321	南峪沟	东川河	黄河	隰县	黄土镇	南合	南合村西北 200 m	111°14′09″	36°37′11″	0	2019	3	25	
322	水草渠沟	东川河	黄河	隰县	午城镇	前太平庄	前太平庄西北角	110°53′14″	36°30′26″	0	2019	3	26	
323	峪里沟	黄河	黄河	大宁县	徐家垛乡	岭上	沟口与黄河交汇处	110°30′04″	36°32′05″	17	2004	4	10	
				大宁县	徐家垛乡	岭上	村西 300 m	110°30′04″	36°32′05″	16.7	2009	3	18	流速仪法
324	圪垛沟	黄河	黄河	大宁县	徐家垛乡	圪垛	村西 300 m	110°30′12″	36°30′53″	1.15	2009	3	18	体积法
				大宁县	徐家垛乡	圪垛沟	村西 300 m	110°30′13″	36°30′53″	1.3	2019	3	31	体积法
325	曹家坡沟	黄河	黄河	大宁县	徐家垛乡	曹家坡村	黄河东岸 100 m	110°29′50″	36°28′39″	0.895	2009	3	18	体积法
				大宁县	徐家垛乡	曹家坡村	黄河东岸入黄河处	110°29′53″	36°28′41″	0	2019	3	31	
326	昕水河 8	黄河	黄河	大宁县	昕水镇	下胡城	县境坝下游 5 m	110°50′25″	36°28′55″	540	1987	4	29	
				大宁县	昕水镇	下胡城	县境坝下游 5 m	110°50′25″	36°28′55″	1 010	2004	4	4	
				大宁县	昕水镇	胡城村	村东北 50 m	110°50′21″	36°29′15″	535	2019	4	3	流速仪法
327	昕水河 9	昕水河	黄河	大宁县	昕水镇	葛口村	水文站	110°42′56″	36°27′25″	1 130	2009	3	15	流速仪法
				大宁县	昕水镇	葛口村	水文站断面下游 120 m	110°42′55″	36°27′20″	1 080	2019	3	29	流速仪法
328	昕水河 10	黄河	黄河	大宁县	徐家垛乡	李家垛	村西 50 m	110°32′15″	36°16′17″	740	1966	4	20	
				大宁县	徐家垛乡	李家垛	村西 50 m	110°32′15″	36°16′17″	385	1987	5	16	
				大宁县	徐家垛乡	李家垛	村西 50 m	110°32′15″	36°16′17″	1 569.8	2004	4	10	
				大宁县	徐家垛乡	古镇	村西北 300 m	110°29′31″	36°28′11″	1 390	2009	3	18	流速仪法
				大宁县	徐家垛乡	古镇	沿黄公路昕水河大桥下 5 m	110°29′36″	36°28′12″	1 080	2019	3	31	流速仪法

续附表 1

序号	河名	汇入河名	水系	施测地点				坐标		流量 (L/s)	测验时间			测验方法
				县(市、区)	乡(镇)	村	断面位置	东经	北纬		年	月	日	
329	义亭河	昕水河	黄河	大宁县	三多乡	川庄村	村南 1 000 m	110°48′16″	36°19′51″	450	1966	4	19	
				大宁县	三多乡	川庄村	村南 1 000 m	110°48′16″	36°19′51″	102	1987	5	17	
				大宁县	三多乡	川庄村	村南 1 000 m	110°48′16″	36°19′51″	220	2004	4	4	
				大宁县	三多乡	川庄村	村南 500 m	110°48′16″	36°19′51″	142	2009	3	14	流速仪法
				大宁县	三多乡	川庄村	村南 500 m	110°48′17″	36°20′01″	149	2019	3	28	流速仪法
330	义亭河 1	昕水河	黄河	大宁县	昕水镇	南关村	义亭桥下游 10 m	110°44′56″	36°27′34″	401	2004	4	9	
				大宁县	昕水镇	南关村	村西 20 m	110°44′56″	36°27′34″	244	2009	3	15	流速仪法
				大宁县	昕水镇	南关村	村西 20 m	110°44′55″	36°27′35″	202	2019	3	28	流速仪法
331	杨家河	义亭河	黄河	大宁县	三多乡	东胡子庄	村西 300 m	110°55′09″	36°18′06″	10	2004	4	6	
				大宁县	三多乡	马家窑	村西 200 m	110°53′50″	36°17′30″	6.2	2009	3	20	流速仪法
332	东胡子沟	杨家河	黄河	大宁县	三多乡	马家窑	村西 200 m	110°55′44″	36°18′11″	1.4	2019	3	28	三角堰法
333	茨林沟	义亭河	黄河	大宁县	三多乡	茨林村	村南 300 m	110°49′06″	36°21′56″	8.1	2004	4	6	
				大宁县	三多乡	茨林村	村南 300 m	110°49′06″	36°21′56″	15.3	2009	3	14	流速仪法
				大宁县	三多乡	茨林村	村南 300 m	110°49′04″	36°21′56″	8.2	2019	3	28	三角堰法
334	南塬头沟	义亭河	黄河	大宁县	三多乡	后楼底	村西 200 m	110°47′41″	36°24′24″	5.4	2004	4	6	
				大宁县	三多乡	后楼底	村西 200 m	110°47′41″	36°24′24″	3.8	2009	3	15	流速仪法
				大宁县	三多乡	后楼底	公路西 200 m	110°47′41″	36°24′23″	20.7	2019	3	28	三角堰法
335	堡子河 1	义亭河	黄河	大宁县	三多乡	太仙河		110°51′42″	36°23′39″	0.3	1987	4	4	
				大宁县	三多乡	太仙河		110°51′42″	36°23′39″	32	2004	10		
336	太仙河	义亭河	黄河	大宁县	三多乡	后楼底	公路桥东 20 m	110°47′41″	36°24′30″	30	2004	4	6	
				大宁县	三多乡	后楼底	公路东 100 m	110°47′41″	36°24′30″	13.5	2009	3	15	流速仪法
				大宁县	三多乡	后楼底	公路东 100 m	110°47′36″	36°24′28″	14.7	2019	3	28	三角堰法

续附表1

序号	河名	汇入河名	水系	施测地点				坐标		流量（L/s）	测验时间			测验方法
				县（市、区）	乡（镇）	村	断面位置	东经	北纬		年	月	日	
337	南岭沟	义亭河	黄河	大宁县	三多乡	川庄村	村北 1 000 m	110°48′28″	36°20′25″	6.4	2009	3	14	流速仪法
				大宁县	三多乡	川庄村	村北 1 000 m	110°48′26″	36°20′26″	3.4	2019	3	28	三角堰法
338	寨子沟	义亭河	黄河	大宁县	三多乡	寨子	村北 100 m	110°48′32″	36°20′20″	3.4	2004	4	6	
339	闻喜沟	义亭河	黄河	大宁县	昕水镇	闻西村	村西 20 m	110°45′32″	36°25′27″	0.662	2009	3	15	体积法
				大宁县	昕水镇	闻西村	村西 20 m	110°46′22″	36°25′34″	0	2019	3	29	
340	柳沟	义亭河	黄河	大宁县	昕水镇	上吉亭村	村西南 200 m	110°45′49″	36°26′10″	1.68	2009	3	22	体积法
				大宁县	昕水镇	上吉亭村	村西南 200 m	110°45′42″	36°26′08″	0.87	2019	3	29	三角堰法
341	中垛沟	义亭河	黄河	大宁县	昕水镇	上吉亭村	村西 600 m 沟口	110°45′29″	36°26′35″	0.56	2009	3	22	体积法
				大宁县	昕水镇	上吉亭村	县二中墙外 20 m	110°45′33″	36°26′38″	0	2019	3	29	
342	美原沟	昕水河	黄河	大宁县	昕水镇	罗曲	村西 800 m	110°48′09″	36°28′40″	5	2004	4	5	
				大宁县	昕水镇	坡底村	村北沟口	110°48′06″	36°28′36″	3.96	2009	3	14	流速仪法
				大宁县	昕水镇	坡底村	村北沟口	110°48′05″	36°28′37″	1.2	2019	3	28	三角堰法
343	大冯沟	昕水河	黄河	大宁县	昕水镇	大冯村	沟口路北 20 m	110°46′48″	36°28′03″	11	2004	4	5	
				大宁县	昕水镇	大冯村	村东公路桥下	110°46′48″	36°28′03″	37.2	2009	3	14	流速仪法
				大宁县	昕水镇	大冯村	村东公路桥下	110°46′48″	36°28′03″	7.3	2019	3	28	三角堰法
344	麻束沟	昕水河	黄河	大宁县	昕水镇	县城东	公路桥北 50 m	110°45′44″	36°28′27″	1.9	2004	4	5	
				大宁县	昕水镇	县城东	沟内 200 m	110°45′44″	36°28′27″	4.2	2009	3	14	流速仪法
				大宁县	昕水镇	县城东	县城东沟内 200 m	110°45′46″	36°28′16″	0	2019	3	28	
345	河底沟	义亭河	黄河	大宁县	昕水镇	洞儿河	村东 2 000 m	110°45′04″	36°22′22″	19	1987	5	17	
				大宁县	昕水镇	洞儿河	村东 2 000 m	110°45′04″	36°22′22″	12	2004	4	7	
346	洞儿河	河底沟	黄河	大宁县	昕水镇	洞儿河	村东 2 000 m	110°45′04″	36°22′22″	4.5	2004	4	7	

续附表 1

序号	河名	汇入河名	水系	施测地点				坐标		流量（L/s）	测验时间			测验方法
				县(市、区)	乡(镇)	村	断面位置	东经	北纬		年	月	日	
347	河底沟	昕水河	黄河	大宁县	昕水镇	葛口村	沟口与昕水河汇入处	110°42′57″	36°27′15″	28	2004	4	7	
				大宁县	昕水镇	葛口村	大宁水文站西南 200 m	110°42′57″	36°27′15″	32.4	2009	3	15	流速仪法
				大宁县	昕水镇	葛口村	水文站西南 200 m 沟口	110°42′54″	36°27′14″	16.0	2019	3	29	流速仪法
348	榆岭沟	河底沟	黄河	大宁县	昕水镇	榆岭	村北 2 000 m	110°42′57″	36°26′59″	3	2004	4	7	
				大宁县	昕水镇	葛口村	河底南 1 000 m	110°43′19″	36°27′06″	2	2009	3	15	流速仪法
				大宁县	昕水镇	葛口村	沟底南 1 000 m	110°43′19″	36°27′05″	0.51	2019	3	29	三角堰法
349	北兔沟	昕水河	黄河	大宁县	昕水镇	坡底村	村北淤地坝下	110°49′44″	36°28′57″	0.469	2009	3	14	体积法
				大宁县	昕水镇	坡底村	村北淤地坝下	110°49′43″	36°28′57″	0	2019	3	28	
350	乌落沟	昕水河	黄河	大宁县	昕水镇	坡底村	村北沟口	110°48′48″	36°28′45″	0.5	2009	3	14	体积法
				大宁县	昕水镇	坡底村	村北印象石业厂东大桥处	110°48′52″	36°28′37″	0	2019	3	28	
351	前湾沟	昕水河	黄河	大宁县	昕水镇	前湾	沟口	110°50′05″	36°28′46″	8.6	2004	4	5	
				大宁县	昕水镇	前湾	沟口	110°50′05″	36°28′46″	6	2009	3	14	流速仪法
352	石城东沟	昕水河	黄河	大宁县	昕水镇	石城村	村东南 500 m	110°42′07″	36°26′49″	0.076 7	2009	3	16	体积法
				大宁县	昕水镇	石城村	村东南 500 m	110°42′04″	36°26′53″	0	2019	3	29	
353	石城西沟	昕水河	黄河	大宁县	昕水镇	石城村	村西南 300 m	110°41′24″	36°26′56″	8.74	2009	3	16	流速仪法
				大宁县	昕水镇	石城村	村西南 300 m	110°41′22″	36°26′52″	16.1	2019	3	29	三角堰法
354	南甘棠沟	昕水河	黄河	大宁县	昕水镇	南甘棠	村西北 800 m	110°40′41″	36°26′59″	7	2004	4	8	
				大宁县	曲峨镇	南甘棠	沟内	110°40′35″	36°26′37″	5	2009	3	15	流速仪法
				大宁县	曲峨镇	曲峨	沟口	110°40′33″	36°26′59″	2.4	2019	3	30	三角堰法
355	黑城沟	昕水河	黄河	大宁县	曲峨镇	黑城	沟口	110°39′42″	36°26′56″	4.9	2004	4	8	
				大宁县	曲峨镇	黑城	村西 100 m	110°39′31″	36°27′05″	2.6	2009	3	15	流速仪法
				大宁县	曲峨镇	徐家垛	村西 100 m 入昕水河处	110°39′24″	36°27′04″	2.2	2019	3	30	三角堰法

续附表 1

序号	河名	汇入河名	水系	施测地点				坐标		流量 (L/s)	测验时间			测验方法
				县(市、区)	乡(镇)	村	断面位置	东经	北纬		年	月	日	
356	黑城南沟	昕水河	黄河	大宁县	曲峨镇	黑城	村南 200 m	110°39′42″	36°26′56″	0.269	2009	3	15	体积法
				大宁县	曲峨镇	花崖	村南 200 m 沟口	110°39′35″	36°26′51″	0.44	2019	3	30	体积法
357	圪岭坪沟	昕水河	黄河	大宁县	曲峨镇	道教村	村南 1 000 m	110°38′48″	36°26′47″	3.8	2004	4	8	
				大宁县	曲峨镇	道教村	村南 1 000 m	110°38′48″	36°26′47″	6.07	2009	3	15	体积法
				大宁县	曲峨镇	道教村	村南 1 000 m 农业园区对面	110°38′48″	36°26′50″	2.8	2019	3	30	三角堰法
358	杜峨沟	昕水河	黄河	大宁县	曲峨镇	道教村	村西南 1 000 m	110°38′16″	36°27′06″	3.6	2004	4	8	
				大宁县	曲峨镇	杜峨村	沟口公路桥上游 10 m	110°38′19″	36°27′02″	4.98	2009	3	16	流速仪法
				大宁县	曲峨镇	杜峨村	沟口公路桥上游 10 m	110°38′19″	36°27′02″	2.2	2019	3	30	体积法
359	杜峨西沟	昕水河	黄河	大宁县	曲峨镇	杜峨村	公路桥上 5 m	110°37′59″	36°27′39″	0.68	2019	4	3	三角堰法
360	南风沟	昕水河	黄河	大宁县	曲峨镇	南风	村西南 1 000 m	110°36′27″	36°26′36″	13	2004	4	8	
				大宁县	曲峨镇	南风	村西南 1 000 m	110°36′27″	36°26′36″	3.13	2009	3	17	体积法
				大宁县	曲峨镇	南风村	村西南 1 000 m	110°36′26″	36°26′38″	0.11	2019	3	30	体积法
361	下房沟	昕水河	黄河	大宁县	曲峨镇	下房	沟口公路桥上游 20 m	110°36′52″	36°27′10″	5	2009	3	16	流速仪法
				大宁县	曲峨镇	曲峨	村西 1 500 m	110°36′54″	36°27′09″	2.4	1987	5	16	
				大宁县	曲峨镇	曲峨	村西 1 500 m	110°36′54″	36°27′09″	3.6	2004	4	8	
				大宁县	曲峨镇	下房村	沟口公路桥上 20 m	110°36′52″	36°27′09″	1.0	2019	3	30	三角堰法
362	索提沟	昕水河	黄河	大宁县	徐家垛乡	徐家垛	村东 1 000 m	110°34′04″	36°26′40″	1.4	1987	5	16	
				大宁县	徐家垛乡	徐家垛	村东 1 000 m	110°34′04″	36°26′40″	8.3	2004	4	8	
				大宁县	徐家垛乡	北桑峨村	村西 200 m	110°34′18″	36°26′51″	1.62	2009	3	16	体积法
				大宁县	徐家垛乡	北桑峨村	村西 200 m	110°34′17″	36°26′52″	0.87	2019	3	30	三角堰法

续附表 1

序号	河名	汇入河名	水系	施测地点				坐标		流量	测验时间			测验方法
				县(市、区)	乡(镇)	村	断面位置	东经	北纬	(L/s)	年	月	日	
363	黄家垛沟	昕水河	黄河	大宁县	徐家垛乡	黄家垛村	村西南 300 m	110°34′17″	36°26′36″	0.667	2009	3	17	体积法
				大宁县	徐家垛乡	黄家垛村	村东 50 m	110°34′18″	36°26′37″	0	2019	4	3	
364	白沟	黄河	黄河	大宁县	太古乡	白沟村	黄河东岸 100 m	110°29′19″	36°25′20″	1.14	2009	3	18	体积法
				大宁县	太古乡	白沟村	沿黄公路桥上游 30 m	110°29′25″	36°25′20″	0.49	2019	4	4	体积法
365	岔口河	黄河	黄河	大宁县	太古乡	里仁坡	河口	110°28′15″	36°21′52″	16	1987	5	5	
				大宁县	太古乡	里仁坡	河口	110°28′15″	36°21′52″	41	2004	4	11	
				大宁县	太古乡	西坡村	沿黄公路桥上游 200 m	110°28′04″	36°20′59″	16.2	2009	3	17	流速仪法
				大宁县	太古乡	西坡村	沿黄公路桥上游 200 m	110°28′03″	36°20′57″	12.52	2019	4	4	三角堰法
366	南坡沟	黄河	黄河	大宁县	太古乡	南坡村	村西 1 000 m	110°29′17″	36°32′57″	1.63	2009	3	18	体积法
				大宁县	徐家垛乡	南坡村	村西 1 000 m	110°29′18″	36°32′59″	0	2019	3	31	
367	后沟	昕水河	黄河	大宁县	昕水镇	胡城村	村南 20 m	110°50′28″	36°28′53″	0.08	2019	3	28	三角堰法
368	落羊沟	昕水河	黄河	大宁县	昕水镇	前湾村	落羊沟口	110°50′04″	36°28′47″	1.6	2019	3	28	三角堰法
369	贺益沟	昕水河	黄河	大宁县	昕水镇	贺益	大桥下游入昕水河处	110°41′35″	36°27′16″	1.4	2019	3	30	三角堰法
370	李家垛南沟	昕水河	黄河	大宁县	徐家垛乡	李家垛村	村南 200 m 提水站上游	110°32′26″	36°26′06″	0.35	2019	3	31	三角堰法
371	岭上沟	黄河	黄河	大宁县	徐家垛乡	岭上村	村西 300 m	110°30′03″	36°32′05″	4.7	2019	3	31	三角堰法
372	后坡沟	黄河	黄河	大宁县	徐家垛乡	后坡村	村南 200 m	110°29′57″	36°32′19″	0	2019	3	31	
373	曹家坡北沟	黄河	黄河	大宁县	徐家垛乡	曹家坡村	沿黄公路桥处	110°30′06″	36°29′16″	0.91	2019	4	4	三角堰法
374	后于家坡北沟	黄河	黄河	大宁县	徐家垛乡	后于家坡村	沿黄公路桥上游 20 m	110°29′13″	36°27′54″	0.21	2019	4	4	体积法
375	坡沙沟	黄河	黄河	大宁县	太古乡	坡沙村	沿黄公路桥上游 10 m	110°28′02″	36°21′55″	0.28	2019	4	4	体积法
376	义亭河 1	昕水河	黄河	吉县	屯里镇	五龙宫	村东南 200 m	110°56′11″	36°12′09″	163	2004	4	5	
				吉县	屯里镇	五龙宫	村北 100 m	110°56′11″	36°12′09″	11	2009	4	9	三角堰法
				吉县	屯里镇	五龙宫	东南 400 m	110°56′12″	36°12′10″	21.0	2019	3	21	三角堰法

续附表 1

序号	河名	汇入河名	水系	施测地点				坐标		流量 (L/s)	测验时间			测验方法
				县(市、区)	乡(镇)	村	断面位置	东经	北纬		年	月	日	
377	义亭河 2	昕水河	黄河	吉县	屯里镇	南沟	下游 20 m	110°52′56″	36°13′08″	61	2009	4	10	流速仪法
				吉县	屯里镇	桑峨	西 500 m	110°52′57″	36°13′13″	60.0	2019	3	21	流速仪法
378	义亭河 3	昕水河	黄河	吉县	屯里镇	窑头	村北公路边	110°47′47″	36°15′50″	78	2009	4	7	流速仪法
				吉县	屯里镇	窑头	村中	110°47′47″	36°15′49″	73.0	2019	3	22	流速仪法
379	义亭河 4	昕水河	黄河	吉县	屯里镇	小回宫	村口大坝上游 150 m	110°48′15″	36°19′36″	177	1987	4	28	
				吉县	屯里镇	小回宫	村口大坝上游 150 m	110°48′15″	36°19′36″	341	2004	4	6	
				吉县	屯里镇	小回宫	村北 50 m	110°48′15″	36°19′36″	60	2009	4	8	流速仪法
				吉县	屯里镇	小回宫	国道旁	110°48′15″	36°19′36″	73.0	2019	3	22	流速仪法
380	安乐河 1	昕水河	黄河	吉县	屯里镇	岔口	与岔口河交汇处	111°02′51″	36°12′20″	103	2004	4	5	
				吉县	屯里镇	岔口	西南 800 m	111°02′51″	36°12′20″	11	2009	3	30	三角堰法
				吉县	屯里镇	岔口	南 500 m	111°02′52″	36°12′17″	10.0	2019	3	21	流速仪法
381	安乐河 2	义亭河	黄河	吉县	屯里镇	五龙宫	河口处	111°56′20″	36°12′21″	131	2004	4	5	
382	安乐河 3	昕水河	黄河	吉县	屯里镇	岔口	西 300 m	111°02′34″	36°12′32″	21.0	2019	3	21	流速仪法
383	岔口沟	安乐河	黄河	吉县	屯里镇	岔口	河上游 1 000 m	111°02′51″	36°12′32″	40	1966	4	15	
				吉县	屯里镇	岔口	河上游 1 000 m	111°02′51″	36°12′32″	11	1987	4	28	
				吉县	屯里镇	岔口	河上游 1 000 m	111°02′51″	36°12′32″	79	2004	4	5	
				吉县	屯里镇	岔口	村东 1 500 m	111°02′51″	36°12′32″	7.8	2009	3	30	三角堰法
384	担水沟	义亭河	黄河	吉县	屯里镇	安乐	后沟沟口 15 m	111°01′32″	36°12′35″	0.9	2004	4	5	
				吉县	屯里镇	安乐	村东 30 m	111°01′32″	36°12′35″	0.4	2009	4	14	体积法
				吉县	屯里镇	安乐	西南 100 m	111°01′31″	36°12′33″	0.08	2019	3	21	三角堰法
385	李家湾东沟	安乐河	黄河	吉县	屯里镇	李家湾	沟口 40 m	111°00′39″	36°12′50″	3	2004	4	5	
				吉县	屯里镇	李家湾	村东 200 m	111°00′39″	36°12′50″	0	2009	4	11	

续附表 1

序号	河名	汇入河名	水系	施测地点				坐标		流量 (L/s)	测验时间			测验方法
				县(市、区)	乡(镇)	村	断面位置	东经	北纬		年	月	日	
386	大东沟 1	义亭河	黄河	吉县	屯里镇	明珠	村南 80 m	110°58′24″	36°10′10″	8.9	2009	4	14	三角堰法
				吉县	屯里镇	明珠	南 50 m	110°58′24″	36°10′10″	11.0	2019	3	21	流速仪法
387	大东沟 2	义亭河	黄河	吉县	屯里镇	城底	西北 50 m	110°56′38″	36°11′30″	0	2019	3	21	
388	大东沟河	义亭河	黄河	吉县	屯里镇	五龙宫	村东南 150 m	110°56′13″	36°12′07″	34	1966	4	15	
				吉县	屯里镇	五龙宫	村东南 150 m	110°56′13″	36°12′07″	4.2	1987	4	28	
				吉县	屯里镇	五龙宫	村东南 150 m	110°56′13″	36°12′07″	66	2004	4	5	
				吉县	屯里镇	五龙宫	村东南 150 m	110°56′13″	36°12′07″	0	2009	4	11	
				吉县	屯里镇	五龙宫	东南 500 m	110°56′17″	36°12′07″	0	2019	3	21	
389	南沟	大东沟	黄河	吉县	屯里镇	岩坪	村东南 150 m	110°59′40″	36°09′36″	0.8	2004	4	5	
				吉县	屯里镇	岩坪	村东南 150 m	110°59′40″	36°09′36″	0	2009	4	12	
				吉县	屯里镇	雁坪	东南 300 m	110°59′42″	36°09′36″	0	2019	3	21	
390	野人沟	大东沟	黄河	吉县	屯里镇	岩坪	村东边 150 m	110°59′42″	36°09′40″	5.9	2004	4	5	
				吉县	屯里镇	岩坪	村南 400 m	110°59′42″	36°09′40″	1.1	2009	4	12	三角堰法
				吉县	屯里镇	雁坪	东南 100 m	110°59′42″	36°09′40″	1.3	2019	3	21	三角堰法
391	北沟	义亭河	黄河	吉县	屯里镇	北沟	河口	110°52′59″	36°13′13″	4	2009	4	10	三角堰法
				吉县	屯里镇	桑峨	西南 500 m	110°52′56″	36°13′08″	0.96	2019	3	21	三角堰法
392	太渡南沟	义亭河	黄河	吉县	屯里镇	太渡	沟口 20 m	111°04′37″	36°10′59″	0.7	2004	4	6	
				吉县	屯里镇	太渡	沟口	111°04′37″	36°10′59″	0.11	2009	4	5	体积法
				吉县	屯里镇	武庄	北 300 m	111°04′37″	36°10′59″	1.0	2019	3	21	三角堰法
393	太渡西沟	义亭河	黄河	吉县	屯里镇	太渡	村西 50 m	110°51′40″	36°14′19″	0.7	2004	4	6	
				吉县	屯里镇	太渡	河口	110°51′40″	36°14′19″	0.42	2009	4	5	体积法
				吉县	屯里镇	太度	北 50 m	110°51′39″	36°14′19″	0	2019	3	22	

续附表 1

序号	河名	汇入河名	水系	施测地点				坐标		流量 (L/s)	测验时间			测验方法
				县(市、区)	乡(镇)	村	断面位置	东经	北纬		年	月	日	
394	高家台沟	义亭河	黄河	吉县	屯里镇	峪口	南沟沟口 20 m	110°50′50″	36°14′32″	2.3	2004	4	6	
				吉县	屯里镇	高家台	南沟沟口 25 m	110°51′02″	36°14′13″	0.8	2009	4	6	三角堰法
				吉县	屯里镇	太度	西南 1 500 m	110°51′02″	36°14′13″	1.4	2019	3	22	三角堰法
395	明珠沟	义亭河	黄河	吉县	屯里镇	明珠	村东 200 m	110°59′02″	36°10′00″	0.72	2009	4	12	体积法
				吉县	屯里镇	明珠	东南 800 m	110°59′05″	36°10′03″	0.05	2019	3	21	体积法
396	桑峨南沟	义亭河	黄河	吉县	屯里镇	南沟	入义亭河口	110°53′10″	36°13′12″	1.1	2009	4	10	三角堰法
				吉县	屯里镇	桑峨	西南 50 m	110°53′11″	36°13′12″	1.6	2019	3	21	三角堰法
397	石家沟	义亭河	黄河	吉县	屯里镇	石窑子	村东 500 m	110°49′37″	36°14′36″	0.25	2009	4	6	体积法
				吉县	屯里镇	窑渠	东南 1 500 m	110°49′36″	36°14′37″	0.26	2019	3	22	三角堰法
398	土芦沟	义亭河	黄河	吉县	屯里镇	店坪	村东 100 m	110°55′57″	36°12′28″	1.8	2009	4	9	三角堰法
				吉县	屯里镇	五龙宫	西北 100 m	110°55′56″	36°12′27″	0.22	2019	3	21	三角堰法
399	桃园南沟	义亭河	黄河	吉县	屯里镇	桃园	南河口	110°47′15″	36°17′03″	5.1	2004	4	6	
				吉县	屯里镇	桃园	入义亭河口 60 m	110°47′15″	36°17′03″	3	2009	4	7	三角堰法
				吉县	屯里镇	桃园	村中桥下	110°47′48″	36°17′05″	13.0	2019	3	22	流速仪法
400	冯家峪	义亭河	黄河	吉县	屯里镇	冯家峪	河口 20 m	110°47′52″	36°18′17″	7	2004	4	6	
				吉县	屯里镇	冯家峪	河口 200 m	110°47′52″	36°18′17″	5.4	2009	4	8	三角堰法
				吉县	屯里镇	大回宫	西南	110°47′51″	36°18′17″	5.9	2019	3	22	三角堰法
401	小回宫沟	义亭河	黄河	吉县	屯里镇	小回宫	村西 100 m	110°48′07″	36°19′20″	0.8	2004	4	6	
				吉县	屯里镇	小回宫	西沟入河口 20 m	110°48′07″	36°19′20″	0.15	2009	4	8	体积法
				吉县	屯里镇	小回宫	西南 50 m	110°48′06″	36°19′20″	2.2	2019	3	22	三角堰法
402	杨家河 1	义亭河	黄河	吉县	屯里镇	李家圪台	村东北 800 m	110°52′32″	36°16′48″	3	2009	4	7	三角堰法
				吉县	屯里镇	老庄子	南 1 500 m	110°52′29″	36°16′46″	11.0	2019	3	22	流速仪法

续附表 1

序号	河名	汇入河名	水系	施测地点				坐标		流量 (L/s)	测验时间			测验方法
				县(市、区)	乡(镇)	村	断面位置	东经	北纬		年	月	日	
403	杨家河	义亭河	黄河	吉县	屯里镇	窑渠	桥北 100 m	110°48′53″	36°14′50″	10	1987	4	28	
				吉县	屯里镇	窑渠	桥北 100 m	110°48′53″	36°14′50″	5.6	2004	4	6	
				吉县	屯里镇	窑渠	村南公路桥 15 m	110°48′53″	36°14′50″	0.8	2009	4	7	三角堰法
				吉县	屯里镇	窑渠	村中	110°48′51″	36°14′47″	8.0	2019	3	22	流速仪法
404	放马岭沟	杨家河	黄河	吉县	屯里镇	放马岭	与西胡子沟交汇处	110°54′07″	36°17′35″	0.6	2004	4	6	
				吉县	屯里镇	放马岭	村南 100 m	110°54′07″	36°17′35″	0	2009	4	6	
				吉县	屯里镇	赵庄	西 100 m	110°54′10″	36°17′36″	0	2019	3	22	
405	韩家峪河	杨家河	黄河	吉县	屯里镇	韩家峪	沟口 30 m	110°52′36″	36°16′48″	1.8	2004	4	6	
				吉县	屯里镇	韩家峪	河口 40 m	110°52′36″	36°16′48″	1.8	2009	4	7	三角堰法
				吉县	屯里镇	前韩家峪	西南 2 000 m	110°52′33″	36°16′48″	1.4	2019	3	22	三角堰法
406	西胡子沟	杨家河	黄河	吉县	屯里镇	西胡子	与放马岭沟交汇处	110°54′23″	36°17′51″	3.4	2004	4	6	
				吉县	屯里镇	西胡子	村南 50 m	110°54′23″	36°17′51″	1.8	2009	4	6	三角堰法
				吉县	屯里镇	西胡子庄	南 100 m	110°54′22″	36°17′50″	0.91	2019	3	22	三角堰法
407	岔口河	黄河	黄河	吉县	文城乡	仁义	距入黄河口 20 m	110°28′04″	36°21′00″	19	2004	4	7	
				吉县	文城乡	仁义	村北 500 m	110°28′04″	36°21′00″	5.9	2009	4	10	三角堰法
				吉县	文城乡	仁义	西北 800 m	110°28′03″	36°21′01″	9.0	2019	3	27	流速仪法
408	王家源河	黄河	黄河	吉县	文城乡	原头坡	距入黄河口 30 m	110°28′28″	36°17′03″	3.7	1987	5	5	
				吉县	文城乡	原头坡	距入黄河口 30 m	110°28′28″	36°17′03″	11	2004	4	7	
				吉县	文城乡	原头坡	村南 40 m	110°28′28″	36°17′03″	0.8	2009	4	9	三角堰法
				吉县	文城乡	原头坡	南 2 000 m	110°28′24″	36°17′01″	0.04	2019	3	27	三角堰法
409	上科沟	黄河	黄河	吉县	文城乡	上科	公路桥上 20 m	110°28′18″	36°16′12″	1.3	2009	4	9	三角堰法
				吉县	文城乡	上科	西南 1 500 m	110°28′20″	36°16′12″	0.14	2019	3	27	三角堰法

续附表 1

序号	河名	汇入河名	水系	施测地点				坐标		流量	测验时间			测验方法
				县(市、区)	乡(镇)	村	断面位置	东经	北纬	(L/s)	年	月	日	
410	田源坡沟	黄河	黄河	吉县	文城乡	田源坡	距入黄河口 30 m	110°28′29″	36°15′31″	3.9	2004	4	7	
				吉县	文城乡	田塬	西北 1 000 m	110°28′27″	36°15′31″	0	2019	3	27	
411	文城河	黄河	黄河	吉县	文城乡	冯家坡	距入黄河口 300 m	110°28′29″	36°15′01″	1.9	1987	5	5	
				吉县	文城乡	冯家坡	距入黄河口 300 m	110°28′29″	36°15′01″	8.5	2004	4	7	
				吉县	文城乡	冯家坡	村西 1 000 m	110°28′29″	36°15′01″	0.4	2009	4	9	体积法
				吉县	文城乡	冯家坡	西 1 500 m	110°28′29″	36°15′01″	0	2019	3	27	
412	南村坡沟	黄河	黄河	吉县	壶口镇	南村坡	距入黄河口 150 m	110°27′33″	36°11′52″	5.7	1987	5	5	
				吉县	壶口镇	南村坡	距入黄河口 150 m	110°27′33″	36°11′52″	12	2004	4	7	
				吉县	壶口镇	南村坡	桥上 100 m	110°27′33″	36°11′52″	2.5	2009	4	11	三角堰法
				吉县	壶口镇	马粪滩	南 100 m	110°27′33″	36°11′52″	2.5	2019	3	26	三角堰法
413	龙王汕沟	黄河	黄河	吉县	壶口镇	龙王汕	距入黄河口 150 m	110°26′48″	36°08′19″	1.8	2004	4	7	
				吉县	壶口镇	龙王汕	入黄口上游 200 m	110°26′48″	36°08′19″	0.1	2009	4	11	体积法
				吉县	壶口镇		壶口瀑布南 800 m	110°26′49″	36°08′20″	0.45	2019	3	26	三角堰法
414	七郎窝沟	黄河	黄河	吉县	壶口镇	七郎窝	距入黄河口 50 m	110°27′15″	36°06′36″	2.5	2004	4	7	
				吉县	壶口镇	七郎窝	桥下 10 m	110°27′15″	36°06′36″	0	2009	4	10	
				吉县	壶口镇		壶口镇里	110°27′18″	36°06′36″	0	2019	3	26	
415	高楼沟	清水河	黄河	吉县	东城乡	高楼	沟口 25 m	110°33′12″	36°02′34″	8.5	2004	4	9	
				吉县	东城乡	高楼	村南 2 000 m	110°33′12″	36°02′34″	5.6	2009	4	1	三角堰法
				吉县	吉昌镇	西角头	东北 300 m	110°33′10″	36°02′36″	3.4	2019	3	25	三角堰法
416	清水河 1	黄河	黄河	吉县	东城乡	前三皇峪	村中	110°51′08″	36°08′24″	0.43	2009	4	2	体积法
				吉县	车城乡	前三皇峪	村西 300 m 汇河处下游	110°51′09″	36°08′24″	0.24	2019	3	28	三角堰法

续附表 1

序号	河名	汇入河名	水系	施测地点				坐标		流量	测验时间			测验
				县(市、区)	乡(镇)	村	断面位置	东经	北纬	(L/s)	年	月	日	方法
417	清水河 2	黄河	黄河	吉县	车城乡	沿川	河口下游 20 m	110°47′34″	36°09′06″	6.7	2009	4	3	三角堰法
				吉县	车城乡	沿川	西南 1 000 m	110°47′34″	36°09′06″	9.4	2019	3	28	三角堰法
418	清水河 3	黄河	黄河	吉县	车城乡	庙后		110°47′28″	36°10′12″	56	1966	4	17	
				吉县	车城乡	庙后		110°47′28″	36°10′12″	34	1987	4	28	
				吉县	车城乡	庙后		110°47′28″	36°10′12″	25	2004	4	10	
419	清水河 4	黄河	黄河	吉县	车城乡	车城	村东 500 m	110°43′16″	36°09′49″	13	2009	4	4	三角堰法
				吉县	车城乡	车城	村东 500 m	110°43′18″	36°09′50″	16.0	2019	3	23	三角堰法
420	清水河 5	黄河	黄河	吉县	车城乡	车城	南 500 m	110°43′13″	36°09′42″	22.0	2019	3	23	流速仪法
421	清水河 6	黄河	黄河	吉县	吉昌镇	小府	城西大桥上 200 m	110°34′46″	36°02′46″	232	1987	5	8	
				吉县	吉昌镇	小府	城西大桥上 200 m	110°34′46″	36°02′46″	132	2004	4	11	
422	清水河 7	黄河	黄河	吉县	吉昌镇	吉昌	村南 2 500 m	110°29′40″	36°01′05″	130	1966	4	16	
				吉县	吉昌镇	吉昌	村南 2 500 m	110°29′40″	36°01′05″	140	1987	4	27	流速仪法
				吉县	吉昌镇	吉昌	村南 2 500 m	110°29′40″	36°01′05″	392	2004	4	12	
				吉县	吉昌镇	吉昌		110°29′40″	36°01′05″	205	2009	4	1	流速仪法
				吉县	吉昌镇		清水河入黄河口 200 m	110°29′40″	36°01′05″	178	2019	3	25	流速仪法
423	清水河 8	黄河	黄河	吉县	东城乡	狮子河	村中	110°34′46″	36°02′46″	220	2009	3	31	流速仪法
				吉县	吉昌镇	狮子河	南 100 m	110°34′40″	36°02′48″	112	2019	3	25	流速仪法
424	三皇峪沟	清水河	黄河	吉县	车城乡	前三皇峪	村口	110°51′14″	36°08′24″	0.9	2004	4	10	
				吉县	车城乡	前三皇峪	西南 500 m	110°51′14″	36°08′24″	0	2009	4	2	
				吉县	车城乡	前三皇峪	村中	110°51′28″	36°08′25″	0.11	2019	3	28	体积法
425	烧炭沟	清水河	黄河	吉县	车城乡	烧炭沟	河口上游 20 m	110°51′58″	36°06′55″	7.8	2004	4	10	
				吉县	车城乡	前洛义	西南 500 m	110°52′14″	36°07′26″	0.22	2019	3	28	三角堰法

续附表 1

序号	河名	汇入河名	水系	施测地点				坐标		流量(L/s)	测验时间			测验方法
				县(市、区)	乡(镇)	村	断面位置	东经	北纬		年	月	日	
426	寺沟	清水河	黄河	吉县	车城乡	寺沟		110°51′39″	36°07′55″	0.9	2009	4	1	三角堰法
				吉县	车城乡	寺沟	西南 200 m	110°51′39″	36°07′56″	0.08	2019	3	28	三角堰法
427	蒜峪沟	清水河	黄河	吉县	车城乡	蒜峪	沟口入清水河	110°45′56″	36°10′04″	4.4	2009	4	3	三角堰法
				吉县	车城乡	乔家湾	东南 500 m	110°45′59″	36°10′04″	3.0	2019	3	28	体积法
428	乔家湾沟	清水河	黄河	吉县	车城乡	乔家湾	村南 100 m	110°45′48″	36°10′09″	11.6	2009	4	3	三角堰法
				吉县	车城乡	乔家湾	村南 200 m	110°45′52″	36°10′07″	0	2019	3	28	
429	沿川南沟	清水河	黄河	吉县	车城乡	沿川	沟口	110°47′34″	36°09′06″	0.8	2009	4	3	三角堰法
				吉县	车城乡	沿川	西南 1 000 m	110°47′36″	36°09′05″	1.4	2019	3	28	三角堰法
430	马家河	清水河	黄河	吉县	吉昌镇	小府	村南 50 m	110°41′20″	36°06′06″	7	1966	4	17	
				吉县	吉昌镇	小府	村南 50 m	110°41′20″	36°06′06″	8.4	1987	4	29	
				吉县	吉昌镇	小府	村南 50 m	110°41′20″	36°06′06″	0.9	2004	4	10	
431	白古沟	鲁家河	黄河	吉县	车城乡	柏坡底	后村口村南 150 m	110°44′00″	36°12′05″	3.9	2004	4	10	
				吉县	车城乡	车城		110°43′12″	36°10′03″	12	2004	4	10	
				吉县	车城乡	车城	村北 200 m	110°43′13″	36°09′30″	1.4	2009	4	4	三角堰法
				吉县	车城乡	鲁家河	村东北 500 m	110°43′33″	36°11′03″	2.12	2009	4	4	三角堰法
				吉县	车城乡	柏坡底	村中	110°43′54″	36°12′07″	0.04	2019	3	23	体积法
432	鲁家沟	清水河	黄河	吉县	车城乡	鲁家河	沟口	110°43′33″	36°11′03″	3.6	1987	4	28	
				吉县	车城乡	鲁家河	沟口	110°43′33″	36°11′03″	8.5	2004	4	10	
				吉县	车城乡	鲁家河	沟口	110°43′32″	36°11′01″	0.14	2009	4	4	体积法
				吉县	车城乡	鲁家河	村南 200 m	110°43′32″	36°11′02″	0.48	2019	3	23	三角堰法
433	白河沟	清水河	黄河	吉县	吉昌镇	白河	村南 150 m	110°38′13″	36°05′37″	7	2004	4	11	
				吉县	吉昌镇	林雨	村南 10 m	110°38′40″	36°04′44″	1.3	2009	3	31	三角堰法
				吉县	吉昌镇	林雨	村西南	110°38′40″	36°04′40″	0	2019	3	20	

续附表 1

序号	河名	汇入河名	水系	施测地点				坐标		流量 (L/s)	测验时间			测验方法
				县(市、区)	乡(镇)	村	断面位置	东经	北纬		年	月	日	
434	下阳庄沟	清水河	黄河	吉县	吉昌镇	下阳庄	村内	110°41′18″	36°07′15″	0.27	2009	4	4	体积法
				吉县	吉昌镇	下阳庄	村内	110°41′17″	36°07′15″	0.33	2019	3	20	三角堰法
435	峪里河	清水河	黄河	吉县	吉昌镇	高家庄	村南 300 m	110°36′36″	36°03′38″	2.7	2009	3	31	三角堰法
				吉县	吉昌镇	高家庄	东南 800 m	110°36′36″	36°03′38″	0	2019	3	25	
436	祖师庙沟	黄河	黄河	吉县	吉昌镇	祖师庙	村中	110°41′06″	36°06′13″	8.5	2009	4	4	三角堰法
				吉县	吉昌镇	祖师庙	村中	110°41′05″	36°06′11″	15.0	2019	3	20	流速仪法
437	狮子河沟	清水河	黄河	吉县	东城乡	狮子河	大桥下	110°34′50″	36°02′55″	8.5	2004	4	9	
				吉县	东城乡	狮子河	村内	110°34′43″	36°02′48″	0	2009	3	31	
				吉县	吉昌镇	狮子河	村中	110°34′46″	36°02′50″	0	2019	3	25	
438	庙后村沟	清水河	黄河	吉县	东城乡	庙后	村东 100 m	110°38′48″	36°11′45″	2.2	2004	4	10	
439	安坪铺沟	鄂河	黄河	吉县	中垛镇	南河	村西 1 500 m	110°39′21″	35°56′15″	1.6	2009	3	27	三角堰法
				吉县	中垛镇	下宽井	西 500 m	110°39′21″	35°56′14″	0.45	2019	3	24	三角堰法
440	柳沟河	鄂河	黄河	吉县	柏山寺乡	西掌	村东 500 m	110°36′54″	35°56′28″	10	2009	4	8	三角堰法
441	柳沟	柳沟河	黄河	吉县	柏山寺乡	柳沟	村中	110°40′17″	36°00′12″	0	2019	3	24	
442	柳沟河 1	鄂河	黄河	吉县	柏山寺乡	西掌	东南 800 m	110°36′51″	35°56′27″	15.0	2019	3	24	流速仪法
443	柳沟河 2	鄂河	黄河	吉县	柏山寺乡	月庄	南 1 200 m	110°36′55″	35°56′27″	0.09	2019	3	24	三角堰法
444	西村沟	黄河	黄河	吉县	壶口镇	西村	西 2 500 m	110°29′08″	36°02′46″	2.6	2019	3	26	三角堰法
445	下市沟	黄河	黄河	吉县	壶口镇	下市	村西 1 500 m	110°26′38″	36°09′42″	0.08	2019	3	26	三角堰法
446	宋家坡沟	黄河	黄河	吉县	壶口镇	宋家坡	西 1 000 m,管壶线黄河旁桥下	110°27′14″	36°11′23″	1.4	2019	3	26	三角堰法
447	前台沟	清水河	黄河	吉县	车城乡	沿川	村西南 500 m	110°47′41″	36°09′07″	0.07	2019	3	28	三角堰法
448	庙沟	大东沟河	黄河	吉县	屯里镇		309 国道旁	111°00′29″	36°09′02″	0	2019	3	21	

续附表 1

序号	河名	汇入河名	水系	施测地点				坐标		流量	测验时间			测验方法
				县(市、区)	乡(镇)	村	断面位置	东经	北纬	(L/s)	年	月	日	
449	明珠河	大东沟河	黄河	吉县	屯里镇	明珠	村北	110°58′29″	36°10′15″	0.53	2019	3	21	体积法
450	悬沟	义亭河	黄河	吉县	屯里镇	武庄	西北 100 m	111°04′32″	36°10′55″	0.45	2019	3	21	三角堰法
451	东沟	义亭河	黄河	吉县	屯里镇	乞鲁村	西 100 m	111°00′40″	36°12′50″	0.18	2019	3	21	体积法
452	南沟	义亭河	黄河	吉县	屯里镇	南沟	北 50 m	111°04′29″	36°10′52″	0	2019	3	21	
453	西沟	义亭河	黄河	吉县	屯里镇	安乐	西北 300 m	111°01′06″	36°12′45″	0.45	2019	3	21	三角堰法
454	无逢沟	义亭河	黄河	吉县	屯里镇	乞鲁村	西 100 m	110°57′08″	36°12′27″	1.2	2019	3	21	三角堰法
455	后洛义沟	黄河	黄河	吉县	车城乡	前洛义	西南 500 m	110°52′16″	36°07′26″	0.08	2019	3	28	三角堰法
456	白子沟 1	鲁家河	黄河	吉县	车城乡	鲁家河	村南 200 m	110°43′33″	36°11′03″	0.08	2019	3	23	三角堰法
457	白子沟 2	清水河	黄河	吉县	车城乡	鲁家河	南 300 m	110°43′33″	36°10′59″	0.64	2019	3	23	三角堰法
458	白子沟 3	清水河	黄河	吉县	车城乡	车城	东南 200 m	110°43′04″	36°09′34″	0	2019	3	23	流速仪法
459	霖雨沟	清水河	黄河	吉县	吉昌镇	霖雨	村东南沟里	110°38′51″	36°03′58″	0	2019	3	20	
460	岔口河	黄河	黄河	吉县	文城乡	午生	东北 1 500 m	110°32′03″	36°19′18″	1.5	2019	3	27	三角堰法
461	曹村湾沟	黄河	黄河	吉县	文城乡	同乐坡	西北 800 m	110°28′04″	36°18′56″	1.4	2019	3	27	三角堰法
462	鄂河 1	黄河	黄河	乡宁县	管头镇	管头	二中桥下 100 m	110°50′16″	35°58′04″	19	2009	3	15	流速仪法
				乡宁县	昌宁镇	柳阁源	村南 200 m	110°47′03″	35°56′45″	23	2009	3	19	流速仪法
				乡宁县	管头镇	柳阁源	村南 200 m	110°47′03″	35°56′45″	0	2019	3	30	流速仪法
463	鄂河 2	黄河	黄河	乡宁县	昌宁镇	石涧	桥上 30 m	110°44′47″	35°56′29″	41	2009	3	24	流速仪法
				乡宁县	昌宁镇	石涧	张马桥上 40 m	110°44′48″	35°56′29″	60.0	2019	3	23	流速仪法
464	鄂河 3	黄河	黄河	乡宁县	昌宁镇	留太	沟口下 50 m	110°43′08″	35°56′51″	54	2009	3	22	流速仪法
				乡宁县	昌宁镇	留太沟	沟口下 50 m	110°43′08″	35°56′51″	58.0	2019	3	23	流速仪法
465	鄂河 4	黄河	黄河	乡宁县	昌宁镇	上宽井	村南 1 550 m	110°40′51″	35°56′01″	45	2009	3	23	流速仪法
				乡宁县	昌宁镇	下宽井	村南 1 550 m	110°40′51″	35°56′01″	86.0	2019	3	23	流速仪法

续附表 1

序号	河名	汇入河名	水系	施测地点				坐标		流量 (L/s)	测验时间			测验方法
				县(市、区)	乡(镇)	村	断面位置	东经	北纬		年	月	日	
466	鄂河 5	黄河	黄河	乡宁县	昌宁镇	下宽井	村南 1 000 m	110°39′09″	35°56′06″	115	1987	4	24	
				乡宁县	昌宁镇	下宽井	村南 1 000 m	110°39′09″	35°56′06″	138	2004	3	30	
				乡宁县	昌宁镇	下宽井	与吉县交界处	110°39′09″	35°56′06″	53	2009	3	24	流速仪法
				乡宁县	昌宁镇	下宽井	下宽井村西 230 m	110°39′21″	35°56′15″	108	2019	3	23	流速仪法
467	鄂河	黄河	黄河	乡宁县	枣岭乡	万宝山	村西北 1 500 m	110°30′21″	35°53′34″	59	2009	3	24	流速仪法
				乡宁县	枣岭乡	万宝山	村西北 1 500 m	110°30′49″	35°53′33″	182	2019	3	24	流速仪法
468	罗河沟	鄂河	黄河	乡宁县	管头镇	罗河	大桥下游距河口 30 m	110°50′18″	35°58′14″	13.7	1987	4	26	
				乡宁县	管头镇	罗河	大桥下游距河口 30 m	110°50′18″	35°58′14″	7	2004	3	31	
				乡宁县	管头镇	罗河	罗河桥上 300 m	110°50′18″	35°58′14″	3.9	2009	3	15	三角堰法
				乡宁县	昌宁镇	罗河	罗河桥下入污水管网	110°50′16″	35°58′05″	5.0	2019	3	21	三角堰法
469	黑水潭沟	鄂河	黄河	乡宁县	管头镇	梁家河	村北 50 m	110°50′34″	36°01′00″	7.1	2004	3	31	
				乡宁县	管头镇	梁家河	村北 1 500 m	110°50′34″	36°01′00″	2.7	2009	3	15	三角堰法
				乡宁县	昌宁镇	任家河	村北沟 1 350 m	110°50′36″	36°00′54″	6.3	2019	3	21	三角堰法
470	冷泉沟	鄂河	黄河	乡宁县	昌宁镇	寺院	冷泉桥上 100 m	110°47′32″	35°56′39″	8	1966	4	15	
				乡宁县	昌宁镇	寺院	冷泉桥上 100 m	110°47′32″	35°56′39″	1.6	1987	4	24	
				乡宁县	昌宁镇	寺院	冷泉桥上 100 m	110°47′32″	35°56′39″	8.5	2004	3	30	
				乡宁县	昌宁镇	寺院	村内桥上 80 m	110°47′32″	35°56′39″	2.4	2009	3	19	三角堰法
				乡宁县	昌宁镇	寺院	村内桥上 80 m	110°47′34″	35°56′37″	9.0	2019	3	23	流速仪法
471	柳阁源	鄂河	黄河	乡宁县	昌宁镇	柳阁原		110°47′02″	35°57′17″	7	1966	4	15	
				乡宁县	昌宁镇	柳阁原		110°47′02″	35°57′17″	4.9	1987	4	24	
				乡宁县	昌宁镇	柳阁原		110°47′02″	35°57′17″	4.4	2004	3	30	
				乡宁县	昌宁镇	柳阁源	韩村桥下	110°46′58″	35°56′41″	0.56	2019	3	23	容积法

续附表 1

序号	河名	汇入河名	水系	施测地点				坐标		流量（L/s）	测验时间			测验方法
				县（市、区）	乡（镇）	村	断面位置	东经	北纬		年	月	日	
472	留太沟	鄂河	黄河	乡宁县	昌宁镇	留太沟	入鄂河口	110°43′16″	35°56′52″	31	1966	4	15	
				乡宁县	昌宁镇	留太沟	入鄂河口	110°43′16″	35°56′52″	29.6	1987	4	24	
				乡宁县	昌宁镇	留太沟	入鄂河口	110°43′16″	35°56′52″	17	2004	3	30	
				乡宁县	昌宁镇	留太沟	入鄂河口	110°43′16″	35°56′52″	17	2009	3	22	三角堰法
				乡宁县	昌宁镇	留太沟	入鄂河口	110°43′16″	35°56′52″	0.79	2019	3	23	三角堰法
473	龙门沟	鄂河	黄河	乡宁县	昌宁镇	上宽井	沟口 20 m	110°41′48″	35°56′37″	21	1966	4	15	
				乡宁县	昌宁镇	上宽井	沟口 20 m	110°41′48″	35°56′37″	16	1987	4	24	
				乡宁县	昌宁镇	上宽井	沟口 20 m	110°41′48″	35°56′37″	1.7	2004	3	30	
				乡宁县	昌宁镇	上宽井	村南 100 m	110°41′48″	35°56′37″	0.5	2009	3	22	体积法
				乡宁县	昌宁镇	上宽井	村南 100 m	110°41′49″	35°56′34″	2.6	2019	3	23	三角堰法
474	碾塔沟	鄂河	黄河	乡宁县	昌宁镇	碾塔	公路桥上 150 m	110°44′25″	35°54′25″	1.6	2009	3	20	三角堰法
				乡宁县	昌宁镇	碾塔沟	公路桥南 90 m	110°44′25″	35°54′24″	0.54	2019	3	23	三角堰法
475	西沟	鄂河	黄河	乡宁县	昌宁镇	烟家坡	公路桥上 20 m	110°44′44″	35°53′37″	0.23	2009	3	20	体积法
				乡宁县	昌宁镇	烟家坡	公路桥上 15 m	110°44′43″	35°53′38″	1.2	2019	3	23	三角堰法
476	曹涧沟	鄂河	黄河	乡宁县	昌宁镇	曹涧	村南 1 500 m	110°40′53″	35°55′57″	4.4	2009	3	23	三角堰法
				乡宁县	昌宁镇	曹涧	村南 1 500 m	110°40′53″	35°55′58″	2.6	2019	3	23	三角堰法
477	下湖涧沟	鄂河	黄河	乡宁县	昌宁镇	下宽井	村南 200 m	110°39′54″	35°56′02″	2.2	2009	3	23	三角堰法
				乡宁县	昌宁镇	下宽井	村南 200 m	110°39′53″	35°55′57″	0.46	2019	3	23	容积法
478	马泉沟	鄂河	黄河	乡宁县	管头镇	马泉	村东北 80 m	111°00′55″	36°05′39″	1.2	2019	3	20	三角堰法
479	下县渠	鄂河	黄河	乡宁县	昌宁镇	下县	下县村西	110°49′02″	35°57′38″	0.45	2019	3	21	三角堰法
480	冯家沟	鄂河	黄河	乡宁县	昌宁镇	冯家沟	村口	110°47′29″	35°57′21″	4.5	2019	3	29	三角堰法

续附表 1

序号	河名	汇入河名	水系	施测地点				坐标		流量（L/s）	测验时间			测验方法
				县(市、区)	乡(镇)	村	断面位置	东经	北纬		年	月	日	
481	牛塔沟	鄂河	黄河	乡宁县	管头镇	牛塔沟	沟口入鄂河口	110°46′13″	35°56′15″	0.22	2019	3	23	三角堰法
482	石涧沟	鄂河	黄河	乡宁县	昌宁镇	石涧	张马桥上入口 10 m	110°44′49″	35°56′30″	0.45	2019	3	23	三角堰法
483	小豁沟	鄂河	黄河	乡宁县	昌宁镇	上宽井	村西北 400 m	110°41′39″	35°56′38″	0.22	2019	3	23	三角堰法
484	东掌沟	黄河	黄河	乡宁县	枣岭乡	东掌	村西北 1 000 m	110°39′60″	35°49′31″	1.8	2019	3	24	三角堰法
485	碟子沟	黄河	黄河	乡宁县	枣岭乡	孟庄	村南 1 500 m	110°39′49″	35°49′19″	0.61	2019	3	24	三角堰法
486	牛家地坪沟	黄华峪	黄河	乡宁县	枣岭乡	牛家地坪	村南水库上游	110°53′49″	35°41′28″	0	2019	3	26	三角堰法
487	磨镰石	鄂河	黄河	乡宁县	管头镇	刘家沟	刘家沟村北 800 m	110°54′48″	36°02′32″	1.2	2019	3	22	三角堰法
488	下垛沟	鄂河	黄河	乡宁县	昌宁镇	下垛沟	村南 1 040 m	110°44′16″	35°58′27″	4.5	2019	3	28	三角堰法
489	木家岭沟	顺义河	黄河	乡宁县	枣岭乡	木家岭	南沟村东 2 500 m	110°37′43″	35°51′54″	0.84	2019	3	26	容积法
490	上庄沟	黄河	黄河	乡宁县	枣岭乡	上庄	村东南 1 000 m	110°35′59″	35°52′21″	2.1	2009	3	28	三角堰法
				乡宁县	枣岭乡	上庄沟	村东南 1 000 m	110°35′59″	35°52′21″	2.6	2019	3	24	三角堰法
491	上庄沟 1	黄河	黄河	乡宁县	枣岭乡	上下庄	村东南 850 m	110°35′07″	35°51′39″	1.2	2019	3	24	三角堰法
492	上庄沟 2	黄河	黄河	乡宁县	枣岭乡	小滩	村北 100 m	110°32′55″	35°50′34″	4.1	2009	3	28	三角堰法
				乡宁县	枣岭乡	小滩	村北 100 m	110°32′55″	35°50′34″	4.5	2019	3	24	三角堰法
493	顺义河	黄河	黄河	乡宁县	枣岭乡	师家滩	村北 50 m	110°33′48″	35°49′23″	4.8	2009	3	27	三角堰法
				乡宁县	枣岭乡	杨家圪垛	桥上 10 m	110°33′49″	35°49′23″	7.0	2019	3	24	三角堰法
494	坡底沟 1	黄河	黄河	乡宁县	枣岭乡	坡底	村西南 2 500 m	110°37′15″	35°49′15″	3.2	2009	3	26	三角堰法
				乡宁县	枣岭乡	坡底	村西南 2 500 m	110°37′15″	35°49′15″	3.0	2019	3	26	三角堰法
495	坡底沟 2	黄河	黄河	乡宁县	枣岭乡	石皮	村西 300 m	110°34′12″	35°48′10″	17	2009	3	27	流速仪法
				乡宁县	枣岭乡	石皮	村西 300 m	110°34′16″	35°48′15″	3.0	2019	3	26	三角堰法

续附表 1

序号	河名	汇入河名	水系	施测地点				坐标		流量	测验时间			测验方法
				县(市、区)	乡(镇)	村	断面位置	东经	北纬	(L/s)	年	月	日	
496	孟庄沟	黄河	黄河	乡宁县	管头镇	孟庄	村南 1 300 m	110°37′33″	35°49′14″	10.7	2009	3	25	三角堰法
				乡宁县	枣岭乡	孟庄	村南 1 300 m	110°37′33″	35°49′14″	0	2019	3	25	三角堰法
497	青石峪 1	汾河	黄河	乡宁县	西坡镇	西坡	桥上 25 m	110°41′42″	35°45′58″	11	2009	3	14	三角堰法
				乡宁县	西坡镇	西坡	桥上 25 m	110°41′44″	35°45′58″	12.2	2019	3	27	三角堰法
498	青石峪 2	汾河	黄河	乡宁县	西坡镇	西磑口	村内	110°42′50″	35°43′39″	7.6	2009	3	14	三角堰法
				乡宁县	西坡镇	西磑口	乡宁出境口	110°42′51″	35°43′45″	8.5	2019	3	27	三角堰法
499	北坡沟	黄河	黄河	乡宁县	管头镇	北坡沟	村南 1 000 m	110°37′53″	35°49′14″	2.1	2009	3	25	三角堰法
				乡宁县	枣岭乡	北坡沟	桥下 70 m	110°37′48″	35°49′12″	4.5	2019	3	25	三角堰法
500	浍西河	亳清河	汾河	翼城县	西闫镇	下河西	村西南 2 000 m	111°55′05″	35°26′45″	29	2009	4	5	流速仪法
				翼城县	西闫镇	下西河	村南 50 m	111°55′11″	35°26′42″	17.0	2019	3	30	流速仪法
501	浍西河	亳清河	黄河	翼城县	西闫镇	大西沟	村西南峡谷	111°53′21″	35°25′22″	350	1987	4	25	
				翼城县	西闫镇	大西沟	村西南峡谷	111°53′21″	35°25′22″	120	2004	3	27	
502	团柏河	团柏河	汾河	汾西县	团柏乡	茶房村	村东南 2 000 m	111°40′56″	36°28′30″	239	2009	3	14	流速仪法
				汾西县	团柏乡	茶房村	村西沟内	111°38′30″	36°30′52″	0	2019	4	2	
503	轰轰涧河	汾河	汾河	汾西县	和平镇	申村	村南 2 000 m	111°35′29″	36°28′18″	7	1987	5	14	
				汾西县	和平镇	申村	村南 2 000 m	111°35′29″	36°28′18″	2.5	2004	4	29	
				汾西县	和平镇	张户腰	村西沟内	111°35′40″	36°27′13″	0.14	2009	3	17	流速仪法
504	汾河	黄河	汾河	霍州市	辛置镇	团柏矿区	团柏矿桥北 100 m	111°40′53″	36°31′18″	2 120	2019	3	26	流速仪法
505	白龙矿沟	汾河	汾河	霍州市	白龙镇	寺庄村	兆光电厂北墙外	111°41′50″	36°33′24″	10.0	2019	3	21	流速仪法
506	排水沟（辛置村）	汾河	汾河	霍州市	辛置镇	辛置村	村牌楼南 100 m	111°42′18″	36°29′09″	0	2019	3	26	
507	排水沟 1（辛置二处）	汾河	汾河	霍州市	辛置镇	二处	煤矸石电厂门外桥下	111°42′19″	36°29′58″	428	2019	3	26	流速仪法

续附表 1

序号	河名	汇入河名	水系	施测地点				坐标		流量(L/s)	测验时间			测验方法
				县(市、区)	乡(镇)	村	断面位置	东经	北纬		年	月	日	
508	曹村矿沟	汾河	汾河	霍州市	辛置镇	郭庄村	村西南 300 m 桥下	111°41′58″	36°30′12″	99.0	2019	3	26	流速仪法
509	七一渠首	七一水库	汾河	霍州市	辛置镇	窑窊庄	渠首管理站院内	111°41′32″	36°30′09″	3070	2019	3	26	流速仪法
510	团柏矿沟	汾河	汾河	霍州市	辛置镇	团柏矿区	团柏矿桥北 10 m	111°40′54″	36°31′14″	0	2019	3	26	
511	宋庄沟	汾河	汾河	霍州市	辛置镇	宋庄村	村口	111°44′38″	36°30′52″	0	2019	3	27	
512	阴底沟	汾河	汾河	霍州市	辛置镇	阴底村	村南 30 m	111°45′08″	36°31′18″	0	2019	3	27	
513	白坡底沟	辛置河	汾河	霍州市	陶唐峪乡	白坡底村	村东南 850 m	111°49′16″	36°28′59″	0.47	2019	3	28	容积法
514	姚村河	汾河	汾河	霍州市	北环路街办	北峰村	建庙(G108 正大汽修对面)	111°42′21″	36°35′43″	52.0	2019	3	21	流速仪法
515	侯家庄沟	南涧河	汾河	霍州市	李曹镇	侯家庄村	红星厂桥南 20 m	111°53′46″	36°36′25″	0.68	2019	3	24	三角堰法
516	王庄河	汾河	汾河	霍州市	退沙街办	王庄村	公路桥东 15 m	111°41′06″	36°40′38″	0.8	2004	4	19	
				霍州市	退沙街办	王庄村	村学校西 10 m	111°41′06″	36°40′38″	0	2009	4	7	
				霍州市	退沙街办	王庄村	村学校西 10 m	111°41′07″	36°40′37″	0	2019	3	21	
517	北涧河	汾河	汾河	霍州市	三教乡	义城	村东南 10 m	111°42′21″	36°35′42″	25	2009	4	7	流速仪法
518	安乐庄沟	北涧河	汾河	霍州市	三教乡	安乐庄村	村西南 150 m	111°48′19″	36°38′54″	2.5	2004	4	18	
				霍州市	三教乡	安乐庄村	村西南 150 m	111°48′19″	36°38′54″	2.7	2009	4	2	三角堰法
				霍州市	三教乡	安乐庄村	村牌楼南 20 m	111°48′17″	36°38′54″	0.79	2019	3	22	三角堰法
519	南涧河	汾河	汾河	霍州市	霍州市	城南	桥上游 100 m	111°43′07″	36°33′41″	0	1987	4	25	
				霍州市	霍州市	城南	桥上游 100 m	111°43′07″	36°33′41″	192	2004	4	21	
				霍州市	南环街道办	南坛村	月亮湾小区外南桥下	111°42′59″	36°33′44″	140	2019	3	21	流速仪法
520	七里峪	南涧河	汾河	霍州市	李曹镇	侯家庄	引水闸上游 10 m	111°53′47″	36°36′20″	140	1966	4	26	
				霍州市	李曹镇	侯家庄	引水闸上游 10 m	111°53′47″	36°36′20″	65	1987	4	26	
				霍州市	李曹镇	侯家庄	引水闸上游 10 m	111°53′47″	36°36′20″	213	2004	4	22	

续附表 1

序号	河名	汇入河名	水系	施测地点				坐标		流量	测验时间			测验方法
				县(市、区)	乡(镇)	村	断面位置	东经	北纬	(L/s)	年	月	日	
521	杨家庄峪	南涧河	汾河	霍州市	李曹镇	杨家庄村	村东混凝土水渠	111°54′38″	36°33′45″	48	2004	4	23	
				霍州市	李曹镇	杨家庄村	村东 50 m	111°54′38″	36°33′45″	49	2009	4	4	三角堰法
				霍州市	李曹镇	杨家庄村	杨家庄水库	111°54′38″	36°33′45″	138	2019	3	28	流速仪法
522	小涧村沟	李曹河	汾河	霍州市	李曹镇	小涧村	村东 10 m	111°52′49″	36°32′42″	4.7	2009	4	4	三角堰法
				霍州市	李曹镇	小涧村	霍山保护区东 150 m	111°52′49″	36°32′43″	5.9	2019	3	28	三角堰法
523	后罗涧沟	南涧河	汾河	霍州市	李曹镇	后罗涧村	村东南 20 m	111°51′14″	36°31′20″	1.8	2009	4	4	三角堰法
				霍州市	李曹镇	后罗涧村	村东南 1 000 m	111°51′14″	36°31′20″	2.7	2019	3	28	三角堰法
524	北益昌沟	汾河	汾河	霍州市	辛置镇	窑窊庄	西南公路桥下	111°41′49″	36°28′17″	7	2009	4	5	三角堰法
				霍州市	辛置镇	北益昌村	橡胶厂西南公路桥下	111°41′49″	36°28′17″	35.0	2019	3	26	流速仪法
525	陶唐峪	南涧河	汾河	霍州市	陶唐峪乡	风景区	沟口引水源上游 10 m	111°50′26″	36°29′42″	1.3	2009	4	5	流速仪法
				霍州市	陶唐峪乡	范崖底村	景区沟口引水源上游 10 m	111°50′28″	36°29′46″	19.0	2019	3	28	流速仪法
526	义城村沟	汾河	汾河	霍州市	陶唐峪乡	义城	村东南 10 m	111°49′28″	36°28′16″	7	2009	4	5	流速仪法
				霍州市	陶唐峪乡	义城村	霍山神庙东 200 m	111°49′28″	36°28′16″	15.0	2019	3	28	流速仪法
527	洪安涧河(北支)	汾河	汾河	古县	岳阳镇	东庄	水文站	111°52′07″	36°13′28″	1740	1966	1	2	
				古县	岳阳镇	东庄	水文站	111°52′07″	36°13′28″	99	1987	4	15	
				古县	岳阳镇	东庄	水文站	111°52′07″	36°13′28″	728	2004	3	30	
				古县	岳阳镇	五马村	大桥下	111°52′23″	36°14′23″	171	2009	3	27	流速仪法
				古县	岳阳镇	五马村	大桥下	111°52′46″	36°14′23″	135	2019	3	21	流速仪法
528	洪安涧河(南支)	汾河	汾河	古县	岳阳镇	五马村	泄水闸下	111°52′45″	36°13′49″	28.0	2019	3	21	流速仪法
529	洪安涧河	汾河	汾河	古县	岳阳镇	偏涧村	村北 300 m	111°51′46″	36°13′33″	43	2009	3	27	流速仪法
				古县	岳阳镇	偏涧村	偏涧桥下	111°51′51″	36°13′32″	106	2019	3	27	流速仪法

续附表 1

序号	河名	汇入河名	水系	施测地点				坐标		流量	测验时间			测验方法
				县(市、区)	乡(镇)	村	断面位置	东经	北纬	(L/s)	年	月	日	
530	安吉沟	大南坪河	汾河	古县	古阳镇	安吉村	村东沟口 100 m	112°02′08″	36°25′48″	7.9	2004	3	29	
				古县	古阳镇	安吉村	村东 100 m	112°02′08″	36°25′48″	0.8	2009	3	29	三角堰法
				古县	古阳镇	安吉村	村东 100 m	112°02′12″	36°25′43″	14.0	2019	3	29	三角堰法
531	渗水崖	洪安涧河	汾河	古县	古阳镇	柳沟	村东 50 m	111°57′39″	36°26′53″	6.07	2009	3	29	体积法
532	小南坪沟	洪安涧河	汾河	古县	古阳镇	小南坪	沟口	111°55′26″	36°27′22″	4.2	2009	3	29	三角堰法
				古县	古阳镇	小南坪	林场沟口	111°55′04″	36°27′22″	40.0	2019	3	29	三角堰法
533	下辛佛沟	洪安涧河	汾河	古县	岳阳镇	白素村	桥下 50 m	111°59′40″	36°23′07″	1.3	2009	3	29	三角堰法
				古县	岳阳镇	白素村	桥下 50 m	111°59′35″	36°22′38″	0	2019	3	28	
534	多沟	洪安涧河	汾河	古县	岳阳镇	多沟	沟口大桥下	111°59′11″	36°21′36″	1.3	2009	3	27	三角堰法
				古县	岳阳镇	多沟	沟口桥下	111°59′13″	36°21′08″	0	2019	3	28	
535	沟口	洪安涧河	汾河	古县	岳阳镇	沟口	加油站南 200 m	111°54′16″	36°15′57″	7	2004	3	29	
536	韩母沟	洪安涧河	汾河	古县	岳阳镇	韩母沟	沟口公路西 1 000 m	111°57′56″	36°20′13″	4.9	2004	3	29	
				古县	岳阳镇	韩母沟	公路西 1 000 m	111°57′56″	36°20′13″	0	2009	4	3	
				古县	岳阳镇	韩母沟	公路西 1 000 m	111°57′56″	36°20′12″	0	2019	3	28	
537	朱头湾	洪安涧河	汾河	古县	岳阳镇	朱头湾	村东 1 000 m	111°59′28″	36°20′47″	10	2004	3	28	
				古县	岳阳镇	朱头湾	村东 1 000 m	111°59′28″	36°20′47″	1.3	2009	4	3	三角堰法
				古县	岳阳镇	朱头湾	村东 1 000 m	111°59′34″	36°20′50″	0	2019	3	28	
538	槐树沟	洪安涧河	汾河	古县	岳阳镇	槐树村	沟口 1 000 m	111°57′24″	36°19′25″	3.6	2004	3	28	
				古县	岳阳镇	槐树村	沟口 1 000 m	111°57′24″	36°19′25″	0	2009	4	3	
				古县	岳阳镇	槐树村	沟口	111°57′15″	36°19′19″	0	2019	3	28	
539	马头源	洪安涧河	汾河	古县	岳阳镇	马头原	沟口往里 1 500 m	111°57′20″	36°18′29″	4.1	2004	3	29	
				古县	岳阳镇	马头原	沟口 1 000 m	111°57′20″	36°18′29″	0	2009	4	3	
				古县	岳阳镇	马头源	沟口 1 000 m	111°57′18″	36°18′28″	0	2019	3	28	

续附表 1

序号	河名	汇入河名	水系	施测地点				坐标		流量	测验时间			测验方法
				县(市、区)	乡(镇)	村	断面位置	东经	北纬	(L/s)	年	月	日	
540	寺子山	洪安涧河	汾河	古县	岳阳镇	寺子山庄	沟口往里 1 500 m	111°57′29″	36°18′56″	4.6	2004	3	28	
				古县	岳阳镇	寺子山庄	沟口 1 500 m	111°57′29″	36°18′56″	0	2009	4	3	
				古县	岳阳镇	寺子山庄	沟口 1 500 m	111°57′27″	36°18′55″	0	2019	3	28	
541	哲才沟	洪安涧河	汾河	古县	岳阳镇	哲才	沟口往里 1 000 m	111°57′02″	36°18′47″	5.1	2004	3	28	
				古县	岳阳镇	哲才	沟口 1 000 m	111°57′02″	36°18′47″	0	2009	4	3	
				古县	岳阳镇	哲才	沟口 1 000 m	111°57′00″	36°18′43″	0	2019	3	28	
542	段家垣	洪安涧河	汾河	古县	岳阳镇	段家垣	沟口 1 500 m	111°55′52″	36°17′17″	4	2004	3	29	
				古县	岳阳镇	段家垣	沟口 500 m	111°55′52″	36°17′17″	2.9	2009	4	3	三角堰法
				古县	岳阳镇	城关村	段家垣	111°55′52″	36°17′16″	0	2019	3	28	
543	瓦罐沟	洪安涧河	汾河	古县	岳阳镇	瓦罐沟	沟里 300 m	111°55′54″	36°16′52″	5.7	2004	3	28	
				古县	岳阳镇	瓦罐沟	沟口桥下	111°55′54″	36°16′52″	0.9	2009	4	3	三角堰法
				古县	岳阳镇	瓦罐村	沟口桥下	111°55′55″	36°16′52″	1.8	2019	3	28	三角堰法
544	瓦罐沟 1	洪安涧河	汾河	古县	岳阳镇	瓦罐村	村西 20 m	111°56′05″	36°16′49″	0	2019	3	28	
545	涧河里	洪安涧河	汾河	古县	岳阳镇	涧河里	沟口 1 000 m	111°53′20″	36°19′48″	2.9	2004	3	29	
				古县	岳阳镇	神道凹	沟口 500 m	111°55′29″	36°16′53″	0	2009	4	3	
				古县	岳阳镇	城关村	沟口	111°55′29″	36°16′53″	1.0	2019	3	28	三角堰法
546	麦沟河	洪安涧河	汾河	古县	石壁乡	圣王坡村	村东 300 m	111°57′32″	36°14′27″	35.4	2004	3	28	
				古县	石壁乡	圣王坡村	村东 300 m	111°57′32″	36°14′27″	21	2009	3	27	流速仪法
				古县	石壁乡	圣王坡村	村东 200 m	111°57′40″	36°14′39″	11.0	2019	3	22	流速仪法

续附表 1

序号	河名	汇入河名	水系	施测地点				坐标		流量(L/s)	测验时间			测验方法
				县(市、区)	乡(镇)	村	断面位置	东经	北纬		年	月	日	
547	麦沟河 1	洪安涧河	汾河	古县	岳阳镇	湾里村	村南 1 000 m	111°54′20″	36°14′42″	5.8	2004	3	28	
				古县	岳阳镇	湾里村	村南 1 000 m	111°54′20″	36°14′42″	27	2009	3	27	流速仪法
				古县	岳阳镇	湾里村	村南 1 000 m	111°54′31″	36°14′36″	15.0	2019	3	21	流速仪法
548	张才沟	麦沟河	汾河	古县	石壁乡	圣王坡村	村东 250 m	111°57′32″	36°14′27″	26.4	2004	3	28	
				古县	石壁乡	圣王坡村	村东 350 m	111°57′32″	36°14′27″	0	2009	3	27	
				古县	石壁乡	圣王坡村	村东 400 m	111°57′50″	36°14′46″	2.0	2019	3	22	流速仪法
549	古县河	洪安涧河	汾河	古县	石壁乡	五马岭	紫沙村东北河	111°54′41″	36°13′42″	217	2009	4	5	流速仪法
				古县	石壁乡	五马岭	紫沙村东北河	111°54′42″	36°13′42″	1 210	2019	3	22	流速仪法
550	古县河 1	洪安涧河	汾河	古县	岳阳镇	五马村	村西沟口 20 m	111°52′42″	36°13′47″	691	2004	3	30	
				古县	岳阳镇	五马村	水库坝下 200 m	111°52′42″	36°13′47″	249	2009	3	27	流速仪法
				古县	岳阳镇	五马村	水库坝下 200 m	111°52′58″	36°13′43″	724	2019	3	21	流速仪法
551	古县河 2	永乐河	汾河	古县	永乐乡	草峪村	草峪村东 500 m	112°07′12″	36°09′49″	0	2019	3	23	
552	草峪北沟	永乐河	汾河	古县	永乐乡	草峪村	村东 50 m	112°07′10″	36°09′51″	3.9	2004	3	27	
				古县	永乐乡	草峪村	沟口	112°07′10″	36°09′51″	0.9	2009	3	30	三角堰法
				古县	永乐乡	草峪村	草峪村东北沟口	112°07′10″	36°09′51″	0	2019	3	23	
553	草峪南沟	永乐河	汾河	古县	永乐乡	草峪村	村东 50 m	112°06′46″	36°09′20″	6.9	2004	3	27	
				古县	永乐乡	草峪村	村东 50 m	112°06′46″	36°09′20″	0	2009	3	30	
				古县	永乐乡	草峪村	草峪村中南	112°06′46″	36°09′20″	0	2019	3	23	
554	赵店沟	永乐河	汾河	古县	永乐乡	赵店	入古县河口	112°04′40″	36°08′40″	49	2004	3	27	
				古县	永乐乡	赵店	入古县河口	112°04′40″	36°08′40″	1.5	2009	3	30	三角堰法
				古县	永乐乡	一坪村	村北 200 m	112°06′09″	36°08′41″	10	2019	3	23	三角堰法

续附表 1

序号	河名	汇入河名	水系	施测地点				坐标		流量	测验时间			测验方法
				县(市、区)	乡(镇)	村	断面位置	东经	北纬	(L/s)	年	月	日	
555	尧峪河	永乐河	汾河	古县	永乐乡	杨村	村西 800 m	112°03′14″	36°09′42″	39.4	2004	3	26	
				古县	永乐乡	杨村	村西 800 m	112°03′14″	36°09′42″	14	2009	3	30	三角堰法
				古县	永乐乡	张村	村西大桥内 100 m	112°03′14″	36°09′41″	16.0	2019	3	23	流速仪法
556	高家河	永乐河	汾河	古县	永乐乡	木凹沟	村东 500 m	112°03′55″	36°11′15″	17.1	2004	3	26	
				古县	永乐乡	木凹沟	村东 500 m	112°03′55″	36°11′15″	10	2009	3	30	三角堰法
				古县	永乐乡	木凹沟	村东 500 m	112°03′56″	36°11′16″	8.0	2019	3	23	流速仪法
557	高上坡	永乐河	汾河	古县	永乐乡	尧峪村	东北 200 m	112°03′55″	36°11′15″	5.4	2004	3	26	
				古县	永乐乡	尧峪村	东北 200 m	112°03′54″	36°11′15″	6.1	2009	3	30	三角堰法
				古县	永乐乡	尧峪村	电灌站北 50 m	112°03′54″	36°11′14″	10.0	2019	3	23	流速仪法
558	张家凹	永乐河	汾河	古县	永乐乡	张家凹村	村东 1 500 m	112°03′43″	36°10′23″	1.4	2004	3	26	
				古县	永乐乡	张家凹村	村东 1 500 m	112°03′43″	36°10′23″	1.3	2009	3	30	三角堰法
				古县	永乐乡	张家凹村	村东 1 500 m	112°04′05″	36°10′27″	0	2019	3	23	
559	柏庄沟	永乐河	汾河	古县	永乐乡	赵店村	东南沟口	112°04′41″	36°09′00″	6.6	2004	3	27	
				古县	永乐乡	赵店村	东南沟口	112°04′41″	36°09′00″	2.7	2009	3	30	三角堰法
				古县	永乐乡	赵店村	东南柏庄沟口	112°04′47″	36°08′52″	1.3	2019	3	23	三角堰法
560	范寨沟	永乐河	汾河	古县	永乐乡	永乐村	村南 200 m 交汇处	112°05′42″	36°09′02″	15.9	2004	3	27	
				古县	永乐乡	永乐村	村南 200 m	112°05′42″	36°09′02″	2.4	2009	3	30	三角堰法
				古县	永乐乡	永乐村	村南 200 m	112°05′41″	36°09′02″	12.0	2019	3	23	三角堰法
561	范寨沟	永乐河	汾河	古县	永乐乡	一坪村	沟口交汇处	112°06′12″	36°08′40″	9.5	2004	3	27	
				古县	永乐乡	一坪村	沟口交汇处	112°06′12″	36°08′40″	5.6	2009	3	30	三角堰法
				古县	永乐乡	一坪村	沟口与 309 公路交汇处	112°06′11″	36°08′39″	5.9	2019	3	23	三角堰法

续附表1

序号	河名	汇入河名	水系	施测地点				坐标		流量	测验时间			测验方法
				县(市、区)	乡(镇)	村	断面位置	东经	北纬	(L/s)	年	月	日	
562	一坪沟	永乐河	汾河	古县	永乐乡	一坪村	沟口交汇处	112°06′12″	36°08′41″	8.1	2004	3	27	
				古县	永乐乡	一坪村	沟口交汇处	112°06′12″	36°08′41″	1.3	2009	3	30	三角堰法
				古县	永乐乡	一坪村	沟口与309公路交汇处	112°06′12″	36°08′40″	0.12	2019	3	23	容积法
563	南沟	永乐河	汾河	古县	永乐乡	永乐村	希望小学东南1 500 m	112°04′41″	36°05′01″	3.2	2009	3	31	三角堰法
				古县	永乐乡	永乐村	希望小学东南1 500 m	112°04′40″	36°08′60″	2.5	2019	3	23	三角堰法
564	南垣沟	永乐河	汾河	古县	永乐乡	三十亩	村北50 m	112°06′18″	36°08′32″	0.9	2009	3	31	三角堰法
				古县	永乐乡	南垣村	村北50 m	112°06′18″	36°08′32″	0.09	2019	3	23	容积法
565	黄柏凹沟	永乐河	汾河	古县	永乐乡	黄柏凹	村南50 m	112°07′22″	36°07′26″	0.9	2009	3	31	三角堰法
				古县	永乐乡	黄柏凹	村南50 m	112°07′23″	36°07′26″	0.13	2019	3	23	容积法
566	山庄沟	永乐河	汾河	古县	永乐乡	山庄村	村西50 m	112°07′21″	36°07′26″	0.8	2009	3	30	三角堰法
				古县	永乐乡	山庄村	村西50 m	112°07′24″	36°07′25″	0.23	2019	3	23	容积法
567	交口河	旧县河	汾河	古县	旧县镇	交口河	与古县河交汇处	112°01′15″	36°09′27″	45.8	2004	3	27	
				古县	旧县镇	交口河	河口	112°01′15″	36°09′27″	60	2009	4	5	流速仪法
				古县	旧县镇	交口河	村南200 m	112°01′18″	36°09′25″	102	2019	3	27	流速仪法
568	后店沟	旧县河	汾河	古县	南垣乡	黄家圪垛	村东沟口	112°05′14″	36°04′17″	7.5	2004	3	25	
				古县	南垣乡	黄家圪垛	村东沟口	112°05′14″	36°04′17″	0.07	2009	3	30	体积法
				古县	南垣乡	黄家圪垛	村东沟口	112°05′25″	36°04′16″	0.07	2019	3	25	容积法
569	苏家庄	旧县河	汾河	古县	南垣乡	苏家庄	村东沟口	112°04′42″	36°05′00″	0.07	2004	3	25	
				古县	南垣乡	苏家庄	村西50 m	112°04′42″	36°05′00″	0.071 1	2009	3	30	体积法
				古县	南垣乡	苏家庄	村西50 m	112°05′16″	36°04′16″	0.09	2019	3	25	容积法

续附表 1

序号	河名	汇入河名	水系	施测地点				坐标		流量	测验时间			测验方法
				县(市、区)	乡(镇)	村	断面位置	东经	北纬	(L/s)	年	月	日	
570	辽庄沟	旧县河	汾河	古县	南垣乡	辽庄村	村东沟口	112°04′07″	36°05′43″	0.8	2004	3	25	
				古县	南垣乡	辽庄村	村西 50 m	112°04′07″	36°05′43″	0.8	2009	3	30	三角堰法
				古县	南垣乡	辽庄村	村西 50 m	112°04′06″	36°05′46″	1.8	2019	3	25	三角堰法
571	辽庄北沟	旧县河	汾河	古县	南垣乡	辽庄村	村西北 100 m	112°04′06″	36°05′44″	1.3	2009	3	30	三角堰法
				古县	南垣乡	辽庄村	村西北 100 m	112°04′08″	36°05′49″	0.80	2019	3	25	三角堰法
572	曲庄沟	旧县河	汾河	古县	永乐乡	曲庄村	村西 50 m 沟口	112°03′29″	36°08′12″	5.7	2004	3	27	
				古县	永乐乡	曲庄村	村西 50 m 沟口	112°03′29″	36°08′12″	1.3	2009	3	30	三角堰法
				古县	永乐乡	曲庄村	村西 50 m 沟口	112°03′28″	36°08′00″	0.90	2019	3	25	三角堰法
573	小东沟	旧县河	汾河	古县	永乐乡	小东沟	村西沟口	112°04′55″	36°03′54″	2	2004	3	25	
				古县	永乐乡	小东沟	村西沟口	112°04′55″	36°03′54″	0.065	2009	3	30	体积法
				古县	南垣乡	小东沟	村西沟口	112°04′57″	36°03′54″	24.0	2019	3	25	三角堰法
574	枣林北沟	旧县河	汾河	古县	永乐乡	南安村	村西北 300 m	112°04′30″	36°03′43″	3.9	2004	3	25	
				古县	永乐乡	南安村	村西北 300 m	112°04′30″	36°03′43″	0.8	2009	3	30	三角堰法
				古县	南垣乡	南安村	村西北 300 m	112°04′30″	36°03′43″	0.90	2019	3	25	三角堰法
575	枣林南沟	旧县河	汾河	古县	永乐乡	南安村	村西北 300 m	112°04′30″	36°03′43″	1.6	2004	3	25	
				古县	永乐乡	南安村	村西北 300 m	112°04′30″	36°03′43″	0.9	2009	3	30	三角堰法
				古县	南垣乡	南安村	村西北 300 m	112°04′31″	36°03′42″	1.0	2019	3	25	三角堰法
576	钱家峪河	旧县河	汾河	古县	旧县镇	旧县	与古县河交汇处	112°00′11″	36°09′33″	8.2	2009	4	5	三角堰法
				古县	旧县镇	旧县	与古县河交汇处	112°00′11″	36°09′33″	18.7	2004	3	27	
				古县	旧县镇	钱家峪	与古县河交汇处	112°00′11″	36°09′33″	25.0	2019	3	24	三角堰法

续附表 1

序号	河名	汇入河名	水系	施测地点				坐标		流量	测验时间			测验方法
				县(市、区)	乡(镇)	村	断面位置	东经	北纬	(L/s)	年	月	日	
577	阳坡沟	旧县河	汾河	古县	旧县镇	钱家峪	村西 5 m	112°00′56″	36°08′14″	5.3	2004	3	27	
				古县	旧县镇	钱家峪	村南 100 m	112°00′56″	36°08′14″	4.4	2009	4	5	三角堰法
				古县	旧县镇	钱家峪	村南 100 m	112°00′55″	36°08′14″	12.0	2019	3	27	三角堰法
578	阳坡右沟	旧县河	汾河	古县	旧县镇	杏林坡	村东沟口	112°00′50″	36°07′46″	2.9	2004	3	27	
				古县	旧县镇	钱家峪	村中	112°00′50″	36°07′46″	2.9	2009	4	5	三角堰法
				古县	旧县镇	钱家峪	村中	112°00′50″	36°07′46″	0.09	2019	3	27	容积法
579	阳坡左沟	阳坡沟	汾河	古县	旧县镇	杏林坡	村东沟口	112°00′50″	36°07′46″	4.7	2004	3	27	
				古县	旧县镇	钱家峪	龙王庙东北 50 m	112°00′50″	36°07′46″	2.5	2009	4	5	三角堰法
580	西堡沟	旧县河	汾河	古县	旧县镇	西堡村	村北 5 m 沟口	111°59′10″	36°10′13″	1	2004	3	27	
				古县	旧县镇	西堡村	村北 5 m	111°59′10″	36°10′13″	0.9	2009	4	2	三角堰法
				古县	旧县镇	西堡村	村北 5 m	111°59′04″	36°10′13″	0	2019	3	24	
581	西堡沟 1	旧县河	汾河	古县	旧县镇	西堡村	309 国道桥下	111°59′31″	36°09′42″	0.067 4	2009	4	4	体积法
				古县	旧县镇	西堡村	309 国道桥下	111°59′32″	36°09′42″	0	2019	3	24	
582	西堡沟 2	旧县河	汾河	古县	旧县镇	西堡村	村北 50 m	111°59′10″	36°10′03″	0.9	2009	4	2	三角堰法
				古县	旧县镇	西堡村	村北 50 m	111°59′10″	36°10′04″	0.10	2019	3	24	容积法
583	韩村河	旧县河	汾河	古县	旧县镇	泥木台	村南 10 m 沟口	111°59′23″	36°09′59″	16.3	2004	3	27	
				古县	旧县镇	泥木台	村南 10 m	111°59′23″	36°09′59″	0	2009	4	2	
				古县	旧县镇	泥木台	村南 10 m	111°58′01″	36°11′26″	1.3	2019	3	24	容积法
584	贾庄沟	旧县河	汾河	古县	旧县镇	贾庄	村东沟口 10 m	111°56′52″	36°11′45″	5.6	2004	3	27	
				古县	旧县镇	贾庄	村东 100 m	111°56′52″	36°11′45″	0.628	2009	4	2	体积法
				古县	旧县镇	贾庄	村东 100 m	111°56′52″	36°11′42″	0.56	2019	3	24	容积法

续附表1

序号	河名	汇入河名	水系	施测地点				坐标		流量（L/s）	测验时间			测验方法
				县（市、区）	乡（镇）	村	断面位置	东经	北纬		年	月	日	
585	小水头沟	旧县河	汾河	古县	旧县镇	小水头	村西10 m沟口	111°57′30″	36°11′18″	7.9	2004	3	27	
				古县	旧县镇	小水头	村西10 m沟口	111°57′30″	36°11′18″	0.587	2009	4	2	体积法
				古县	旧县镇	小水头	村西10 m沟口	111°57′32″	36°11′19″	0.41	2019	3	24	容积法
586	小水头沟1	旧县河	汾河	古县	旧县镇	小水头	村北5 m	111°57′12″	36°11′31″	0.53	2019	3	24	容积法
587	石壁河	石壁河	汾河	古县	石壁乡	贾村	沟口	111°57′27″	36°12′41″	200.7	2004	3	28	
				古县	石壁乡	贾村	沟口	111°57′27″	36°12′41″	98	2009	4	2	流速仪法
				古县	石壁乡	贾村	沟口	111°57′16″	36°12′32″	121	2019	3	22	流速仪法
588	岔坡沟	石壁河	汾河	古县	石壁乡	高城村	村东北50 m	112°03′52″	36°13′59″	59.1	2004	3	28	
				古县	石壁乡	高城村	东北50 m	112°03′52″	36°13′59″	47	2009	4	2	流速仪法
				古县	石壁乡	高城村	村东北50 m	112°03′54″	36°13′59″	46.0	2019	3	22	流速仪法
589	高城南沟	石壁河	汾河	古县	石壁乡	高城村	村东50 m	112°03′52″	36°13′59″	64.9	2004	3	28	
				古县	石壁乡	高城村	村东50 m	112°03′52″	36°13′59″	0.063	2009	4	1	体积法
				古县	石壁乡	高城村	村东北60 m	112°03′55″	36°13′58″	0.05	2019	3	22	容积法
590	三合桥	石壁河	汾河	古县	石壁乡	高城村	西北300 m	112°02′50″	36°13′27″	0.8	2009	4	2	三角堰法
				古县	石壁乡	高城村	村西北200 m	112°02′50″	36°13′27″	0	2019	3	22	
591	上治河	石壁河	汾河	古县	石壁乡	高庄村	东上治沟口10 m	112°00′01″	36°13′12″	54	2004	3	28	
				古县	石壁乡	上治村	沟口500 m	112°00′11″	36°13′34″	7	2009	4	2	三角堰法
				古县	石壁乡	上治村	沟口往里100 m	112°00′05″	36°13′24″	32.0	2019	3	22	三角堰法
592	核桃庄沟	石壁河	汾河	古县	石壁乡	核桃庄村	沟口	111°59′45″	36°13′05″	0.9	2009	4	2	三角堰法
				古县	石壁乡	核桃庄村	沟口里100 m	111°59′46″	36°13′04″	0.05	2019	3	22	容积法

续附表 1

序号	河名	汇入河名	水系	施测地点				坐标		流量	测验时间			测验方法
				县(市、区)	乡(镇)	村	断面位置	东经	北纬	(L/s)	年	月	日	
593	胡洼沟	石璧河	汾河	古县	石壁乡	胡洼村	村北 200 m	112°03′22″	36°13′28″	0.9	2009	4	2	三角堰法
				古县	石壁乡	胡洼村	村北 150 m	112°03′36″	36°13′20″	0.07	2019	3	22	容积法
594	徐村沟	石璧河	汾河	古县	石壁乡	徐村	沟口往里 50 m	112°01′21″	36°13′28″	1.8	2009	4	2	三角堰法
				古县	石壁乡	徐村	徐村沟口往里 50 m	112°01′21″	36°13′28″	0.03	2019	3	22	容积法
595	小水头沟	旧县河	汾河	古县	旧县镇	小水头	村北 5 m	111°57′11″	36°11′31″	0.52	2009	4	2	体积法
				古县	旧县镇	小水头	村北 5 m	111°57′12″	36°11′31″	0.53	2019	3	24	容积法
596	小曲沟	旧县河	汾河	古县	旧县镇	小曲村	南 30 m	111°58′32″	36°11′00″	0.072	2009	4	2	体积法
				古县	旧县镇	小曲村	南 30 m	111°58′33″	36°11′00″	0	2019	3	24	
597	五马沟	旧县河	汾河	古县	岳阳镇	五马村	西南 100 m	111°52′56″	36°15′14″	0.062 1	2009	3	27	体积法
				古县	岳阳镇	五马村	西南 100 m	111°52′54″	36°13′35″	0.06	2019	3	21	容积法
598	狼马沟	麦沟河	汾河	古县	岳阳镇	湾里村	狼马沟口	111°54′10″	36°14′48″	2.4	2009	4	3	三角堰法
				古县	岳阳镇	湾里村	拦马沟口	111°54′11″	36°14′47″	28.0	2019	3	21	流速仪法
599	上杨庄沟	洪安涧河	汾河	古县	岳阳镇	辛庄	上杨庄沟口	111°56′24″	36°18′05″	0.9	2009	4	3	三角堰法
				古县	岳阳镇	辛庄	上杨庄沟口	111°56′20″	36°18′09″	0.90	2019	3	28	三角堰法
600	上哲才沟	洪安涧河	汾河	古县	岳阳镇	上哲才	东南 500 m	111°55′06″	36°21′02″	0.065	2009	4	3	体积法
				古县	岳阳镇	上哲才	沟口	111°55′06″	36°21′02″	0.90	2019	3	28	三角堰法
601	皂角沟	曲亭河	汾河	古县	旧县镇	前扬寨村	村南 300 m	111°54′55″	36°09′02″	2.5	2004	3	26	
				古县	旧县镇	前扬寨村	村南 100 m	111°54′55″	36°09′02″	1.1	2009	4	2	三角堰法
				古县	旧县镇	前扬寨村	前扬寨沟皂角沟交汇处	111°54′56″	36°09′01″	1.2	2019	3	24	容积法

续附表 1

序号	河名	汇入河名	水系	施测地点				坐标		流量(L/s)	测验时间			测验方法
				县(市、区)	乡(镇)	村	断面位置	东经	北纬		年	月	日	
602	孙寨沟	曲亭河	汾河	古县	南垣乡	孟家庄	村西 1 000 m	111°53′35″	36°08′33″	8.9	2004	3	26	
				古县	南垣乡	孟家庄	村北 1 000 m	111°53′05″	36°08′51″	1.1	2009	4	4	三角堰法
				古县	南垣乡	孟家庄	村北 1 000 m	111°53′08″	36°08′46″	3.0	2019	3	26	三角堰法
603	上村河	曲亭河	汾河	古县	南垣乡	上河	村东 100 m	111°52′10″	36°08′46″	3	2009	4	4	三角堰法
				古县	南垣乡	上河村	村东 100 m	111°52′35″	36°08′52″	0	2019	3	26	
604	前杨寨沟	曲亭河	汾河	古县	南垣乡	西庄	村北 600 m	111°52′06″	36°08′48″	54	2004	3	26	
				古县	南垣乡	西庄	村北 600 m	111°52′06″	36°08′48″	3.2	2009	4	4	三角堰法
				古县	旧县镇	前扬寨村	村南 300 m	111°54′55″	36°09′02″	3.9	2004	3	26	
				古县	旧县镇	前扬寨村	村南 50 m	111°54′55″	36°09′02″	0.8	2009	4	2	三角堰法
				古县	旧县镇	前扬寨村	前扬寨沟皂角沟交汇处	111°54′56″	36°09′02″	0.07	2019	3	24	容积法
605	湾里沟	洪安涧河	汾河	古县	岳阳镇	湾里村	加油站后	111°54′12″	36°15′21″	0	2019	3	21	
606	宿圪台沟	洪安涧河	汾河	古县	岳阳镇	湾里村	宿圪台村沟里 500 m	111°54′15″	36°15′58″	0	2019	3	21	
607	蔡子河	曲亭河	汾河	古县	南垣乡	西庄村	村西铁路桥下	111°52′06″	36°08′49″	1.0	2019	3	26	容积法
608	柏树庄沟	曲亭河	汾河	古县	南垣乡	柏树庄	柏树庄沟口	111°54′21″	36°08′01″	0	2019	3	26	
609	玉子沟	杨村河	汾河	古县	南垣乡	玉子沟	村南 1 000 m	111°54′06″	36°04′53″	0.06	2019	3	27	容积法
610	佐村沟	杨村河	汾河	古县	南垣乡	佐村沟	村南 1 000 m	111°49′28″	36°05′17″	0	2019	3	27	
611	南角沟	杨村河	汾河	古县	南垣乡	刘垣河	村西北 500 m	111°59′30″	36°04′08″	0.06	2019	3	27	容积法
612	左沟	旧县河	汾河	古县	南垣乡	钱家峪	龙王庙东北 50 m	112°00′49″	36°07′46″	0.14	2019	3	27	容积法
613	引沁入汾出口	旧县河	汾河	古县	旧县镇	交口河	村南与交口河汇合处	112°01′17″	36°09′25″	1330	2019	3	27	流速仪法
614	北小渠	洪安涧河	汾河	古县	岳阳镇	涧上村	村南 50 m	111°52′13″	36°13′44″	29.0	2019	3	27	流速仪法

续附表 1

序号	河名	汇入河名	水系	施测地点				坐标		流量 (L/s)	测验时间			测验方法
				县(市、区)	乡(镇)	村	断面位置	东经	北纬		年	月	日	
615	跃进渠	曲亭水库	汾河	古县	岳阳镇	偏涧村	村里	111°52′24″	36°13′43″	1 240	2019	3	27	流速仪法
616	张家沟	洪安涧河	汾河	古县	岳阳镇	古县城	桥下东侧	111°54′42″	36°16′10″	0	2019	3	28	
617	上杨庄渠 1	洪安涧河	汾河	古县	岳阳镇	城关	焦化厂门口西 100 m	111°55′51″	36°17′17″	0	2019	3	28	
618	上杨庄渠 2	洪安涧河	汾河	古县	岳阳镇	城关	已毁坏,建公路	111°56′17″	36°17′38″	0	2019	3	28	
619	上杨庄渠 3	洪安涧河	汾河	古县	岳阳镇	辛庄	村中	111°56′24″	36°18′05″	0.90	2019	3	28	三角堰法
620	石滩河	洪安涧河	汾河	古县	古阳镇	刘沟村	石滩村西北	111°57′35″	36°26′47″	0	2019	3	29	
621	大南坪沟	洪安涧河	汾河	古县	古阳镇	大南坪	大南坪林场	111°53′58″	36°27′26″	0.14	2019	3	29	容积法
622	窑沟河	蔺河	汾河	古县	北平镇	前窑沟	村南 50 m	112°07′47″	36°29′54″	13.0	2019	3	30	三角堰法
623	交里沟	洪安涧河	汾河	古县	北平镇	交里村	村东 100 m	112°00′13″	36°30′58″	96.0	2019	3	31	三角堰法
624	党家坡沟	洪安涧河	汾河	古县	北平镇	党家坡	党家坡沟口	111°59′25″	36°31′22″	99.0	2019	3	31	三角堰法
625	芦家庄	洪安涧河	汾河	古县	北平镇	芦家庄	西北 500 m	112°01′10″	36°33′15″	0	2019	3	31	
626	青石崖沟	洪安涧河	汾河	古县	北平镇	贾会	村南 500 m	112°01′37″	36°31′21″	0	2019	3	31	
627	城关南渠	洪安涧河	汾河	古县	岳阳镇	城关	渠口处	111°55′28″	36°16′53″	0	2019	3	31	
628	河底北沟	杨村河	汾河	古县	南垣乡	后河口	沟底	111°57′04″	36°04′06″	4.5	2004	3	26	
				古县	南垣乡	后河口	村北 1 000 m	111°57′04″	36°04′06″	0	2009	4	4	
				古县	南垣乡	河底村	村南 200 m	111°57′11″	36°04′47″	0	2019	3	26	
629	河底南沟	杨村河	汾河	古县	南垣乡	后河口	沟底	111°57′15″	36°04′01″	12.9	2004	3	26	
				古县	南垣乡	后河口	村南 500 m	111°57′15″	36°04′01″	0	2009	4	4	
				古县	南垣乡	河底村	村南 300 m	111°57′13″	36°04′46″	0	2019	3	26	
630	河底河	杨村河	汾河	古县	南垣乡	后河口	沟底	111°58′13″	36°04′01″	16.4	2004	3	26	
				古县	南垣乡	后河口	村南 100 m	111°58′13″	36°04′01″	0	2009	4	4	
				古县	南垣乡	河底村	村南 500 m	111°57′12″	36°04′46″	36.0	2019	3	26	三角堰法

续附表 1

序号	河名	汇入河名	水系	施测地点				坐标		流量	测验时间			测验方法
				县(市、区)	乡(镇)	村	断面位置	东经	北纬	(L/s)	年	月	日	
631	刘垣河	杨村河	汾河	古县	南垣乡	刘垣村	村东 400 m	111°59′57″	36°04′18″	6.4	2004	3	25	
				古县	南垣乡	刘垣村	村南 500 m	111°57′16″	36°04′11″	0.9	2009	4	4	三角堰法
				古县	南垣乡	刘垣村	五十亩垣村南 1 000 m	111°57′39″	36°04′25″	5.0	2019	3	26	
632	孙南沟	杨村河	汾河	古县	南垣乡	刘垣村	村东 400 m	112°00′13″	36°04′18″	3.4	2004	3	25	
				古县	南垣乡	刘垣村	村东 500 m	112°00′13″	36°04′18″	1.21	2009	4	4	体积法
				古县	南垣乡	刘垣村	村东 500 m	111°59′54″	36°04′15″	2.9	2019	3	26	容积法
633	汾河	黄河	汾河	洪洞县	龙马乡	白石	东南 5 000 m	111°37′13″	36°13′08″	776	1987	4	27	
				洪洞县	龙马乡	白石	东南 5 000 m	111°37′13″	36°13′08″	1 640	2004	4	19	
				洪洞县	龙马乡	白石	东 5 000 m	111°37′13″	36°13′08″	2 250	2009	3	27	流速仪法
				洪洞县	辛村乡	士师村	村西汾河	111°37′13″	36°13′08″	905	2019	3	31	流速仪法
634	汾河	黄河	汾河	洪洞县	堤村乡	三交村	村牌楼对面	111°41′48″	36°29′00″	1 390	2019	3	26	流速仪法
635	午阳涧河支沟	午阳涧河	汾河	洪洞县	山头乡	沙凹里村	村南废弃厂矿沟内	111°23′35″	36°27′20″	有水无量	2019	4	2	
636	高池河	汾河	汾河	洪洞县	辛村乡	高池	村北 20 m	111°36′50″	36°21′54″	2.5	2009	3	29	三角堰法
				洪洞县	辛村乡	高池	村北水库源头	111°36′52″	36°21′51″	0.15	2019	3	28	估算法
637	三交河左	三交河	汾河	洪洞县	左木乡	三交河	村东北 500 m	111°25′25″	36°23′19″	6.7	2009	3	30	三角堰法
				洪洞县	左木乡	三交河	村东桥下	111°25′25″	36°23′19″	19.0	2019	3	28	流速仪法
638	三交河右	三交河	汾河	洪洞县	左木乡	三交河	村东桥下	111°25′24″	36°23′20″	85.0	2019	3	28	流速仪法
639	枣坪沟	汾河	汾河	洪洞县	万安镇	枣坪	村西 200 m	111°35′12″	36°20′13″	1.8	2009	3	29	流速仪法
				洪洞县	万安镇	枣坪	村西南沟底	111°35′16″	36°20′07″	0.18	2019	3	28	容积法
640	鲁生沟	汾河	汾河	洪洞县	万安镇	鲁生	村东北角	111°32′46″	36°22′18″	4	2009	3	29	三角堰法
				洪洞县	万安镇	鲁生	村东沟底	111°32′46″	36°22′18″	0	2019	3	28	

续附表 1

序号	河名	汇入河名	水系	施测地点				坐标		流量 (L/s)	测验时间			测验方法
				县(市、区)	乡(镇)	村	断面位置	东经	北纬		年	月	日	
641	三条沟	广胜寺涧河	汾河	洪洞县	广胜寺镇	三条沟	村北 100 m	111°46′35″	36°16′19″	3.8	2009	4	12	三角堰法
				洪洞县	广胜寺镇	三条沟	村东南沟内	111°46′35″	36°16′19″	0.21	2019	3	25	容积法
642	三条沟 1	霍泉河	汾河	洪洞县	广胜寺镇	柴村堡村	柴村堡村桥下	111°46′43″	36°18′02″	788	2019	3	25	调查法
643	霍泉河	汾河	汾河	洪洞县	大槐树镇	南官庄	村西头	111°40′25″	36°16′37″	0	2019	3	31	
644	洪安涧河	汾河	汾河	洪洞县	大槐树镇	大槐树	华杰学校东 300 m	111°39′17″	36°14′55″	14	2009	3	13	流速仪法
645	东龙王沟	师村河	汾河	洪洞县	甘亭镇	北杜	村东 200 m	111°38′12″	36°10′39″	1.5	2009	3	27	三角堰法
				洪洞县	甘亭镇	燕壁村	村西南 309 国道南 1 000 m	111°38′12″	36°10′39″	0	2019	3	23	
646	曲亭河	汾河	汾河	洪洞县	曲亭镇	上寨	村南 100 m	111°49′42″	36°09′20″	1.3	1987	5	9	
				洪洞县	曲亭镇	上寨	村南 100 m	111°49′42″	36°09′20″	15	2004	4	25	
				洪洞县	曲亭镇	上寨	村南 5 m	111°49′42″	36°09′20″	8.2	2009	3	26	三角堰法
				洪洞县	曲亭镇	上寨	村南 500 m	111°49′42″	36°09′20″	17.0	2019	3	22	流速仪法
647	上寨沟 1	曲亭河	汾河	洪洞县	曲亭镇	上寨	村南 500 m	111°49′39″	36°09′21″	0.04	2019	3	22	容积法
648	上寨沟 2	曲亭河	汾河	洪洞县	曲亭镇	上寨	村南 50 m	111°49′45″	36°09′21″	0.02	2019	3	22	容积法
649	上寨村渠	曲亭河	汾河	洪洞县	曲亭镇	上寨	村东南 5 000 m	111°50′22″	36°09′28″	0	2019	3	22	
650	韩略沟	曲亭河	汾河	洪洞县	曲亭镇	韩略	村南 200 m	111°46′32″	36°09′31″	20	2009	3	27	三角堰法
651	杨家掌沟	涝河	汾河	洪洞县	苏堡镇	杨家掌	村东南 500 m	111°47′32″	36°07′16″	0.4	2009	3	26	三角堰法
				洪洞县	淹底乡	杨家掌	村东南 5 000 m	111°47′32″	36°07′16″	0	2019	3	22	
652	里开村沟	曲亭河	汾河	洪洞县	淹底乡	里开	曲亭水库源头	111°45′59″	36°08′04″	0.10	2019	3	23	估算法
653	曲亭河	汾河	汾河	洪洞县	曲亭镇	安乐	曲亭水库源头	111°46′34″	36°09′37″	0.82	2019	3	23	容积法
654	安乐村 1	曲亭河	汾河	洪洞县	曲亭镇	安乐	曲亭水库源头	111°46′34″	36°09′36″	24.0	2019	3	23	流速仪法

续附表 1

序号	河名	汇入河名	水系	施测地点				坐标		流量	测验时间			测验方法
				县(市、区)	乡(镇)	村	断面位置	东经	北纬	(L/s)	年	月	日	
655	七一渠(高公村)	汾河	汾河	洪洞县	万安镇	高公村	村内路边	111°35′39″	36°17′56″	195	2019	3	28	流速仪法
656	五一渠(南堡村)	汾河	汾河	洪洞县	赵城镇	南堡村	五一渠渠首	111°40′13″	36°24′30″	410	2019	3	29	流速仪法
657	七一渠(师庄村)	汾河	汾河	洪洞县	堤村乡	师庄村	国道 108 旁	111°40′00″	36°26′54″	0	2019	3	29	
658	七一渠(水涧庄)	汾河	汾河	洪洞县	堤村乡	七一渠	加油站对面	111°39′24″	36°26′19″	0	2019	3	29	
659	七一渠(水涧庄)	汾河	汾河	洪洞县	堤村乡	七一渠	加油站对面沟内	111°39′16″	36°26′25″	0	2019	3	29	
660	七一渠(南石明)	汾河	汾河	洪洞县	堤村乡	南石明	108 旁边	111°39′22″	36°25′16″	0	2019	3	29	
661	五一渠(后楼)	汾河	汾河	洪洞县	赵城镇	后楼	堤村桥左岸北 500 m	111°40′08″	36°23′40″	0	2019	3	29	
662	五一渠(西街村)	汾河	汾河	洪洞县	赵城镇	西街村	五一渠断面	111°40′04″	36°23′21″	327	2019	3	29	流速仪法
663	七一渠(堤村)	汾河	汾河	洪洞县	堤村乡	堤村	七一渠断面	111°38′45″	36°24′33″	4 740	2019	3	29	ADCP
664	通利渠	七一渠	汾河	洪洞县	堤村乡	好义	渠首	111°39′15″	36°23′08″	0	2019	3	29	
665	峪头沟 1	涝河	汾河	洪洞县	淹底乡	峪头沟	村东南 5 000 m 坝下	111°45′33″	36°06′33″	0.13	2019	3	23	容积法
666	峪头沟	涝河	汾河	洪洞县	淹底乡	峪头沟	村东南 5 000 m 坝下	111°45′33″	36°06′32″	0.16	2019	3	23	容积法
667	南铁沟	洪安涧河	汾河	洪洞县	苏堡镇	南铁沟	村南山脚下	111°50′55″	36°13′24″	0	2019	3	23	
668	上唐阁	杨村河	汾河	浮山县	北韩乡	上唐阁河	村南 500 m	111°57′15″	36°03′38″	16.6	2009	3	18	流速仪法
				浮山县	北韩乡	上唐阁河	村东 400 m	111°57′10″	36°03′33″	21.0	2019	3	21	流速仪法
669	杨村河东	杨村河	汾河	浮山县	北韩乡	杨村河	村西南 100 m	111°49′55″	36°03′55″	26	2009	3	17	流速仪法
				浮山县	北韩乡	杨村河	村西南 230 m	111°49′49″	36°03′53″	220	2019	3	20	流速仪法

续附表 1

序号	河名	汇入河名	水系	施测地点				坐标		流量 (L/s)	测验时间			测验方法
				县(市、区)	乡(镇)	村	断面位置	东经	北纬		年	月	日	
670	芦家山沟	杨村河	汾河	浮山县	北韩乡	安子里	沟底	111°00′08″	36°03′36″	3.8	2004	3	25	
				浮山县	北韩乡	安子里	沟底	111°00′08″	36°03′36″	0	2009	4	5	
671	柏家庄沟	杨村河	汾河	浮山县	北韩乡	柏家庄	汇入杨村河处	111°59′09″	36°03′03″	17	2004	3	27	
				浮山县	北韩乡	柏家庄	村中	111°59′09″	36°03′03″	5.2	2009	3	19	流速仪法
				浮山县	北韩乡	柏家庄沟	村西北 600 m	111°59′04″	36°03′06″	1.4	2019	3	21	三角堰法
672	安子里沟	杨村河	汾河	浮山县	北王乡	安子里	汇入柏家庄沟处	111°59′09″	36°03′08″	3.4	2004	3	27	
				浮山县	北王乡	安子里	村中	111°59′09″	36°03′08″	2	2009	3	19	流速仪法
				浮山县	北韩乡	安子里	村南 400 m	111°59′12″	36°03′11″	0.91	2019	3	21	三角堰法
673	陈家岭沟	杨村河	汾河	浮山县	北韩乡	陈家岭	汇入杨村河处	111°58′46″	36°03′00″	4.4	2004	3	27	
				浮山县	北韩乡	陈家岭	村中	111°58′46″	36°03′00″	2.7	2009	3	19	流速仪法
				浮山县	北韩乡	陈家岭	村西 900 m	111°58′46″	36°03′00″	0.45	2019	3	21	三角堰法
674	崔村河	杨村河	汾河	浮山县	北王乡	南河	村西 550 m	111°49′47″	36°03′32″	60	1987	5	2	
				浮山县	北王乡	南河	村西 550 m	111°49′47″	36°03′32″	181	2004	3	27	
675	张家河	崔村河	汾河	浮山县	北韩乡	李家场	河口	111°51′22″	36°03′25″	21	2004	3	27	
				浮山县	北韩乡	李家场	村南 100 m	111°51′22″	36°03′25″	14	2009	3	18	流速仪法
676	韩家庄沟	杨村河	汾河	浮山县	北韩乡	韩村庄	村东 1 000 m	111°53′55″	36°04′15″	9.8	2004	3	27	
				浮山县	北韩乡	韩村庄	村南 50 m	111°53′39″	36°04′08″	25.0	2019	3	21	流速仪法
677	蚕聚河	杨村河	汾河	浮山县	北韩乡	蚕聚河	村东 100 m	112°00′02″	36°02′45″	0.68	2019	3	21	三角堰法
678	柏河沟	杨村河	汾河	浮山县	北韩乡	柏河	村南 100 m	111°58′36″	36°03′06″	1.64	2019	3	21	三角堰法
679	五一渠	杨村河	汾河	浮山县	北韩乡	北韩村	村南 150 m	111°53′11″	36°03′54″	0	2019	3	20	

续附表 1

序号	河名	汇入河名	水系	施测地点				坐标		流量(L/s)	测验时间			测验方法
				县(市、区)	乡(镇)	村	断面位置	东经	北纬		年	月	日	
680	一支渠	杨村河	汾河	浮山县	北韩乡	杨村河	村东 200 m	111°50′45″	36°04′13″	0	2019	3	20	
681	二支渠	杨村河	汾河	浮山县	北韩乡	杨村河	村南	111°49′59″	36°03′58″	0	2019	3	20	
682	霍寨渠	杨村河	汾河	浮山县	北韩乡	霍寨	村东 700 m	111°52′05″	36°04′18″	0	2019	3	20	
683	柏村河 1	涝河	汾河	浮山县	天坛镇	柏村	西南 50 m	111°50′49″	36°00′25″	28	2009	3	19	流速仪法
684	柏村河 2	涝河	汾河	浮山县	天坛镇	臣南	村南 20 m	111°49′24″	36°01′26″	34	2009	3	19	
685	柏村河 3	涝河	汾河	浮山县	天坛镇	前交	村东南 640 m	111°53′01″	35°58′24″	9.0	2019	3	21	流速仪法
			汾河	浮山县	北王乡	马台村	西北 300 m	111°48′12″	36°02′22″	3.4	1987	5	1	
			汾河	浮山县	北王乡	马台村	西北 300 m	111°48′12″	36°02′22″	109	2004	3	29	
			汾河	浮山县	北王乡	马台村	东北 1 000 m	111°48′12″	36°02′22″	51	2009	3	19	流速仪法
686	马台村河	涝河	汾河	浮山县	天坛镇	马台村	村南 45 m	111°48′12″	36°02′23″	30.0	2019	3	26	流速仪法
687	王家河渠	涝河	汾河	浮山县	北韩乡	王家河	村南 1 600 m	111°56′04″	36°00′02″	0	2019	3	20	
688	下秀沟	涝河	汾河	浮山县	北韩乡	下秀	村南 20 m	111°58′00″	36°00′11″	2.1	2019	3	20	容积法
689	下秀渠	涝河	汾河	浮山县	北韩乡	下秀	村东 100 m	111°57′11″	36°00′12″	0	2019	3	20	
690	诸葛村渠	涝河	汾河	浮山县	北韩乡	诸葛	村中(渠毁)	111°52′22″	35°59′12″	0	2019	3	21	
691	前河渠	涝河	汾河	浮山县	北韩乡	沙圪塔	村北 1 600 m(修路渠毁)	111°52′50″	36°00′08″	0	2019	3	21	
692	河底村渠首	涝河	汾河	浮山县	北韩乡	河底	村东北 600 m	111°56′36″	35°58′26″	0	2019	3	21	
693	中村村	涝河	汾河	浮山县	张庄乡	中村	村东 100 m	111°48′45″	35°59′21″	0	2019	3	23	
694	东腰泉	涝河	汾河	浮山县	北王乡	东腰	村南 150 m	111°56′18″	35°56′13″	0	2019	3	26	
695	宋家庄	涝河	汾河	浮山县	天坛镇	宋家庄	村东 150 m	111°50′49″	36°00′26″	4.7	2019	3	26	三角堰法
696	南霍泉	涝河	汾河	浮山县	天坛镇	南霍	村西 620 m	111°50′60″	36°00′27″	0	2019	3	26	
697	丞相河	涝河	汾河	浮山县	天坛镇	丞相河	村南 30 m	111°50′28″	36°00′46″	0.79	2019	3	26	三角堰法
698	老君弯沟	涝河	汾河	浮山县	天坛镇	老君湾	村东 300 m	111°51′29″	36°00′16″	2.1	2019	3	26	三角堰法

续附表 1

序号	河名	汇入河名	水系	施测地点				坐标		流量 (L/s)	测验时间			测验方法
				县(市、区)	乡(镇)	村	断面位置	东经	北纬		年	月	日	
699	马台村渠	涝河	汾河	浮山县	天坛镇	马台村	村南 20 m	111°48′16″	36°02′21″	0	2019	3	26	
700	臣南河	涝河	汾河	浮山县	天坛镇	臣南河	村南 150 m	111°49′24″	36°01′25″	40.0	2019	3	26	流速仪法
701	燕凹沟	孔家河	汾河	浮山县	天坛镇	燕凹沟	村水库库尾	111°53′27″	36°01′59″	0.61	2019	3	26	容积法
702	排水渠	涝河	汾河	浮山县	天坛镇	南关	南关村	111°50′29″	35°57′59″	0	2019	3	26	
703	南河	涝河	汾河	浮山县	天坛镇	南河	村西 50 m	111°50′23″	35°57′34″	0	2019	3	26	
704	北坡	涝河	汾河	浮山县	天坛镇	北坡	村南 50 m	111°52′19″	35°56′36″	0	2019	3	26	
705	六张沟	涝河	汾河	浮山县	天坛镇	六张沟	沟口	111°57′03″	35°56′39″	14	2004	3	29	
				浮山县	天坛镇	六张沟	县自来水公司	111°57′03″	35°56′39″	7.2	2009	3	20	流速仪法
				浮山县	天坛镇	六张沟	村西南 70 m	111°57′03″	35°56′40″	39.0	2019	3	27	流速仪法
706	六张沟渠	涝河	汾河	浮山县	天坛镇	六张沟	村东 1 000 m	111°57′46″	35°56′44″	0	2019	3	27	
707	北沟	六张沟	汾河	浮山县	天坛镇	北沟	沟口	111°58′37″	35°55′54″	5.1	2004	3	29	
708	柏林河	柏村河	汾河	浮山县	北王乡	驼腰	村东 200 m	112°00′06″	36°00′48″	5.4	2009	3	18	流速仪法
709	南霍沟	涝河	汾河	浮山县	北王乡	南霍	河口	111°50′56″	36°00′29″	18	2004	3	29	
				浮山县	北王乡	南霍	村南 100 m	111°50′56″	36°00′29″	10.1	2009	3	19	流速仪法
				浮山县	天坛镇	南霍	村西 550 m	111°50′56″	36°00′30″	4.9	2019	3	26	三角堰法
710	李家河	涝河	汾河	浮山县	天坛镇	李家河	汇入柏村河处	111°54′58″	35°58′10″	17	2004	3	29	
				浮山县	天坛镇	李家河	东北 1 000 m	111°54′58″	35°58′10″	20.5	2009	3	22	流速仪法
				浮山县	北韩乡	李家河	村东北 370 m	111°54′58″	35°58′10″	0.51	2019	3	21	三角堰法
711	响水河	洰河	汾河	浮山县	槐念乡	刘家庄	村南 300 m	111°42′54″	36°00′26″	20	1987	5	1	
				浮山县	槐念乡	刘家庄	村南 300 m	111°42′54″	36°00′26″	73	2004	3	24	
				浮山县	槐念乡	刘家庄	村南 300 m	111°42′54″	36°00′26″	31.1	2009	3	29	流速仪法

续附表 1

序号	河名	汇入河名	水系	施测地点				坐标		流量（L/s）	测验时间			测验方法
				县(市、区)	乡(镇)	村	断面位置	东经	北纬		年	月	日	
712	郑家河	洰河	汾河	浮山县	响水河镇	郑家河	河口上游 50 m	111°46′29″	35°54′34″	6	2004	3	24	
				浮山县	响水河镇	郑家河	村南 200 m	111°46′29″	35°54′34″	9	2009	3	30	流速仪法
				浮山县	响水河镇	郑家河	村北 150 m	111°46′29″	35°54′34″	16.0	2019	3	24	流速仪法
713	段村河	洰河	汾河	浮山县	响水河镇	段村	村南	111°46′41″	35°54′26″	21	2004	3	24	
				浮山县	响水河镇	段村	村南 50 m	111°46′41″	35°54′26″	8.2	2009	3	22	流速仪法
				浮山县	响水河镇	段村	村西南 300 m	111°46′41″	35°54′26″	9.0	2019	3	24	流速仪法
714	焦家沟	洰河	汾河	浮山县	响水河镇	焦家沟	村南 200 m	111°46′42″	35°55′12″	4.4	2004	3	24	
				浮山县	响水河镇	焦家沟	村东 100 m	111°46′42″	35°55′12″	0	2009	3	30	
				浮山县	响水河镇	焦家沟	村南 100 m	111°46′42″	35°55′12″	0	2019	3	24	
715	尧上河	洰河	汾河	浮山县	响水河镇	尧上	村东 200 m	111°45′53″	35°55′48″	4.4	2004	3	24	
				浮山县	响水河镇	尧上	村南 80 m	111°45′53″	35°55′48″	0	2009	3	22	
				浮山县	响水河镇	尧上	村南 200 m	111°45′54″	35°55′53″	0	2019	3	23	
716	安子里沟	赵南河	汾河	浮山县	张庄乡	安子里	村西北 2 000 m	111°42′52″	36°00′01″	3.4	2009	3	23	流速仪法
				浮山县	张庄乡	安子里	村西北 800 m	111°42′56″	35°59′47″	1.2	2019	3	25	三角堰法
717	葛家庄河	洰河	汾河	浮山县	张庄乡	葛家庄	村西 200 m	111°43′17″	36°00′24″	6.8	2009	3	25	流速仪法
				浮山县	张庄乡	葛家庄	村西南 400 m	111°43′15″	36°00′26″	42.0	2019	3	24	流速仪法
718	葛家河	响水河	汾河	浮山县	槐念乡	刘家庄	村东 150 m	111°42′57″	36°00′33″	0.2	2004	3	24	
				浮山县	槐念乡	刘家庄	村东 150 m	111°42′57″	36°00′33″	29.7	2009	3	29	流速仪法
719	孙家河渠	洰河	汾河	浮山县	张庄乡	孙家河	村南 50 m(已毁)	111°45′55″	35°57′18″	0	2019	3	23	
720	圪塔河	洰河	汾河	浮山县	张庄乡	圪塔	村南 100 m	111°46′41″	35°56′59″	0	2019	3	23	
721	小郭村	洰河	汾河	浮山县	张庄乡	小郭	村南 150 m	111°48′27″	35°58′01″	0	2019	3	23	

续附表 1

序号	河名	汇入河名	水系	施测地点				坐标		流量（L/s）	测验时间			测验方法
				县（市、区）	乡（镇）	村	断面位置	东经	北纬		年	月	日	
722	南张村	洰河	汾河	浮山县	张庄乡	南张	村东 600 m	111°47′23″	35°57′33″	0	2019	3	23	
723	古县村	洰河	汾河	浮山县	张庄乡	古县	村东 2 500 m	111°50′09″	35°56′18″	0	2019	3	23	
724	西北陈渠	洰河	汾河	浮山县	张庄乡	西北陈	村东北 400 m	111°47′30″	35°56′27″	0	2019	3	23	
725	严家河村	洰河	汾河	浮山县	东庄乡	严家河	村南 100 m	111°45′58″	35°52′46″	0	2019	3	24	
726	东张河	洰河	汾河	浮山县	张庄乡	东张	村南 20 m	111°46′01″	35°53′30″	1.9	2019	3	24	三角堰法
727	南沟	洰河	汾河	浮山县	响水河镇	卫村	村东 900 m	111°45′43″	35°54′40″	0	2019	3	24	
728	段村渠	洰河	汾河	浮山县	响水河镇	段村	村西南 160 m	111°46′46″	35°54′27″	0	2019	3	24	
729	南杜村河	洰河	汾河	浮山县	响水河镇	南杜	村东 500 m	111°48′47″	35°54′38″	0	2019	3	24	
730	程村河	洰河	汾河	浮山县	响水河镇	程村	村南 200 m	111°49′23″	35°54′24″	0	2019	3	24	
731	排水渠	洰河	汾河	浮山县	响水河镇	张郭村	村北 400 m	111°47′12″	35°55′57″	0	2019	3	24	
732	上城南河	洰河	汾河	浮山县	张庄乡	上城南	村东 50 m	111°49′19″	35°55′50″	0	2019	3	24	
733	三十亩圪塔	洰河	汾河	浮山县	响水河镇	三十亩圪塔	村西南 70 m	111°48′02″	35°51′30″	0	2019	3	28	
734	驮腰村	孔家河	汾河	浮山县	北韩乡	驮腰村	村东 600 m	112°00′07″	36°00′46″	4.3	2019	3	21	容积法
735	驮腰村 1	孔家河	汾河	浮山县	北韩乡	驮腰村	村东 1 000 m	112°00′23″	36°00′47″	2.1	2019	3	21	三角堰法
736	李家场	孔家河	汾河	浮山县	北韩乡	李家场	村南 300 m	111°51′27″	36°03′28″	0.16	2019	3	21	三角堰法
737	南湾村渠	孔家河	汾河	浮山县	北韩乡	南湾	村南 100 m	111°50′60″	36°03′28″	0	2019	3	21	
738	南湾村	孔家河	汾河	浮山县	北韩乡	南湾	村南 120 m	111°51′00″	36°03′27″	2.6	2019	3	21	三角堰法
739	玉石坡	孔家河	汾河	浮山县	北韩乡	玉石坡	村西南 200 m	111°53′41″	36°03′04″	2.8	2019	3	21	三角堰法
740	燕村沟	响水河	汾河	浮山县	槐念乡	刘家庄	村南 300 m	111°42′55″	36°00′26″	22	2004	3	24	
				浮山县	槐念乡	刘家庄	村南 300 m	111°42′55″	36°00′26″	0.556	2009	3	29	体积法

续附表 1

序号	河名	汇入河名	水系	施测地点				坐标		流量	测验时间			测验方法
				县(市、区)	乡(镇)	村	断面位置	东经	北纬	(L/s)	年	月	日	
741	浮峪河沟	洰河	汾河	浮山县	槐埝乡	龙曲	村北 2 000 m	111°42′00″	35°57′32″	0.7	2004	4	21	
				浮山县	槐念乡	龙曲	村北 2 000 m	111°42′00″	35°57′32″	2.6	2009	3	20	体积法
742	滑家河 1	滑家河	汾河	浮山县	米家垣乡	滑家河	村西南 30 m	111°53′21″	35°52′15″	8.9	2009	3	24	流速仪法
				浮山县	米家垣乡	滑家河	村东南 20 m	111°53′20″	35°52′14″	14.0	2019	3	28	流速仪法
743	滑家河 2	滑家河	汾河	浮山县	米家垣乡	任家岭村	滚水坝下游 100 m	111°50′35″	35°49′13″	77	2004	3	26	
				浮山县	米家垣乡	任家岭村	滚水坝下游 100 m	111°50′35″	35°49′13″	0.197	2009	3	29	体积法
				浮山县	响水河镇	任家岭村	村东南水坝	111°50′36″	35°49′17″	2.2	2019	3	28	三角堰法
744	滑家河 3	浍河	汾河	浮山县	米家垣乡	腰庄	村东 20 m	111°54′41″	35°53′23″	6.3	2009	3	24	流速仪法
745	范家庄沟	滑家河	汾河	浮山县	米家垣乡	任家岭	村南沟底	111°55′12″	35°54′16″	3.9	2004	3	26	
				浮山县	米家垣乡	任家岭	村西南 2 000 m	111°55′12″	35°54′16″	0	2009	3	24	
746	郭家河	滑家河	汾河	浮山县	米家垣乡	郭家河	村北 100 m	111°54′41″	35°53′21″	11	2004	3	26	
				浮山县	米家垣乡	郭家河	村北 50 m	111°55′06″	35°54′03″	0	2009	3	24	
				浮山县	米家垣乡	郭家河	村东 100 m	111°55′08″	35°53′60″	2.3	2019	3	25	三角堰法
747	南高家河	滑家河	汾河	浮山县	米家垣乡	腰庄	村南 100 m	111°54′41″	35°53′21″	16	2004	3	26	
				浮山县	米家垣乡	腰庄	村南 20 m	111°54′41″	35°53′21″	4.4	2009	3	24	流速仪法
				浮山县	米家垣乡	腰庄	村南 60 m	111°54′39″	35°53′21″	2.4	2019	3	25	三角堰法
748	滑家河沟	滑家河	汾河	浮山县	米家垣乡	沟口	与滑家河交汇处	111°53′21″	35°52′15″	2	2004	3	26	
				浮山县	米家垣乡	滑家河	村东北 300 m	111°53′24″	35°52′28″	0	2019	3	28	
749	红沙河	滑家河	汾河	浮山县	响水河镇	朱家河	村南沟底	111°50′32″	35°48′58″	15.5	2009	3	29	流速仪法
				浮山县	响水河镇	桥上村	村水库出水口	111°50′32″	35°48′58″	24.0	2019	3	28	流速仪法

续附表 1

序号	河名	汇入河名	水系	施测地点				坐标		流量(L/s)	测验时间			测验方法
				县(市、区)	乡(镇)	村	断面位置	东经	北纬		年	月	日	
750	朱家河	滑家河	汾河	浮山县	响水河镇	朱家河	村南沟下	111°50′30″	35°48′52″	27.9	2009	3	29	流速仪法
				浮山县	响水河镇	桥上村	村西南 700 m	111°50′29″	35°48′52″	7.0	2019	3	28	容积法
751	碾子坡沟	滑家河	汾河	浮山县	响水河镇	碾子破	提水渠首	111°49′47″	35°49′32″	1.3	2004	3	26	
				浮山县	响水河镇	碾子破	村西 100 m	111°49′47″	35°49′32″	4.6	2009	3	29	流速仪法
				浮山县	响水河镇	碾子坡	村西水坝	111°49′49″	35°49′34″	3.9	2019	3	28	三角堰法
752	孔村沟	滑家河	汾河	浮山县	响水河镇	孔村	村西北 200 m	111°49′35″	35°49′54″	2.8	2009	3	28	流速仪法
				浮山县	响水河镇	孔村	村南 200 m	111°49′36″	35°49′57″	1.6	2019	3	28	容积法
753	腰庄渠	滑家河	汾河	浮山县	米家垣乡	腰庄	村东北 80 m(已毁)	111°54′40″	35°53′26″	0	2019	3	25	
754	腰庄河	滑家河	汾河	浮山县	米家垣乡	腰庄	村南 40 m	111°54′38″	35°53′22″	2.6	2019	3	25	三角堰法
755	高家河	滑家河	汾河	浮山县	米家垣乡	英雄圪塔	村东南 500 m	111°55′42″	35°54′32″	1.3	2019	3	26	三角堰法
756	史演河	浍河	汾河	浮山县	米家垣乡	史演河	村东 201 m	111°55′31″	35°50′40″	17	1987	5	1	
				浮山县	米家垣乡	史演河	村东 201 m	111°55′31″	35°50′40″	41	2004	3	25	
				浮山县	米家垣乡	史演河	村南 100 m	111°55′31″	35°50′40″	5.6	2009	3	24	流速仪法
				浮山县	米家垣乡	西马沟	村东 50 m	111°55′31″	35°50′40″	5.2	2019	3	25	三角堰法
757	东沟河	浍河	汾河	浮山县	米家垣乡	东沟	村东 200 m	111°56′19″	35°51′10″	1	2009	3	24	流速仪法
				浮山县	米家垣乡	史演河	村南 50 m	111°56′19″	35°51′10″	3.0	2019	3	25	三角堰法
758	刘家沟	浍河	汾河	浮山县	米家垣乡	刘家沟	村东 200 m	111°56′19″	35°51′08″	8.1	2009	3	24	流速仪法
				浮山县	米家垣乡	史演河	村南 50 m	111°56′19″	35°51′09″	2.2	2019	3	25	三角堰法
759	芦村沟	浍河	汾河	浮山县	米家垣乡	芦村沟	村南 100 m	111°58′33″	35°50′53″	0.51	2009	3	24	体积法
				浮山县	米家垣乡	芦村沟	村南 140 m	111°58′35″	35°50′55″	0.64	2019	3	25	三角堰法
760	米家河沟	史演河	汾河	浮山县	米家垣乡	史演河	村东 200 m	111°55′31″	35°50′40″	34	2004	3	25	

续附表 1

序号	河名	汇入河名	水系	施测地点				坐标		流量	测验时间			测验方法
				县(市、区)	乡(镇)	村	断面位置	东经	北纬	(L/s)	年	月	日	
761	汾河	黄河	汾河	尧都区	尧庙镇	下靳村	村西南 500 m	111°25′13″	36°01′07″	2 380	1987	4	25	
				尧都区	尧庙镇	下靳村	村西南 500 m	111°25′13″	36°01′07″	3 900	2004	4	19	
				尧都区	尧庙乡	下靳村	村西南 150 m	111°25′13″	36°01′07″	4 260	2009	3	24	流速仪法
				尧都区	尧庙镇	下靳村	村西南 1 500 m	111°24′58″	36°00′51″	2 200	2019	3	28	流速仪法
762	涝河坝下	汾河	汾河	尧都区	大阳镇	郭行村	水库坝下	111°43′45″	36°05′07″	1 550	2004	4	16	
				尧都区	大阳镇	郭行村	涝河上游	111°45′56″	36°04′44″	0	2009	3	19	
				尧都区	大阳镇	郭行村	涝河水库坝下 200 m	111°42′54″	36°04′57″	0	2009	3	19	
				尧都区	大阳镇	东河堤村	涝河水库坝下 500 m	111°42′53″	36°04′57″	0	2019	3	21	
763	涝河溢洪道	汾河	汾河	尧都区	大阳镇	郭行村	涝河水库溢洪道	111°43′45″	36°05′07″	0	2009	3	19	
				尧都区	大阳镇	郭行村	涝河水库溢洪道郭行村西北 1 000 m	111°43′46″	36°05′07″	0	2019	3	21	
764	涝河	汾河	汾河	尧都区	大阳镇	贤庄村	村南 1 000 m	111°42′06″	36°06′26″	0	2009	3	23	
				尧都区	大阳镇	贤庄村	村南 1 000 m	111°42′08″	36°05′24″	0	2019	3	21	
765	涝河灌溉渠	汾河	汾河	尧都区	大阳镇	西河堤村	五一洞口	111°42′26″	36°04′49″	950	2019	3	21	调查法
766	杨村河	涝河	汾河	尧都区	大阳镇	下马庄	村东 400 m	111°48′36″	36°03′48″	44	2004	4	16	
				尧都区	大阳镇	下马庄	村北 50 m	111°48′36″	36°03′48″	0.11	2009	3	19	体积法
				尧都区	大阳镇	下马庄	村东北 200 m	111°48′42″	36°03′46″	48.0	2019	3	21	流速仪法
767	杨村河支沟	杨村河	汾河	尧都区	大阳镇	下马庄	村南 100 m	111°48′34″	36°03′43″	0	2019	3	21	
768	杨村河 1	涝河	汾河	尧都区	大阳镇	岳壁村	村南 300 m	111°45′39″	36°04′22″	304	1966	1	2	
				尧都区	大阳镇	岳壁村	村南 300 m	111°45′39″	36°04′22″	40	1987	4	27	
				尧都区	大阳镇	岳壁村	村南 300 m	111°45′39″	36°04′22″	98	2004	4	16	
				尧都区	大阳镇	岳壁村	村南 500 m	111°45′29″	36°04′21″	41.0	2019	3	22	流速仪法
769	下河村	赵南河	汾河	尧都区	大阳镇	下河	村北 800 m	111°42′01″	35°57′29″	0.55	2019	3	23	三角堰法

续附表 1

序号	河名	汇入河名	水系	施测地点				坐标		流量(L/s)	测验时间			测验方法
				县(市、区)	乡(镇)	村	断面位置	东经	北纬		年	月	日	
770	岳壁沟	杨村河	汾河	尧都区	大阳镇	岳壁村	村东 200 m	111°45′57″	36°04′43″	27	2004	4	16	
				尧都区	大阳镇	岳壁村	村东 300 m	111°45′57″	36°04′43″	0	2009	3	19	
				尧都区	大阳镇	岳壁村	村东 300 m	111°45′56″	36°04′43″	0	2019	3	21	
771	岳壁沟(入库)	杨村河	汾河	尧都区	大阳镇	岳壁村	村南 500 m，入涝河水库	111°45′37″	36°04′24″	0	2019	3	22	
772	柏村河	涝河	汾河	尧都区	大阳镇	刘家庄	村东 200 m	111°46′45″	36°03′21″	53	2004	4	17	
				尧都区	大阳镇	刘家庄	村东 300 m	111°46′45″	36°03′21″	0	2009	3	19	体积法
				尧都区	大阳镇	南郊村	村东 1 000 m	111°46′45″	36°03′22″	67.0	2019	3	21	流速仪法
773	柏村河 1	涝河	汾河	尧都区	大阳镇	南郊村	村西 50 m	111°46′06″	36°03′42″	71	2004	4	17	
				尧都区	大阳镇	南郊村	村西 200 m	111°45′15″	36°04′24″	0.082	2009	3	23	体积法
				尧都区	大阳镇	南郊村	村西北 1 500 m，入涝河水库	111°45′21″	36°04′12″	36.0	2019	3	22	流速仪法
774	洰河	涝河	汾河	尧都区	贺家庄乡	刘家庄村	村东 500 m	111°42′55″	36°00′27″	136	1966	1	2	
				尧都区	贺家庄乡	刘家庄村	村东 500 m	111°42′55″	36°00′27″	70	1987	4	27	
				尧都区	贺家庄乡	刘家庄村	村东 500 m	111°42′55″	36°00′27″	36	2004	4	21	
				尧都区	贺家庄乡	刘家庄村	村东 500 m	111°42′55″	36°00′27″	2.65	2009	3	25	体积法
				尧都区	贺家庄乡	刘家庄村	村东 900 m	111°42′59″	36°00′33″	38.0	2019	3	24	流速仪法
775	洰河 1	涝河	汾河	尧都区	大阳镇	合理庄	洰河水库坝下	111°39′26″	36°03′31″	1 210	2004	4	17	
				尧都区	大阳镇	陈念	村西 550 m	111°39′08″	36°03′49″	0	2009	3	20	
				尧都区	大阳镇	陈念	陈念村西 700 m	111°38′60″	36°03′36″	0	2019	3	22	
776	洰河灌溉渠	涝河	汾河	尧都区	大阳镇	洰河水库	大坝左岸洰河供水处	111°38′54″	36°03′33″	600	2019	3	22	调查法
777	洰河泄水渠	涝河	汾河	尧都区	大阳镇	陈念	陈念村西 550 m	111°39′14″	36°03′44″	0	2019	3	22	

续附表 1

序号	河名	汇入河名	水系	施测地点				坐标		流量	测验时间			测验方法
				县(市、区)	乡(镇)	村	断面位置	东经	北纬	(L/s)	年	月	日	
778	洰河水库溢洪道	涝河	汾河	尧都区	大阳镇	陈念	陈念村西 300 m	111°39′23″	36°03′44″	0	2019	3	22	
779	洰河 2	涝河	汾河	尧都区	县底镇	庞杜	村东北 1 000 m	111°39′02″	36°03′49″	0	2009	3	20	
				尧都区	县底镇	庞庄村	村东北 1 000 m	111°39′03″	36°03′43″	0	2019	3	24	
780	葛家河	洰河	汾河	尧都区	贺家庄乡	葛家庄	村西 600 m	111°42′57″	36°00′34″	43.0	2019	3	24	流速仪法
781	刘家庄河	洰河	汾河	尧都区	贺家庄乡	刘家庄	村南 300 m	111°42′54″	36°00′27″	87.0	2019	3	24	三角堰法
782	燕村沟	洰河	汾河	尧都区	贺家庄乡	刘家庄	村南 300 m	111°42′55″	36°00′27″	3.6	2019	3	24	三角堰法
783	浮峪河沟 1	洰河	汾河	尧都区	贺家庄乡	浮峪河	村北 1 500 m	111°42′03″	35°58′23″	0.2	2004	4	21	
				尧都区	贺家庄乡	浮峪河	村东南 100 m	111°42′03″	35°58′23″	0	2009	3	25	
784	赵南河 1	洰河	汾河	尧都区	贺家庄乡	浮峪河	村东南 100 m	111°42′45″	35°59′07″	0.22	2019	3	23	三角堰法
785	浮峪河沟	赵南河	汾河	尧都区	贺家庄乡	浮峪河	村东北 500 m	111°42′47″	35°59′29″	0	2019	3	23	
				尧都区	贺家庄乡	刘家庄村	村东南 400 m	111°42′55″	36°00′26″	5.4	2004	4	21	
				尧都区	贺家庄乡	刘家庄村	村东南 700 m	111°42′55″	36°00′26″	1.3	2009	3	25	体积法
786	赵南河	洰河	汾河	尧都区	贺家庄乡	刘家庄村	村东南 1 000 m	111°42′55″	36°00′26″	5.0	2019	3	24	三角堰法
787	北曲河	赵南河	汾河	尧都区	贺家庄乡	北曲河	村西 100 m	111°40′56″	35°56′26″	0.6	2004	4	21	
				尧都区	贺家庄乡	北曲河	村西 100 m	111°40′56″	35°56′26″	0	2009	3	20	
				尧都区	贺家庄乡	北曲河	村西 100 m	111°40′55″	35°56′27″	0	2019	3	23	
788	高化庄沟	浮峪河沟	汾河	尧都区	贺家庄乡	高化庄村	村西 100 m	111°40′25″	35°59′46″	1.7	2009	3	20	流速仪法
789	金子河	洰河	汾河	尧都区	贺家庄乡	高化庄村	村中桥北 10 m	111°40′24″	35°59′46″	2.4	2019	3	23	三角堰法
790	金子河水库入库	洰河	汾河	尧都区	县底镇	许村	村东南 1 000 m	111°40′22″	36°00′46″	0	2019	3	24	
791	金子河水库出库	洰河	汾河	尧都区	县底镇	许村	村东 1 000 m	111°40′19″	36°00′56″	0	2019	3	24	

续附表 1

序号	河名	汇入河名	水系	施测地点				坐标		流量 (L/s)	测验时间			测验方法
				县(市、区)	乡(镇)	村	断面位置	东经	北纬		年	月	日	
792	河心沟	洰河	汾河	尧都区	贺家庄乡	刘家庄	村东 500 m	111°42′55″	36°07′27″	0.4	2004	4	21	
				尧都区	贺家庄乡	刘家庄	村东北 200 m	111°42′55″	36°07′27″	1.15	2009	3	25	体积法
				尧都区	贺家庄乡	刘家庄村	村东 800 m	111°42′58″	36°00′34″	0.10	2019	3	24	体积法
793	南曲河	赵南河	汾河	尧都区	贺家庄乡	赵南河	村南 100 m	111°41′05″	35°56′36″	3.1	2004	4	21	
				尧都区	贺家庄乡	赵南河	村南 400 m	111°41′05″	35°56′36″	0.265	2009	3	20	体积法
				尧都区	贺家庄乡	赵南河	村东 100 m	111°41′06″	35°56′42″	0	2019	3	23	
794	下河里	赵南河	汾河	尧都区	贺家庄乡	赵北河	村南 300 m	111°41′29″	35°56′55″	0.6	2004	4	21	
				尧都区	贺家庄乡	赵北河	村东 50 m	111°41′29″	35°56′55″	0	2009	3	21	
				尧都区	贺家庄乡	赵北河	村东北 500 m	111°41′42″	35°57′00″	0	2019	3	23	
795	岔口河	汾河	汾河	尧都区	土门镇	东涧北	村西南 100 m	111°28′19″	36°12′24″	0	2019	3	26	
796	太涧河	汾河	汾河	尧都区	土门镇	亢村	村东南 1 500 m	111°29′09″	36°12′41″	0	2019	3	26	
797	羊舍沟	汾河	汾河	尧都区	魏村镇	魏村	村东南 500 m	111°29′53″	36°13′51″	0	2019	3	26	
798	北峪沟	汾河	汾河	尧都区	魏村镇	北峪村	村东南 500 m	111°28′55″	36°14′09″	0	2019	3	26	
799	南峪沟	汾河	汾河	尧都区	魏村镇	魏村	村东北 200 m	111°28′51″	36°14′04″	0	2019	3	26	
800	岔口河	汾河	汾河	尧都区	吴村镇	王曲村	村西 100 m	111°31′30″	36°10′19″	0	2019	3	26	
801	七一渠	七一水库	汾河	尧都区	金殿镇	西杜村	村西 1 000 m	111°21′53″	36°02′43″	0	2019	3	27	
802	豁都峪	汾河	汾河	尧都区	河底乡	河底村	村西 50 m	111°10′59″	36°08′53″	0	2019	3	27	
803	煤窑沟	洰河	汾河	尧都区	大阳镇	兰里	村西南 1 000 m	111°42′59″	36°01′31″	0	2019	3	22	
804	汾河	黄河	汾河	襄汾县	新城镇	下鲁	村东南 800 m	111°25′46″	35°46′24″	3 650	2009	3	21	流速仪法
				襄汾县	南贾镇	仓头	仓头村东南 500 m	111°25′18″	35°45′28″	521	2019	3	30	流速仪法
				襄汾县	永固乡	永固	桥下游 20 m	111°21′37″	35°41′32″	2.6	1987	5	9	
				襄汾县	永固乡	永固	桥下游 20 m	111°21′37″	35°41′32″	2 150	2004	4	19	

续附表 1

序号	河名	汇入河名	水系	施测地点				坐标		流量	测验时间			测验方法
				县(市、区)	乡(镇)	村	断面位置	东经	北纬	(L/s)	年	月	日	
805	蒲河	汾河	汾河	襄汾县	襄陵镇	屯南	村东 1 000 m	111°24′17″	35°59′29″	44	2004	4	15	
				襄汾县	襄陵镇	屯南	大坝西 30 m	111°24′17″	35°59′29″	67.6	2009	3	14	流速仪法
				襄汾县	襄陵镇	屯南	屯南村东南 1 000 m 大坝西 20 m	111°24′20″	35°59′28″	9.0	2019	3	30	流速仪法
806	三圣沟	汾河	汾河	襄汾县	襄陵镇	北街	村北 10 m	111°24′13″	36°01′32″	6.7	2004	4	15	
				襄汾县	襄陵镇	屯大	村东南 1 000 m	111°24′08″	36°00′05″	80.5	2009	3	14	流速仪法
				襄汾县	襄陵镇	北街	北街村西北晋桥下	111°24′08″	36°01′40″	30.0	2019	3	30	流速仪法
807	滩里河	汾河	汾河	襄汾县	新城镇	滩里	汾河大桥下 300 m	111°25′19″	35°52′21″	9	2004	4	22	
				襄汾县	新城镇	滩里	村西 100 m	111°25′19″	35°52′21″	0	2009	3	15	
				襄汾县	新城镇	城西村	城西村西 400 m 大坝西侧	111°25′20″	35°52′20″	0	2019	3	30	
808	屯大渠	汾河	汾河	襄汾县	襄陵镇	屯大	屯大村南学校旁	111°23′53″	36°00′09″	0	2019	3	30	
809	排洪沟	汾河	汾河	襄汾县	襄陵镇	李村	李村村南 200 m	111°24′07″	36°00′26″	0	2019	3	30	
810	七一渠	汾河	汾河	襄汾县	南贾镇	北刘	北刘东北角	111°20′29″	35°50′45″	0	2019	3	30	
811	跃进渠	汾河	汾河	襄汾县	南贾镇	连村	连村西南 500 m	111°20′44″	35°50′46″	0	2019	3	30	
812	七一水库	汾河	汾河	襄汾县	西贾乡	万东毛	七一水库坝下	111°21′52″	35°46′50″	0	2019	3	30	
813	城尔里沟	汾河	汾河	襄汾县	新城镇	城尔里	城尔里村西南角	111°26′38″	35°54′15″	0	2019	3	30	
814	汾河	黄河	汾河	曲沃县	高显镇	汾阴	村南 100 m	111°23′00″	35°42′30″	2 880	2009	3	19	流速仪法
				曲沃县	高显镇	汾阴	西北 500 m	111°26′15″	35°45′50″	9	2019	3	19	流速仪法
815	浍河 1	汾河	汾河	曲沃县	史村镇	卫村	村东 1 000 m	111°34′12″	35°36′07″	425	2009	3	19	
				曲沃县	史村镇	卫村	西南 1 000 m	111°32′36″	35°37′28″	0	2019	3	19	

续附表 1

序号	河名	汇入河名	水系	施测地点				坐标		流量	测验时间			测验方法
				县(市、区)	乡(镇)	村	断面位置	东经	北纬	(L/s)	年	月	日	
816	浍河	汾河	汾河	曲沃县	乐昌镇	东韩	公路桥下 30 m	111°27′29″	35°36′52″	236	1987	4	25	
				曲沃县	乐昌镇	东韩	公路桥下 30 m	111°27′29″	35°36′52″	6.5	2004	4	17	
				曲沃县	乐昌镇	东韩	村南桥下	111°27′29″	35°36′52″	29.8	2009	3	19	流速仪法
				曲沃县	乐昌镇	东韩	南 1 500 m	111°27′29″	35°36′51″	0	2019	3	19	
817	天河	浍河	汾河	曲沃县	北董乡	下裴	桥上游 20 m	111°30′10″	35°37′03″	7.5	2009	3	19	流速仪法
				曲沃县	北董乡	交里	桥上 100 m	111°29′39″	35°36′57″	39	2004	4	23	
				曲沃县	北董乡	河南西	村东北 100 m	111°30′12″	35°37′03″	0	2019	3	19	
818	滏沟	天河	汾河	曲沃县	北董乡	景明	水库上游 1 000 m	111°32′17″	35°34′43″	2	2004	4	23	
				曲沃县	北董乡	李野	水库分水闸室	111°34′06″	35°34′21″	0	2019	3	19	
819	涌沟	浍河	汾河	曲沃县	北董乡	薛庄	沟内 2 000 m	111°28′09″	35°36′02″	1.1	2004	4	27	
820	原沟	浍河	汾河	曲沃县	北董乡	窑院	沟内 100 m	111°27′22″	35°36′07″	1.7	2004	4	27	
821	沸泉 1	天河	汾河	曲沃县	北董乡	景明	一库坝下	111°32′32″	35°34′14″	104	2019	3	19	流速仪法
822	沸泉 2	天河	汾河	曲沃县	北董乡	景明	二库坝下	111°32′25″	35°34′27″	0	2019	3	19	
823	黑河	浍河	汾河	曲沃县	北董乡	李野	村南 800 m	111°32′40″	35°36′13″	0	2019	3	19	
824	汾河	黄河	汾河	侯马市	高村镇	西高	村西 1 000 m	111°15′44″	35°36′59″	1 600	2009	3	24	流速仪法
				侯马市	高村镇	西高	界碑上游 1 000 m	111°15′44″	35°36′59″	2 380	2004	4	25	
				侯马市	高村镇	西高	界碑下游 130 m	111°15′44″	35°36′37″	1 420	2004	4	17	
				侯马市	高村镇	张王村	张王村北 700 m	111°15′46″	35°36′41″	500	2019	3	27	
825	浍河	汾河	汾河	侯马市	凤城乡	香邑	坝下 300 m	111°24′35″	35°36′30″	58.1	2009	3	21	流速仪法
				侯马市	新田乡	乔村	乔村南 500 m	111°24′28″	35°36′28″	0	2019	3	27	
826	海军沟	浍河	汾河	侯马市	上马街办	复兴	海军营地院内	111°23′58″	35°35′07″	0.9	2004	4	15	

续附表 1

序号	河名	汇入河名	水系	施测地点				坐标		流量 (L/s)	测验时间			测验方法
				县(市、区)	乡(镇)	村	断面位置	东经	北纬		年	月	日	
827	马皮沟	浍河	汾河	侯马市	上马街办	马皮沟	沟内 1 000 m	111°24′30″	35°35′00″	2.5	2004	4	15	
828	大水沟	浍河	汾河	侯马市	上马街办	金沙	村东南 1 000 m	111°25′05″	35°35′50″	2.5	2004	4	15	
829	小水沟	浍河	汾河	侯马市	上马街办	金沙	村东南 2 000 m	111°25′05″	35°35′50″	2.5	2004	4	15	
830	大交	汾河	汾河	绛县	大交	大交	村北 300 m	111°39′01″	35°38′30″	0	2019	3	30	
831	浍河	汾河	汾河	翼城县	南唐乡	南丁	东南 300 m	111°39′39″	35°38′58″	45	1966	1	2	
				翼城县	南唐乡	南丁	东南 300 m	111°39′39″	35°38′58″	120	2004	3	28	
				翼城县	南唐乡	南丁	村东南 1 000 m	111°39′39″	35°38′58″	1.11	2009	4	6	体积法
				翼城县	南唐乡	南丁	村东南 340 m	111°39′39″	35°38′58″	0	2019	3	30	
832	浍河 1	汾河	汾河	翼城县	南唐乡	河运	村南 100 m	111°37′42″	35°38′54″	15	2009	4	6	流速仪法
				翼城县	南唐乡	河运	村南 100 m	111°37′53″	35°38′52″	0	2019	3	31	
833	滑家河	浍河	汾河	翼城县	隆化镇	上梁庄	公路桥下 80 m	111°50′13″	35°48′22″	86	2004	3	24	
				翼城县	隆化镇	上梁庄	村南 50 m	111°50′13″	35°48′22″	11.5	2009	4	7	流速仪法
				翼城县	隆化镇	上梁庄	村西 400 m	111°50′07″	35°48′21″	13.0	2019	3	31	流速仪法
834	两坂河	汾河	汾河	翼城县	隆化镇	两坂	村南公路桥下	111°49′51″	35°46′34″	390	1966	1	2	
				翼城县	隆化镇	两坂	村南公路桥下	111°49′51″	35°46′34″	75	1987	4	24	
				翼城县	隆化镇	两坂	村南公路桥下	111°49′51″	35°46′34″	222	2004	3	23	
				翼城县	隆化镇	两坂	村南小河口水库进库	111°49′51″	35°46′34″	105	2009	3	15	流速仪法
				翼城县	隆化镇	两坂	村东 300 m	111°50′21″	35°46′49″	63.0	2019	3	31	流速仪法
835	两坂河 1	汾河	汾河	翼城县	王庄乡	新村	村南 600 m	111°47′21″	35°46′15″	0	2019	3	31	
836	浇底河	汾河	汾河	翼城县	浇底乡	浇底	村东公路桥南 80 m	111°54′14″	35°49′09″	41	2004	3	23	
				翼城县	浇底乡	浇底	村公路东 50 m	111°54′14″	35°49′09″	71	2009	3	15	流速仪法
				翼城县	浇底乡	浇底	村西南 30 m	111°54′16″	35°49′10″	44.0	2019	3	31	流速仪法

续附表 1

序号	河名	汇入河名	水系	施测地点				坐标		流量(L/s)	测验时间			测验方法
				县(市、区)	乡(镇)	村	断面位置	东经	北纬		年	月	日	
837	史演河	浍河	汾河	翼城县	浇底乡	西马沟	村东漫水桥上 30 m	111°55′28″	35°50′39″	17	1987	5	1	
				翼城县	浇底乡	西马沟	村东漫水桥上 30 m	111°55′28″	35°50′39″	51	2004	3	23	
				翼城县	浇底乡	西马沟	漫水桥上游 30 m	111°55′28″	35°50′39″	14	2009	3	15	流速仪法
				翼城县	浇底乡	西马沟	村东 150 m	111°55′24″	35°50′38″	5.0	2019	3	31	流速仪法
838	石门沟	浍河	汾河	翼城县	浇底乡	张家庄	沟口公路桥下 30 m	111°55′10″	35°50′04″	89	2004	3	23	
				翼城县	浇底乡	张家庄	公路桥下 30 m	111°55′10″	35°50′04″	17.1	2009	3	15	流速仪法
				翼城县	浇底乡	张家庄	村西北 300 m	111°55′10″	35°50′05″	12.2	2019	3	31	三角堰法
839	羊尾坡河	浍河	汾河	翼城县	隆化镇	羊尾坡	村东北 500 m	111°51′10″	35°46′49″	0.853	2009	4	7	体积法
				翼城县	隆化镇	羊尾坡	村东北 500 m	111°51′11″	35°46′49″	0.14	2019	3	31	容积法
840	田家河	浍河	汾河	翼城县	浇底乡	河寨	村煤矿西 100 m	111°51′58″	35°47′10″	79	2004	3	23	
				翼城县	浇底乡	河寨	村煤矿西 100 m	111°51′58″	35°47′10″	41	2009	3	15	流速仪法
				翼城县	浇底乡	河寨	村西 700 m	111°51′58″	35°47′09″	25.0	2019	3	31	流速仪法
841	翟家桥河	浍河	汾河	翼城县	唐兴镇	下石	村南 1 000 m	111°45′41″	35°44′13″	24	1987	4	24	
				翼城县	唐兴镇	下石	村南 1 000 m	111°45′41″	35°44′13″	8	2004	3	28	
				翼城县	唐兴镇	下石	村西 50 m	111°45′41″	35°44′13″	0	2009	3	31	
				翼城县	中卫乡	木坂	村北 400 m	111°45′41″	35°44′14″	0	2019	3	31	
842	良狐沟	翟家桥河	汾河	翼城县	隆化镇	西村	铁路桥南 200 m	111°58′06″	35°42′40″	16	2004	3	25	
				翼城县	隆化镇	西村	村西 500 m	111°58′06″	35°42′40″	2.27	2009	4	2	体积法
				翼城县	隆化镇	西村	村西 500 m	111°58′07″	35°42′41″	0.87	2019	3	30	三角堰法
843	上交沟	翟家桥河	汾河	翼城县	隆化镇	西村	铁路桥南 250 m	111°58′08″	35°42′39″	14	2004	3	25	
				翼城县	隆化镇	西村	村西 500 m	111°58′08″	35°42′39″	9.2	2009	4	2	流速仪法
				翼城县	隆化镇	西村	村西 500 m	111°58′05″	35°42′39″	3.8	2019	3	30	三角堰法

续附表 1

序号	河名	汇入河名	水系	施测地点				坐标		流量	测验时间			测验方法
				县(市、区)	乡(镇)	村	断面位置	东经	北纬	(L/s)	年	月	日	
844	十河	续鲁峪河	汾河	翼城县	西闫镇	北河湾	村东南公路桥西 100 m	111°55′51″	35°35′21″	31	1987	4	25	
				翼城县	西闫镇	北河湾	村东南公路桥西 100 m	111°55′51″	35°35′21″	43	2004	3	27	
				翼城县	西闫镇	北河湾	村西 100 m	111°55′51″	35°35′21″	0	2009	3	16	
				翼城县	西闫镇	北河湾	村南 200 m	111°55′44″	35°35′23″	13.0	2019	3	30	流速仪法
845	续鲁峪河	浍河	汾河	翼城县	西闫镇	西闫	村南 50 m	111°55′03″	35°35′07″	9.2	2009	3	16	流速仪法
				翼城县	西闫镇	西闫	村南 50 m	111°54′60″	35°35′07″	5.6	2019	3	30	三角堰法
846	续鲁峪河 1	浍河	汾河	翼城县	西闫镇	南坂	村东	111°49′30″	35°35′44″	7	1987	4	25	
				翼城县	西闫镇	南坂	村东	111°49′30″	35°35′44″	92	2004	3	27	
847	中石门沟	翟家桥河	汾河	翼城县	隆化镇	中石门	村北 50 m	111°50′59″	35°43′55″	0	2019	3	30	
848	翟家桥河 1	浍河	汾河	翼城县	桥上镇	桥上	村中	111°55′46″	35°42′56″	6.4	2019	3	30	三角堰法
849	沁河 1	黄河	沁河	安泽县	和川镇	铁布山	村北 500 m	112°16′52″	36°22′05″	478	1987	4	29	
				安泽县	和川镇	铁布山	村北 500 m	112°16′52″	36°22′05″	2 530	2004	3	23	
				安泽县	和川镇	铁布山	村北 500 m	112°16′52″	36°22′05″	378	2009	4	7	流速仪法
				安泽县	和川镇	铁布山	村南 500 m	112°17′01″	36°22′30″	1 250	2019	3	21	流速仪法
850	沁河 2	黄河	沁河	安泽县	和川镇	岭南	和川水库进库	112°16′37″	36°15′06″	490	2009	4	8	流速仪法
851	沁河 3	黄河	沁河	安泽县	和川镇	岭南	和川水库出库	112°15′18″	36°14′43″	551	2009	4	8	流速仪法
				安泽县	和川镇	岭南村	村南 200 m 出库	112°14′31″	36°14′44″	87.0	2019	3	23	流速仪法
852	沁河 4	黄河	沁河	安泽县	和川镇	和川村	和川水库入库	112°15′26″	36°15′39″	930	2019	3	23	流速仪法
853	沁河 5	黄河	沁河	安泽县	府城镇	飞岭村	水文站	112°16′09″	36°12′12″	1 260	1966	4	6	
				安泽县	府城镇	飞岭村	水文站	112°16′09″	36°12′12″	360	1987	5	9	
				安泽县	府城镇	飞岭村	水文站	112°16′09″	36°12′12″	3 180	2004	3	25	
				安泽县	府城镇	飞岭村	水文站	112°16′09″	36°12′12″	671	2009	4	8	流速仪法
				安泽县	府城镇	飞岭村	飞岭基下 500 m	112°15′34″	36°11′39″	81.0	2019	3	23	流速仪法

续附表1

序号	河名	汇入河名	水系	施测地点				坐标		流量	测验时间			测验方法
				县(市、区)	乡(镇)	村	断面位置	东经	北纬	(L/s)	年	月	日	
854	沁河6	黄河	沁河	安泽县	马壁乡	东滩	沁水县交界处	112°19′13″	35°53′54″	1 570	1987	4	28	
				安泽县	马壁乡	东滩	沁水县交界处	112°19′13″	35°53′54″	6 060	2004	3	26	
				安泽县	马壁乡	东滩	村东1 000 m	112°19′13″	35°53′54″	1 360	2009	4	9	流速仪法
				安泽县	马壁乡	海东村	村西大桥下100 m	112°20′24″	35°55′05″	1 010	2019	3	26	流速仪法
855	仪亭河	沁河	沁河	安泽县	和川镇	仪亭	村东	112°16′45″	36°22′09″	3.2	1987	4	29	
				安泽县	和川镇	仪亭	村东	112°16′45″	36°22′09″	18	2004	3	23	
				安泽县	和川镇	仪亭	村南50 m	112°16′45″	36°22′09″	0.8	2009	4	7	三角堰法
				安泽县	和川镇	仪亭	村南50 m	112°16′45″	36°22′11″	0	2019	3	21	
856	柏木河	沁河	沁河	安泽县	和川镇	周家沟	村西	112°17′03″	36°20′41″	23	1987	4	29	
				安泽县	和川镇	周家沟	村西	112°17′03″	36°20′41″	70	2004	3	23	
				安泽县	和川镇	周家沟	村西100 m	112°17′03″	36°20′41″	12	2009	4	7	三角堰法
				安泽县	和川镇	周家沟	村西100 m	112°17′26″	36°20′42″	23.6	2019	3	21	三角堰法
857	罗云河	沁河	沁河	安泽县	和川镇	罗云	村西	112°18′15″	36°20′14″	13	1987	4	29	
				安泽县	和川镇	罗云	村西	112°18′15″	36°20′14″	26	2004	3	23	
				安泽县	和川镇	罗云	漫水桥下10 m	112°18′15″	36°20′14″	3	2009	4	7	三角堰法
				安泽县	和川镇	孤山村	村北30 m	112°17′50″	36°20′07″	7.4	2019	3	21	三角堰法
858	东洪驿河1	沁河	沁河	安泽县	和川镇	上田	村南	112°24′32″	36°18′59″	10	2004	3	23	
859	东洪驿河2	沁河	沁河	安泽县	和川镇	安上	东北	112°21′27″	36°18′05″	30	2004	3	23	
				安泽县	和川镇	安上	村东30 m	112°21′27″	36°18′05″	0.144	2009	4	7	体积法
860	东洪驿河3	沁河	沁河	安泽县	和川镇	孔村	村北	112°17′31″	36°16′30″	25	2004	3	23	
				安泽县	和川镇	孔村	东北100 m	112°17′31″	36°16′30″	0	2009	4	7	

续附表 1

序号	河名	汇入河名	水系	施测地点				坐标		流量（L/s）	测验时间			测验方法
				县（市、区）	乡（镇）	村	断面位置	东经	北纬		年	月	日	
861	东洪驿河 4	沁河	沁河	安泽县	和川镇	东洪驿	村西河口	112°15′50″	36°16′06″	19	1966	4	5	
				安泽县	和川镇	东洪驿	村西河口	112°15′50″	36°16′06″	18	1987	5	5	
				安泽县	和川镇	东洪驿	村西河口	112°15′50″	36°16′06″	150	2004	3	23	
				安泽县	和川镇	东洪驿	村西 30 m	112°15′23″	36°16′04″	2.9	2009	4	7	体积法
				安泽县	和川镇	东洪驿	村西南 300 m	112°15′26″	36°16′04″	21.6	2019	3	21	三角堰法
862	柳八沟	东洪驿河	沁河	安泽县	和川镇	安上	村东	112°21′27″	36°18′03″	34	2004	3	23	
				安泽县	和川镇	安上	村东 50 m	112°21′27″	36°18′03″	3.6	2009	4	7	三角堰法
				安泽县	和川镇	安上	村东桥东入河处	112°21′27″	36°18′04″	7.0	2019	3	21	三角堰法
863	土条沟	东洪驿河	沁河	安泽县	和川镇	半沟	村西	112°16′18″	36°16′01″	46	2004	3	23	
				安泽县	和川镇	半沟	村西 300 m	112°16′18″	36°16′01″	1.5	2009	4	7	体积法
				安泽县	和川镇	半沟	村东 300 m	112°16′17″	36°16′12″	14.7	2019	3	21	三角堰法
864	蔺河	沁河	沁河	安泽县	和川镇	和川	村南公路桥下游 50 m	112°13′53″	36°15′37″	199	1966	4	6	
				安泽县	和川镇	和川	村南公路桥下游 50 m	112°13′53″	36°15′37″	98	1987	5	5	
				安泽县	和川镇	和川	村南公路桥下游 50 m	112°13′53″	36°15′37″	550	2004	3	24	
				安泽县	和川镇	和川	大桥上游 10 m	112°13′53″	36°15′37″	36	2009	4	6	流速仪法
				安泽县	和川镇	和川	与沁河交汇处	112°15′09″	36°15′19″	185	2019	3	22	流速仪法
865	蔺河 1	沁河	沁河	安泽县	唐城镇	东湾	村西 300 m	112°08′44″	36°26′31″	21	2004	3	24	
				安泽县	唐城镇	东湾	村西 100 m	112°08′44″	36°26′31″	0	2009	4	6	
866	岭底沟	蔺河	沁河	安泽县	唐城镇	东湾	村西 300 m	112°08′39″	36°26′31″	33	2004	3	24	
				安泽县	唐城镇	东湾	村西 200 m	112°08′39″	36°26′31″	0	2009	4	6	
				安泽县	唐城镇	东湾村	村西 340 m	112°08′37″	36°26′38″	14.7	2019	3	22	三角堰法

续附表 1

序号	河名	汇入河名	水系	施测地点				坐标		流量	测验时间			测验方法
				县(市、区)	乡(镇)	村	断面位置	东经	北纬	(L/s)	年	月	日	
867	庞壁沟	澮河	沁河	安泽县	唐城镇	车村	村西 200 m	112°10′10″	36°23′30″	33	2004	3	24	
				安泽县	唐城镇	车村	村西	112°10′10″	36°23′30″	0	2009	4	6	
				安泽县	唐城镇	庞壁村	村东 500 m 公路边	112°09′47″	36°23′33″	0.51	2019	3	22	三角堰法
868	小西沟	澮河	沁河	安泽县	唐城镇	建材厂	厂西 50 m	112°10′38″	36°23′03″	18	2004	3	24	
869	龙王庙沟	澮河	沁河	安泽县	唐城镇	唐城	村东 400 m	112°11′01″	36°22′41″	35	2004	3	24	
				安泽县	唐城镇	唐城	太岳焦化厂西北 100 m	112°11′01″	36°22′41″	7.3	2009	4	6	体积法
				安泽县	唐城镇	唐城	太岳焦化厂西 200 m	112°11′12″	36°22′17″	13.1	2019	3	22	三角堰法
870	马山沟	澮河	沁河	安泽县	唐城镇	龙王庙	村北 200 m	112°12′01″	36°23′02″	0.9	2009	4	6	体积法
				安泽县	唐城镇	唐城村	村委会北 100 m	112°12′01″	36°23′03″	0.33	2019	3	22	三角堰法
871	上县沟	澮河	沁河	安泽县	唐城镇	上县	村南 100 m	112°13′02″	36°17′34″	92	2004	3	24	
				安泽县	唐城镇	上县	村南 50 m	112°13′02″	36°17′34″	2.5	2009	4	6	体积法
				安泽县	唐城镇	上县	村南 20 m	112°13′03″	36°17′34″	16.1	2019	3	22	三角堰法
872	胡义沟	沁河	沁河	安泽县	府城镇	湾里	村北 1 000 m	112°15′36″	36°13′14″	4.4	2004	3	25	
873	河家沟	沁河	沁河	安泽县	府城镇	河家沟	沟口	112°14′44″	36°12′53″	4	1966	4	6	
				安泽县	府城镇	河家沟	沟口	112°14′44″	36°12′53″	2.3	1987	4	24	
				安泽县	府城镇	河家沟	沟口	112°14′44″	36°12′53″	0	2004			
				安泽县	府城镇	河家沟	沟口	112°14′44″	36°12′53″	0.9	2009	4	8	三角堰法
874	大黄沟	沁河	沁河	安泽县	府城镇	大黄	村北 100 m	112°17′45″	36°12′54″	51	2004	3	25	
				安泽县	府城镇	大黄	村北 100 m	112°17′45″	36°12′54″	7	2009	4	8	三角堰法
				安泽县	府城镇	朝阳坡	村南 500 m	112°16′24″	36°12′20″	36	1987	4	24	
				安泽县	府城镇	朝阳坡	村南 500 m	112°16′24″	36°12′20″	55	2004	3	25	
				安泽县	府城镇	小黄村	村北 500 m	112°15′58″	36°12′01″	27.9	2019	3	22	三角堰法

续附表 1

序号	河名	汇入河名	水系	施测地点				坐标		流量(L/s)	测验时间			测验方法
				县(市、区)	乡(镇)	村	断面位置	东经	北纬		年	月	日	
875	半沟	大黄沟	沁河	安泽县	府城镇	大黄	东北 100 m	112°17′30″	36°12′55″	7	2004	3	25	
876	小黄沟	沁河	沁河	安泽县	府城镇	小黄	西北 500 m	112°15′05″	36°11′60″	27	2009	4	8	流速仪法
877	李垣河	沁河	沁河	安泽县	府城镇	阳坡	村南 300 m	112°14′40″	36°10′23″	48	1966	4	4	
				安泽县	府城镇	阳坡	村南 300 m	112°14′40″	36°10′23″	12	1987	4	26	
				安泽县	府城镇	阳坡	村南 300 m	112°14′40″	36°10′23″	82	2004	3	25	
				安泽县	府城镇	阳坡	村南 300 m	112°14′40″	36°10′23″	2.1	2009	4	8	三角堰法
				安泽县	府城镇	阳坡村	村南 300 m	112°14′38″	36°10′22″	12.5	2019	3	24	三角堰法
878	交口河	李垣河	沁河	安泽县	府城镇	交口河	西南 100 m	112°04′22″	36°19′56″	48	1966	4	4	
				安泽县	府城镇	交口河	西南 100 m	112°04′22″	36°19′56″	12	1987	4	26	
				安泽县	府城镇	交口河	西南 100 m	112°04′22″	36°19′56″	1.9	2004	3	25	
				安泽县	府城镇	交口河	西南 100 m	112°04′22″	36°19′56″	0	2009	4	8	
				安泽县	府城镇	交口河	村南 10 m	112°04′16″	36°19′58″	0	2019	3	24	
879	古阳沟	李垣河	沁河	安泽县	府城镇	交口河	村东 200 m	112°04′22″	36°20′02″	25	2004	3	25	
				安泽县	府城镇	小黄	村东 200 m	112°04′02″	36°19′56″	0	2009	4	8	
				安泽县	府城镇	交口河	村东 30 m	112°04′22″	36°19′56″	0.64	2019	3	24	三角堰法
880	郭都河	沁河	沁河	安泽县	府城镇	下第五村	村南 30 m	112°15′34″	36°08′22″	30	1966	4	4	
				安泽县	府城镇	下第五村	村南 30 m	112°15′34″	36°08′22″	20	1987	4	28	
				安泽县	府城镇	下第五村	村南 30 m	112°15′34″	36°08′22″	73	2004	3	29	
				安泽县	府城镇	下第五村	村南 30 m	112°15′34″	36°08′22″	11	2009	4	11	三角堰法
				安泽县	府城镇	下第五村	村南 30 m	112°15′09″	36°08′34″	103	2019	3	24	三角堰法

续附表 1

序号	河名	汇入河名	水系	施测地点				坐标		流量 (L/s)	测验时间			测验方法
				县(市、区)	乡(镇)	村	断面位置	东经	北纬		年	月	日	
881	新庄沟	郭都河	沁河	安泽县	府城镇	劳井村	村西 50 m	112°20′41″	36°12′11″	20	1987	4	28	
				安泽县	府城镇	劳井村	村西 50 m	112°20′41″	36°12′11″	8	2004	3	29	
				安泽县	府城镇	劳井村	村西 10 m	112°20′41″	36°12′11″	0.17	2009	4	11	体积法
882	瓦缸窑沟	郭都河	沁河	安泽县	府城镇	劳井村	村东	112°20′49″	36°12′04″	9	2004	3	29	
				安泽县	府城镇	劳井村	村南 20 m	112°20′49″	36°12′04″	0.9	2009	4	11	三角堰法
				安泽县	府城镇	劳井村	村南 20 m	112°20′41″	36°12′10″	0.87	2019	3	24	三角堰法
883	荒地坪沟	郭都河	沁河	安泽县	府城镇	四亩庄	村东 60 m	112°19′09″	36°11′01″	0.072	2009	4	11	体积法
				安泽县	府城镇	四亩庄	村东 60 m	112°19′10″	36°11′06″	0	2019	3	24	
884	杨家沟	郭都河	沁河	安泽县	府城镇	大新庄	村口	112°18′08″	36°09′59″	47	2004	3	29	
				安泽县	府城镇	大新庄	村口	112°18′08″	36°09′59″	7.3	2009	4	11	三角堰法
				安泽县	府城镇	大新庄	村口	112°18′11″	36°10′03″	0.51	2019	3	24	三角堰法
885	泽明河	沁河	沁河	安泽县	府城镇	西沟村	村南	112°14′16″	36°08′57″	11	1966	4	4	
				安泽县	府城镇	西沟村	村南	112°14′16″	36°08′57″	0	1987	4	28	
				安泽县	府城镇	西沟村	村南	112°14′16″	36°08′57″	23	2004	3	25	
				安泽县	府城镇	西沟村	村南 10 m	112°14′16″	36°08′57″	0	2009	4	9	
				安泽县	府城镇	西沟村	村南 10 m	112°14′27″	36°08′52″	0	2019	3	24	
886	张家沟	泽明河	沁河	安泽县	府城镇	坡地	村南 15 m	112°11′30″	36°09′41″	1.7	2009	4	11	三角堰法
				安泽县	府城镇	义唐村	村南 15 m	112°11′27″	36°09′42″	1.1	2019	3	24	三角堰法
887	坡底沟	泽明河	沁河	安泽县	府城镇	坡底村	村南 20 m	112°09′48″	36°10′08″	0.8	2009	4	11	三角堰法
				安泽县	府城镇	坡底村	村南 20 m	112°09′46″	36°10′07″	0	2019	3	24	

续附表 1

序号	河名	汇入河名	水系	施测地点				坐标		流量	测验时间			测验方法
				县(市、区)	乡(镇)	村	断面位置	东经	北纬	(L/s)	年	月	日	
888	风池河	沁河	沁河	安泽县	府城镇	风池村	村东	112°13′52″	36°07′36″	2	1966	4	10	
				安泽县	府城镇	风池村	村东	112°13′52″	36°07′36″	0	1987	4	28	
				安泽县	府城镇	风池村	村东	112°13′52″	36°07′36″	0	2004			
				安泽县	府城镇	风池村	村南 10 m	112°13′52″	36°07′36″	0.9	2009	4	11	三角堰法
				安泽县	府城镇	风池村	村南 10 m	112°13′52″	36°07′37″	1.0	2019	3	24	三角堰法
889	孔村河	沁河	沁河	安泽县	府城镇	孔村	村南 300 m	112°14′20″	36°06′58″	36	1966	4	8	
				安泽县	府城镇	孔村	村南 300 m	112°14′20″	36°06′58″	24	1987	4	28	
				安泽县	府城镇	孔村	村南 300 m	112°14′20″	36°06′58″	71	2004	3	29	
				安泽县	府城镇	孔村	村南 300 m	112°14′20″	36°06′58″	6.7	2009	4	11	三角堰法
				安泽县	府城镇	孔村	村中心	112°14′22″	36°06′58″	0	2019	3	24	
890	平坡沟	沁河	沁河	安泽县	府城镇	平坡	村西	112°13′41″	36°06′28″	2	1966	4	7	
				安泽县	府城镇	平坡	村西	112°13′41″	36°06′28″	0	1987	4	28	
				安泽县	府城镇	平坡	村西	112°13′41″	36°06′28″	0	2004			
891	和平河	沁河	沁河	安泽县	冀氏镇	和平村	村南 200 m	112°16′23″	36°05′43″	3.9	1987	4	28	
				安泽县	冀氏镇	和平村	村南 200 m	112°16′23″	36°05′43″	16	2004	3	29	
				安泽县	冀氏镇	和平村	村东 50 m	112°16′23″	36°05′43″	1.1	2009	4	10	三角堰法
				安泽县	冀氏镇	和平村	村东 50 m	112°16′04″	36°05′27″	1.0	2019	3	24	三角堰法
892	马寨河 1	兰村河	沁河	安泽县	府城镇	上马寨村	村南与古县交界处	112°10′39″	36°05′59″	0.11	2019	3	25	容积法
893	马寨河 2	沁河	沁河	安泽县	冀氏镇	兰村	村南 30 m	112°15′50″	36°05′06″	25	1966	4	8	
				安泽县	冀氏镇	兰村	村南 30 m	112°15′50″	36°05′06″	6.3	1987	4	27	
				安泽县	冀氏镇	兰村	村南 30 m	112°15′50″	36°05′06″	78	2004	3	29	
				安泽县	冀氏镇	兰村	村南 30 m	112°15′50″	36°05′06″	0.8	2009	4	9	三角堰法
				安泽县	冀氏镇	兰村	村南 30 m	112°15′50″	36°05′16″	0	2019	3	24	

续附表 1

序号	河名	汇入河名	水系	施测地点				坐标		流量(L/s)	测验时间			测验方法
				县(市、区)	乡(镇)	村	断面位置	东经	北纬		年	月	日	
894	白村河	沁河	沁河	安泽县	冀氏镇	白村	村东 50 m	112°16′50″	36°04′16″	7	1966	4	8	
				安泽县	冀氏镇	白村	村东 50 m	112°16′50″	36°04′16″	3.7	1987	4	28	
				安泽县	冀氏镇	白村	村东 50 m	112°16′50″	36°04′16″	20	2004	3	29	
				安泽县	冀氏镇	白村	村东 50 m	112°16′50″	36°04′16″	0	2009	4	10	
				安泽县	冀氏镇	白村	村东 50 m	112°16′50″	36°04′25″	0	2019	3	24	
895	王村河	沁河	沁河	安泽县	冀氏镇	冀氏村	大桥上游 20 m	112°17′41″	36°02′11″	69	1966	4	7	
				安泽县	冀氏镇	冀氏村	大桥上游 20 m	112°17′41″	36°02′11″	43	1987	4	27	
				安泽县	冀氏镇	冀氏村	大桥上游 20 m	112°17′41″	36°02′11″	220	2004	3	27	
				安泽县	冀氏镇	冀氏村	大桥上游 20 m	112°17′41″	36°02′11″	7	2009	4	9	三角堰法
				安泽县	冀氏镇	冀氏村	大桥上游 200 m	112°17′28″	36°02′11″	6.1	2019	3	24	三角堰法
896	角洼沟	沁河	沁河	安泽县	冀氏镇	半道村	村东 1 500 m	112°19′22″	36°01′37″	0.8	2009	4	10	三角堰法
				安泽县	冀氏镇	半道村	村东 1 500 m	112°19′22″	36°01′26″	0.35	2019	3	25	三角堰法
897	泗河	沁河	沁河	安泽县	冀氏镇	北孔滩村	村南 20 m	112°20′20″	36°00′29″	122	1966	4	9	
				安泽县	冀氏镇	北孔滩村	村南 20 m	112°20′20″	36°00′29″	68	1987	4	27	
				安泽县	冀氏镇	北孔滩村	村南 20 m	112°20′20″	36°00′29″	330	2004	3	27	
				安泽县	冀氏镇	北孔滩村	村南 200 m	112°20′20″	36°00′29″	3.2	2009	4	10	三角堰法
				安泽县	冀氏镇	北孔滩村	村东 200 m	112°20′12″	36°00′22″	1.7	2019	3	25	三角堰法
898	将军沟	泗河	沁河	安泽县	良马乡	四道河	村东 100 m	112°27′02″	36°13′55″	38	2004	3	27	
				安泽县	良马乡	四道河	村东 100 m	112°27′02″	36°13′55″	1.5	2009	4	10	三角堰法
				安泽县	良马乡	四道河	村东 100 m	112°27′02″	36°13′55″	4.2	2019	3	25	三角堰法
899	边寨沟	泗河	沁河	安泽县	良马乡	四道河	村东 100 m	112°27′09″	36°13′48″	26	2004	3	27	
				安泽县	良马乡	四道河	村东 100 m	112°27′09″	36°13′48″	1.7	2009	4	11	三角堰法
				安泽县	良马乡	四道河	村东 100 m	112°27′01″	36°13′52″	1.0	2019	3	25	三角堰法

续附表 1

序号	河名	汇入河名	水系	施测地点				坐标		流量 (L/s)	测验时间			测验方法
				县(市、区)	乡(镇)	村	断面位置	东经	北纬		年	月	日	
900	南河	泗河	沁河	安泽县	良马乡	良马村	村南 30 m	112°26′01″	36°13′12″	110	2004	3	27	
				安泽县	良马乡	良马村	村南 30 m	112°26′01″	36°13′12″	0.8	2009	4	11	三角堰法
				安泽县	良马乡	良马村	村南 30 m	112°26′08″	36°13′21″	4.2	2019	3	25	三角堰法
901	小关道河	泗河	沁河	安泽县	良马乡	良马村	村西 20 m	112°26′02″	36°13′16″	9	2004	3	27	
				安泽县	良马乡	良马村	村西 20 m	112°26′02″	36°13′16″	0	2009	4	11	
				安泽县	良马乡	良马村	村西 20 m	112°26′02″	36°13′17″	0.09	2019	3	25	三角堰法
902	南孔滩河	沁河	沁河	安泽县	冀氏镇	南孔滩村	村西 100 m	112°19′20″	35°59′38″	6	1966	4	8	
				安泽县	冀氏镇	南孔滩村	村西 100 m	112°19′20″	35°59′38″	0	1987	4	27	
				安泽县	冀氏镇	南孔滩村	村西 100 m	112°19′20″	35°59′38″	21	2004	3	27	
				安泽县	冀氏镇	南孔滩村	村西 60 m	112°19′20″	35°59′38″	0	2009	4	9	
				安泽县	冀氏镇	南孔滩村	村东 100 m 入沁河处	112°19′18″	35°59′38″	0	2019	3	25	
903	兰河	沁河	沁河	安泽县	冀氏镇	红圈凹村	村东	112°20′40″	35°59′12″	287	1966	4	9	
				安泽县	冀氏镇	红圈凹村	村东	112°20′40″	35°59′12″	203	1987	4	27	
				安泽县	冀氏镇	红圈凹村	村东	112°20′40″	35°59′12″	730	2004	3	28	
				安泽县	冀氏镇	红圈凹村	村东 100 m	112°20′40″	35°59′12″	170	2009	4	10	流速仪法
				安泽县	冀氏镇	红圈凹村	村南 100 m	112°20′24″	35°59′13″	231	2019	3	25	流速仪法
904	小李村河	兰河	沁河	安泽县	杜村乡	碱土院村	村南	112°29′08″	36°04′45″	470	2004	3	28	
				安泽县	杜村乡	碱土院村	村南 30 m	112°29′08″	36°04′45″	84	2009	4	10	流速仪法
				安泽县	杜村乡	碱土院村	村南 30 m	112°28′53″	36°04′42″	85.0	2019	3	25	流速仪法

续附表 1

序号	河名	汇入河名	水系	施测地点				坐标		流量 (L/s)	测验时间			测验方法
				县(市、区)	乡(镇)	村	断面位置	东经	北纬		年	月	日	
905	良马坪河	兰河	沁河	安泽县	杜村乡	良马坪村	村南	112°29′16″	36°04′22″	240	2004	3	28	
				安泽县	杜村乡	良马坪村	村南 200 m	112°29′16″	36°04′22″	63	2009	4	10	流速仪法
				安泽县	杜村乡	良马坪村	村南 200 m	112°29′00″	36°04′30″	126	2019	3	25	流速仪法
906	红泥沟	兰河	沁河	安泽县	杜村乡	瓦窑村	村口	112°27′08″	36°03′28″	2	2004	3	28	
				安泽县	杜村乡	瓦窑村	东北 15 m	112°27′08″	36°03′28″	1.3	2009	4	10	三角堰法
				安泽县	杜村乡	瓦窑村	村东北 15 m	112°27′07″	36°03′35″	1.4	2019	3	25	三角堰法
907	羊玉岭沟	兰河	沁河	安泽县	良马乡	文洲	村东 50 m	112°23′50″	36°01′50″	0.8	2009	4	10	三角堰法
				安泽县	杜村乡	河阳村	村东 50 m	112°23′28″	36°02′01″	0.11	2019	3	25	三角堰法
908	高一村沟	沁河	沁河	安泽县	马壁乡	西里村	电站桥上游 5 m	112°19′36″	35°56′35″	2.5	2009	4	9	三角堰法
				安泽县	马壁乡	西里村	西里桥上游 5 m	112°19′25″	35°57′52″	1.2	2019	3	26	三角堰法
909	石槽河 1	沁河	沁河	安泽县	马壁乡	饭铺窑	村东 1 000 m	112°25′53″	35°57′31″	170	2004	3	28	
				安泽县	马壁乡	饭铺窑	村东 1 000 m	112°25′53″	35°57′31″	49	2009	4	10	流速仪法
910	石槽河 2	沁河	沁河	安泽县	马壁乡	海东村	村南 100 m	112°20′18″	35°54′57″	148	1966	4	6	
				安泽县	马壁乡	海东村	村南 100 m	112°20′18″	35°54′57″	115	1987	4	27	
				安泽县	马壁乡	海东村	村南 100 m	112°20′18″	35°54′57″	370	2004	3	28	
				安泽县	马壁乡	海东村	村南 150 m	112°20′18″	35°54′57″	70	2009	4	10	流速仪法
				安泽县	马壁乡	海东村	村西 150 m	112°20′45″	35°55′03″	30.6	2019	3	26	三角堰法
911	张寨沟	石槽河	沁河	安泽县	马壁乡	沟口村	村南	112°26′20″	35°57′44″	20	2004	3	28	
				安泽县	马壁乡	沟口村	村南 30 m	112°26′20″	35°57′44″	1.1	2009	4	10	三角堰法
				安泽县	马壁乡	沟口村	村南 30 m	112°26′16″	35°57′45″	0.87	2019	3	26	三角堰法

续附表 1

序号	河名	汇入河名	水系	施测地点				坐标		流量(L/s)	测验时间			测验方法
				县(市、区)	乡(镇)	村	断面位置	东经	北纬		年	月	日	
912	板桥沟	石槽河	沁河	安泽县	马壁乡	石槽村	村东 50 m	112°24′17″	35°56′52″	1	2004	3	28	
				安泽县	马壁乡	石槽村	村东 50 m	112°24′17″	35°56′52″	0.8	2009	4	10	三角堰法
				安泽县	马壁乡	石槽村	村东 50 m	112°24′18″	35°56′52″	0	2019	3	26	
913	后南沟	石槽河	沁河	安泽县	马壁乡	石槽村	村南 200 m	112°24′16″	35°56′31″	19	2004	3	28	
				安泽县	马壁乡	石槽村	村南 200 m	112°24′16″	35°56′31″	1.3	2009	4	10	三角堰法
				安泽县	马壁乡	石槽村	村南 200 m	112°24′09″	35°56′41″	0.87	2019	3	26	三角堰法
914	柳沟	石槽河	沁河	安泽县	马壁乡	海东村	村南 100 m	112°20′47″	35°55′03″	0.8	2009	4	10	三角堰法
				安泽县	马壁乡	海东村	村南 100 m	112°20′48″	35°55′02″	0	2019	3	26	
915	下石沟	石槽河	沁河	安泽县	马壁乡	下石村	村口	112°22′14″	35°56′06″	1	2004	3	28	
				安泽县	马壁乡	下石村	村口	112°22′14″	35°56′06″	0	2009	4	10	
				安泽县	马壁乡	下石村	村口	112°22′14″	35°56′06″	0	2019	3	26	
916	杨门沟	石槽河	沁河	安泽县	马壁乡	沟口村	村口	112°21′44″	35°55′33″	24	2004	3	28	
				安泽县	马壁乡	沟口村	村南 100 m	112°21′44″	35°55′33″	0.9	2009	4	10	三角堰法
				安泽县	马壁乡	沟口村	村南 30 m	112°21′37″	35°55′39″	0.87	2019	3	26	三角堰法
917	段峪河	马壁河	沁河	安泽县	马壁乡	段峪村	村南 50 m	112°09′22″	35°58′00″	17	1966	4	6	
				安泽县	马壁乡	段峪村	村南 50 m	112°09′22″	35°58′00″	0	1987	4	27	
				安泽县	马壁乡	段峪村	村南 50 m	112°09′22″	35°58′00″	100	2004	3	26	
				安泽县	马壁乡	段峪村	村南 50 m	112°09′22″	35°58′00″	2.7	2009	4	9	三角堰法
				安泽县	马壁乡	段峪村	村南 50 m	112°09′24″	35°58′00″	0	2019	3	26	

续附表 1

序号	河名	汇入河名	水系	施测地点				坐标		流量	测验时间			测验方法
				县(市、区)	乡(镇)	村	断面位置	东经	北纬	(L/s)	年	月	日	
918	马壁河	沁河	沁河	安泽县	马壁乡	东滩	入沁河口处	112°18′40″	35°54′05″	34	1966	4	7	
				安泽县	马壁乡	东滩	入沁河口处	112°18′40″	35°54′05″	58	1987	4	28	
				安泽县	马壁乡	东滩	入沁河口处	112°18′40″	35°54′05″	270	2004	3	26	
				安泽县	马壁乡	东滩	入沁河口处	112°18′40″	35°54′05″	28	2009	4	9	流速仪法
				安泽县	马壁乡	马壁村	漫水桥上游 5 m	112°18′19″	35°54′45″	0	2019	3	26	
919	各衣沟	马壁河	沁河	安泽县	马壁乡	上段峪村	沟口	112°09′59″	35°57′48″	2	2004	3	26	
				安泽县	马壁乡	上段峪村	村西 50 m	112°09′59″	35°57′48″	0.8	2009	4	9	三角堰法
				安泽县	马壁乡	上段峪村	村西 50 m	112°10′24″	35°57′23″	0.45	2019	3	26	三角堰法
920	后大沟	马壁河	沁河	安泽县	马壁乡	下段峪村	村南 100 m	112°10′28″	35°57′26″	7	2004	3	26	
				安泽县	马壁乡	下段峪村	村南 100 m	112°10′28″	35°57′26″	0	2009	4	9	
				安泽县	马壁乡	下段峪村	村南 10 m	112°10′02″	35°57′47″	0	2019	3	26	
921	韦园沟	马壁河	沁河	安泽县	马壁乡	唐村	村南 100 m	112°11′04″	35°56′23″	1	2009	4	9	三角堰法
				安泽县	马壁乡	唐村	村南 50 m	112°11′04″	35°56′23″	25	2004	3	26	
				安泽县	马壁乡	上唐村	村南 100 m	112°11′08″	35°56′28″	1.6	2019	3	26	三角堰法
922	大南沟	马壁河	沁河	安泽县	马壁乡	秦必	村南 100 m	112°13′07″	35°55′45″	17	2004	3	26	
				安泽县	马壁乡	秦必	村南 50 m	112°13′07″	35°55′45″	0.9	2009	4	9	三角堰法
923	界村沟	马壁河	沁河	安泽县	马壁乡	界村	村口	112°17′06″	35°54′59″	11	2004	3	26	
				安泽县	马壁乡	界村	村东南 50 m	112°17′06″	35°54′59″	0	2009	4	9	
				安泽县	马壁乡	界村	村东南 30 m	112°17′06″	35°54′59″	0	2019	3	26	
924	旋风宜沟	东洪驿河	沁河	安泽县	和川镇	新庄村	村东 100 m	112°22′52″	36°19′32″	1.0	2019	3	21	三角堰法
925	上田沟清水	东洪驿河	沁河	安泽县	和川镇	安上村	村东桥上游	112°21′27″	36°18′04″	0.08	2019	3	21	三角堰法

续附表 1

序号	河名	汇入河名	水系	施测地点				坐标		流量 (L/s)	测验时间			测验方法
				县(市、区)	乡(镇)	村	断面位置	东经	北纬		年	月	日	
926	牛草沟	东洪驿河	沁河	安泽县	和川镇	孔村	村北 100 m	112°17′31″	36°16′30″	0	2019	3	21	
927	河源养鱼厂	沁河	沁河	安泽县	和川镇	周家沟村	村西 500 m	112°17′19″	36°20′42″	14.9	2019	3	21	三角堰法
928	河源养鱼厂 2	沁河	沁河	安泽县	和川镇	周家沟村	村西 600 m	112°17′14″	36°20′40″	20.5	2019	3	21	三角堰法
929	宝丰河	蔺河	沁河	安泽县	唐城镇	东湾村	村西 300 m	112°08′38″	36°26′37″	3.0	2019	3	22	三角堰法
930	排水渠(议宁)	蔺河	沁河	安泽县	唐城镇	议宁村	村东 50 m 漫水桥处	112°11′17″	36°22′04″	0.30	2019	3	22	体积法
931	排水渠(唐城)	蔺河	沁河	安泽县	唐城镇	唐城村	村西 30 m 路西	112°11′01″	36°22′44″	0.24	2019	3	22	体积法
932	贺家沟	沁河	沁河	安泽县	府城镇	飞岭村	村南 200 m	112°15′45″	36°12′08″	0	2019	3	22	
933	大岭沟	大黄沟	沁河	安泽县	府城镇	大黄村	村北 100 m	112°17′30″	36°12′55″	37.6	2019	3	22	三角堰法
934	新庄沟	郭都河	沁河	安泽县	府城镇	劳井村	村西 10 m	112°20′41″	36°12′12″	0.10	2019	3	24	三角堰法
935	宋店沟	泗河	沁河	安泽县	良马乡	东秦家湾	村东 200 m	112°25′41″	36°15′43″	1.1	2019	3	25	三角堰法
936	泗洞河	泗河	沁河	安泽县	冀氏镇	官上村	村东渠首	112°20′46″	36°01′08″	0	2019	3	25	
937	东天池沟	马壁河	沁河	安泽县	马壁乡	秦必村	村西北 30 m 路边	112°13′07″	35°55′45″	1.14	2019	3	26	三角堰法
938	刘村沟	马壁河	沁河	安泽县	马壁乡	刘村	村东 10 m	112°15′28″	35°55′02″	0	2019	3	26	
939	上横岭沟	石槽河	沁河	安泽县	马壁乡	饭铺窑村	村南 50 m	112°26′36″	35°57′45″	56.8	2019	3	26	三角堰法
940	楼子沟	东洪驿河	沁河	安泽县	和川镇	上田村	村东北 1 500 m	112°25′09″	36°19′32″	0.61	2019	3	21	三角堰法
941	秀才沟	东洪驿河	沁河	安泽县	和川镇	上田村	村正东 1 500 m	112°25′10″	36°19′32″	0.35	2019	3	21	三角堰法
942	七狼沟	东洪驿河	沁河	安泽县	和川镇	上田村	村东北 800 m	112°24′50″	36°19′20″	0.24	2019	3	21	三角堰法
943	上庄沟	蔺河	沁河	安泽县	唐城镇	上庄村	村东 300 m	112°06′43″	36°28′07″	3.1	2019	3	22	三角堰法
944	麻家山沟	蔺河	沁河	安泽县	唐城镇	麻家山村	村南 20 m	112°05′51″	36°26′39″	0.72	2019	3	22	三角堰法
945	山沟	蔺河	沁河	安泽县	唐城镇	麻家山村	村南 40 m	112°05′55″	36°26′39″	0.28	2019	3	22	三角堰法
946	梨八沟	蔺河	沁河	安泽县	唐城镇	庞壁村	村西 1 000 m	112°07′42″	36°24′06″	7.7	2019	3	22	三角堰法

续附表 1

序号	河名	汇入河名	水系	施测地点				坐标		流量 (L/s)	测验时间			测验方法
				县(市、区)	乡(镇)	村	断面位置	东经	北纬		年	月	日	
947	重阳沟	蔺河	沁河	安泽县	唐城镇	庞壁村	村西北 1 200 m	112°07′47″	36°24′22″	1.4	2019	3	22	三角堰法
948	蔺河	沁河	沁河	古县	北平镇	前窑沟	村南 50 m	112°07′41″	36°29′51″	3.6	2009	3	28	三角堰法
949	蔺河	沁河	沁河	古县	北平镇	贾寨	村北 1 500 m	112°08′28″	36°28′56″	5.4	2004	3	23	
				古县	北平镇	贾寨	村北 1 500 m	112°08′28″	36°28′56″	0	2009	3	28	
				古县	北平镇	贾寨	村北 1 500 m	112°08′32″	36°28′47″	0	2019	3	30	
950	蔺河	蔺河	沁河	古县	北平镇	黄家窑	村西 50 m	112°06′58″	36°27′50″	42.5	2004	3	23	
				古县	北平镇	黄家窑	村西 50 m	112°06′58″	36°27′50″	3	2009	3	28	三角堰法
				古县	北平镇	黄家窑	黄家窑西 500 m	112°09′02″	36°27′26″	59.0	2019	3	30	三角堰法
951	半沟	蔺河	沁河	古县	北平镇	贾寨	村北 1 500 m	112°08′28″	36°29′56″	4.8	2004	3	23	
				古县	北平镇	贾寨	村北 1 500 m	112°08′28″	36°29′56″	0	2009	3	28	
				古县	北平镇	贾寨	村北 1 500 m，与澜河交汇处	112°07′60″	36°29′38″	0	2019	3	30	
952	官佛沟	蔺河	沁河	古县	北平镇	黄家窑	村北 500 m	112°09′02″	36°28′01″	4.4	2004	3	23	
				古县	北平镇	黄家窑	村北 500 m	112°09′02″	36°28′01″	0	2009	3	28	
				古县	北平镇	黄家窑	村北 500 m	112°09′07″	36°27′51″	0	2019	3	30	
953	马寨河	沁河	沁河	古县	永乐乡	连庄村	村西 50 m	112°09′11″	36°06′02″	26	2004	3	31	
				古县	永乐乡	连庄村	村西 50 m	112°09′11″	36°06′02″	0.064	2009	3	30	体积法
954	连庄沟	兰村河	沁河	古县	永乐乡	连庄村	连庄村西 600 m	112°08′37″	36°06′01″	0.13	2019	3	24	容积法
955	马寨河 1	沁河	沁河	古县	永乐乡	上马寨	村西 1 000 m	112°10′41″	36°05′53″	30.8	2004	3	31	
				古县	永乐乡	上马寨	村西 1 000 m	112°12′22″	36°05′08″	2.4	2009	3	31	三角堰法
956	马家岭沟	沁河	沁河	古县	永乐乡	小南沟	沟口往里 50 m	112°09′47″	36°07′20″	2.1	2004	3	31	
				古县	永乐乡	小南沟	沟口往里 50 m	112°09′47″	36°07′20″	0.062	2009	3	31	体积法
				古县	永乐乡	小南沟	小南沟沟口往里 50 m	112°12′24″	36°07′34″	0.06	2019	3	25	容积法

续附表 1

序号	河名	汇入河名	水系	施测地点				坐标		流量	测验时间			测验方法
				县(市、区)	乡(镇)	村	断面位置	东经	北纬	(L/s)	年	月	日	
957	楸树坟沟	兰村河	沁河	古县	永乐乡	楸树坟村	村南 500 m	112°11′27″	36°05′49″	0.062	2004	3	31	
				古县	永乐乡	楸树坟村	村南 500 m	112°11′27″	36°05′49″	0.07	2009	3	31	体积法
				古县	永乐乡	楸树坟村	村西与古县交界处	112°11′18″	36°05′49″	0	2019	3	25	
958	三交河 1	沁河	沁河	浮山县	寨圪塔乡	三交	村东 100 m	112°04′20″	35°54′30″	62	2004	3	23	
				浮山县	寨圪塔乡	三交	村南 50 m	112°04′20″	35°54′30″	17.4	2009	3	27	流速仪法
959	三交河 2	樊村河	沁河	浮山县	寨圪塔乡	旧庄	村西 50 m	112°11′03″	35°49′45″	44	2009	3	26	流速仪法
				浮山县	寨圪塔乡	旧庄	村西 50 m	112°10′47″	35°49′30″	23.0	2019	3	27	流速仪法
960	三交河 3	龙渠河	沁河	浮山县	寨圪塔乡	张村	村南 1 000 m	112°12′59″	35°49′40″	103	1987	4	28	
				浮山县	寨圪塔乡	张村	村南 1 000 m	112°12′59″	35°49′40″	622	2004	3	23	
				浮山县	寨圪塔乡	张村	村南 1 000 m	112°12′59″	35°49′40″	20.1	2009	3	26	流速仪法
				浮山县	寨圪塔乡	东古圪	村南 50 m	112°12′48″	35°49′41″	64.0	2019	3	27	流速仪法
961	三交河 4	沁河	沁河	浮山县	寨圪塔乡	龙渠	村南 50 m	112°15′40″	35°49′10″	46	2009	3	26	流速仪法
				浮山县	寨圪塔乡	龙渠	村西南 200 m	112°15′30″	35°49′03″	202	2019	3	27	流速仪法
962	川口河 1	龙渠河	沁河	浮山县	寨圪塔乡	川口	东南 350 m	112°04′51″	35°55′52″	48	2004	3	23	
				浮山县	寨圪塔乡	川口	村南 50 m	112°04′51″	35°55′52″	4.3	2009	3	27	流速仪法
				浮山县	寨圪塔乡	川口	村西南 100 m	112°04′46″	35°55′45″	0	2019	3	27	
963	川口河 2	龙渠河	沁河	浮山县	寨圪塔乡	川口	村南	112°04′41″	35°55′40″	0	2009	3	27	
				浮山县	寨圪塔乡	崔家圪塔	村南 20 m	112°04′57″	35°56′40″	4.2	2019	3	27	三角堰法
964	李凹庄沟	龙渠河	沁河	浮山县	寨圪塔乡	岔上	村南 300 m	112°04′13″	35°55′26″	50	2004	3	23	
				浮山县	寨圪塔乡	岔上	村南 300 m	112°04′13″	35°55′26″	4.4	2009	3	27	流速仪法
				浮山县	寨圪塔乡	岔上	村西南 180 m	112°04′22″	35°55′19″	7.0	2019	3	27	三角堰法

续附表 1

序号	河名	汇入河名	水系	施测地点				坐标		流量(L/s)	测验时间			测验方法
				县(市、区)	乡(镇)	村	断面位置	东经	北纬		年	月	日	
965	裴沟河	龙渠河	沁河	浮山县	寨圪塔乡	石口	河口	112°01′54″	35°55′06″	32	2004	3	27	体积法
				浮山县	寨圪塔乡	石口	村西 1 000 m	112°01′54″	35°55′06″	0.407	2009	3	23	
				浮山县	寨圪塔乡	裴沟	村东南 660 m	112°01′20″	35°55′29″	1.6	2019	3	27	三角堰法
966	潭家沟	龙渠河	沁河	浮山县	寨圪塔乡	玉柏	沟口	112°04′47″	35°53′56″	16	2004	3	27	体积法
				浮山县	寨圪塔乡	玉柏	村南 300 m	112°04′47″	35°53′56″	0.16	2009	3	23	
				浮山县	寨圪塔乡	玉泊	村南 200 m	112°04′53″	35°53′57″	24.9	2019	3	27	三角堰法
967	潭家沟 1	龙渠河	沁河	浮山县	寨圪塔乡	闫庄	沟口	112°05′25″	35°53′43″	14	2004	3	27	体积法
				浮山县	寨圪塔乡	闫庄	村东 500 m	112°05′25″	35°53′43″	0.254	2009	4	28	
				浮山县	寨圪塔乡	闫庄	村东 500 m	112°05′25″	35°53′33″	3.7	2019	3	27	三角堰法
968	寨圪塔沟	龙渠河	沁河	浮山县	寨圪塔乡	寨圪塔	村东口	112°06′25″	35°53′22″	3.4	1987	3	23	
				浮山县	寨圪塔乡	寨圪塔	村东口	112°06′25″	35°53′22″	10	2004	3	26	体积法
				浮山县	寨圪塔乡	寨圪塔	村东 100 m	112°06′25″	35°53′22″	0.572	2009	3	23	
				浮山县	寨圪塔乡	寨圪塔	村东北 700 m	112°06′26″	35°53′22″	0.58	2019	3	27	容积法
969	南坪沟	龙渠河	沁河	浮山县	寨圪塔乡	南坪	村南 100 m	112°05′38″	35°52′49″	46	2004	3	26	流速仪法
				浮山县	寨圪塔乡	南坪	村南 100 m	112°05′38″	35°52′49″	12.6	2009	3	23	
				浮山县	寨圪塔乡	南坪	村南 150 m	112°05′40″	35°52′51″	8.5	2019	3	27	三角堰法
970	西里沟	龙渠河	沁河	浮山县	寨圪塔乡	西里	村东 100 m	112°04′39″	35°52′44″	14	2004	3	23	
				浮山县	寨圪塔乡	西里	村东 100 m	112°04′39″	35°52′44″	0.473	2009	3	26	体积法
				浮山县	寨圪塔乡	西里	村东南 100 m	112°04′39″	35°52′45″	5.6	2019	3	27	三角堰法
971	关家沟	龙渠河	沁河	浮山县	寨圪塔乡	侯寨	村西 50 m	112°06′35″	35°52′18″	0	2009	3	23	
				浮山县	寨圪塔乡	官家沟	村东沟下	112°06′35″	35°52′22″	0	2019	3	27	
972	侯寨沟	三交河	沁河	浮山县	寨圪塔乡	侯寨	村西	112°06′56″	35°52′25″	1.3	2004	3	23	

续附表 1

序号	河名	汇入河名	水系	施测地点				坐标		流量(L/s)	测验时间			测验方法
				县(市、区)	乡(镇)	村	断面位置	东经	北纬		年	月	日	
973	庞家沟	龙渠河	沁河	浮山县	寨圪塔乡	庞家沟	村南 50 m	112°06′58″	35°51′34″	3.4	2004	3	26	体积法
				浮山县	寨圪塔乡	庞家沟	村东沟下	112°06′58″	35°51′34″	1.28	2009	3	23	
				浮山县	寨圪塔乡	庞家沟	村东沟下	112°06′59″	35°51′37″	0.91	2019	3	27	三角堰法
974	乱石沟	龙渠河	沁河	浮山县	寨圪塔乡	榆社	村南沟口	112°08′18″	35°51′11″	1.3	2004	3	26	体积法
				浮山县	寨圪塔乡	榆社	村南 1 000 m	112°08′18″	35°51′11″	0.956	2009	3	23	
				浮山县	寨圪塔乡	榆社	村南 350 m	112°08′19″	35°51′13″	0.72	2019	3	27	三角堰法
975	北家沟	龙渠河	沁河	浮山县	寨圪塔乡	榆社	村东 500 m	112°09′07″	35°50′59″	1.3	2004	3	26	流速仪法
				浮山县	寨圪塔乡	榆社	东北 500 m	112°09′07″	35°50′59″	4.8	2009	3	23	
				浮山县	寨圪塔乡	北家沟	村西南 400 m	112°09′08″	35°50′60″	7.0	2019	3	27	三角堰法
976	杨家沟	龙渠河	沁河	浮山县	寨圪塔乡	杨家沟	西南 100 m	112°10′14″	35°49′58″	0.8	2004	3	26	体积法
				浮山县	寨圪塔乡	杨家沟	村南 500 m	112°10′14″	35°49′58″	0.1	2009	3	23	
				浮山县	寨圪塔乡	甫圪塔	村东南 270 m	112°10′22″	35°50′00″	103	2019	3	27	流速仪法
977	旧庄河	三交河	沁河	浮山县	寨圪塔乡	谭村	沟口	112°10′58″	35°49′40″	175	2004	3	23	
978	小水沟	龙渠河	沁河	浮山县	寨圪塔乡	谭村	沟口	112°11′06″	35°50′06″	0.8	2004	3	26	体积法
				浮山县	寨圪塔乡	潭村	村东 300 m	112°11′06″	35°50′06″	0.269	2009	3	21	三角堰法
				浮山县	寨圪塔乡	潭村	村西北 600 m	112°11′07″	35°50′06″	1.3	2019	3	27	三角堰法
979	西里渠	龙渠河	沁河	浮山县	寨圪塔乡	西里	村南 20 m	112°04′23″	35°52′47″	0	2019	3	27	
980	高家庄渠	龙渠河	沁河	浮山县	寨圪塔乡	高家庄	村南 20 m	112°03′36″	35°52′48″	0	2019	3	27	
981	潭村泉	龙渠河	沁河	浮山县	寨圪塔乡	玉泊	村南 240 m	112°04′53″	35°53′56″	0.26	2019	3	27	三角堰法
982	山交河	龙渠河	沁河	浮山县	寨圪塔乡	山交	村南 10 m	112°04′19″	35°54′31″	4.3	2019	3	27	容积法
983	北家沟	龙渠河	沁河	浮山县	寨圪塔乡	北家沟	村西南 400 m	112°09′08″	35°50′60″	7.0	2019	3	27	三角堰法
984	新庄渠	樊村河	沁河	浮山县	寨圪塔乡	张家湾	村南 10 m	112°10′41″	35°49′20″	0	2019	3	27	

附表 2　临汾市历次泉水流量调查成果

序号	泉名	汇入河名	水系	施测地点				坐标		流量	施测时间			施测方法
				县(市、区)	乡(镇)	村	断面位置	东经	北纬	(L/s)	年	月	日	
1	泊洋泉	峪里沟	黄河	永和县	交口乡	泊洋	东南 1 500 m	110°35′44″	36°32′22″	0.76	2009	4	4	体积法
				永和县	交口乡	南楼	村东南 1 000 m	110°35′44″	36°32′22″	0.67	2019	4	2	容积法
2	河里泉	黄河	黄河	永和县	交口乡	河里	跃进水库上游	110°31′33″	36°33′04″	0.8	2004	4	7	
3	河里泉 1	黄河	黄河	永和县	交口乡	河里	西南 80 m	110°31′33″	36°33′04″	0.6	2009	4	5	体积法
				永和县	交口乡	河里	村西 200 m	110°31′33″	36°33′03″	0.42	2019	4	2	容积法
4	咀头泉	黄河	黄河	永和县	南庄乡	咀头	西北 300 m	110°22′46″	36°52′52″	0.05	2009	4	7	体积法
				永和县	南庄乡	咀头	村西北 300 m	110°22′46″	36°52′53″	0.03	2019	4	3	容积法
5	兰家沟泉	芝河	黄河	永和县	坡头乡	兰家沟	村西 100 m	110°45′27″	36°52′35″	0.118	2009	4	2	体积法
				永和县	坡头乡	兰家沟	村西 200 m	110°45′26″	36°52′35″	0.12	2019	3	21	容积法
6	穆家腰泉	黄河	黄河	永和县	南庄乡	穆家窑	村南 300 m	110°28′17″	36°48′12″	0.097	2009	4	7	体积法
				永和县	南庄乡	穆家窑	村南 500 m	110°28′17″	36°48′13″	0.08	2019	4	3	容积法
7	张家塬泉	黄河	黄河	永和县	打石腰乡	张家塬	村北 500 m	110°27′56″	36°47′25″	0.108	2009	4	8	体积法
				永和县	打石腰乡	张家塬	村东 500 m	110°27′57″	36°47′25″	0.05	2019	4	3	容积法
8	打石腰泉	马家河	黄河	永和县	打石腰乡	打石腰	东南 500 m	110°29′16″	36°46′07″	0.217	2009	4	8	体积法
				永和县	打石腰乡	冯家堿	村北 1 300 m	110°29′15″	36°46′07″	0.13	2019	4	5	容积法
9	冯家山泉	马家河	黄河	永和县	打石腰乡	冯家山	西南 800 m	110°27′32″	36°44′06″	1.12	2009	4	8	体积法
				永和县	打石腰乡	冯家山	村南 700 m	110°27′31″	36°44′06″	0.21	2019	4	5	容积法
10	贺家河泉	黄河	黄河	永和县	打石腰乡	贺家河	东北 50 m	110°26′36″	36°47′33″	0.456	2009	4	8	体积法
				永和县	打石腰乡	贺家河	村东 400 m	110°26′36″	36°47′33″	0.25	2019	4	4	容积法
11	贺家塬泉	黄河	黄河	永和县	打石腰乡	贺家塬	村北 500 m	110°27′24″	36°47′29″	0.337	2009	4	8	体积法
				永和县	打石腰乡	贺家塬	村东北 400 m	110°27′25″	36°47′29″	0.11	2019	4	4	容积法

续附表 2

序号	泉名	汇入河名	水系	施测地点				坐标		流量	施测时间			施测方法
				县(市、区)	乡(镇)	村	断面位置	东经	北纬	(L/s)	年	月	日	
12	东征泉	黄河	黄河	永和县	阁底乡	东征	村北 50 m	110°29′20″	36°40′45″	2.65	2009	4	6	体积法
				永和县	阁底乡	东征	村北 500 m	110°29′20″	36°40′46″	0.09	2019	4	4	容积法
13	西后峪泉	黄河	黄河	永和县	阁底乡	西后峪	东南 50 m	110°30′22″	36°41′30″	1.64	2009	4	6	体积法
				永和县	阁底乡	西后峪	村西南 400 m	110°30′14″	36°41′26″	0.21	2019	4	4	容积法
14	铁沟崖泉	黄河	黄河	永和县	阁底乡	铁沟崖	东北 300 m	110°29′53″	36°35′59″	0.117	2009	4	6	体积法
				永和县	阁底乡	铁钩崖	村北 300 m	110°29′53″	36°35′59″	0.06	2019	4	2	容积法
15	乌门泉	芝河	黄河	永和县	坡头乡	乌门	村西沟内	110°39′51″	36°49′40″	2.38	2009	3	31	体积法
				永和县	坡头乡	乌门	村西北 1 000 m	110°39′51″	36°49′40″	12.2	2019	3	23	三角堰法
16	花儿山泉	芝河	黄河	永和县	芝河镇	花儿山	村中	110°38′46″	36°47′10″	1.39	2009	3	31	体积法
				永和县	芝河镇	花儿山	川口村东北 300 m	110°38′47″	36°47′10″	0.63	2019	3	24	容积法
17	花儿山泉 1	芝河	黄河	永和县	芝河镇	川口村	沟口大桥下	110°38′35″	36°46′59″	0.5	1987	4	29	
18	花儿山泉 2	芝河	黄河	永和县	芝河镇	川口村	沟口大桥下	110°38′35″	36°46′59″	0.6	2004	4	11	
19	川口泉	芝河	黄河	永和县	芝河镇	川口村	村中	110°38′35″	36°46′59″	0.056	2009	3	31	体积法
				永和县	芝河镇	川口村	村西南 200 m	110°38′34″	36°46′59″	0	2019	3	24	
20	酒厂泉	芝河	黄河	永和县	芝河镇	酒厂	厂西	110°37′26″	36°43′50″	0.3	2004	4	9	
21	酒厂泉 1	芝河	黄河	永和县	芝河镇	酒厂	东南 200 m	110°37′26″	36°43′50″	2.31	2009	4	1	体积法
				永和县	芝河镇	药家湾	村南 1 500 m	110°37′26″	36°43′47″	0.27	2019	3	26	容积法
22	柳沟泉	芝河	黄河	永和县	芝河镇	药家湾	西北 500 m	110°37′13″	36°44′25″	0.186	2009	4	1	体积法
				永和县	芝河镇	药家湾	村西南 200 m	110°37′11″	36°44′35″	0.08	2019	3	26	容积法
23	西山沟泉	芝河	黄河	永和县	芝河镇	药家湾	村南 2 000 m	110°37′09″	36°43′55″	0.844	2009	4	1	体积法
				永和县	芝河镇	药家湾	村南 1 300 m	110°37′07″	36°43′55″	0.12	2019	3	25	容积法

续附表 2

序号	泉名	汇入河名	水系	施测地点				坐标		流量(L/s)	施测时间			施测方法
				县(市、区)	乡(镇)	村	断面位置	东经	北纬		年	月	日	
24	药家湾泉	芝河	黄河	永和县	芝河镇	药家湾	东南 100 m	110°37′32″	36°44′36″	0.163	2009	4	1	体积法
				永和县	芝河镇	药家湾	村东南 300 m	110°37′32″	36°44′36″	0	2019	3	25	
25	前麻峪泉	芝河	黄河	永和县	芝河镇	前麻峪	村南沟内	110°39′08″	36°48′30″	0.199	2009	3	31	体积法
				永和县	芝河镇	前麻峪	村东南 200 m	110°39′08″	36°48′29″	0.41	2019	3	24	容积法
26	红花沟泉	芝河	黄河	永和县	交口乡	红花沟	村南 200 m	110°37′05″	36°42′51″	0.236	2009	4	1	体积法
				永和县	芝河镇	红花沟	村西南 600 m	110°37′05″	36°42′51″	0.03	2019	3	26	容积法
27	后甘露泉	芝河	黄河	永和县	芝河镇	后甘露河	东北 100 m	110°34′25″	36°42′31″	1.09	2009	4	2	体积法
				永和县	芝河镇	后甘露河	村东北 150 m	110°34′26″	36°42′32″	0.32	2019	3	26	容积法
28	霍家沟泉	芝河	黄河	永和县	交口乡	霍家沟	东南 100 m	110°37′29″	36°41′19″	0.09	2009	4	2	体积法
				永和县	芝河镇	霍家沟	村东 1 300 m	110°37′29″	36°41′19″	0.03	2019	3	26	容积法
29	上罢骨泉	芝河	黄河	永和县	交口乡	上罢骨	村东 200 m	110°36′36″	36°41′19″	0.342	2009	4	2	体积法
				永和县	芝河镇	上罢骨	村东 200 m	110°36′36″	36°41′19″	0.11	2019	3	26	容积法
30	下罢骨泉	芝河	黄河	永和县	交口乡	下罢骨	西南 20 m	110°36′00″	36°40′27″	0.391	2009	4	2	体积法
				永和县	芝河镇	下罢骨	村西南 220 m	110°35′60″	36°40′26″	0.63	2019	3	26	容积法
31	索珠泉	芝河	黄河	永和县	交口乡	索珠	村西 1 000 m	110°34′11″	36°39′15″	0.062	2009	4	5	体积法
				永和县	交口乡	索珠	村南 600 m	110°34′11″	36°39′15″	0.03	2019	3	28	容积法
32	下刘台泉	芝河	黄河	永和县	交口乡	下刘台	村东 200 m	110°37′20″	36°43′18″	0.088	2009	4	1	体积法
				永和县	芝河镇	下刘台	村西南 250 m	110°37′19″	36°43′18″	0	2019	3	26	
33	李家崖泉	芝河	黄河	永和县	坡头乡	李家崖	村南 100 m	110°40′26″	36°54′26″	0.27	2009	4	2	体积法
				永和县	坡头乡	李家崖	村南 100 m	110°40′28″	36°54′26″	0.02	2019	3	20	容积法

续附表 2

序号	泉名	汇入河名	水系	施测地点				坐标		流量（L/s）	施测时间			施测方法
				县(市、区)	乡(镇)	村	断面位置	东经	北纬		年	月	日	
34	方底泉	芝河	黄河	永和县	坡头乡	方底	西南 100 m	110°47′36″	36°50′21″	0.069	2009	3	29	体积法
				永和县	坡头乡	方底	村西北 50 m	110°47′39″	36°50′21″	0.35	2019	3	21	容积法
35	上刘台泉	王家塬河	黄河	永和县	坡头乡	上刘台	村南 50 m	110°45′31″	36°48′32″	0.063	2009	3	30	体积法
				永和县	坡头乡	上刘台	村南 100 m 半坡	110°45′27″	36°48′38″	0	2019	3	22	
36	王家塬泉	王家塬河	黄河	永和县	坡头乡	上刘台	东北 500 m	110°46′31″	36°48′40″	2.74	2009	3	30	体积法
				永和县	坡头乡	上刘台	村东 1 300 m	110°46′26″	36°48′40″	3.0	2019	3	22	三角堰法
37	新窑泉	王家塬河	黄河	永和县	坡头乡	新窑村	村南 30 m	110°46′54″	36°47′57″	0.098	2009	3	30	体积法
				永和县	坡头乡	新窑村	村西南 300 m	110°46′55″	36°47′57″	0	2019	3	22	
38	贺家庄泉	段家河	黄河	永和县	芝河镇	贺家庄	村南 100 m	110°34′13″	36°49′47″	1.19	2009	4	2	体积法
				永和县	芝河镇	贺家庄	村东南 100 m	110°34′14″	36°49′49″	0.02	2019	3	25	容积法
39	龙口湾泉	芝河	黄河	永和县	芝河镇	龙口湾	村西 100 m	110°39′23″	36°45′22″	2.59	2009	4	1	体积法
				永和县	芝河镇	龙口湾	村西 100 m	110°39′25″	36°45′22″	2.6	2019	3	27	容积法
40	西峪沟泉	芝河	黄河	永和县	芝河镇	西峪沟	沟内 3 000 m	110°36′11″	36°45′10″	0.917	2009	4	1	体积法
				永和县	芝河镇	凉水井	村西北 300 m	110°36′15″	36°45′12″	0.24	2019	3	27	容积法
41	前河泉	刁家峪河	黄河	永和县	桑壁镇	前河	东北 10 m	110°47′39″	36°39′37″	0.188	2009	4	3	体积法
				永和县	桑壁镇	前河	村东北 200 m	110°47′38″	36°39′38″	0.20	2019	3	28	容积法
42	河口泉	段家河	黄河	永和县	芝河镇	河口	村西 50 m	110°37′17″	36°46′08″	0.656	2009	4	1	体积法
				永和县	芝河镇	河口	村西北 200 m	110°37′17″	36°46′08″	0.71	2019	3	25	容积法
43	龙吞泉	段家河	黄河	永和县	芝河镇	龙吞	村口	110°36′43″	36°46′49″	2.2	1987	4	27	
44	龙吞泉 1	段家河	黄河	永和县	芝河镇	龙吞	村口	110°36′43″	36°46′49″	0.3	2004	4	4	

续附表 2

序号	泉名	汇入河名	水系	施测地点				坐标		流量(L/s)	施测时间			施测方法
				县(市、区)	乡(镇)	村	断面位置	东经	北纬		年	月	日	
45	龙吞泉 2	段家河	黄河	永和县	芝河镇	龙吞	村南 50 m	110°36′43″	36°46′49″	0.719	2009	3	31	体积法
				永和县	芝河镇	龙吞	村西 100 m	110°36′43″	36°46′49″	0.43	2019	4	3	容积法
46	岔上泉 1	桑壁河	黄河	永和县	桑壁镇	岔上	村北 1 500 m	110°41′42″	36°38′47″	1.46	2009	4	3	体积法
				永和县	桑壁镇	岔上	村东北 1 200 m	110°41′42″	36°38′48″	0.41	2019	3	28	容积法
47	岔上泉 2	桑壁河	黄河	永和县	桑壁镇	岔上	村北 400 m	110°41′24″	36°38′25″	0.789	2009	4	3	体积法
				永和县	桑壁镇	岔上	村东北 350 m	110°41′24″	36°38′26″	0.45	2019	3	28	容积法
48	定家塬泉	桑壁河	黄河	永和县	桑壁镇	定家塬	村东北 1 000 m	110°37′20″	36°37′31″	0.103	2009	4	4	体积法
				永和县	交口乡	定家塬	村北 1 500 m	110°37′19″	36°37′31″	0.10	2019	3	29	容积法
49	龙石腰泉	桑壁河	黄河	永和县	桑壁镇	前龙石腰	东南 200 m	110°38′51″	36°37′07″	0.174	2009	4	4	体积法
				永和县	桑壁镇	前龙石腰	村南 500 m	110°38′51″	36°37′07″	0.04	2019	3	29	容积法
50	新龙石腰泉	桑壁河	黄河	永和县	桑壁镇	前龙石腰	移民新村西 500 m	110°38′21″	36°37′21″	0.213	2009	4	4	体积法
				永和县	桑壁镇	前龙石腰	村西 700 m	110°38′21″	36°37′20″	0	2019	3	29	
51	下坡里泉	芝河	黄河	永和县	交口乡	下坡里	西南 100 m	110°34′49″	36°36′32″	0.076	2009	4	5	体积法
				永和县	交口乡	下坡里	村南 1 500 m	110°34′49″	36°36′33″	0	2019	4	2	
52	窑上泉	桑壁河	黄河	永和县	交口乡	前窑上	村南 100 m	110°36′57″	36°37′36″	0.41	2009	4	4	体积法
				永和县	交口乡	前窑上	村南 100 m	110°36′58″	36°37′36″	0.37	2019	3	29	容积法
53	南庄泉	黄河	黄河	永和县	南庄乡	南庄	西南 300 m	110°29′20″	36°50′37″	0.459	2009	4	7	体积法
				永和县	南庄乡	南庄	村西南 700 m	110°29′20″	36°50′36″	0.58	2019	4	3	容积法
54	卢家沟泉	芝河	黄河	永和县	坡头乡	成家坪	村北 1 500 m 坝下	110°41′40″	36°54′15″	0.71	2019	3	20	容积法
55	杨家庄泉	段家河	黄河	永和县	芝河镇	杨家庄	村东北 600 m	110°36′42″	36°47′57″	0.55	2019	3	25	容积法
56	刘家庄泉	段家河	黄河	永和县	芝河镇	刘家庄	村中沟内	110°37′05″	36°49′44″	0.34	2019	3	25	容积法

续附表 2

序号	泉名	汇入河名	水系	施测地点				坐标		流量(L/s)	施测时间			施测方法
				县(市、区)	乡(镇)	村	断面位置	东经	北纬		年	月	日	
57	三儿沟	桑壁河	黄河	永和县	桑壁镇	前龙石腰	村西 800 m	110°38′15″	36°37′22″	2.8	2019	3	29	容积法
58	南柏泉	昕水河	黄河	蒲县	克城镇	南柏村	村内山神庙西 100 m	111°18′10″	36°30′47″	1.39	2009	3	28	体积法
				蒲县	太林乡	南柏村	村内	111°18′11″	36°30′51″	0.12	2019	3	22	容积法
59	尚店北泉	昕水河	黄河	蒲县	乔家湾乡	尚店	洗煤厂北	111°19′02″	36°19′57″	5	2009	3	28	体积法
				蒲县	乔家湾乡	尚店	洗煤厂内	111°19′02″	36°19′57″	0.50	2019	3	21	容积法
60	尚店南泉	昕水河	黄河	蒲县	乔家湾乡	尚店	公路桥南 20 m	111°18′50″	36°20′01″	2.05	2009	3	28	体积法
				蒲县	乔家湾乡	尚店	公路桥南	111°18′50″	36°20′01″	0.06	2019	3	21	容积法
61	郭家凹泉	昕水河	黄河	蒲县	红道乡	郭家凹	村西 300 m	111°07′30″	36°24′03″	8.2	2009	4	3	体积法
				蒲县	红道乡	郭家凹	村西	111°07′32″	36°24′04″	0.26	2019	3	27	容积法
62	解家河泉	北小河	黄河	蒲县	红道乡	解家河	沟内 100 m	111°06′40″	36°26′41″	1.6	1987	5	8	
63	解家河泉 1	北小河	黄河	蒲县	红道乡	解家河	沟内 100 m	111°06′40″	36°26′41″	1.2	2004	4	5	
64	刁口泉	南川河	黄河	蒲县	蒲城镇	刁口	村东 100 m	111°07′43″	36°15′59″	11	2004	4	5	
65	东沟泉	南川河	黄河	蒲县	蒲城镇	南耀	村东 500 m	111°10′02″	36°12′47″	1.1	2009	3	31	体积法
66	白村泉	四沟河	黄河	蒲县	古县乡	白村	村东 2 000 m	111°06′38″	36°31′18″	2.31	2009	4	8	体积法
				蒲县	古县乡	白村	村东沟内	111°06′39″	36°31′18″	2.3	2019	4	2	容积法
67	言宿泉	圪芦沟	黄河	蒲县	薛关镇	下言宿	村南 1 500 m	110°58′09″	36°26′28″	1.67	2009	4	7	体积法
68	武家庄泉	堡子河	黄河	蒲县	古县乡	武家庄	村南 500 m	110°57′19″	36°21′49″	2.25	2009	4	7	体积法
				蒲县	山中乡	武家庄	水厂南	110°57′19″	36°21′48″	1.2	2019	4	3	容积法
69	刘家庄	黑龙关河	黄河	蒲县	黑龙关镇	刘家庄	村西 200 m	111°16′51″	36°17′17″	0.10	2019	3	20	容积法
70	宜家坡	黑龙关河	黄河	蒲县	黑龙关镇	宜家坡	村南 300 m	111°16′17″	36°16′52″	0.18	2019	3	20	容积法
71	寨志村泉	黑龙关河	黄河	蒲县	黑龙关镇	寨志村	村内蓄水池内	111°16′18″	36°16′58″	0.14	2019	3	20	容积法

续附表 2

序号	泉名	汇入河名	水系	施测地点				坐标		流量 (L/s)	施测时间			施测方法
				县(市、区)	乡(镇)	村	断面位置	东经	北纬		年	月	日	
72	西沟村泉	黑龙关河	黄河	蒲县	黑龙关镇	西沟村	村南路边水塔内	111°14′47″	36°15′08″	0.15	2019	3	20	容积法
73	炉齿村泉	黑龙关河	黄河	蒲县	黑龙关镇	炉齿村	村东沟内大柳树旁	111°15′59″	36°15′16″	0.14	2019	3	20	容积法
74	前安沟南泉	黑龙关河	黄河	蒲县	黑龙关镇	前安沟	村口北侧山上两颗柳树中间	111°16′29″	36°13′44″	0.17	2019	3	20	容积法
75	前安沟北泉	黑龙关河	黄河	蒲县	黑龙关镇	前安沟	村东北 300 m 处山上	111°16′40″	36°13′59″	0.15	2019	3	20	容积法
76	后安沟南泉	黑龙关河	黄河	蒲县	黑龙关镇	后安沟	村东北 1 000 m	111°17′26″	36°13′57″	0.26	2019	3	20	容积法
77	后安沟北泉	黑龙关河	黄河	蒲县	黑龙关镇	后安沟	村北 2 000 m	111°17′04″	36°14′25″	0.31	2019	3	20	容积法
78	西坡村泉	黑龙关河	黄河	蒲县	黑龙关镇	西坡村	村东 500 m	111°11′54″	36°21′25″	0.11	2019	3	20	容积法
79	武家沟泉	黑龙关河	黄河	蒲县	黑龙关镇	武家沟村	村东 1 000 m	111°12′44″	36°21′09″	0.73	2019	3	21	容积法
80	宋家沟	黑龙关河	黄河	蒲县	黑龙关镇	宋家沟	水库沟口	111°11′51″	36°19′04″	0.26	2019	3	21	容积法
81	小原子泉	黑龙关河	黄河	蒲县	黑龙关镇	小原子	村内	111°11′50″	36°18′27″	0	2019	3	21	容积法
82	沟峪泉	黑龙关河	黄河	蒲县	黑龙关镇	沟峪	村西南口	111°12′19″	36°17′28″	0.86	2019	3	21	容积法
83	峡村泉 1	昕水河	黄河	蒲县	黑龙关镇	峡村	沟内 300 m	111°13′50″	36°22′51″	0.58	2019	3	21	容积法
84	峡村泉 2	昕水河	黄河	蒲县	黑龙关镇	峡村	村北井内	111°13′29″	36°22′56″	0	2019	3	21	容积法
85	大沟泉	昕水河	黄河	蒲县	黑龙关镇	背庄	村南 500 m	111°12′49″	36°22′06″	0.48	2019	3	21	容积法
86	小沟泉	昕水河	黄河	蒲县	黑龙关镇	背庄	村南 300 m	111°16′41″	36°21′59″	0.14	2019	3	21	容积法
87	前坡河村泉	昕水河	黄河	蒲县	乔家湾乡	前坡河村	村南水窑内	111°19′30″	36°18′56″	0.20	2019	3	21	容积法
88	闫家沟 1	昕水河	黄河	蒲县	乔家湾乡	闫家沟	村南	111°19′06″	36°19′27″	0.06	2019	3	21	容积法
89	闫家沟 2	昕水河	黄河	蒲县	乔家湾乡	闫家沟	村西	111°19′10″	36°19′33″	0.19	2019	3	21	容积法
90	崔家沟	昕水河	黄河	蒲县	乔家湾乡	崔家沟	村东大柳树下	111°18′42″	36°19′37″	0.33	2019	3	21	容积法
91	后沟泉	昕水河	黄河	蒲县	乔家湾乡	石堆	村西北 200 m	111°18′36″	36°20′17″	0.05	2019	3	21	容积法
92	小洼村泉 1	黑龙关河	黄河	蒲县	乔家湾乡	小洼村	村东南 1 000 m	111°16′33″	36°19′58″	0.28	2019	3	21	容积法

续附表 2

序号	泉名	汇入河名	水系	施测地点				坐标		流量(L/s)	施测时间			施测方法
				县(市、区)	乡(镇)	村	断面位置	东经	北纬		年	月	日	
93	小洼村泉2	黑龙关河	黄河	蒲县	乔家湾乡	小洼村	村西南800 m	111°16′00″	36°20′15″	0.23	2019	3	21	容积法
94	花里坡	昕水河	黄河	蒲县	乔家湾乡	花里坡	村东南500 m	111°16′41″	36°21′02″	0.29	2019	3	22	容积法
95	道子泉	昕水河	黄河	蒲县	太林乡	道子村	村东三岔路口	111°21′57″	36°26′19″	2.6	2019	3	22	三角堰法
96	麦沟泉	昕水河	黄河	蒲县	太林乡	麦沟村	村西养殖场旁边	111°22′02″	36°27′31″	0.02	2019	3	22	容积法
97	东开府	昕水河	黄河	蒲县	太林乡	东开府村	村口东北柳树下	111°22′26″	36°28′29″	0.14	2019	3	22	容积法
98	南柏沟	昕水河	黄河	蒲县	太林乡	南柏村	村西北废煤矿	111°17′38″	36°31′05″	0	2019	3	22	容积法
99	梁路泉	东川河	黄河	蒲县	克城镇	梁路村	村西南1 500 m山脚下	111°15′35″	36°32′11″	0.28	2019	3	22	容积法
100	闫山泉	北川河	黄河	蒲县	克城镇	马武村	村西老闫山上	111°13′56″	36°30′37″	0.12	2019	3	22	容积法
101	安凹泉	北川河	黄河	蒲县	克城镇	安凹村	村西南半山腰	111°13′54″	36°30′45″	0.28	2019	3	22	容积法
102	中柏	东川河	黄河	蒲县	克城镇	中柏村	村南500 m	111°14′24″	36°35′10″	0.17	2019	3	23	容积法
103	夏柏泉	东川河	黄河	蒲县	克城镇	夏柏村	村南口路东	111°15′19″	36°35′48″	0.12	2019	3	23	容积法
104	么沟泉	东川河	黄河	蒲县	克城镇	磨沟村	村口水井旁	111°15′18″	36°36′24″	0.49	2019	3	23	容积法
105	辛庄	北川河	黄河	蒲县	红道乡	辛庄	村东南小龙沟内	111°08′51″	36°29′55″	0.09	2019	3	23	容积法
106	南渠泉	北川河	黄河	蒲县	红道乡	后古坡	村东柳树下	111°08′03″	36°29′47″	0.12	2019	3	23	容积法
107	返底泉	北川河	黄河	蒲县	红道乡	返底	乡政府西100 m	111°06′18″	36°28′50″	0.33	2019	3	23	容积法
108	山上泉	北川河	黄河	蒲县	红道乡	山上	村南100 m处	111°06′06″	36°26′60″	0	2019	3	23	容积法
109	河秀沟泉	解家河	黄河	蒲县	红道乡	华尧酒厂	酒厂大门内100 m景观池内	111°08′11″	36°27′51″	3.4	2019	3	23	三角堰法
110	天嘉庄南泉	南川河	黄河	蒲县	蒲城镇	天嘉庄	村南沟口处	111°05′46″	36°23′37″	0.18	2019	3	24	容积法
111	天嘉沟北泉	南川河	黄河	蒲县	蒲城镇	天嘉庄	村南沟口处	111°05′37″	36°23′39″	0.14	2019	3	24	容积法
112	东岳庙	南川河	黄河	蒲县	蒲城镇	东岳庙	东岳庙庙西半山腰	111°06′20″	36°23′26″	0.20	2019	3	24	容积法
113	胡家庄	南川河	黄河	蒲县	蒲城镇	胡家庄	村南红房子内	111°06′13″	36°22′30″	0.09	2019	3	24	容积法

续附表 2

序号	泉名	汇入河名	水系	施测地点				坐标		流量（L/s）	施测时间			施测方法
				县（市、区）	乡（镇）	村	断面位置	东经	北纬		年	月	日	
114	曹洼泉	中朵河	黄河	蒲县	黑龙关镇	曹洼村	村口	111°12′38″	36°23′53″	0.44	2019	3	26	容积法
115	圪台沟泉	南川河	黄河	蒲县	蒲城镇	圪台	村内	111°07′05″	36°19′12″	0.15	2019	3	26	容积法
116	小东山泉	南川河	黄河	蒲县	蒲城镇	郃家湾	小东山半山腰	111°07′18″	36°18′52″	0.12	2019	3	26	容积法
117	窑湾沟	南川河	黄河	蒲县	蒲城镇	窑湾	公路桥上游 200 m	111°07′54″	36°15′13″	0.12	2019	3	26	容积法
118	西沟泉	南川河	黄河	蒲县	蒲城镇	南耀村	村西 200 m	111°09′00″	36°13′33″	0	2019	3	27	容积法
119	满坪腰泉	昕水河	黄河	蒲县	古县乡	满坪腰	村西 500 m 沟内	111°10′60″	36°25′52″	0.25	2019	3	27	容积法
120	店坡泉	昕水河	黄河	蒲县	蒲城镇	店坡	村南 20 m	111°04′47″	36°24′36″	0.12	2019	3	28	容积法
121	姜家峪	昕水河	黄河	蒲县	薛关镇	姜家峪	村南公路西	111°02′53″	36°27′12″	0.47	2019	3	28	容积法
122	李家坡泉 1	南沟	黄河	蒲县	蒲城镇	李家坡	村南	111°02′28″	36°24′39″	0.04	2019	3	28	容积法
123	李家坡泉 2	南沟	黄河	蒲县	薛关镇	李家坡	南沟护林防火牌南	111°02′20″	36°24′40″	1.1	2019	3	28	容积法
124	大渠泉	昕水河	黄河	蒲县	薛关镇	南沟村	村西养殖场旁边	110°59′24″	36°26′52″	0.08	2019	4	1	容积法
125	西沟泉	昕水河	黄河	蒲县	薛关镇	薛关村	百叶沟	111°00′16″	36°27′21″	0.05	2019	4	1	容积法
126	李子湾泉	昕水河	黄河	蒲县	薛关镇	井沟村	村东南	110°56′21″	36°28′23″	0.29	2019	4	1	容积法
127	张庄泉	昕水河	黄河	蒲县	薛关镇	张庄村	村北 50 m 沟内	110°55′09″	36°29′31″	0.12	2019	4	1	容积法
128	文城泉	耙子河	黄河	蒲县	古县乡	文城	村西沟内	110°59′31″	36°33′03″	0	2019	4	2	容积法
129	皮条沟泉	昕水河	黄河	蒲县	薛关镇	皮条沟	村南山崖下	110°53′36″	36°29′13″	0.47	2019	4	2	容积法
130	贺家河泉	枣家河	黄河	蒲县	山中乡	枣家河	贺家河	110°59′58″	36°23′43″	0.33	2019	4	2	容积法
131	雷家沟泉	枣家河	黄河	蒲县	山中乡	枣家河	雷家沟口	110°59′44″	36°24′16″	0.31	2019	4	3	容积法
132	杜家河泉 1	堡子河	黄河	蒲县	山中乡	杜家河村	村南河边	110°55′50″	36°22′38″	0.19	2019	4	3	容积法
133	杜家河泉 2	堡子河	黄河	蒲县	山中乡	杜家河村	村内靠北	110°55′42″	36°22′42″	0.27	2019	4	3	容积法
134	堡子河泉	堡子河	黄河	蒲县	山中乡	杜家河村	村内	110°53′34″	36°22′40″	0.18	2019	4	3	容积法

续附表 2

序号	泉名	汇入河名	水系	施测地点				坐标		流量	施测时间			施测方法
				县(市、区)	乡(镇)	村	断面位置	东经	北纬	(L/s)	年	月	日	
135	阁老掌	北川河	黄河	蒲县	克城镇	阁老掌	村东 2 000 m	111°13′45″	36°32′05″	0.83	2019	4	4	容积法
136	牧洼泉	北川河	黄河	蒲县	克城镇	牧洼泉	村北 200 m	111°13′24″	36°32′32″	0.20	2019	4	4	容积法
137	南岭村泉	北川河	黄河	蒲县	克城镇	南岭村泉	村南沟口	111°14′51″	36°30′04″	0.12	2019	4	4	容积法
138	刘仙村泉	中朵河	黄河	蒲县	太林乡	刘仙村	养殖场旁边	111°16′00″	36°29′07″	0.19	2019	4	4	容积法
139	骡子坡泉	中朵河	黄河	蒲县	太林乡	骡子坡泉	公路边	111°15′49″	36°28′16″	0.10	2019	4	4	容积法
140	辛窑泉	中朵河	黄河	蒲县	太林乡	辛窑泉	村口	111°15′39″	36°28′24″	0.15	2019	4	4	容积法
141	蒲伊村泉	中朵河	黄河	蒲县	太林乡	蒲伊村泉	村西水塔	111°17′42″	36°27′24″	0.19	2019	4	4	容积法
142	后蒲伊泉	中朵河	黄河	蒲县	太林乡	后蒲伊	村南	111°17′53″	36°27′59″	0.14	2019	4	4	容积法
143	高阁村泉	中朵河	黄河	蒲县	太林乡	高阁村	村北	111°17′19″	36°29′40″	0.09	2019	4	4	容积法
144	芦崖底	昕水河	黄河	蒲县	太林乡	芦崖底	村东北	111°17′17″	36°26′18″	0.08	2019	4	4	容积法
145	华掌村泉	昕水河	黄河	蒲县	太林乡	华掌村	村口	111°18′09″	36°28′23″	0.09	2019	4	4	容积法
146	桑树坡泉	城川河	黄河	隰县	下李乡	桑树坡村	村南 800 m	110°59′30″	36°47′55″	1.57	2009	3	26	体积法
				隰县	下李乡	桑树坡村	桑树坡村西南 700 m	110°59′31″	36°47′55″	0.14	2019	3	23	容积法
147	小西天泉	城川河	黄河	隰县	龙泉镇	小西天	蓄水池北边小渠	110°55′39″	36°42′04″	4.4	1987	5	7	
				隰县	龙泉镇	小西天	蓄水池北边小渠	110°55′39″	36°42′04″	0.5	2004	4	9	
				隰县	龙泉镇	小西天	蓄水池北边	110°55′39″	36°42′04″	1.13	2009	3	29	体积法
				隰县	龙泉镇	城关	小西天景区	110°55′40″	36°42′04″	1.1	2019	3	23	容积法
148	小西天泉 1	城川河	黄河	隰县	龙泉镇	城关	小西天景区	110°55′37″	36°42′08″	0.33	2019	3	23	容积法
149	小西天泉 2	城川河	黄河	隰县	龙泉镇	城关	小西天景区	110°55′34″	36°42′10″	0.50	2019	3	23	容积法
150	小西天泉 3	城川河	黄河	隰县	龙泉镇	城关	小西天景区	110°55′39″	36°42′04″	0.16	2019	3	23	容积法

续附表 2

序号	泉名	汇入河名	水系	施测地点				坐标		流量 (L/s)	施测时间			施测方法
				县(市、区)	乡(镇)	村	断面位置	东经	北纬		年	月	日	
151	寨沟泉	城川河	黄河	隰县	龙泉镇	寨沟		110°55′35″	36°41′43″	3.2	1987	5	7	
				隰县	龙泉镇	寨沟		110°55′35″	36°41′43″	1.6	2004	4	9	
				隰县	龙泉镇	寨沟	村西 1 000 m	110°55′35″	36°41′43″	2.28	2009	3	29	体积法
				隰县	龙泉镇	寨沟	温泉小镇	110°55′30″	36°41′40″	2.3	2019	3	23	
152	居子沟泉	朱家峪河	黄河	隰县	龙泉镇	居子		110°54′07″	36°41′09″	6.7	1987	5	3	
				隰县	龙泉镇	居子		110°54′07″	36°41′09″	3	2004	4	9	
				隰县	龙泉镇	居子	西南 1 000 m	110°54′07″	36°41′09″	2.07	2009	3	27	体积法
				隰县	城南乡	留城	后留城村西 500 m	110°54′07″	36°41′09″	1.4	2019	3	22	容积法
153	后留城泉	朱家峪河	黄河	隰县	城南乡	留城	村东 200 m	110°54′47″	36°41′11″	2.48	2009	3	27	体积法
				隰县	城南乡	留城	后留城村东 400 m	110°54′49″	36°41′09″	1.9	2019	3	22	容积法
154	前留城泉	朱家峪河	黄河	隰县	城南乡	留城	村中	110°54′32″	36°40′48″	5.35	2009	3	27	体积法
				隰县	城南乡	留城	前留城泉村中心	110°54′32″	36°40′48″	0.50	2019	3	22	
155	明月泉	城川河	黄河	隰县	龙泉镇	明月泉	东南 50 m	110°57′28″	36°44′23″	1.1	2004	4	8	
				隰县	龙泉镇	明月泉	东南 1 000 m	110°57′28″	36°44′23″	0.499	2009	3	26	体积法
				隰县	城南乡	上友村	上友村东南 900 m	110°57′31″	36°44′21″	0.09	2019	3	23	容积法
156	明月西泉	城川河	黄河	隰县	城南乡	上友村	上友村东南角河道内	110°57′08″	36°44′40″	0.05	2019	3	23	
157	古县泉	东川河	黄河	隰县	黄土镇	古县	村东 3 000 m	111°04′24″	36°38′29″	1.01	2009	3	25	体积法
				隰县	黄土镇	古县	古县村北 2 000 m	111°04′16″	36°38′40″	0.95	2019	3	25	容积法

续附表 2

序号	泉名	汇入河名	水系	施测地点				坐标		流量	施测时间			施测方法
				县(市、区)	乡(镇)	村	断面位置	东经	北纬	(L/s)	年	月	日	
158	茄沟泉	东川河	黄河	隰县	黄土镇	义泉	村南 1 200 m	111°03′44″	36°36′41″	11	1987	4	28	
				隰县	黄土镇	义泉	村南 1200 m	111°03′44″	36°36′41″	12	2004	4	12	
				隰县	黄土镇	义泉	村南 1200 m	111°03′44″	36°36′41″	13.2	2009	3	25	流速仪法
				隰县	黄土镇	义泉	义泉村南 1 000 m	111°03′42″	36°36′42″	14.2	2019	3	25	三角堰法
159	赵家泉	回珠河	黄河	隰县	黄土镇	赵家村	村南 50 m	111°05′38″	36°38′54″	2.94	2009	3	24	体积法
				隰县	黄土镇	赵家村	赵家村南 50 m	111°05′38″	36°38′54″	0.77	2019	3	25	容积法
160	马刨泉	紫峪河	黄河	隰县	黄土镇	赵家庄	村北 300 m	111°11′48″	36°44′42″	6.1	1987	4	27	
				隰县	黄土镇	赵家庄	村北 300 m	111°11′48″	36°44′42″	22	2004	4	8	
				隰县	黄土镇	赵家庄	村北 500 m	111°11′48″	36°44′42″	8.3	2009	3	24	流速仪法
				隰县	黄土镇	赵家庄	赵家庄村北 600 m	111°11′47″	36°44′42″	8.0	2019	3	25	流速仪法
161	上蓬门村泉	朱家峪河	黄河	隰县	城南乡	上蓬门	上蓬门沟 1 号公路桥下游 150 m	110°52′14″	36°47′32″	0.25	2019	3	22	
162	要宿沟泉	朱家峪河	黄河	隰县	城南乡	朱家峪	朱家峪村东南 300 m	110°54′38″	36°47′48″	1.8	2019	3	22	三角堰法
163	坊底泉	朱家峪河	黄河	隰县	城南乡	坊底	坊底村村南 400 m 提水泵站旁	110°53′59″	36°49′32″	3.3	2019	3	22	容积法
164	南峪沟泉	北沟河	黄河	隰县	城南乡	后南峪	南峪水库修建处	110°57′51″	36°38′28″	0	2019	3	23	
165	长寿泉	城川河	黄河	隰县	下李乡	长寿村	长寿村东 300 m	111°02′02″	36°49′35″	0.10	2019	3	23	
166	桑梓泉 1	城川河	黄河	隰县	午城乡	桑梓	桑梓西南 300 m	110°53′04″	36°34′04″	0.07	2019	3	24	容积法
167	桑梓泉 2	城川河	黄河	隰县	午城乡	桑梓	桑梓西南 300 m	110°53′04″	36°34′04″	0.04	2019	3	24	容积法
168	桑梓泉 3	城川河	黄河	隰县	午城乡	桑梓	桑梓西南 300 m	110°53′04″	36°34′04″	0.08	2019	3	24	三角堰法
169	清宿泉	卫家峪河	黄河	隰县	阳头升乡	清宿	清宿村西南 600 m	110°51′11″	36°41′41″	0	2019	3	24	
170	黑虎泉	东川河	黄河	隰县	黄土镇	上庄	上庄村东南 1 000 m	111°12′48″	36°38′00″	0.02	2019	3	25	三角堰法
171	后太平泉	东川河	黄河	隰县	午城镇	太平庄	太平庄西南 300 m	110°53′53″	36°31′00″	0.12	2019	3	26	容积法

续附表 2

序号	泉名	汇入河名	水系	施测地点				坐标		流量(L/s)	施测时间			施测方法
				县(市、区)	乡(镇)	村	断面位置	东经	北纬		年	月	日	
172	太平泉	东川河	黄河	隰县	午城镇	太平庄	太平庄北 1 000 m	110°54′09″	36°31′40″	3.0	2019	3	26	流速仪法
173	宜家庄泉	东川河	黄河	隰县	午城镇	宜家庄	宜家庄东 800 m	110°56′27″	36°33′32″	0.26	2019	3	26	容积法
174	坪城泉	东川河	黄河	隰县	寨子乡	坪城	坪城村东南 600 m	110°58′36″	36°35′18″	0.10	2019	3	26	容积法
175	平渡关泉	黄河	黄河	大宁县	太古乡	平渡关	东南 200 m	110°29′19″	36°24′10″	0.056 4	2009	3	18	体积法
				大宁县	太古乡	平渡关	沿黄公路桥上游 20 m	110°29′19″	36°24′11″	0.22	2019	4	4	体积法
176	白杜泉	昕水河	黄河	大宁县	昕水镇	白杜	北沟内	110°45′29″	36°31′54″	0.9	2004	4	9	
177	贺益沟泉	昕水河	黄河	大宁县	昕水镇	贺益	昕水河北岸 150 m	110°41′39″	36°27′19″	0.153	2009	3	19	体积法
				大宁县	昕水镇	葛口	昕水河北岸沟内左面	110°41′39″	36°27′19″	0	2019	3	30	
178	贺益沟泉 1	昕水河	黄河	大宁县	昕水镇	贺益村	昕水河北岸沟内左面沟下	110°41′38″	36°27′18″	1.4	2019	3	29	体积法
179	贺益沟泉 2	昕水河	黄河	大宁县	昕水镇	贺益村	昕水河北岸沟口右面	110°41′37″	36°27′17″	0.67	2019	3	29	体积法
180	贺益沟泉 3	昕水河	黄河	大宁县	昕水镇	贺益村	昕水河北岸沟内左面沟上	110°41′36″	36°27′20″	1.1	2019	3	29	体积法
181	牧岭泉	昕水河	黄河	大宁县	昕水镇	牧岭村	村北 200 m 沟口	110°47′43″	36°28′33″	4.3	2004	4	5	
				大宁县	昕水镇	牧岭村	村东沟口	110°47′43″	36°28′33″	3.8	2009	3	14	流速仪法
				大宁县	昕水镇	牧岭村	村东沟口	110°47′43″	36°28′34″	2.0	2019	3	28	三角堰法
182	芍药泉	昕水河	黄河	大宁县	昕水镇	芍药村	下坪沟	110°42′12″	36°28′49″	0.4	2004	4	9	
				大宁县	昕水镇	葛口村	村中沟口	110°42′40″	36°27′20″	2.7	2009	3	15	流速仪法
				大宁县	昕水镇	葛口村	村中沟口	110°42′38″	36°27′22″	0.51	2019	3	29	三角堰法
183	下南庄泉	昕水河	黄河	大宁县	昕水镇	下南庄	下桥沟内	110°43′58″	36°27′58″	2.2	2004	4	9	
				大宁县	昕水镇	下南庄	沟口公路桥下 20 m	110°43′58″	36°27′58″	14.6	2009	3	15	流速仪法
				大宁县	昕水镇	下南庄	沟口桥上游 5 m	110°43′58″	36°27′59″	1.5	2019	3	29	体积法

续附表 2

序号	泉名	汇入河名	水系	施测地点				坐标		流量(L/s)	施测时间			施测方法
				县(市、区)	乡(镇)	村	断面位置	东经	北纬		年	月	日	
184	杜峨泉	昕水河	黄河	大宁县	曲峨镇	杜峨村	东沟	110°38′03″	36°29′24″	2.3	1987	5	16	
				大宁县	曲峨镇	杜峨村	东沟	110°38′03″	36°29′24″	0.6	2004	4	9	
				大宁县	曲峨镇	杜峨村	村西沟内	110°37′44″	36°29′11″	0.419 8	2009	3	15	体积法
				大宁县	曲峨镇	杜峨村	村西沟内	110°37′45″	36°29′15″	0.09	2019	4	3	体积法
185	杜峨泉 1	昕水河	黄河	大宁县	曲峨镇	杜峨村	村西沟内	110°37′45″	36°29′16″	0.08	2019	4	3	体积法
186	花崖泉	昕水河	黄河	大宁县	徐家垛乡	花崖村	村南 200 m	110°33′01″	36°26′28″	0.428 6	2009	3	18	体积法
				大宁县	徐家垛乡	花崖村	村对面河左岸	110°33′00″	36°26′28″	0.11	2019	3	30	体积法
187	花崖泉 1	昕水河	黄河	大宁县	徐家垛乡	花崖村	村南沟口公路桥下	110°32′35″	36°26′27″	0.35	2019	3	30	三角堰法
188	康里泉	昕水河	黄河	大宁县	徐家垛乡	康里村	东沟	110°30′47″	36°26′23″	0.03	1987	5	16	
				大宁县	徐家垛乡	康里村	东沟	110°30′47″	36°26′23″	0.4	2004	4	9	
				大宁县	徐家垛乡	康里村	村北 50 m	110°30′47″	36°26′23″	0.294 9	2009	3	19	体积法
				大宁县	徐家垛乡	康里村	村北 1 500 m 沟内	110°30′48″	36°26′20″	0.30	2019	3	31	体积法
189	康里泉 1	昕水河	黄河	大宁县	徐家垛乡	康里村	村北 2 000 m	110°30′41″	36°26′13″	0.08	2019	3	31	体积法
190	李家垛泉	昕水河	黄河	大宁县	徐家垛乡	李家垛村	村东南 200 m	110°32′48″	36°26′11″	0.126 3	2009	3	18	体积法
				大宁县	徐家垛乡	李家垛村	村南 200 m 河道内山根	110°32′30″	36°26′08″	0.13	2019	3	31	体积法
191	徐家垛泉	昕水河	黄河	大宁县	徐家垛乡	徐家垛	泉源	110°34′11″	36°27′32″	1.383	2009	3	17	体积法
				大宁县	徐家垛乡	徐家垛	索堤沟内泉源	110°34′11″	36°27′32″	0.42	2019	4	3	体积法
192	麻束泉	昕水河	黄河	大宁县	昕水镇	麻束村	村下沟内	110°45′46″	36°28′31″	0.35	2019	3	28	三角堰法
193	胡子庄泉	杨家河	黄河	大宁县	三多乡	东胡子庄	村西 260 m	110°55′02″	36°18′05″	0.08	2019	3	28	三角堰法
194	林场沟泉	杨家河	黄河	大宁县	三多乡	东胡子庄	村西 300 m	110°54′40″	36°18′01″	0.26	2019	3	28	三角堰法
195	柳沟泉 1	义亭河	黄河	大宁县	昕水镇	上吉亭村	村西南 400 m	110°45′41″	36°26′06″	0.16	2019	3	29	三角堰法
196	柳沟泉 2	义亭河	黄河	大宁县	昕水镇	上吉亭村	村南沟内	110°45′41″	36°26′06″	0.19	2019	3	29	三角堰法

续附表 2

序号	泉名	汇入河名	水系	施测地点				坐标		流量	施测时间			施测方法
				县(市、区)	乡(镇)	村	断面位置	东经	北纬	(L/s)	年	月	日	
197	柳沟泉 3	义亭河	黄河	大宁县	昕水镇	上吉亭村	村南沟内	110°45′43″	36°26′07″	0.64	2019	3	29	三角堰法
198	柳沟泉 4	义亭河	黄河	大宁县	昕水镇	上吉亭村	村南沟内	110°45′39″	36°26′06″	0.71	2019	3	29	体积法
199	柳沟泉 5	义亭河	黄河	大宁县	昕水镇	上吉亭村	村南沟内	110°45′39″	36°26′06″	1.0	2019	3	29	体积法
200	石城泉 1	昕水河	黄河	大宁县	昕水镇	石城村	村东南 500 m 沟内 300 m	110°42′06″	36°26′37″	0.23	2019	3	29	体积法
201	石城泉 2	昕水河	黄河	大宁县	昕水镇	石城村	村东南 500 m 沟内 400 m	110°42′06″	36°26′36″	0.28	2019	3	29	体积法
202	古乡村泉	昕水河	黄河	大宁县	昕水镇	古乡村	村中心山腰	110°43′54″	36°27′31″	0.14	2019	3	30	体积法
203	河底沟泉	河底沟	黄河	大宁县	昕水镇	葛口村	漫水桥上游 3 m	110°43′29″	36°26′51″	109	2019	3	30	三角堰法
204	河底沟泉 2	河底沟	黄河	大宁县	昕水镇	葛口村	漫水桥上游 50 m	110°43′30″	36°26′52″	0.16	2019	3	30	体积法
205	河底沟泉 1	河底沟	黄河	大宁县	昕水镇	葛口村	榆岭沟对面	110°43′20″	36°27′07″	0.14	2019	3	30	三角堰法
206	布业村泉	昕水河	黄河	大宁县	曲峨镇	布业村	村东沟内	110°37′45″	36°29′13″	0.10	2019	4	3	体积法
207	贺家庄泉	义亭河	昕水河	大宁县	三多乡	贺家庄	东南沟底	110°46′10″	36°21′31″	1.33	2009	3	19	体积法
				大宁县	三多乡	贺家庄	村东南沟底	110°46′10″	36°21′31″	1.4	2019	3	29	体积法
208	上垣泉	义亭河	黄河	大宁县	三多乡	上垣村	东南 200 m	110°50′27″	36°18′18″	0.117	2009	3	22	体积法
				大宁县	三多乡	上垣村	村南 200 m 沟底	110°50′27″	36°18′18″	0.64	2019	3	28	体积法
209	上吉亭泉	义亭河	黄河	大宁县	昕水镇	上吉亭村	东北 30 m	110°45′59″	36°26′27″	0.643	2009	3	22	体积法
				大宁县	昕水镇	上吉亭村	村东北 300 m 公路左边	110°45′59″	36°26′26″	0.62	2019	3	29	体积法
210	上吉亭泉 1	义亭河	黄河	大宁县	昕水镇	上吉亭村	村东北 301 m 公路右下	110°45′59″	36°26′28″	0.42	2019	3	29	体积法
211	南沟庄泉	义亭河	黄河	吉县	屯里镇	高家台	南沟庄	110°50′55″	36°13′53″	0.13	2009	4	6	体积法
212	岔口泉	义亭河	黄河	吉县	屯里镇	岔口	安乐河以上 20 m	111°02′53″	36°12′26″	16	1987	5	5	
				吉县	屯里镇	岔口	安乐河以上 20 m	111°02′53″	36°12′26″	29	2004	4	5	
				吉县	屯里镇	岔口	村内	111°02′53″	36°12′26″	2.5	2009	3	30	三角堰法
				吉县	屯里镇	岔口	村东	111°02′53″	36°12′27″	1.2	2019	3	21	三角堰法

续附表 2

序号	泉名	汇入河名	水系	施测地点				坐标		流量 (L/s)	施测时间			施测方法
				县(市、区)	乡(镇)	村	断面位置	东经	北纬		年	月	日	
213	西沟泉	义亭河	黄河	吉县	屯里镇	西沟	学校旁	111°01′10″	36°12′49″	0.1	2009	4	14	体积法
				吉县	屯里镇	安乐	西北 300 m	111°01′11″	36°12′49″	0.02	2019	3	21	体积法
214	大东沟泉	大东沟河	黄河	吉县	屯里镇	岩坪	村东 150 m	110°59′42″	36°09′41″	6.9	1987	4	28	
				吉县	屯里镇	岩坪	村东 150 m	110°59′42″	36°09′41″	0.4	2004	4	15	
				吉县	屯里镇	岩坪	村东 150 m	110°59′42″	36°09′41″	1.5	2009	4	12	
215	自喷井	大东沟	黄河	吉县	屯里镇	明珠	村西 1 500 m	110°59′04″	36°10′01″	0.92	2009	4	12	体积法
				吉县	屯里镇	雁坪	东南 100 m	110°59′42″	36°9′41″	1.2	2019	3	21	体积法
216	自喷井 1	大东沟	黄河	吉县	屯里镇	明珠	东南 800 m	110°59′04″	36°10′02″	0	2019	3	21	
217	放马岭泉	杨家河	黄河	吉县	屯里镇	放马岭	村内距河口 150 m	110°53′45″	36°17′34″	0.25	2009	4	6	体积法
				吉县	屯里镇	放马岭	村内	110°53′46″	36°17′32″	0.08	2019	3	22	三角堰法
218	佛庙沟泉	杨家河	黄河	吉县	屯里镇	佛庙沟	村内	110°53′32″	36°17′27″	0.27	2009	4	7	体积法
				吉县	屯里镇	佛庙沟	村内	110°53′34″	36°17′25″	0.45	2019	3	22	三角堰法
219	午生泉	岔口河	黄河	吉县	文城乡	午生	村北 2 500 m	110°32′09″	36°19′18″	0.62	2009	4	10	体积法
				吉县	文城乡	午生	东北 1 500 m	110°32′14″	36°19′19″	0.06	2019	3	27	体积法
220	南村坡泉	黄河	黄河	吉县	壶口镇	南村坡	村南 100 m	110°28′13″	36°12′04″	0.9	2004	4	7	
				吉县	壶口镇	南村坡	西南 800 m	110°28′13″	36°12′04″	0.9	2009	4	10	体积法
				吉县	壶口镇	南村坡	南 50 m 沟中	110°28′11″	36°12′05″	0.09	2019	3	26	三角堰法
221	沟底泉	黄河	黄河	吉县	壶口镇	南村坡	村南 50 m	110°28′28″	36°12′11″	0.41	2019	3	26	
222	高崖泉	清水河	黄河	吉县	车城乡	高崖子	村东 500 m	110°45′29″	36°10′17″	0.25	2009	4	3	体积法
				吉县	车城乡	高崖子	东南 800 m	110°45′28″	36°10′18″	0.01	2019	3	28	三角堰法
223	沿川泉 1	清水河	黄河	吉县	车城乡	沿川	村南 1 500 m	110°47′54″	36°09′07″	0.9	2009	4	2	三角堰法
				吉县	车城乡	沿川	西南 800 m	110°47′44″	36°09′08″	0.61	2019	3	28	三角堰法

续附表 2

序号	泉名	汇入河名	水系	施测地点				坐标		流量(L/s)	施测时间			施测方法
				县(市、区)	乡(镇)	村	断面位置	东经	北纬		年	月	日	
224	沿川泉 2	清水河	黄河	吉县	车城乡	沿川	村南 100 m	110°47′42″	36°09′07″	1.85	2009	4	2	三角堰法
				吉县	车城乡	沿川	西南 500 m	110°47′41″	36°09′08″	0	2019	3	28	
225	沿川泉 3	清水河	黄河	吉县	车城乡	沿川	村西南 600 m	110°47′42″	36°09′06″	0.45	2019	3	28	三角堰法
226	龙窝泉	清水河	黄河	吉县	吉昌镇	下阳庄	桥下 10 m	110°41′01″	36°06′58″	0.6	2009	4	11	体积法
				吉县	吉昌镇	下阳庄	桥下 10 m	110°41′02″	36°06′57″	0	2019	3	20	
227	饮马泉	清水河	黄河	吉县	吉昌镇	城内	大桥上 35 m	110°40′25″	36°05′39″	2.4	2009	4	11	三角堰法
				吉县	吉昌镇	城内	吉昌镇大桥上35 m 处坝下	110°40′25″	36°05′38″	1.9	2019	3	20	体积法
228	苏村泉	马家河	黄河	吉县	吉昌镇	苏村	村南 200 m	110°43′40″	36°07′02″	4.4	2009	4	5	三角堰法
				吉县	吉昌镇	苏村	西北 600 m	110°43′25″	36°06′57″	3.6	2019	3	23	三角堰法
229	祖师庙泉	清水河	黄河	吉县	吉昌镇	祖师庙	吉昌广场下公路旁	110°41′06″	36°06′13″	0.15	2009	4	4	体积法
				吉县	吉昌镇	祖师庙	文化广场东南角	110°41′07″	36°06′13″	0	2019	3	29	
230	狮子河泉	清水河	黄河	吉县	东城乡	狮子河	村东南 100 m	110°34′43″	36°02′48″	3	1987	5	8	
				吉县	东城乡	狮子河	村东南 100 m	110°34′43″	36°02′48″	0.9	2004	4	9	
				吉县	东城乡	狮子河	村口大桥下	110°34′43″	36°02′48″	4.5	2009	3	31	三角堰法
				吉县	吉昌镇	狮子河	狮子河村村中桥下	110°34′42″	36°02′49″	0.45	2019	3	25	三角堰法
231	烧炭沟泉	清水河	黄河	吉县	车城乡	后洛义	村东 400 m	110°52′11″	36°07′28″	0.8	2009	4	1	三角堰法
				吉县	车城乡	前洛义	西南 500 m	110°52′12″	36°07′28″	0.10	2019	3	28	三角堰法
232	西掌泉	柳沟河	黄河	吉县	柏山寺乡	西掌	西沟	110°36′52″	35°56′28″	26	2004	4	9	
				吉县	柏山寺乡	西掌	村东 500 m	110°36′52″	35°56′28″	17.2	2009	4	8	三角堰法
				吉县	柏山寺乡	西掌	东南 800 m	110°36′51″	35°56′28″	1.5	2019	3	24	三角堰法
233	南沟庄泉	义亭河	黄河	吉县	屯里镇	石窑子	西南 1 500 m	110°50′55″	36°13′53″	1.2	2019	3	22	三角堰法

续附表 2

序号	泉名	汇入河名	水系	施测地点				坐标		流量	施测时间			施测方法
				县(市、区)	乡(镇)	村	断面位置	东经	北纬	(L/s)	年	月	日	
234	柏山寺泉	黄河	黄河	吉县	柏山寺乡	柏山寺	西北 800 m	110°34′59″	35°59′46″	0	2019	3	24	
235	吕家山泉	文城河	黄河	吉县	文城乡	吕家山	村西 800 m	110°32′26″	36°14′25″	0	2019	3	27	
236	陈家岭泉	黄河	黄河	吉县	壶口镇	陈家岭	西 50 m 沟中	110°31′38″	36°06′07″	0.35	2019	3	26	
237	官地岭泉	黄河	黄河	吉县	柏山寺乡	官地岭	北 300 m	110°30′20″	35°56′57″	0	2019	3	25	
238	处鹤沟泉	岔口河	黄河	吉县	文城乡	处鹤沟	西北 200 m	110°32′09″	36°19′18″	1.5	2019	3	27	三角堰法
239	油房庄子泉	义亭河	黄河	吉县	屯里镇	石窑子	村西南 1 500	110°50′54″	36°13′53″	0.40	2019	3	22	体积法
240	瓦窑角沟泉	杨家河	黄河	吉县	屯里镇	瓦窑角	正北 500 m	110°50′01″	36°15′24″	0.33	2019	3	22	体积法
241	下杨家河沟泉	杨家河	黄河	吉县	屯里镇	下杨家河	村东北 200 m	110°50′53″	36°16′20″	0.83	2019	3	22	三角堰法
242	老庄子沟泉	杨家河	黄河	吉县	屯里镇	老庄子	村东南 1 500 m	110°52′32″	36°16′51″	0.30	2019	3	22	体积法
243	西胡子泉	杨家河	黄河	吉县	屯里镇	西胡子庄	西 100 m	110°54′16″	36°17′52″	0.45	2019	3	22	三角堰法
244	五龙宫村泉	义亭河	黄河	吉县	屯里镇	五龙宫	村东南 600 m	110°56′26″	36°12′11″	0.08	2019	3	21	体积法
245	陡坡泉	义亭河	黄河	吉县	屯里镇	下陡坡	村东南 300 m	110°58′36″	36°12′23″	0.03	2019	3	21	体积法
246	下垛沟泉	鄂河	黄河	乡宁县	昌宁镇	下垛沟	村南 1 000 m	110°44′21″	35°58′29″	17	2009	3	22	三角堰法
				乡宁县	昌宁镇	下垛沟	村南 1 000 m	110°44′21″	35°58′29″	2.6	2019	3	28	三角堰法
247	北庄头泉	鄂河	黄河	乡宁县	枣岭乡	北庄头	村西	110°34′45″	35°54′23″	0.2	1987	5	6	
				乡宁县	枣岭乡	北庄头	村西	110°34′45″	35°54′23″	0.1	2004	3	29	
				乡宁县	枣岭乡	北庄头	西南 400 m	110°34′45″	35°54′23″	0	2009	3	24	体积法
				乡宁县	枣岭乡	北方头	村西南 400 m	110°34′45″	35°54′24″	0	2019	3	24	三角堰法
248	磨镰石泉	鄂河	黄河	乡宁县	管头镇	上阎庄	沟上游 1 500 m	110°54′19″	36°03′20″	7	2004	3	27	
				乡宁县	管头镇	上阎庄	沟上游 2 500 m	110°54′19″	36°03′20″	0.8	2009	3	17	三角堰法
				乡宁县	管头镇	下阎庄	沟上游 2 600 m	110°54′19″	36°03′20″	1.0	2019	3	22	三角堰法

续附表 2

序号	泉名	汇入河名	水系	施测地点				坐标		流量	施测时间			施测
				县(市、区)	乡(镇)	村	断面位置	东经	北纬	(L/s)	年	月	日	方法
249	磨镰石泉 1	鄂河	黄河	乡宁县	管头镇	下阎庄	沟上游 2 500 m	110°54′19″	36°03′16″	0.45	2019	3	22	三角堰法
250	马泉泉	鄂河	黄河	乡宁县	管头镇	马泉	东北 2 000 m	111°00′52″	36°06′25″	7	2004	3	27	
				乡宁县	管头镇	马泉	东北 30 m	111°00′52″	36°06′25″	1.6	2009	3	16	三角堰法
				乡宁县	管头镇	马泉	村东北 300 m	111°01′02″	36°06′10″	0.13	2019	3	20	容积法
251	马泉泉 1	鄂河	黄河	乡宁县	管头镇	马泉	村东北 700 m	111°00′56″	36°06′11″	0.20	2019	3	20	容积法
252	黑水潭泉	鄂河	黄河	乡宁县	管头镇	罗河	村北 1 550 m	110°50′34″	36°01′02″	4.8	2009	3	15	流速仪法
				乡宁县	昌宁镇	任家河	村北沟 1 550 m	110°50′34″	36°01′00″	2.7	2019	3	21	三角堰法
253	下湖涧泉	鄂河	黄河	乡宁县	昌宁镇	下湖涧	东南 800 m	110°40′35″	35°55′12″	2.4	2009	3	23	三角堰法
				乡宁县	昌宁镇	下湖涧	村东南 800 m	110°40′35″	35°55′12″	0.33	2019	3	23	三角堰法
254	下湖涧泉 1	鄂河	黄河	乡宁县	昌宁镇	下湖涧	村东南 780	110°40′33″	35°55′15″	0.45	2019	3	23	三角堰法
255	下湖涧泉 2	鄂河	黄河	乡宁县	昌宁镇	下湖涧	村东南 790	110°40′33″	35°55′15″	0.08	2019	3	23	三角堰法
256	碟子泉	黄河	黄河	乡宁县	枣岭乡	王家岭	村北 2 800 m	110°39′50″	35°49′19″	3.2	2009	3	25	三角堰法
				乡宁县	枣岭乡	王家岭	村北 2 800 m	110°39′51″	35°49′42″	3.2	2019	3	24	三角堰法
257	北坡泉	黄河	黄河	乡宁县	枣岭乡	乔家湾	村南沟山脚下	110°40′00″	35°50′38″	2.5	2009	3	25	三角堰法
				乡宁县	枣岭乡	乔家湾	村南沟山脚下	110°40′00″	35°50′38″	0.20	2019	3	26	容积法
258	北坡泉 1	黄河	黄河	乡宁县	枣岭乡	北坡	北坡西沟	110°38′11″	35°49′15″	0.79	2019	3	26	容积法
259	东掌沟泉	黄河	黄河	乡宁县	枣岭乡	东掌	村北 1 000 m	110°40′19″	35°49′49″	4.6	2009	3	24	三角堰法
				乡宁县	枣岭乡	东掌	村北 1 000 m	110°41′41″	35°50′52″	0.20	2019	3	25	容积法
260	东掌沟泉 1	黄河	黄河	乡宁县	枣岭乡	东掌		110°41′09″	35°50′38″	0.10	2019	3	25	容积法
261	桥南湾泉	黄河	黄河	乡宁县	枣岭乡	桥南湾	东北 1 000 m	110°42′20″	35°49′51″	2.4	2009	3	25	三角堰法
				乡宁县	枣岭乡	桥南湾	村南沟山脚下	110°40′00″	35°50′38″	2.4	2019	3	26	容积法

续附表 2

序号	泉名	汇入河名	水系	施测地点				坐标		流量(L/s)	施测时间			施测方法
				县(市、区)	乡(镇)	村	断面位置	东经	北纬		年	月	日	
262	龙王庙泉	黄河	黄河	乡宁县	枣岭乡	毛教	西北 200 m	110°34′01″	35°48′43″	1.6	2009	3	27	体积法
				乡宁县	枣岭乡	毛教	村西北 200 m	110°34′01″	35°48′43″	0	2019	3	26	容积法
263	木家岭泉	顺义河	黄河	乡宁县	枣岭乡	木家岭	村东 2 500 m	110°37′50″	35°51′16″	1.7	2009	3	26	三角堰法
				乡宁县	枣岭乡	木家岭	南沟村东 2 500 m	110°37′47″	35°51′16″	0.50	2019	3	26	调查法
264	木家岭泉 1	顺义河	黄河	乡宁县	枣岭乡	寺村	东南 1 500 m	110°37′49″	35°52′22″	0.30	2019	3	26	容积法
265	桥上泉	顺义河	黄河	乡宁县	枣岭乡	桥上	村南 50 m	110°41′05″	35°52′23″	1.5	2009	3	28	三角堰法
				乡宁县	枣岭乡	桥上	村南 50 m	110°41′05″	35°52′23″	1.1	2019	3	25	调查法
266	教场坪泉	鄂河	黄河	乡宁县	管头镇	教场坪	教场坪村西南 50 m	111°00′37″	36°06′28″	0.04	2019	3	20	容积法
267	南山泉	鄂河	黄河	乡宁县	昌宁镇	温泉	南山公园山上半腰	110°49′57″	35°57′49″	0.14	2019	3	21	容积法
268	南阁村泉	鄂河	黄河	乡宁县	昌宁镇	南阁	村东南 300 m	110°50′27″	35°57′40″	0.10	2019	3	21	容积法
269	十里铺泉	清水河	黄河	乡宁县	昌宁镇	十里铺	东沟 300 m	110°30′21″	36°01′46″	0.10	2019	3	22	容积法
270	下县泉	鄂河	黄河	乡宁县	昌宁镇	下县	下县村东北 800 m	110°49′09″	35°57′60″	0.20	2019	3	21	容积法
271	大石头泉	鄂河	黄河	乡宁县	昌宁镇	大石头	村北	110°48′25″	35°57′20″	0.54	2019	3	29	容积法
272	西廒泉	鄂河	黄河	乡宁县	昌宁镇	西廒	村东北	110°48′19″	35°58′13″	1.1	2019	3	29	三角堰法
273	胡村泉	鄂河	黄河	乡宁县	昌宁镇	胡村	胡村北沟	110°47′55″	35°58′31″	0.22	2019	3	28	容积法
274	冯家沟泉 1	鄂河	黄河	乡宁县	昌宁镇	冯家沟	村中	110°47′37″	35°57′37″	0.60	2019	3	29	容积法
275	冯家沟泉 2	鄂河	黄河	乡宁县	昌宁镇	冯家沟	村口	110°47′31″	35°57′21″	0.11	2019	3	29	容积法
276	幸福泉	鄂河	黄河	乡宁县	昌宁镇	上宽井	村中	110°41′12″	35°56′28″	0.12	2019	3	23	容积法
277	杨家圪垛泉	顺义河	黄河	乡宁县	枣岭乡	杨家圪垛	村西 1 500 m	110°34′44″	35°50′04″	0.26	2019	3	24	容积法
278	无名泉	鄂河	黄河	乡宁县	管头镇	燕家河	村东南 800 m	111°02′41″	36°02′51″	0	2019	3	22	容积法
279	下窑沟泉	下善河	黄河	乡宁县	管头镇	下窑沟	村西南公路边	111°00′59″	35°59′12″	0.20	2019	3	26	容积法

续附表 2

序号	泉名	汇入河名	水系	施测地点				坐标		流量	施测时间			施测方法
				县(市、区)	乡(镇)	村	断面位置	东经	北纬	(L/s)	年	月	日	
280	龙鼻泉	鄂河	黄河	乡宁县	昌宁镇	龙鼻	东沟 900 m	110°46′48″	35°58′18″	1.2	2019	3	23	三角堰法
281	刘沟源泉	鄂河	黄河	乡宁县	昌宁镇	刘沟源	村东南 1 000 m	110°47′01″	35°57′05″	0	2019	3	23	容积法
282	柳阁源泉	鄂河	黄河	乡宁县	昌宁镇	柳阁源	村南	110°46′57″	35°56′41″	0.50	2019	3	23	容积法
283	东沟泉	鄂河	黄河	乡宁县	昌宁镇	烟家坡	村东南 1 000 m	110°44′51″	35°53′31″	0	2019	3	21	容积法
284	上庄沟泉 1	黄河	黄河	乡宁县	枣岭乡	上庄	村东南 2 600 m	110°36′12″	35°52′32″	0.25	2019	3	24	调查法
285	上庄沟泉 2	黄河	黄河	乡宁县	枣岭乡	上庄	村东南 2 450 m	110°36′04″	35°52′25″	0.50	2019	3	24	调查法
286	上庄沟泉 3	黄河	黄河	乡宁县	枣岭乡	上庄	村东南 2 430 m	110°36′04″	35°52′24″	0.25	2019	3	24	调查法
287	上下庄泉	黄河	黄河	乡宁县	枣岭乡	上下庄	村东南 800 m	110°35′27″	35°51′50″	0.30	2019	3	24	容积法
288	枣山泉 1	黄河	黄河	乡宁县	枣岭乡	枣山	村西沟 1 200 m	110°41′37″	35°52′52″	0.15	2019	3	24	容积法
289	枣山泉 2	黄河	黄河	乡宁县	枣岭乡	枣山	村西沟 1 215 m	110°41′38″	35°52′51″	0.33	2019	3	24	三角堰法
290	寺村泉	顺义河	黄河	乡宁县	枣岭乡	寺村	沟南 1 000 m	110°37′50″	35°52′35″	0.50	2019	3	25	调查法
291	杨家圪垛泉	顺义河	黄河	乡宁县	枣岭乡	凡原	村西 150 m	110°36′02″	35°50′02″	0.45	2019	3	28	调查法
292	下窑沟泉	下善河	黄河	乡宁县	双鹤乡	下窑沟	下窑沟村西南 80 m	111°00′59″	35°59′12″	0.30	2019	3	29	调查法
293	下庄泉	对竹河	汾河	汾西县	对竹镇	下庄村	水源水池出口	111°30′56″	36°45′15″	30	1987	5	12	
				汾西县	对竹镇	下庄村	水源水池出口	111°30′56″	36°45′15″	20	2004	4	26	
				汾西县	对竹镇	下庄村	水源水池出口	111°30′56″	36°45′15″	11	2009	3	15	流速仪法
				汾西县	对竹镇	下庄村	村内庙南	111°30′56″	36°45′15″	有水无量	2019	4	4	
294	背安头泉 1	对竹河	汾河	汾西县	永安镇	背安头村	村西北 300 m	111°33′42″	36°39′46″	0.5	2004	4	26	
				汾西县	永安镇	背安头村	村西北 300 m	111°33′42″	36°39′46″	0.43	2009	3	15	体积法
				汾西县	永安镇	背安头村	村委会西 100 m	111°33′42″	36°39′46″	0.80	2019	4	3	容积法
295	背安头泉 2	对竹河	汾河	汾西县	永安镇	背安头村	村西南 650 m	111°33′37″	36°39′29″	0.77	2019	4	3	容积法

续附表 2

序号	泉名	汇入河名	水系	施测地点				坐标		流量(L/s)	施测时间			施测方法
				县(市、区)	乡(镇)	村	断面位置	东经	北纬		年	月	日	
296	蔡家庄泉	对竹河	汾河	汾西县	永安镇	蔡家庄村	村东北泉源水池东	111°35′18″	36°37′25″	1	2004	4	27	
				汾西县	永安镇	蔡家庄村	村中	111°35′18″	36°37′25″	0.8	2009	3	15	三角堰法
				汾西县	永安镇	蔡家庄村	村南 50 m	111°35′18″	36°37′25″	0.21	2019	4	3	容积法
297	九龙泉	对竹河	汾河	汾西县	永安镇	小澇涧	县城东北 2 500 m	111°34′36″	36°39′58″	7.6	1987	5	11	
				汾西县	永安镇	小澇涧	县城东北 2 500 m	111°34′36″	36°39′58″	7	2004	4	26	
				汾西县	永安镇	小澇涧	村中	111°34′36″	36°39′58″	7.2	2009	3	15	体积法
				汾西县	永安镇	九龙泉地表水处理站	站内	111°34′37″	36°39′59″	0.89	2019	4	3	容积法
298	前窑铺泉	对竹河	汾河	汾西县	永安镇	前窑铺	村中池	111°35′04″	36°39′52″	0.069 4	2009	4	9	体积法
				汾西县	永安镇	涧底村	村西 600 m	111°35′06″	36°39′50″	0	2019	4	3	
299	于家岭泉 1	对竹河	汾河	汾西县	永安镇	于家岭村	村西南 500 m	111°34′28″	36°40′14″	2.1	2004	4	26	
				汾西县	永安镇	于家岭村	村西南 500 m	111°34′28″	36°40′14″	1.3	2009	3	15	体积法
				汾西县	永安镇	于家岭村	村西南 450 m 沟内	111°34′28″	36°40′11″	1.1	2019	4	3	
300	于家岭泉 2	对竹河	汾河	汾西县	永安镇	于家岭村	村西南 500 m	111°34′27″	36°40′14″	0.25	2009	3	15	体积法
				汾西县	永安镇	于家岭村	村南 400 m 蓄水池	111°34′39″	36°40′09″	0.35	2019	4	3	三角堰法
301	圣水寺泉	留峪河	汾河	汾西县	佃坪乡	洞上	西南沟半山腰	111°23′09″	36°35′40″	3.6	1987	5	13	
				汾西县	佃坪乡	洞上	西南沟半山腰	111°23′09″	36°35′40″	4.2	2004	4	28	
				汾西县	佃坪乡	洞上	村西南 1 000 m	111°23′09″	36°35′40″	1	2009	3	18	三角堰法
302	留峪泉	佃坪河	汾河	汾西县	佃坪乡	留峪村	村南 500 m	111°23′55″	36°04′00″	0.1	2009	3	18	体积法
				汾西县	佃坪乡	留峪村	村中蓄水池	111°23′54″	36°36′25″	有水无量	2019	4	4	

续附表 2

序号	泉名	汇入河名	水系	施测地点				坐标		流量	施测时间			施测方法
				县(市、区)	乡(镇)	村	断面位置	东经	北纬	(L/s)	年	月	日	
303	水泉	芦子河	汾河	汾西县	佃坪乡	南山	村南蓄水窑	111°21′56″	36°36′39″	2	1987	5	13	
				汾西县	佃坪乡	南山	村南蓄水窑	111°21′56″	36°36′39″	0.7	2004	4	28	
				汾西县	佃坪乡	南山	村南蓄水窑	111°21′56″	36°36′39″	0.35	2009	3	17	体积法
304	佃坪北泉	佃坪河	汾河	汾西县	佃坪乡	佃坪村	村东 50 m	111°22′38″	36°37′42″	0.12	2009	3	17	体积法
				汾西县	佃坪乡	佃坪村	村东北沟内	111°22′38″	36°37′42″	0.2	2004	4	28	
				汾西县	佃坪乡	佃坪村	村东北 50 m	111°22′39″	36°37′42″	0.08	2019	4	4	容积法
305	佃坪南泉	佃坪河	汾河	汾西县	佃坪乡	佃坪村	村南 800 m	111°22′02″	36°36′49″	0.23	2009	3	17	体积法
				汾西县	佃坪乡	南山村	村南 350 m	111°22′02″	36°36′50″	0.34	2019	4	4	容积法
306	马趵泉	佃坪河	汾河	汾西县	邢家腰乡	坡底村	村西南沟内 500 m	111°23′29″	36°34′43″	1.3	2004	4	29	
				汾西县	邢家腰乡	坡底村	村西南沟内 500 m	111°23′29″	36°34′43″	2.59	2009	3	14	体积法
				汾西县	邢家要乡	坡底村	马趵泉生态垂钓园内	111°23′17″	36°34′46″	0.87	2019	4	4	三角堰法
307	西村泉	团柏河	汾河	汾西县	勍香镇	西村	村中排水管	111°23′30″	36°40′40″	0.7	1987	5	13	
				汾西县	勍香镇	西村	村中排水管	111°23′30″	36°40′40″	1.3	2004	4	27	
				汾西县	勍香镇	西村	村西北 100 m	111°23′30″	36°40′40″	0.86	2009	4	27	体积法
				汾西县	勍香镇	胡峰村	村西 700 m 坝下	111°23′30″	36°40′40″	0	2019	4	4	
308	红洼泉	团柏河	汾河	汾西县	勍香镇	红洼村	村西南 500 m 沟内	111°23′02″	36°38′45″	1.8	2004	4	27	
				汾西县	勍香镇	红洼村	村西南 700 m	111°23′02″	36°38′45″	0.48	2009	3	16	体积法
				汾西县	勍香镇	红洼村	村西南 600 m	111°23′03″	36°38′45″	有水无量	2019	4	4	
309	申村泉	轰轰涧河	汾河	汾西县	和平镇	申村	村西蓄水窖	111°35′01″	36°28′27″	0.7	1987	5	14	
				汾西县	和平镇	申村	村西蓄水窖	111°35′01″	36°28′27″	0.5	2004	4	29	
				汾西县	和平镇	申村	村蓄水窖	111°35′01″	36°28′27″	0.25	2009	3	14	体积法
				汾西县	团柏乡	申村	村西 630 m 沟内蓄水窑	111°35′01″	36°28′27″	有水无量	2019	4	5	

续附表 2

序号	泉名	汇入河名	水系	施测地点				坐标		流量	施测时间			施测方法
				县(市、区)	乡(镇)	村	断面位置	东经	北纬	(L/s)	年	月	日	
310	月节泉	轰轰涧河	汾河	汾西县	和平镇	月节村	村水源蓄水窖	111°35′03″	36°29′33″	1.5	2004	4	29	
				汾西县	和平镇	月节村	村水源蓄水窖	111°35′03″	36°29′33″	0.8	2009	3	14	体积法
311	北沟泉	团柏河	汾河	汾西县	和平镇	月节村	村西北 200 m	111°34′53″	36°29′52″	0.08	2009	3	14	体积法
				汾西县	团柏乡	月节村	村北 300 m	111°34′54″	36°29′50″	0	2019	4	5	
312	掌东泉	团柏河	汾河	汾西县	和平镇	城南掌村	村东 500 m	111°32′34″	36°32′12″	0.8	2009	4	10	三角堰法
				汾西县	和平镇	城南掌村	村牌楼东公路桥下	111°32′32″	36°32′12″	0.03	2019	4	5	容积法
313	掌南泉	团柏河	汾河	汾西县	和平镇	城南掌村	村南 500 m	111°31′39″	36°31′38″	0.11	2009	4	10	体积法
				汾西县	和平镇	城南掌村	村南 1 200 m 公路下沟内	111°31′41″	36°31′38″	0	2019	4	5	
314	张户腰泉	轰轰涧河	汾河	汾西县	和平镇	张户腰	村西沟内	111°23′29″	36°27′25″	0.17	2009	3	17	体积法
315	峪里泉	团柏河	汾河	汾西县	僧念镇	峪里	西南 500 m	111°30′46″	36°33′50″	0.09	2009	4	10	体积法
				汾西县	僧念镇	峪里村	村西南蓄水池	111°30′46″	36°33′50″	有水无量	2019	4	5	
316	它支泉	团柏河	汾河	汾西县	勍香镇	它支村	村西沟内 1 700 m	111°19′27″	36°42′57″	0	2019	4	4	
317	师家崖泉	团柏河	汾河	汾西县	勍香镇	师家崖村	村中公路边	111°15′45″	36°44′05″	0	2019	4	4	
318	周洼岭泉	团柏河	汾河	汾西县	勍香镇	周洼岭村	村南 350 m	111°23′49″	36°38′42″	0	2019	4	4	
319	南山泉	佃坪河	汾河	汾西县	佃坪乡	南山村	蓄水窑	111°21′56″	36°36′39″	有水无量	2019	4	4	
320	洞上泉	佃坪河	汾河	汾西县	佃坪乡	洞上村	村西南 700 m	111°22′58″	36°35′40″	0.04	2019	4	4	容积法
321	圣水寺泉 1	佃坪河	汾河	汾西县	佃坪乡	洞上村	村西南 1 000 m	111°22′46″	36°35′36″	有水无量	2019	4	4	
322	圣水寺泉 2	佃坪河	汾河	汾西县	佃坪乡	洞上村	村南 730 m	111°23′10″	36°35′40″	0.84	2019	4	4	容积法
323	南沟泉	团柏河	汾河	汾西县	团柏乡	月节村	村东南 300 m 蓄水池沟内	111°35′03″	36°29′33″	0.08	2019	4	5	容积法

续附表 2

序号	泉名	汇入河名	水系	施测地点				坐标		流量(L/s)	施测时间			施测方法
				县(市、区)	乡(镇)	村	断面位置	东经	北纬		年	月	日	
324	东城泉	南涧河	汾河	霍州市	三教乡	东城村		111°51′28″	36°38′06″	0.2	1987	4	28	
				霍州市	三教乡	东城村		111°51′28″	36°38′06″	0	2004	4	18	
				霍州市	三教乡	东城村	村东 1 000 m	111°51′28″	36°38′06″	0.12	2009	4	1	体积法
				霍州市	三教乡	东城村	村东 1 000 m	111°51′28″	36°38′06″	0	2019	3	22	
325	油盆峪泉	北涧河	汾河	霍州市	三教乡	后干节村	村东引水坝上游	111°54′54″	36°41′31″	12	1987	4	24	
				霍州市	三教乡	后干节村	村东引水坝上游	111°54′54″	36°41′31″	13	2004	4	17	
				霍州市	三教乡	后干节村	村东 1 500 m	111°54′54″	36°41′31″	8.9	2009	4	1	流速仪法
				霍州市	三教乡	后干节村	村东南 1 000 m	111°55′30″	36°41′19″	0.72	2019	3	29	容积法
326	东王峪泉	北涧河	汾河	霍州市	三教乡	油磨村	村东引水坝上游	111°54′57″	36°40′21″	36	1987	4	24	
				霍州市	三教乡	油磨村	村东引水坝上游	111°54′57″	36°40′21″	36	2004	4	17	
				霍州市	三教乡	油磨村	村东 500 m	111°54′57″	36°40′21″	36	2009	4	1	流速仪法
				霍州市	三教乡	油磨村	村东南 800 m	111°54′57″	36°40′21″	72.0	2019	3	23	流速仪法
327	龙泉	北涧河	汾河	霍州市	三教乡	龙泉村	引水坝上游	111°52′25″	36°40′54″	1.9	1987	4	24	
				霍州市	三教乡	龙泉村	引水坝上游	111°52′25″	36°40′54″	0.9	2004	4	17	
				霍州市	三教乡	龙泉村	村公路西 30 m	111°52′25″	36°40′54″	0.8	2009	4	1	三角堰法
				霍州市	三教乡	龙泉村	村委门外	111°52′25″	36°40′54″	1.1	2019	3	23	三角堰法
328	杜壁西泉	南涧河	汾河	霍州市	三教乡	杜壁村	南沟	111°51′20″	36°37′43″	0.3	1987	4	28	
				霍州市	三教乡	杜壁村	南沟	111°51′20″	36°37′43″	0	2004	4	18	
				霍州市	三教乡	杜壁村	村西北 100 m	111°51′20″	36°37′43″	0.2	2009	4	1	体积法
				霍州市	三教乡	杜壁村	村西北 200 m	111°51′20″	36°37′43″	0	2019	3	22	
329	杜壁北泉	南涧河	汾河	霍州市	三教乡	杜壁村	村北 20 m	111°51′34″	36°37′47″	0	2019	3	22	

续附表2

序号	泉名	汇入河名	水系	施测地点				坐标		流量(L/s)	施测时间			施测方法
				县(市、区)	乡(镇)	村	断面位置	东经	北纬		年	月	日	
330	梨湾峪泉	北涧河	汾河	霍州市	三教乡	梨湾	梨湾水库下游200 m	111°53′48″	36°39′31″	9.2	1987	4	28	
				霍州市	三教乡	梨湾	梨湾水库下游200 m	111°53′48″	36°39′31″	4.1	2004	4	18	
				霍州市	三教乡	梨湾	村东20 m	111°53′48″	36°39′31″	3.6	2009	4	1	三角堰法
				霍州市	三教乡	桃疙塔村	村东1 000 m	111°53′47″	36°39′31″	0.24	2019	3	23	容积法
331	歇马滩泉	北涧河	汾河	霍州市	三教乡	歇马滩	村北引水坝上游	111°52′27″	36°40′33″	5	1987	4	24	
				霍州市	三教乡	歇马滩	村北引水坝上游	111°52′27″	36°40′33″	5.6	2004	4	17	
				霍州市	三教乡	歇马滩	村北100 m	111°52′27″	36°40′33″	2.9	2009	4	1	三角堰法
				霍州市	三教乡	龙泉村	村牌楼南10 m	111°52′27″	36°40′34″	7.9	2019	3	23	三角堰法
332	梁子节泉	北涧河	汾河	霍州市	三教乡	梁子节	战马沟桥下	111°50′41″	36°38′36″	6.6	1987	4	28	
				霍州市	三教乡	梁子节	战马沟桥下	111°50′41″	36°38′36″	0	2004	4	17	
				霍州市	三教乡	梁子节	村东20 m	111°50′41″	36°38′36″	1.8	2009	4	2	三角堰法
				霍州市	三教乡	主乐坡村	村南600 m	111°50′41″	36°38′36″	0	2019	3	22	
333	冯村泉	北涧河	汾河	霍州市	三教乡	冯村		111°51′33″	36°40′14″	22	1987	4	28	
				霍州市	三教乡	冯村		111°51′33″	36°40′14″	0	2004	4	17	
				霍州市	三教乡	冯村	村南20 m	111°51′33″	36°40′14″	13	2009	4	1	三角堰法
				霍州市	三教乡	冯村	村南20 m高铁桥下沟内	111°51′32″	36°40′14″	25.0	2019	3	23	流速仪法
334	李壁泉	北涧河	汾河	霍州市	三教乡	李壁	村北沟口	111°52′13″	36°40′05″	8.4	1987	4	28	
				霍州市	三教乡	李壁	村北沟口	111°52′13″	36°40′05″	0	2004	4	17	
				霍州市	三教乡	李壁	村北沟口	111°52′13″	36°40′05″	0	2009	4	2	
335	马饱泉	南涧河	汾河	霍州市	三教乡	东城村		111°51′27″	36°38′03″	3.4	1987	4	28	
				霍州市	三教乡	东城村		111°51′27″	36°38′03″	0	2004	4	18	
				霍州市	三教乡	东城村	村东南800 m	111°51′27″	36°38′03″	0.12	2009	4	1	体积法
				霍州市	三教乡	东城村	村东南800 m	111°51′27″	36°38′03″	0	2019	3	22	

续附表 2

序号	泉名	汇入河名	水系	施测地点				坐标		流量 (L/s)	施测时间			施测方法
				县(市、区)	乡(镇)	村	断面位置	东经	北纬		年	月	日	
336	杨家庄泉	南涧河	汾河	霍州市	李曹镇	杨家庄	村南渠	111°53′27″	36°33′54″	21	1987	4	26	
				霍州市	李曹镇	杨家庄	村南渠	111°53′27″	36°33′54″	0	2004	4	22	
337	杜苏沟泉	南涧河	汾河	霍州市	李曹镇	杜苏沟村	村北蓄水池	111°50′59″	36°34′48″	7.9	1987	4	26	
				霍州市	李曹镇	杜苏沟村	村北蓄水池	111°50′59″	36°34′48″	1	2004	4	22	
338	北泉	南涧河	汾河	霍州市	李曹镇	杜苏沟村	村北蓄水池	111°50′59″	36°34′48″	1.8	2009	4	3	体积法
				霍州市	李曹镇	杜苏沟村	村北蓄水池	111°50′59″	36°34′48″	1.9	2019	3	24	三角堰法
339	南泉	南涧河	汾河	霍州市	李曹镇	杜苏沟村	村泉源	111°51′17″	36°34′29″	2.5	2009	4	4	三角堰法
				霍州市	李曹镇	杜苏沟村	村东南泉源	111°51′17″	36°34′29″	2.6	2019	3	24	三角堰法
340	小涧峪泉	南涧河	汾河	霍州市	李曹镇	小涧	村东引水坝上游 10 m	111°52′30″	36°33′12″	25	1987	4	26	
				霍州市	李曹镇	小涧	村东引水坝上游 10 m	111°52′30″	36°33′12″	61	2004	4	24	
341	悬泉山泉	李曹河	汾河	霍州市	李曹镇	天桥村	东南引水源上游 10 m	111°52′02″	36°32′00″	5.1	2004	4	23	
				霍州市	李曹镇	天桥村	东南泉源	111°52′02″	36°32′00″	5.235	2009	4	4	体积法
				霍州市	李曹镇	天桥村	悬泉山景区内	111°52′02″	36°32′01″	0.56	2019	3	28	容积法
342	罗涧峪泉	南涧河	汾河	霍州市	李曹镇	后罗涧	东南引水源上游 20 m	111°51′13″	36°31′39″	10	1987	4	26	
				霍州市	李曹镇	后罗涧	东南引水源上游 20 m	111°51′13″	36°31′39″	11	2004	4	23	
343	韩壁泉	李曹河	汾河	霍州市	李曹镇	韩壁村	南沟	111°50′36″	36°33′26″	5.6	1987	4	26	
				霍州市	李曹镇	韩壁村	南沟	111°50′36″	36°33′26″	0	2004	4	23	
				霍州市	李曹镇	韩壁村	村中	111°50′36″	36°33′26″	0.18	2009	4	4	体积法
				霍州市	李曹镇	韩壁村	村中	111°50′36″	36°33′26″	0.37	2019	3	24	三角堰法

续附表 2

序号	泉名	汇入河名	水系	施测地点				坐标		流量(L/s)	施测时间			施测方法
				县(市、区)	乡(镇)	村	断面位置	东经	北纬		年	月	日	
344	下王村泉	李曹河	汾河	霍州市	李曹镇	下王村	村中	111°50′33″	36°33′59″	2.2	2009	4	4	三角堰法
				霍州市	李曹镇	下王村	村广场西 50 m	111°50′33″	36°33′59″	21.0	2019	3	24	流速仪法
345	王村泉	南涧河	汾河	霍州市	李曹镇	李曹	王村公路南侧	111°49′36″	36°34′11″	3	1987	4	26	
				霍州市	李曹镇	李曹	王村公路南侧	111°49′36″	36°34′11″	2.3	2004	4	22	
346	大张泉	北涧河	汾河	霍州市	大张镇	大张村	村南 30 m 水渠	111°45′42″	36°34′45″	19	1987	4	25	
				霍州市	大张镇	大张村	村南 30 m 水渠	111°45′42″	36°34′45″	15	2004	4	15	
				霍州市	大张镇	大张村	南 500 m 水渠	111°45′42″	36°34′45″	3.2	2009	4	1	三角堰法
				霍州市	大张镇	大张村	村中蓄水池	111°45′41″	36°34′46″	1.8	2019	3	22	三角堰法
347	大张泉 1	北涧河	汾河	霍州市	大张镇	大张村	霍东大道纬一路中段桥东 50 m	111°45′44″	36°34′19″	19.0	2019	3	22	流速仪法
348	河底泉	南涧河	汾河	霍州市	大张镇	下乐坪	西南水渠	111°46′40″	36°33′30″	28	1987	4	26	
				霍州市	大张镇	下乐坪	西南水渠	111°46′40″	36°33′30″	22	2004	4	15	
				霍州市	大张镇	下乐坪	西南水渠	111°46′40″	36°33′30″	16	2009	4	1	流速仪法
349	南滩泉 1	汾河	汾河	霍州市	大张镇	霍州市	桥下 50 m	111°42′54″	36°34′08″	1.8	2009	4	7	三角堰法
				霍州市	鼓楼街道办	南街居委会	河西桥下 60 m	111°42′55″	36°34′09″	0	2019	3	21	
350	南滩泉 2	汾河	汾河	霍州市	大张镇	霍州市	亚太宾馆西 50 m	111°42′57″	36°34′06″	1.3	2009	4	8	三角堰法
				霍州市	鼓楼街办	南街居委会	河西桥下 100 m	111°42′56″	36°34′06″	0	2019	3	21	
351	南滩泉 3	南涧河	汾河	霍州市	大张镇	霍州市	南涧河入汾河口	111°42′58″	36°33′44″	1	2009	4	8	三角堰法
				霍州市	南环街道办	南坛村	月亮湾小区外南桥下	111°42′60″	36°33′44″	0	2019	3	21	

续附表 2

序号	泉名	汇入河名	水系	施测地点				坐标		流量（L/s）	施测时间			施测方法
				县（市、区）	乡（镇）	村	断面位置	东经	北纬		年	月	日	
352	贾村泉 1	南涧河	汾河	霍州市	大张镇	贾村	公路北 800 m 水渠	111°45′40″	36°34′04″	42	1987	4	25	
				霍州市	大张镇	贾村	公路北 800 m 水渠	111°45′40″	36°34′04″	42	2004	4	15	
				霍州市	大张镇	贾村	公路北 800 m	111°45′40″	36°34′04″	4.9	2009	4	1	流速仪法
				霍州市	大张镇	贾村	贾村桥西 20 m	111°45′40″	36°34′04″	0	2019	3	22	
353	贾村泉 2	北涧河	汾河	霍州市	大张镇		霍东大道路口桥下南侧	111°45′19″	36°34′04″	20.0	2019	3	22	流速仪法
354	贾村泉 3	南涧河	汾河	霍州市	大张镇		贾村村南	111°45′49″	36°33′33″	0.53	2019	3	22	容积法
355	贾村群泉 1	北涧河	汾河	霍州市	大张镇	南庄村	村北 100 m	111°45′20″	36°34′00″	0	2019	3	22	
356	贾村群泉 2	北涧河	汾河	霍州市	大张镇	南庄村	村北 150 m	111°45′20″	36°34′01″	0	2019	3	22	
357	赤峪泉	南涧河	汾河	霍州市	南环街道办	赤峪村	门楼东 200 m	111°44′43″	36°32′59″	2.5	2004	4	15	
				霍州市	南环街道办	赤峪村	东南角沟内	111°44′43″	36°32′59″	0.09	2009	4	2	体积法
				霍州市	南环街道办	赤峪村	村东庙内	111°44′45″	36°32′59″	有水无量	2019	3	27	
358	侯家庄泉 1	南涧河	汾河	霍州市	李曹镇	侯家庄村	集中供水管理站	111°53′29″	36°36′24″	0.09	2009	4	3	三角堰法
				霍州市	李曹镇	侯家庄村	李曹集中供水站东 50 m	111°53′30″	36°36′23″	0.72	2019	3	24	三角堰法
359	侯家庄泉 2	南涧河	汾河	霍州市	李曹镇	侯家庄村	栏水坝下 20 m	111°54′16″	36°36′17″	1.7	2009	4	3	三角堰法
				霍州市	李曹镇	侯家庄村	红星厂拦水坝下 20 m	111°54′16″	36°36′17″	0	2019	3	24	
360	侯家庄	南涧河	汾河	霍州市	李曹镇	侯家庄村	红星厂拦水坝上 2 m	111°54′16″	36°36′18″	0	2019	3	24	
361	三眼窑泉	南涧河	汾河	霍州市	李曹镇	七里峪	派出所林场院内	112°00′10″	36°37′10″	21	2009	4	3	流速仪法
				霍州市	李曹镇	三眼窑村	三眼窑烈士纪念基地	112°00′06″	36°39′10″	22.0	2019	3	24	流速仪法

续附表 2

序号	泉名	汇入河名	水系	施测地点				坐标		流量(L/s)	施测时间			施测方法
				县(市、区)	乡(镇)	村	断面位置	东经	北纬		年	月	日	
362	石鼻峪泉	南涧河	汾河	霍州市	李曹镇	石鼻峪	村东 20 m	111°52′23″	36°36′15″	2.4	2009	4	3	三角堰法
				霍州市	李曹镇	峪里村	村口东 50 m	111°52′23″	36°36′15″	0.35	2019	3	24	三角堰法
363	沙窝泉 1	辛置河	汾河	霍州市	陶唐峪乡	沙窝村	村东石料厂西 50 m	111°49′20″	36°27′23″	6.8	1987	5	1	
				霍州市	陶唐峪乡	沙窝村	村东石料厂西 50 m	111°49′20″	36°27′23″	7	2004	4	16	
				霍州市	陶唐峪乡	沙窝村	村中	111°49′20″	36°27′23″	7.4	2009			三角堰法
				霍州市	陶唐峪乡	沙窝村	村东南 700 m	111°49′21″	36°27′23″	5.9	2019	3	29	三角堰法
364	沙窝泉 2	辛置河	汾河	霍州市	陶唐峪乡	沙窝村	村南 1 400 m	111°49′17″	36°26′57″	2.6	2019	3	29	三角堰法
365	白坡底泉	塔底沟	汾河	霍州市	陶唐峪乡	白坡底	村东引水源上游 5 m	111°49′27″	36°29′23″	3.4	1987	5	1	
				霍州市	陶唐峪乡	白坡底	村东引水源上游 5 m	111°49′27″	36°29′23″	4.4	2004	4	16	
366	义城泉	塔底沟	汾河	霍州市	陶唐峪乡	义城	东南坝上 100 m	111°48′37″	36°28′40″	10	1987	5	1	
				霍州市	陶唐峪乡	义城	东南坝上 100 m	111°48′37″	36°28′40″	8.5	2004	4	16	
367	陶唐峪泉	阴底沟	汾河	霍州市	陶唐峪乡	风景区	引水源上游 10 m	111°47′15″	36°28′51″	13	1987	5	1	
				霍州市	陶唐峪乡	风景区	引水源上游 10 m	111°47′15″	36°28′51″	17	2004	4	16	
368	董家庄泉 1	辛置河	汾河	霍州市	辛置镇	新村	村中	111°44′23″	36°29′23″	2.9	2009	4	6	三角堰法
				霍州市	辛置镇	董家庄村	村西北 1 000 m 垣上	111°44′23″	36°29′23″	0	2019	3	27	
369	董家庄泉 2	辛置河	汾河	霍州市	辛置镇	董家庄村	村中	111°44′59″	36°29′16″	0.8	2009	4	6	三角堰法
				霍州市	辛置镇	董家庄村	村西北 600 m	111°44′43″	36°29′22″	2.5	2019	3	27	三角堰法
370	塔底东南泉	辛置河	汾河	霍州市	辛置镇	新村	东南 100 m	111°45′02″	36°30′08″	13	1987	4	27	
				霍州市	辛置镇	新村	东南 100 m	111°45′02″	36°30′08″	0.8	2004	4	19	
				霍州市	辛置镇	新村	东南 100 m	111°45′02″	36°30′08″	0.8	2009	4	5	三角堰法
				霍州市	辛置镇	新村	村东南新村提水工程站	111°45′01″	36°30′09″	0.49	2019	3	27	容积法

续附表 2

序号	泉名	汇入河名	水系	施测地点				坐标		流量	施测时间			施测方法
				县(市、区)	乡(镇)	村	断面位置	东经	北纬	(L/s)	年	月	日	
371	塔底西南泉	辛置河	汾河	霍州市	辛置镇	新村	西南 80 m	111°44′50″	36°30′06″	13	1987	4	27	
				霍州市	辛置镇	新村	西南 80 m	111°44′50″	36°30′06″	1.1	2004	4	19	
				霍州市	辛置镇	新村	西南 80 m	111°44′50″	36°30′06″	1	2009	4	6	三角堰法
				霍州市	辛置镇	新村	村西南 50 m	111°44′51″	36°30′05″	0.34	2019	3	27	容积法
372	后河底泉 1	辛置河	汾河	霍州市	辛置镇	后河底村	村南沟	111°44′30″	36°29′31″	13	1987	4	27	
				霍州市	辛置镇	后河底村	村南沟	111°44′30″	36°29′31″	2.2	2004	4	20	
				霍州市	辛置镇	后河底村	村南沟	111°44′30″	36°29′31″	1.9	2009	4	6	三角堰法
				霍州市	辛置镇	后河底村	灵空山泉厂西 20 m	111°44′30″	36°29′31″	1.5	2019	3	27	三角堰法
373	后河底泉 2	辛置河	汾河	霍州市	辛置镇	后河底村	村西引水窑	111°44′38″	36°29′31″	3.6	1987	4	27	
				霍州市	辛置镇	后河底村	村西引水窑	111°44′38″	36°29′31″	0.8	2004	4	20	
				霍州市	辛置镇	后河底村	村中	111°44′38″	36°29′31″	0.63	2009	4	6	体积法
				霍州市	辛置镇	后河底村	村口	111°44′38″	36°29′37″	0.91	2019	3	27	容积法
374	南东村泉 1	辛置河	汾河	霍州市	辛置镇	南东村	村东	111°44′43″	36°28′55″	11	1987	4	27	
				霍州市	辛置镇	南东村	村东	111°44′43″	36°28′55″	6.5	2004	4	19	
				霍州市	辛置镇	南东村	村东 300 m	111°44′43″	36°28′55″	2.5	2009	4	6	三角堰法
				霍州市	辛置镇	南东村	桃沟工业园区厂东南 150 m	111°44′43″	36°28′55″	0.24	2019	3	27	容积法
375	南东村泉 2	辛置河	汾河	霍州市	辛置镇	南东村	村东 10 m	111°44′39″	36°28′56″	1.3	2009	4	6	三角堰法
				霍州市	辛置镇	南东村	桃沟工业园区厂外东南角	111°44′39″	36°28′56″	0.24	2019	3	27	三角堰法
376	北泉村泉	汾河	汾河	霍州市	辛置镇	北泉村	村南蓄水池下 150 m	111°44′17″	36°28′03″	12	1987	4	27	
				霍州市	辛置镇	北泉村	村南蓄水池下 150 m	111°44′17″	36°28′03″	7	2004	4	19	
				霍州市	辛置镇	北泉村	村南 150 m	111°44′17″	36°28′03″	3.8	2009	4	6	三角堰法
				霍州市	辛置镇	北泉村	村南 200 m	111°44′17″	36°28′03″	0.27	2019	3	26	容积法

续附表 2

序号	泉名	汇入河名	水系	施测地点				坐标		流量 (L/s)	施测时间			施测方法
				县(市、区)	乡(镇)	村	断面位置	东经	北纬		年	月	日	
377	北益昌泉	汾河	汾河	霍州市	辛置镇	北益昌村	橡胶厂东 2 000 m	111°43′29″	36°27′58″	1.09	2009	4	6	体积法
				霍州市	辛置镇	北益昌村	橡胶厂东 2 500 m	111°43′29″	36°27′58″	1.4	2019	3	26	三角堰法
378	下马洼泉	汾河	汾河	霍州市	辛置镇	下马窳	村南	111°45′29″	36°31′56″	1	2004	4	20	
				霍州市	辛置镇	下马窳	村中学校西 20 m	111°45′29″	36°31′56″	0.8	2009	4	6	三角堰法
				霍州市	辛置镇	下马洼村	村文化园对面	111°45′29″	36°31′56″	0	2019	3	27	
379	尚家沟泉	南涧河	汾河	霍州市	辛置镇	尚家沟	西南 100 m	111°45′31″	36°32′58″	1.3	2009	4	1	三角堰法
				霍州市	南环街办	尚家沟村	村西 800 m	111°45′31″	36°32′55″	0.82	2019	3	27	容积法
380	下乐坪泉	南涧河	汾河	霍州市	大张镇	下乐坪村	村口	111°46′20″	36°33′44″	9.0	2019	3	22	流速仪法
381	南沟泉	北涧河	汾河	霍州市	三教乡	李壁村	村南羊场院内	111°52′03″	36°39′46″	0	2019	3	23	
382	北沟泉	北涧河	汾河	霍州市	三教乡	李壁村	村北 150 m 沟内	111°52′13″	36°40′05″	0	2019	3	23	
383	党家坡泉	洪安涧河	汾河	古县	北平镇	党家坡	村东 1 000 m	111°59′25″	36°31′22″	35	2004	3	29	
				古县	北平镇	党家坡	村东 100 m	111°59′25″	36°31′22″	11	2009	3	27	三角堰法
				古县	北平镇	党家坡	村东 100 m	111°59′26″	36°31′20″	0.26	2019	3	31	容积法
384	宽平泉 1	洪安涧河	汾河	古县	北平镇	宽平	村北 1 000 m	111°59′51″	36°33′49″	29	2004	3	29	
				古县	北平镇	宽平	村北 1 000 m	111°59′51″	36°33′49″	1.4	2009	3	28	体积法
				古县	北平镇	宽平	村北 1 000 m	111°59′29″	36°34′00″	15.7	2019	3	31	容积法
385	宽平泉 2	洪安涧河	汾河	古县	北平镇	宽平	村北 1 500 m	111°59′15″	36°34′12″	0.90	2019	3	31	三角堰法
386	宽平泉 3	洪安涧河	汾河	古县	北平镇	宽平	村北 1 600 m	111°59′01″	36°34′14″	1.0	2019	3	31	三角堰法
387	宽平泉 4	洪安涧河	汾河	古县	北平镇	宽平	村东北 1 050 m	111°59′04″	36°34′14″	0.25	2019	3	31	容积法
388	渗水崖泉	洪安涧河	汾河	古县	北平镇	渗水崖	葫芦巴东 300 m	111°57′18″	36°28′38″	230	2004	3	30	
				古县	北平镇	渗水崖	葫芦巴东 300 m	111°57′18″	36°28′38″	11.1	2009	3	29	体积法

续附表 2

序号	泉名	汇入河名	水系	施测地点				坐标		流量	施测时间			施测方法
				县(市、区)	乡(镇)	村	断面位置	东经	北纬	(L/s)	年	月	日	
389	水眼沟泉	洪安涧河	汾河	古县	北平镇	水眼沟	村北 50 m	112°00′20″	36°34′13″	12	2004	3	29	
				古县	北平镇	水眼沟	村北 400 m	112°00′20″	36°34′13″	3.14	2009	3	28	体积法
				古县	北平镇	水眼沟	村北 400 m	112°00′27″	36°34′12″	0.56	2019	3	31	容积法
390	安吉沟	大南坪河	汾河	古县	古阳镇	安吉村	村东 100 m	112°02′08″	36°25′48″	7.9	2004	3	29	
				古县	古阳镇	安吉村	村东 100 m	112°02′08″	36°25′48″	0.8	2009	3	29	三角堰法
				古县	古阳镇	安吉村	村东 100 m	112°02′12″	36°25′43″	14.0	2019	3	29	三角堰法
391	古阳泉	大南坪河	汾河	古县	古阳镇	古阳村	村北 100 m	112°01′19″	36°25′12″	0.15	2009	3	29	体积法
				古县	古阳镇	古阳村	村北 100 m	112°01′19″	36°25′11″	0	2019	3	29	
392	乔家墓泉	洪安涧河	汾河	古县	古阳镇	乔家墓村	村东 50 m	111°57′15″	36°25′53″	133	2004	3	30	
				古县	古阳镇	乔家墓村	村东 50 m	111°57′15″	36°25′53″	0	2009	3	29	
				古县	古阳镇	乔家墓村	村东 50 m	111°56′03″	36°27′15″	0	2019	3	29	
393	小南坪泉	洪安涧河	汾河	古县	古阳镇	小南坪村	林场东	111°57′15″	36°26′53″	4.14	2009	3	29	体积法
				古县	古阳镇	小南坪村	林场沟口	111°55′02″	36°27′22″	0.09	2019	3	29	容积法
394	泽泉沟	洪安涧河	汾河	古县	古阳镇	泽泉村	村东 1 500 m	112°00′41″	36°23′21″	16.7	2004	3	29	
				古县	古阳镇	泽泉村	村东 1 500 m	112°00′41″	36°23′21″	0	2009	3	29	
				古县	古阳镇	泽泉村	村东 1 500 m	112°00′47″	36°23′20″	0	2019	3	29	
395	胡洼泉	石壁河	汾河	古县	石壁乡	胡洼村	村北 200 m	112°03′37″	36°13′20″	0.123	2009	4	2	体积法
				古县	石壁乡	胡洼村	村北 200 m	112°03′38″	36°13′20″	0.15	2019	3	22	容积法
396	牡丹泉	石壁河	汾河	古县	石壁乡	三合村	牧丹仙子基座后	112°01′20″	36°13′27″	0.0802	2009	4	2	体积法
				古县	石壁乡	三合村	牡丹仙子基座后	112°02′15″	36°12′51″	0.06	2019	3	22	容积法

续附表2

序号	泉名	汇入河名	水系	施测地点				坐标		流量(L/s)	施测时间			施测方法
				县(市、区)	乡(镇)	村	断面位置	东经	北纬		年	月	日	
397	三合桥泉	石壁河	汾河	古县	石壁乡	高城村	西北 200 m	112°02′51″	36°13′27″	0.146	2009	4	2	体积法
				古县	石壁乡	高城村	村西北 300 m	112°02′52″	36°13′26″	1.9	2019	3	22	三角堰法
398	芦家庄泉	洪安涧河	汾河	古县	永乐乡	芦家山	村南 500 m	112°00′08″	36°03′36″	0.387	2009	4	4	体积法
				古县	北平镇	芦家庄	村南 500 m	112°00′37″	36°33′36″	0	2019	3	31	
399	大峪南坡泉	洪安涧河	汾河	古县	岳阳镇	大峪	南坡	111°56′29″	36°24′30″	2.39	2009	4	3	体积法
				古县	岳阳镇	南坡	南坡	111°56′25″	36°24′23″	1.5	2019	3	30	容积法
400	多沟泉	洪安涧河	汾河	古县	岳阳镇	下冶村	沟口 2 000 m	111°58′27″	36°21′36″	3	2004	3	29	
				古县	岳阳镇	下冶村	沟口 2 000 m	111°58′27″	36°21′36″	7	2009	4	3	三角堰法
				古县	岳阳镇	下冶村	沟口内 2 000 m	111°58′28″	36°21′36″	4.0	2019	3	28	三角堰法
401	上鱼池泉	洪安涧河	汾河	古县	岳阳镇	湾里村	村西 500 m	111°54′23″	36°15′32″	3.64	2009	4	3	体积法
				古县	岳阳镇	湾里村	村西 500 m	111°54′26″	36°15′30″	3.5	2019	3	21	容积法
402	瓦罐沟泉	洪安涧河	汾河	古县	岳阳镇	瓦罐沟	村东 500 m	111°56′12″	36°16′46″	0.429 2	2009	4	3	体积法
				古县	岳阳镇	瓦罐村	村东 500 m	111°56′07″	36°16′47″	0.41	2019	3	28	容积法
403	延庆观	洪安涧河	汾河	古县	岳阳镇	张家沟	延庆馆	111°55′34″	36°16′20″	0.102 2	2009	4	3	体积法
				古县	岳阳镇	张家沟	延庆观	111°55′34″	36°16′18″	0.07	2019	3	21	容积法
404	文艺沟	洪安涧河	汾河	古县	岳阳镇	张庄村	富康家园斜对面	111°54′06″	36°15′25″	0.06	2019	3	21	容积法
405	湾里泉	洪安涧河	汾河	古县	岳阳镇	湾里村	大地家园	111°54′28″	36°15′45″	0	2019	3	21	
406	高上坡泉	永乐河	汾河	古县	永乐乡	高上坡	村东 500 m	112°03′57″	36°11′34″	0.56	2019	3	23	容积法
407	木凹泉	永乐河	汾河	古县	永乐乡	尧峪村	木凹沟里 1 000 m	112°04′06″	36°11′20″	0.92	2019	3	23	容积法
408	前扬寨泉	曲亭河	汾河	古县	旧县镇	前扬寨村	前扬寨村中	111°55′03″	36°09′09″	0	2019	3	24	
409	贾庄泉	旧县河	汾河	古县	旧县镇	贾庄	村东 50 m	111°56′50″	36°11′39″	0.27	2019	3	24	容积法

续附表2

序号	泉名	汇入河名	水系	施测地点				坐标		流量(L/s)	施测时间			施测方法
				县(市、区)	乡(镇)	村	断面位置	东经	北纬		年	月	日	
410	唐家庄泉	杨村河	汾河	古县	南垣乡	唐家庄	村东 150 m	111°54′48″	36°04′59″	0.08	2019	3	27	容积法
411	龙王庙泉	洪安涧河	汾河	古县	岳阳镇	城关	已毁坏(原泉水位置已经有建筑)	111°55′33″	36°16′17″	0	2019	3	28	
412	孔罐沟泉	洪安涧河	汾河	古县	岳阳镇	城关村	孔罐沟东	111°55′54″	36°16′52″	0	2019	3	28	
413	大南坪泉	洪安涧河	汾河	古县	古阳镇	大南坪	大南坪林场	111°53′27″	36°27′34″	0.20	2019	3	29	容积法
414	傅家岭泉	麦沟河	汾河	古县	岳阳镇	傅家岭	村中	111°59′45″	36°17′14″	0	2019	3	31	
415	张户腰泉	午阳涧河	汾河	洪洞县	山头乡	沙凹里村	村南废弃厂矿内	111°23′30″	36°27′26″	0	2019	4	2	
416	效古泉	午阳涧河	汾河	洪洞县	刘家垣镇	效古	村北沟内	111°30′09″	36°27′56″	0.6	2009	3	29	体积法
				洪洞县	刘家垣镇	效古	村中引水井	111°30′09″	36°27′56″	0.05	2019	3	21	容积法
417	大古泉	午阳涧河	汾河	洪洞县	刘家垣镇	大古		111°31′57″	36°27′42″	0.2	2004	4	27	
				洪洞县	刘家垣镇	大古	村东 800 m	111°31′57″	36°27′42″	0.89	2009	4	13	体积法
				洪洞县	刘家垣镇	大古窑	村东北 4 000 m	111°31′60″	36°27′38″	0.45	2019	3	21	容积法
418	大古泉1	午阳涧河	汾河	洪洞县	刘家垣镇	大古窑	村东北 4 000 m	111°32′09″	36°27′35″	0	2019	3	21	
419	伏珠泉	午阳涧河	汾河	洪洞县	刘家垣镇	伏珠	村西南 300 m	111°30′54″	36°25′56″	0.046	2009	3	28	体积法
				洪洞县	刘家垣镇	伏珠	村南 3 000 m 沟内	111°30′54″	36°25′56″	0	2019	3	21	
420	虎峪泉	午阳涧河	汾河	洪洞县	刘家垣镇	虎峪		111°29′51″	36°25′42″	0.3	1987	5	22	
				洪洞县	刘家垣镇	虎峪		111°29′51″	36°25′42″	0.3	2004	4	27	
				洪洞县	刘家垣镇	虎峪	村中	111°29′51″	36°25′42″	0.24	2009	3	28	体积法
				洪洞县	刘家垣镇	虎峪	村南沟底	111°29′51″	36°25′42″	0.70	2019	3	21	容积法
421	刘家垣泉	午阳涧河	汾河	洪洞县	刘家垣镇	刘家垣	村东北沟	111°32′26″	36°25′11″	0	2009	3	29	
				洪洞县	刘家垣镇	刘家垣	村东北 3 000 m	111°32′26″	36°25′11″	0	2019	3	21	

续附表 2

序号	泉名	汇入河名	水系	施测地点				坐标		流量(L/s)	施测时间			施测方法
				县(市、区)	乡(镇)	村	断面位置	东经	北纬		年	月	日	
422	罗云泉	午阳涧河	汾河	洪洞县	刘家垣镇	罗云	村西俩沟东沟	111°29′24″	36°25′11″	0.1	2009	3	28	体积法
				洪洞县	刘家垣镇	罗云	村东北 4 000 m	111°29′23″	36°24′54″	0.07	2019	3	21	估算法
423	三峪泉	午阳涧河	汾河	洪洞县	刘家垣镇	三峪里	学校西南 30 m	111°31′42″	36°25′24″	0.04	2009	3	29	体积法
				洪洞县	刘家垣镇	三峪里	村中 546 县道旁	111°31′42″	36°25′24″	0	2019	3	21	
424	上张端泉	午阳涧河	汾河	洪洞县	堤村乡	上张端	村西 300 m	111°33′56″	36°25′37″	0.1	2004	4	26	
				洪洞县	堤村乡	上张端	村西	111°33′56″	36°25′37″	0	2009	3	29	
				洪洞县	堤村乡	上张端	村南 1 000 m	111°33′53″	36°25′29″	0	2019	3	21	
425	龙眼泉	汾河	汾河	洪洞县	堤村乡	堤村	村边	111°39′25″	36°24′04″	5	1987	5	22	
				洪洞县	堤村乡	堤村	村边	111°39′25″	36°24′04″	14	2004	4	26	
				洪洞县	堤村乡	堤村	村东南二级路边	111°39′25″	36°24′04″	0	2009	3	28	
				洪洞县	堤村乡	堤村	村东门楼旁	111°39′25″	36°24′04″	0	2019	3	21	
426	胜天泉	汾河	汾河	洪洞县	堤村乡	安定堡	村中	111°38′08″	36°22′01″	1.6	1987	5	22	
				洪洞县	堤村乡	安定堡	村中	111°38′08″	36°22′01″	1	2004	4	26	
				洪洞县	堤村乡	安定堡	村中	111°38′08″	36°22′01″	1	2009	3	29	体积法
				洪洞县	堤村乡	安定堡	村中	111°38′08″	36°22′01″	0.79	2019	3	28	三角堰法
427	柏树泉	兴唐寺河	汾河	洪洞县	兴唐寺乡	苑川	村南	111°46′10″	36°24′50″	8.8	1987	5	14	
				洪洞县	兴唐寺乡	苑川	村南	111°46′10″	36°24′50″	14	2004	4	20	
				洪洞县	兴唐寺乡	苑川	村南 10 m	111°46′10″	36°24′50″	5.9	2009	3	24	三角堰法
				洪洞县	兴唐寺乡	苑川	苑川水库	111°46′10″	36°24′50″	2.1	2019	3	31	容积法
428	涧王泉	兴唐寺河	汾河	洪洞县	兴唐寺乡	苑川		111°45′16″	36°24′49″	12	2004	4	20	
				洪洞县	兴唐寺乡	苑川	村中学校西	111°45′16″	36°24′49″	0	2009	3	25	
				洪洞县	兴唐寺乡	涧头	村中引水井	111°45′16″	36°24′49″	0	2019	3	31	

续附表 2

序号	泉名	汇入河名	水系	施测地点				坐标		流量(L/s)	施测时间			施测方法
				县(市、区)	乡(镇)	村	断面位置	东经	北纬		年	月	日	
429	柏亭泉	汾河	汾河	洪洞县	兴唐寺乡	柏亭	东南	111°48′36″	36°23′56″	0.4	1987	5	8	
				洪洞县	兴唐寺乡	柏亭	东南	111°48′36″	36°23′56″	1	2004	4	20	
				洪洞县	兴唐寺乡	柏亭	村东 300 m	111°48′36″	36°23′56″	0.31	2009	4	13	体积法
				洪洞县	兴唐寺乡	柏亭	村南	111°48′36″	36°23′56″	0.13	2019	3	27	容积法
430	金赤泉	兴唐寺河	汾河	洪洞县	兴唐寺乡	上寺	村东 100 m	111°49′09″	36°25′39″	1.5	2004	4	20	
				洪洞县	兴唐寺乡	上寺	村东 100 m	111°49′09″	36°25′39″	1.208	2009	3	24	体积法
				洪洞县	兴唐寺乡	兴唐寺村	村东南 1 000 m	111°49′09″	36°25′39″	0.20	2019	3	27	容积法
431	马趵泉	兴唐寺河	汾河	洪洞县	兴唐寺乡	兴唐寺村	村东南 50 m	111°48′59″	36°25′32″	0.29	2009	3	24	体积法
				洪洞县	兴唐寺乡	兴唐寺村	进林场路边	111°48′59″	36°25′32″	0.07	2019	3	27	容积法
432	磨沟泉	兴唐寺河	汾河	洪洞县	兴唐寺乡	兴唐寺村	村东	111°49′13″	36°25′54″	9.4	2004	4	20	
				洪洞县	兴唐寺乡	兴唐寺村	村东 400 m	111°49′13″	36°25′54″	2.29	2009	3	24	体积法
				洪洞县	兴唐寺乡	兴唐寺村	赵家祠堂路边	111°49′13″	36°25′54″	0.88	2019	3	27	容积法
433	石壶泉	兴唐寺河	汾河	洪洞县	兴唐寺乡	兴唐寺村	村东 300 m	111°50′03″	36°24′37″	8	2004	4	20	
				洪洞县	兴唐寺乡	兴唐寺村	村东 3 000 m	111°50′03″	36°24′37″	7.6	2009	3	24	三角堰法
				洪洞县	兴唐寺乡	石壶	进林场路边	111°50′03″	36°24′37″	2.7	2019	3	27	容积法
434	中神沟泉	兴唐寺河	汾河	洪洞县	兴唐寺乡	兴唐寺村	村东沟内	111°46′45″	36°24′30″	14	2004	4	20	
				洪洞县	兴唐寺乡	兴唐寺村	村东沟内	111°46′45″	36°24′30″	2.25	2009	3	24	体积法
				洪洞县	兴唐寺乡	石灰沟	苑川水库源头石灰沟	111°46′45″	36°24′30″	0.95	2019	3	31	容积法
435	胜利泉	汾河	汾河	洪洞县	兴唐寺乡	杏沟	东 50 m	111°47′57″	36°27′19″	3	2004	4	20	
				洪洞县	兴唐寺乡	杏沟	东北 50 m	111°47′57″	36°27′19″	0	2009	3	24	
				洪洞县	兴唐寺乡	杏沟	村东山脚	111°47′57″	36°27′19″	0	2019	3	27	

续附表 2

序号	泉名	汇入河名	水系	施测地点				坐标		流量 (L/s)	施测时间			施测方法
				县(市、区)	乡(镇)	村	断面位置	东经	北纬		年	月	日	
436	常家沟泉	三交河	汾河	洪洞县	赵城镇	常家沟	村南 20 m	111°27′39″	36°20′41″	0.052	2009	3	30	体积法
				洪洞县	万安镇	常家沟	村尽头南	111°27′39″	36°20′41″	7.4	2019	3	28	流速仪法
437	上跑蹄泉	汾河	汾河	洪洞县	赵城镇	上跑蹄	西北 50 m	111°43′41″	36°26′58″	8.9	1987	5	13	
				洪洞县	赵城镇	上跑蹄	西北 50 m	111°43′41″	36°26′58″	7	2004	4	21	
				洪洞县	赵城镇	上跑蹄	村南 200 m	111°43′41″	36°26′58″	5.6	2009	3	24	三角堰法
				洪洞县	赵城镇	上跑蹄	村中饮水处	111°43′43″	36°26′56″	2.2	2019	3	29	容积法
438	下跑蹄泉	汾河	汾河	洪洞县	赵城镇	下跑蹄	村南	111°42′26″	36°27′12″	2	1987	5	13	
				洪洞县	赵城镇	下跑蹄	村南	111°42′26″	36°27′12″	1	2004	4	21	
				洪洞县	赵城镇	下跑蹄	村南 50 m	111°42′26″	36°27′12″	0.49	2009	3	24	体积法
				洪洞县	赵城镇	下跑蹄	进村口路南	111°42′26″	36°27′12″	0	2019	3	29	
439	后沟泉	汾河	汾河	洪洞县	赵城镇	后沟	东北 200 m	111°41′48″	36°25′08″	8.5	1987	5	11	
				洪洞县	赵城镇	后沟	东北 200 m	111°41′48″	36°25′08″	1.5	2004	4	21	
				洪洞县	赵城镇	后沟	东北 200 m	111°41′48″	36°25′08″	0	2009	3	29	
				洪洞县	赵城镇	马家园	村东 2 000 m	111°41′51″	36°25′06″	0	2019	3	29	
440	桥西北沟泉	汾河	汾河	洪洞县	赵城镇	桥西	村北沟 1 500 m	111°43′50″	36°26′40″	1.7	1987	5	13	
				洪洞县	赵城镇	桥西	村北沟 1 500 m	111°43′50″	36°26′40″	3.4	2004	4	21	
				洪洞县	赵城镇	桥西	村北 2 000 m 沟内	111°43′50″	36°26′40″	2.4	2009	3	24	三角堰法
				洪洞县	赵城镇	上跑蹄	村东 6 000 m	111°43′46″	36°26′41″	1.3	2019	3	29	容积法
441	桥西南沟泉	汾河	汾河	洪洞县	赵城镇	桥西	村南沟 2 500 m	111°43′18″	36°25′57″	6.30	1987	5	13	
				洪洞县	赵城镇	桥西	村南沟 2 500 m	111°43′18″	36°25′57″	7.00	2004	4	21	
				洪洞县	赵城镇	桥西	村北 1 500 m 沟内	111°43′18″	36°25′57″	2.70	2009	3	24	三角堰法
				洪洞县	赵城镇	后河里	村东 6 000 m	111°43′18″	36°25′57″	8.0	2019	3	29	容积法

续附表 2

序号	泉名	汇入河名	水系	施测地点				坐标		流量 (L/s)	施测时间			施测方法
				县(市、区)	乡(镇)	村	断面位置	东经	北纬		年	月	日	
442	兰家沟泉	兴唐寺河	汾河	洪洞县	赵城镇	兰家沟	东南	111°44′02″	36°24′38″	3.8	1987	5	11	
				洪洞县	赵城镇	兰家沟	东南	111°44′02″	36°24′38″	5.6	2004	4	21	
				洪洞县	赵城镇	兰家沟	村东 30 m	111°44′02″	36°24′38″	5.4	2009	3	25	三角堰法
				洪洞县	兴唐寺乡	兰家沟	村东头沟里	111°44′02″	36°24′38″	2.1	2019	3	31	容积法
443	下院泉	兴唐寺河	汾河	洪洞县	赵城镇	下院	南沟	111°43′12″	36°24′10″	0.7	1987	5	11	
				洪洞县	赵城镇	下院	南沟	111°43′12″	36°24′10″	0.2	2004	4	21	
				洪洞县	赵城镇	下院	村中	111°43′12″	36°24′10″	0.48	2009	3	25	体积法
				洪洞县	赵城镇	下院	村中饮水处	111°43′12″	36°24′10″	1.5	2019	3	31	容积法
444	宜尔泉	三交河	汾河	洪洞县	赵城镇	宜尔	村南	111°28′31″	36°20′03″	0.16	2009	3	30	体积法
				洪洞县	万安镇	宜尔泉	村中饮水处	111°28′31″	36°20′03″	0.02	2019	3	28	调查法
445	北沟泉	汾河	汾河	洪洞县	赵城镇	后杨家庄	村北 500 m	111°37′08″	36°28′08″	2.7	2009	3	29	体积法
				洪洞县	堤村乡	后杨家庄	村东北 8 000 m	111°37′08″	36°28′08″	0	2019	3	29	
446	红星庄泉	汾河	汾河	洪洞县	万安镇	红星庄	村北 500 m	111°34′16″	36°21′02″	2.1	2009	3	29	体积法
				洪洞县	万安镇	红星庄	村北 10 000 m	111°34′16″	36°21′02″	0	2019	3	28	
447	虎头山泉	广胜寺涧河	汾河	洪洞县	广胜寺镇	封里	虎头山	111°45′45″	36°15′34″	0.3	2009	3	19	体积法
				洪洞县	广胜寺镇	虎头山	村西南 2 000 m	111°45′45″	36°15′34″	0.31	2019	3	25	容积法
448	坊堆中泉	霍泉河	汾河	洪洞县	广胜寺镇	坊堆	东南	111°44′18″	36°17′42″	15	1987	5	12	
				洪洞县	广胜寺镇	坊堆	东南	111°44′18″	36°17′42″	18.8	2004	4	24	
				洪洞县	广胜寺镇	坊堆	村中	111°44′16″	36°17′32″	2.3	2019	3	26	容积法
449	坊堆西泉	霍泉河	汾河	洪洞县	广胜寺镇	坊堆	村西北 2 000 m	111°43′56″	36°17′43″	2.0	2019	3	26	容积法
450	坊堆东泉	霍泉河	汾河	洪洞县	广胜寺镇	坊堆	村东南 500 m	111°44′26″	36°17′27″	4.5	2019	3	26	三角堰法

续附表 2

序号	泉名	汇入河名	水系	施测地点				坐标		流量	施测时间			施测方法
				县(市、区)	乡(镇)	村	断面位置	东经	北纬	(L/s)	年	月	日	
451	霍泉 1	霍泉河	汾河	洪洞县	广胜寺镇	圪垌		111°48′01″	36°18′13″	3 400	1987	5	12	
				洪洞县	广胜寺镇	圪垌		111°48′01″	36°18′13″	3 320	2004	4	26	
				洪洞县	广胜寺镇	圪垌	村东	111°48′01″	36°18′13″	2 870	2009	3	18	流速仪法
				洪洞县	广胜寺镇	寺坡下	广胜寺景区	111°48′06″	36°18′10″	750	2019	3	25	调查法
452	霍泉 2	霍泉河	汾河	洪洞县	广胜寺镇	寺坡下	广胜寺景区	111°48′05″	36°18′09″	560	2019	3	25	调查法
453	霍泉 3	霍泉河	汾河	洪洞县	广胜寺镇	寺坡下	广胜寺景区	111°48′05″	36°18′08″	930	2019	3	25	调查法
454	霍泉 4	霍泉河	汾河	洪洞县	广胜寺镇	寺坡下	广胜寺景区	111°48′06″	36°18′08″	300	2019	3	25	调查法
455	霍泉 5	霍泉河	汾河	洪洞县	广胜寺镇	寺坡下	广胜寺景区	111°48′06″	36°18′10″	430	2019	3	25	调查法
456	严家堡泉	霍泉河	汾河	洪洞县	广胜寺镇	严家堡	村南	111°43′48″	36°18′08″	0.8	1987	5	12	
				洪洞县	广胜寺镇	严家堡	村南	111°43′48″	36°18′08″	1	2004	4	24	
				洪洞县	广胜寺镇	严家堡	村东	111°43′48″	36°18′08″	0	2009	3	20	
				洪洞县	广胜寺镇	严家堡	村东南角	111°43′48″	36°18′08″	0	2019	3	26	
457	严家庄泉	霍泉河	汾河	洪洞县	广胜寺镇	严家庄	村东 10 m	111°43′46″	36°17′47″	0.1	2009	3	25	体积法
				洪洞县	广胜寺镇	严家庄	村东进村口路边	111°43′46″	36°17′47″	0.01	2019	3	26	容积法
458	板塌泉	霍泉河	汾河	洪洞县	广胜寺镇	半塔	村东	111°44′47″	36°18′17″	0.23	2009	3	25	体积法
				洪洞县	广胜寺镇	板塌	进村口路边	111°44′47″	36°18′17″	0.20	2019	3	26	容积法
459	东头泉	霍泉河	汾河	洪洞县	广胜寺镇	北秦		111°43′30″	36°17′34″	1.4	1987	5	12	
				洪洞县	广胜寺镇	北秦		111°43′30″	36°17′34″	1	2004	4	24	
				洪洞县	广胜寺镇	北秦	东南 30 m	111°43′30″	36°17′34″	0.35	2009	3	19	体积法
				洪洞县	广胜寺镇	北秦	村东南路边	111°43′30″	36°17′34″	0.39	2019	3	26	容积法
460	堡子泉	霍泉河	汾河	洪洞县	广胜寺镇	北秦	村北	111°43′22″	36°17′57″	0	2019	3	26	

续附表 2

序号	泉名	汇入河名	水系	施测地点				坐标		流量(L/s)	施测时间			施测方法
				县(市、区)	乡(镇)	村	断面位置	东经	北纬		年	月	日	
461	马头泉	广胜寺涧河	汾河	洪洞县	广胜寺镇	马头	西南 250 m	111°44′36″	36°15′34″	2.5	2009	3	25	三角堰法
				洪洞县	广胜寺镇	东周壁	村东 6 000 m	111°44′36″	36°15′34″	0	2019	3	25	
462	下庄泉	广胜寺涧河	汾河	洪洞县	广胜寺镇	下庄	东南 100 m	111°45′12″	36°17′10″	2.9	2009	3	25	三角堰法
				洪洞县	广胜寺镇	下庄	村东南饮水处	111°45′12″	36°17′10″	2.7	2019	3	25	容积法
463	下庄泉 1	广胜寺涧河	汾河	洪洞县	广胜寺镇	下庄	村东南饮水处	111°45′14″	36°17′09″	0.78	2019	3	25	容积法
464	旱觉泉 1	霍泉河	汾河	洪洞县	广胜寺镇	旱觉	西南	111°43′55″	36°17′52″	0.93	2009	3	20	体积法
				洪洞县	广胜寺镇	旱觉	村西	111°43′55″	36°17′52″	0.38	2019	3	26	容积法
465	旱觉泉 2	霍泉河	汾河	洪洞县	广胜寺镇	旱觉	村中	111°44′04″	36°17′54″	0.41	2009	3	20	体积法
				洪洞县	广胜寺镇	旱觉	村中饮水处	111°44′04″	36°17′54″	0.20	2019	3	26	容积法
466	旱觉泉 3	霍泉河	汾河	洪洞县	广胜寺镇	旱觉	村中	111°44′03″	36°17′53″	0.38	2009	3	25	体积法
				洪洞县	广胜寺镇	旱觉	村东	111°44′03″	36°17′53″	0	2019	3	26	
467	安儿泉	明姜沟	汾河	洪洞县	明姜镇	石门峪	东北	111°49′35″	36°22′47″	0.84	2009	3	18	体积法
				洪洞县	明姜镇	吴儿峪	村东北 6 000 m 进山路边	111°49′35″	36°22′47″	0.03	2019	3	27	容积法
468	大峪泉	明姜沟	汾河	洪洞县	明姜镇	石门峪		111°49′05″	36°22′40″	2.2	2004	4	22	
				洪洞县	明姜镇	石门峪	东北 3 000 m	111°49′35″	36°23′13″	0.3	2009	3	18	体积法
				洪洞县	明姜镇	石门峪	村东北 8 000 m 进山路边	111°49′19″	36°23′10″	1.2	2019	3	27	调查法
469	宫官村泉 1	明姜沟	汾河	洪洞县	明姜镇	宫官	村中	111°43′42″	36°20′23″	4.4	2009	4	13	三角堰法
				洪洞县	明姜镇	宫官村	村南高铁桥下	111°43′41″	36°20′21″	0	2019	3	27	
470	宫官村泉 2	明姜沟	汾河	洪洞县	明姜镇	宫官	东北高速路边	111°44′02″	36°20′34″	0.054	2009	4	13	体积法
				洪洞县	明姜镇	宫官村	后村高铁桥下	111°44′02″	36°20′34″	0	2019	3	27	

续附表 2

序号	泉名	汇入河名	水系	施测地点				坐标		流量	施测时间			施测方法
				县(市、区)	乡(镇)	村	断面位置	东经	北纬	(L/s)	年	月	日	
471	黑得峪泉	霍泉河	汾河	洪洞县	明姜镇	兴旺峪	村东北	111°49′11″	36°22′13″	0.6	2009	3	22	体积法
				洪洞县	明姜镇	兴旺峪	村东北 6 000 m	111°49′06″	36°22′12″	0.10	2019	3	27	容积法
472	黑神奄泉	明姜沟	汾河	洪洞县	明姜镇	石门峪	村东	111°49′22″	36°22′41″	0.1	1987	5	9	
				洪洞县	明姜镇	石门峪	村东	111°49′22″	36°22′41″	2.4	2004	4	22	
				洪洞县	明姜镇	石门峪	村东	111°49′22″	36°22′41″	0.78	2009	3	18	体积法
				洪洞县	明姜镇	吴儿峪	村东北进山路边	111°49′22″	36°22′41″	0	2019	3	27	
473	银南峪泉	汾河	汾河	洪洞县	明姜镇	石门峪	村北 3 000 m	111°49′25″	36°23′29″	0.4	2009	4	13	体积法
				洪洞县	明姜镇	石门峪	村东北 6 000 m 进山路边	111°49′19″	36°23′26″	0	2019	3	27	
474	井子峪泉	霍泉河	汾河	洪洞县	明姜镇	井子峪		111°49′12″	36°20′51″	1.9	2004	4	22	
				洪洞县	明姜镇	井子峪	东南 500 m	111°49′12″	36°20′51″	0.8	2009	3	22	体积法
				洪洞县	明姜镇	井子峪	村东 6 000 m 沟内	111°49′08″	36°20′50″	0.10	2019	3	31	容积法
475	杏洼泉	辛置河	汾河	洪洞县	明姜镇	井子峪	东北 500 m	111°49′09″	36°26′57″	0.12	2009	3	22	体积法
				洪洞县	兴唐寺乡	杏沟	村东南 10 000 m	111°49′09″	36°26′57″	0	2019	3	27	
476	吴儿峪泉	霍泉河	汾河	洪洞县	明姜镇	吴儿峪		111°49′21″	36°22′28″	0.6	1987	5	9	
				洪洞县	明姜镇	吴儿峪		111°49′21″	36°22′28″	2.9	2004	4	22	
				洪洞县	明姜镇	吴儿峪	村东 800 m	111°49′21″	36°22′28″	1.09	2009	3	18	体积法
				洪洞县	明姜镇	石门峪	村东沟内	111°49′21″	36°22′28″	0.10	2019	3	27	容积法
477	石门峪	明姜沟	汾河	洪洞县	明姜镇	石门峪	村东北 5 000 m	111°48′57″	36°22′45″	1.1	2019	3	27	调查法
478	贤神庙泉	霍泉河	汾河	洪洞县	明姜镇	兴旺峪	村北 50 m	111°49′12″	36°21′56″	0.1	2009	3	22	体积法
				洪洞县	明姜镇	兴旺峪	村东山脚	111°49′12″	36°21′56″	1.1	2019	3	27	调查法
479	高娃泉	霍泉河	汾河	洪洞县	明姜镇	小李托	村东沟内	111°43′28″	36°18′16″	1	2009	3	20	体积法
				洪洞县	明姜镇	小李托	村东 500 m	111°43′28″	36°18′16″	0.26	2019	3	26	容积法

续附表 2

序号	泉名	汇入河名	水系	施测地点				坐标		流量(L/s)	施测时间			施测方法
				县(市、区)	乡(镇)	村	断面位置	东经	北纬		年	月	日	
480	灌泉子泉	霍泉河	汾河	洪洞县	明姜镇	大李托	村南 200 m	111°43′22″	36°18′33″	0.9	2009	3	20	体积法
				洪洞县	明姜镇	李托堡	村西北 2 000 m	111°43′22″	36°18′33″	0.25	2019	3	26	容积法
481	泉坡泉 1	明姜沟	汾河	洪洞县	大槐树镇	小胡麻		111°42′09″	36°18′45″	0.7	1987	5	12	
				洪洞县	大槐树镇	小胡麻		111°42′09″	36°18′45″	1.6	2004	4	23	
				洪洞县	大槐树镇	小胡麻	村东 800 m	111°42′09″	36°18′45″	0.17	2009	3	13	体积法
				洪洞县	大槐树镇	泉坡	高铁东侧 500 m	111°42′09″	36°18′45″	0.29	2019	3	31	容积法
482	泉坡泉 2	明姜沟	汾河	洪洞县	大槐树镇	小胡麻	村东 900 m	111°42′06″	36°18′46″	0.14	2009	3	13	体积法
				洪洞县	大槐树镇	泉坡	高铁东侧 500 m	111°42′06″	36°18′46″	0.21	2019	3	31	容积法
483	水儿沟泉	汾河	汾河	洪洞县	大槐树镇	上纪落		111°39′50″	36°19′21″	2.1	1987	5	9	
				洪洞县	大槐树镇	上纪落		111°39′50″	36°19′21″	0.3	2004	4	23	
				洪洞县	大槐树镇	上纪落	村西 800 m	111°39′50″	36°19′21″	0.8	2009	3	23	三角堰法
				洪洞县	大槐树镇	上纪落	村西南沟底	111°39′50″	36°19′21″	0	2019	3	31	
484	石坡沟泉	明姜沟	汾河	洪洞县	大槐树镇	上纪落	石坡沟	111°40′24″	36°19′11″	2.9	1987	5	9	
				洪洞县	大槐树镇	上纪落	石坡沟	111°40′24″	36°19′11″	1.3	2004	4	23	
				洪洞县	大槐树镇	上纪落	村中沟底水池	111°40′24″	36°19′11″	0.89	2009	3	23	体积法
				洪洞县	大槐树镇	沟东村	村西垃圾堆沟底	111°40′24″	36°19′11″	0.88	2019	3	31	容积法
485	洞子沟泉	广胜寺涧河	汾河	洪洞县	苏堡镇	洞子沟	村中	111°51′47″	36°18′05″	2.4	1987	5	12	
				洪洞县	苏堡镇	洞子沟	村中	111°51′47″	36°18′05″	7	2004	4	19	
				洪洞县	苏堡镇	洞子沟	村中	111°51′47″	36°18′05″	3.8	2009	3	25	三角堰法
				洪洞县	苏堡镇	洞子沟	村东北 6 000 m	111°51′47″	36°18′05″	1.8	2019	3	25	容积法

续附表 2

序号	泉名	汇入河名	水系	施测地点				坐标		流量	施测时间			施测方法
				县(市、区)	乡(镇)	村	断面位置	东经	北纬	(L/s)	年	月	日	
486	后山头泉	广胜寺涧河	汾河	洪洞县	苏堡镇	后山头	村中半山水亭下	111°47′37″	36°15′34″	0.3	2009	3	31	体积法
				洪洞县	苏堡镇	后山头	村北 500 m	111°47′37″	36°15′34″	0.11	2019	3	25	调查法
487	茹去泉	广胜寺涧河	汾河	洪洞县	苏堡镇	茹去	村中	111°49′13″	36°15′30″	2.4	1987	5	12	
				洪洞县	苏堡镇	茹去	村中	111°49′13″	36°15′30″	3.4	2004	4	19	
				洪洞县	苏堡镇	茹去	村中	111°49′13″	36°15′30″	2.5	2009	3	25	三角堰法
				洪洞县	苏堡镇	茹去	进村口路边	111°49′13″	36°15′30″	7.4	2019	3	25	流速仪法
488	茹去泉 1	广胜寺涧河	汾河	洪洞县	苏堡镇	茹去	村内	111°49′25″	36°15′38″	0.16	2019	3	25	容积法
489	瓦窑泉	广胜寺涧河	汾河	洪洞县	苏堡镇	马头瓦窑	村北 40 m	111°45′26″	36°16′52″	0.26	2009	4	12	体积法
				洪洞县	广胜寺镇	瓦窑上	村西北 2 000 m	111°45′26″	36°16′52″	0.20	2019	3	25	容积法
490	安全沟泉	广胜寺涧河	汾河	洪洞县	广胜寺镇	封里	安全沟	111°46′14″	36°15′25″	0.7	1987	5	12	
				洪洞县	广胜寺镇	封里	安全沟	111°46′14″	36°15′25″	0.4	2004	4	24	
				洪洞县	广胜寺镇	封里	村中	111°46′14″	36°15′25″	0.27	2009	3	19	体积法
				洪洞县	广胜寺镇	桃树庄	村后沟娘娘庙	111°46′14″	36°15′25″	0.19	2019	3	25	容积法
491	石沟泉	广胜寺涧河	汾河	洪洞县	广胜寺镇	封里	石沟	111°44′34″	36°15′32″	2.49	2009	3	19	体积法
				洪洞县	广胜寺镇	东周壁	村东 6 000 m	111°44′34″	36°15′32″	0.20	2019	3	25	容积法
492	鸡儿散泉	霍泉河	汾河	洪洞县	广胜寺镇	南秦	村南	111°43′32″	36°16′34″	1.2	1987	5	12	
				洪洞县	广胜寺镇	南秦	村南	111°43′32″	36°16′34″	1.5	2004	4	24	
				洪洞县	广胜寺镇	南秦	村南 250 m	111°43′32″	36°16′34″	18	2009	3	19	流速仪法
				洪洞县	广胜寺镇	南秦	河神庙东 500 m	111°43′37″	36°16′33″	8.0	2019	3	26	流速仪法

续附表 2

序号	泉名	汇入河名	水系	施测地点				坐标		流量	施测时间			施测
				县(市、区)	乡(镇)	村	断面位置	东经	北纬	(L/s)	年	月	日	方法
493	河神庙泉	霍泉河	汾河	洪洞县	广胜寺镇	南秦	村南 300 m	111°43′32″	36°16′27″	1.1	2009	3	19	三角堰法
				洪洞县	广胜寺镇	南秦	河神庙	111°43′37″	36°16′33″	4.0	2019	3	26	流速仪法
494	石桥堡子泉 1	广胜寺涧河	汾河	洪洞县	广胜寺镇	石桥堡子	村南	111°44′44″	36°17′04″	4.9	1987	5	12	
				洪洞县	广胜寺镇	石桥堡子	村南	111°44′44″	36°17′04″	3.9	2004	4	24	
				洪洞县	广胜寺镇	石桥堡子	村南公路西	111°44′44″	36°17′04″	1.1	2009	3	19	三角堰法
				洪洞县	广胜寺镇	石桥堡子	村北路西	111°44′44″	36°17′04″	1.2	2019	3	26	三角堰法
495	石桥堡子泉 2	广胜寺涧河	汾河	洪洞县	广胜寺镇	石桥堡子	村南公路东	111°44′49″	36°17′04″	0.79	2009	3	19	体积法
				洪洞县	广胜寺镇	石桥堡子	村北路东	111°44′49″	36°17′04″	0.16	2019	3	26	容积法
496	李堡群泉	洪安涧河	汾河	洪洞县	大槐树镇	李堡	村南	111°42′41″	36°13′57″	4.1	2009	3	31	三角堰法
				洪洞县	大槐树镇	李堡	村南洪安涧河右岸	111°42′41″	36°13′57″	有水无量	2019	3	23	
497	北玉村泉	明姜沟	汾河	洪洞县	苏堡镇	北玉	村西 1 000 m	111°40′14″	36°18′14″	0.38	2009	3	23	体积法
				洪洞县	大槐树镇	北玉	村西通往大坝路边	111°40′14″	36°18′14″	有水无量	2019	3	31	
498	郭盆沟泉	洪安涧河	汾河	洪洞县	苏堡镇	郭盆	村中	111°50′14″	36°13′58″	0.22	2009	3	31	体积法
				洪洞县	苏堡镇	郭盆	村东 1 000 m 沟内	111°50′14″	36°13′58″	0.06	2019	3	23	调查法
499	龙江泉	洪安涧河	汾河	洪洞县	苏堡镇	古县	东南	111°45′08″	36°13′39″	6.3	1987	5	14	
				洪洞县	苏堡镇	古县	东南	111°45′08″	36°13′39″	7.7	2004	4	23	
				洪洞县	苏堡镇	古县	村东 2 000 m	111°45′08″	36°13′39″	5.6	2009	3	25	三角堰法
				洪洞县	苏堡镇	古县	村东南洪安涧河右岸	111°45′11″	36°13′38″	有水无量	2019	3	23	
500	南王泉	汾河	汾河	洪洞县	苏堡镇	南王	村西 100 m	111°41′34″	36°17′46″	0.21	2009	3	23	体积法
				洪洞县	大槐树镇	南王	村东南角	111°41′34″	36°17′46″	0.11	2019	3	31	容积法

续附表2

序号	泉名	汇入河名	水系	施测地点				坐标		流量	施测时间			施测方法
				县(市、区)	乡(镇)	村	断面位置	东经	北纬	(L/s)	年	月	日	
501	苏堡泉	洪安涧河	汾河	洪洞县	苏堡镇	苏堡	村东沟	111°49′12″	36°14′09″	0.5	1987	5	12	
				洪洞县	苏堡镇	苏堡	村东沟	111°49′12″	36°14′09″	0.2	2004	4	19	
				洪洞县	苏堡镇	苏堡	村东沟	111°49′12″	36°14′09″	0.39	2009	3	31	体积法
				洪洞县	苏堡镇	苏堡	村东5 000 m沟内	111°49′12″	36°14′09″	0.16	2019	3	23	容积法
502	东庄里泉	曲亭河	汾河	洪洞县	曲亭镇	孔峪	东庄里村南1 000 m	111°49′06″	36°08′03″	1.04	2009	3	27	体积法
				洪洞县	淹底乡	东庄	村南6 000 m	111°49′06″	36°08′03″	0.55	2019	3	22	容积法
503	古罗北沟泉	洪安涧河	汾河	洪洞县	曲亭镇	古罗	古罗北300 m	111°50′37″	36°11′15″	0.3	2009	3	26	三角堰法
				洪洞县	曲亭镇	西山	村东5 000 m	111°50′40″	36°11′13″	0.33	2019	3	22	容积法
504	吉家岭泉	涝河	汾河	洪洞县	曲亭镇	吉家岭	村南沟水窑	111°46′43″	36°06′32″	0.174	2009	3	26	体积法
				洪洞县	淹底乡	吉家岭	村南5 000 m沟底	111°46′45″	36°06′34″	0.11	2019	3	23	调查法
505	吉家垣泉	曲亭河	汾河	洪洞县	曲亭镇	吉家垣	吉家垣村南100 m	111°52′55″	36°09′41″	0.23	2009	3	25	体积法
				洪洞县	曲亭镇	吉家垣	村东5 000 m	111°52′55″	36°09′41″	0.22	2019	3	22	调查法
506	上寨泉	曲亭河	汾河	洪洞县	曲亭镇	上寨	南沟	111°49′42″	36°09′20″	1	2004	4	25	
				洪洞县	曲亭镇	上寨	村南5 m河边	111°49′42″	36°09′20″	0.51	2009	3	26	体积法
				洪洞县	曲亭镇	上寨	村南500 m	111°49′38″	36°09′20″	16.9	2019	3	22	流速仪法
507	南卦泉	曲亭河	汾河	洪洞县	淹底乡	南卦	南沟	111°46′43″	36°08′37″	1	1987	5	9	
				洪洞县	淹底乡	南卦	南沟	111°46′43″	36°08′37″	0.4	2004	4	25	
				洪洞县	淹底乡	南卦	曲亭水库源头	111°46′15″	36°08′00″	0.22	2019	3	23	调查法
508	曲亭泉	曲亭河	汾河	洪洞县	淹底乡	东庄	武家沟	111°49′02″	36°08′14″	4.7	1987	5	9	
				洪洞县	淹底乡	东庄	武家沟	111°49′02″	36°08′14″	4.4	2004	4	25	

续附表 2

序号	泉名	汇入河名	水系	施测地点				坐标		流量	施测时间			施测方法
				县(市、区)	乡(镇)	村	断面位置	东经	北纬	(L/s)	年	月	日	
509	下安子泉	涝河	汾河	洪洞县	淹底乡	下安子	村南 100 m	111°48′15″	36°07′18″	3.4	2009	3	31	体积法
				洪洞县	淹底乡	下安子	村南 2 000 m	111°48′16″	36°07′19″	0.22	2019	3	22	调查法
510	下张端 1	午阳涧河	汾河	洪洞县	堤村乡	下张端	陆合佳盛选煤厂大门南	111°34′58″	36°25′18″	1.0	2019	3	21	容积法
511	下张端 2	午阳涧河	汾河	洪洞县	堤村乡	下张端	陆合佳盛选煤厂大门南	111°34′59″	36°25′18″	0.23	2019	3	21	容积法
512	下张端 3	午阳涧河	汾河	洪洞县	堤村乡	下张端	陆合佳盛选煤厂大门南	111°34′59″	36°25′18″	0.36	2019	3	21	容积法
513	蛇窑洼	午阳涧河	汾河	洪洞县	堤村乡	下张端	陆合佳盛选煤厂南 1 000 m	111°34′43″	36°25′16″	0.10	2019	3	21	容积法
514	南沟	午阳涧河	汾河	洪洞县	堤村乡	下张端	陆合佳盛选煤厂东南 2 000 m	111°34′34″	36°25′10″	0.14	2019	3	21	容积法
515	下张端 4	午阳涧河	汾河	洪洞县	堤村乡	下张端	陆合佳盛选煤厂大门南	111°35′06″	36°25′18″	0.64	2019	3	21	容积法
516	陈村泉	午阳涧河	汾河	洪洞县	刘家垣镇	陈村	进村口路边	111°30′28″	36°26′25″	0	2019	3	21	
517	沙沟泉	涝河	汾河	洪洞县	淹底乡	沙沟	村西 1 000 m 沟底	111°47′29″	36°07′11″	0	2019	3	22	
518	师村堡子泉	师村河	汾河	洪洞县	曲亭镇	师村	康庄大道旁	111°44′52″	36°11′07″	0	2019	3	23	
519	董寺泉	洪安涧河	汾河	洪洞县	苏堡镇	董寺	村南洪安涧河右岸	111°43′43″	36°13′31″	0	2019	3	23	
520	蒿子原	广胜寺涧河	汾河	洪洞县	广胜寺镇	蒿子原	村东北 5 000 m	111°50′35″	36°16′56″	0.07	2019	3	25	调查法
521	双头泉	霍泉河	汾河	洪洞县	广胜寺镇	双头	村南	111°45′38″	36°17′44″	0.31	2019	3	25	容积法
522	双头村 1	霍泉河	汾河	洪洞县	广胜寺镇	双头	村南	111°45′39″	36°17′43″	0.04	2019	3	25	容积法
523	老井泉	明姜沟	汾河	洪洞县	明姜镇	石门峪	村东 6 000 m 山脚	111°49′05″	36°22′40″	0	2019	3	27	
524	罗家坪泉	明姜沟	汾河	洪洞县	明姜镇	伏羊沟	村西	111°44′33″	36°21′00″	0	2019	3	27	
525	普安泉	汾河	汾河	洪洞县	万安镇	普安	村北高铁桥下	111°34′27″	36°20′07″	0	2019	3	28	

续附表 2

序号	泉名	汇入河名	水系	施测地点				坐标		流量	施测时间			施测方法
				县(市、区)	乡(镇)	村	断面位置	东经	北纬	(L/s)	年	月	日	
526	王续泉	汾河	汾河	洪洞县	万安镇	王续	村东南 9 000 m	111°32′14″	36°21′33″	0	2019	3	28	
527	下辛府河	三交河	汾河	洪洞县	万安镇	下辛府	村南桥下	111°30′23″	36°21′32″	0.79	2019	3	28	三角堰法
528	东梁沟	汾河	汾河	洪洞县	万安镇	东梁	村西南角进村路边沟内	111°35′02″	36°22′24″	0	2019	3	28	
529	西跑蹄 1	汾河	汾河	洪洞县	赵城镇	上跑蹄	村中饮水处	111°43′42″	36°26′56″	0.17	2019	3	29	容积法
530	南沟泉	轰轰涧河	汾河	洪洞县	堤村乡	杨家庄	村西沟底	111°36′57″	36°27′39″	0	2019	3	29	
531	下院涧河	兴唐寺河	汾河	洪洞县	赵城镇	下院	村内沟底	111°42′35″	36°23′51″	0.79	2019	3	31	三角堰法
532	下院南渠	兴唐寺河	汾河	洪洞县	赵城镇	下院	村南引水渠	111°43′06″	36°23′45″	0	2019	3	31	
533	南辛堡	广胜寺涧河	汾河	洪洞县	大槐树镇	南辛堡	108 东侧水库进水	111°42′15″	36°15′35″	0.96	2019	3	31	容积法
534	侯家堡泉	明姜沟	汾河	洪洞县	大槐树镇	侯家堡	进村路边庙	111°40′42″	36°17′55″	0	2019	3	31	
535	上纪落泉	明姜沟	汾河	洪洞县	大槐树镇	上纪落	下纪落西 1 000 m	111°40′04″	36°18′47″	0	2019	3	31	
536	曲树泉	汾河	汾河	洪洞县	大槐树镇	上纪落	村南沟底	111°40′00″	36°19′09″	0	2019	3	31	
537	沟东泉	明姜沟	汾河	洪洞县	大槐树镇	沟东	村南	111°40′36″	36°18′58″	0	2019	3	31	
538	湾里泉	汾河	汾河	洪洞县	赵城镇	湾里	村内路边	111°40′27″	36°21′11″	0	2019	3	31	
539	北韩泉	杨村河	汾河	浮山县	北韩乡	韩村	西南 200 m	111°52′47″	36°04′05″	1.4	2009	3	17	流速仪法
				浮山县	北韩乡	北韩村	村西南 200 m	111°52′48″	36°04′06″	2.0	2019	3	20	容积法
540	阴死汕泉	孔家河	汾河	浮山县	北王乡	驼腰	村中	111°59′44″	36°00′31″	1.3	1987	5	2	
				浮山县	北王乡	驼腰	村中	111°59′44″	36°00′31″	2.5	2004	3	29	
				浮山县	北王乡	驼腰	村中	111°59′44″	36°00′31″	1.9	2009	3	25	流速仪法
				浮山县	北王乡	坡头村	村西南 180 m	111°59′43″	36°00′31″	1.2	2019	3	21	容积法

续附表 2

序号	泉名	汇入河名	水系	施测地点				坐标		流量	施测时间			施测方法
				县(市、区)	乡(镇)	村	断面位置	东经	北纬	(L/s)	年	月	日	
541	南霍泉	柏村河	汾河	浮山县	北王乡	南霍	沟口 150 m	111°51′00″	36°00′27″	0.6	2004	3	29	
				浮山县	北王乡	南霍	沟口 150 m	111°51′00″	36°00′27″	0	2009	3	19	
542	东腰泉	柏村河	汾河	浮山县	天坛镇	东腰	村南 200 m	111°56′18″	35°56′13″	0.1	1987	4	28	
				浮山县	天坛镇	东腰	村南 200 m	111°56′18″	35°56′13″	0.2	2004	3	29	
				浮山县	北王乡	东腰	村南 200 m	111°56′18″	35°56′13″	0.043	2009	3	20	体积法
543	葛家庄泉	洰河	汾河	浮山县	张庄乡	葛家庄	村西 200 m	111°43′18″	36°00′23″	0.29	2009	3	25	体积法
				浮山县	张庄乡	葛家庄	村西南 401 m	111°43′18″	36°00′24″	0.17	2019	3	24	容积法
544	马台村泉	涝河	汾河	浮山县	北王乡	马台村	西南 100 m	111°48′07″	36°02′22″	0.18	2009	3	19	流速仪法
				浮山县	天坛镇	马台村	村南 80 m	111°48′07″	36°02′22″	0.08	2019	3	26	容积法
545	王家河泉	涝河	汾河	浮山县	北王乡	王家河	村西 100 m	111°56′03″	36°00′06″	0.102	2009	3	25	体积法
				浮山县	北韩乡	王家河	村南 1 500 m	111°56′12″	36°00′07″	0.01	2019	3	20	容积法
546	杨村河东	杨村河	汾河	浮山县	北韩乡	杨村河	村东 50 m	111°50′40″	36°04′13″	3.2	2019	3	20	容积法
547	乔家垣泉	涝河	汾河	浮山县	北韩乡	乔家垣	村南 300 m 沟底	111°56′25″	36°00′35″	0	2019	3	20	
548	杨村泉	洰河	汾河	浮山县	响水河	杨村河	村西北 400 m	111°46′46″	35°59′25″	0.22	2019	3	23	三角堰法
549	翟底泉	洰河	汾河	浮山县	张庄乡	翟底泉	村南 200 m	111°42′18″	35°52′22″	0	2019	3	25	
550	乔家垣泉	涝河	汾河	浮山县	北韩乡	乔家垣	村南 300 m 沟底	111°56′25″	36°00′35″	0	2019	3	20	
551	杨村河泉	杨村河	汾河	浮山县	北韩乡	杨村河	村西 1 000 m	111°49′24″	36°03′47″	0	2019	3	20	
552	灵中泉	响水河	汾河	浮山县	槐念乡	灵中	村东 2 000 m	111°44′15″	35°58′12″	0.5	1987	4	30	
				浮山县	槐念乡	灵中	村东 2 000 m	111°44′15″	35°58′12″	4.8	2004	3	29	
				浮山县	槐念乡	灵中	村西 2 000 m	111°44′15″	35°58′12″	0.12	2009	3	23	体积法
553	孙家河泉	洰河	汾河	浮山县	响水河镇	孙家河	西南 500 m	111°45′30″	35°57′20″	6	2009	3	22	流速仪法
				浮山县	张庄乡	孙家河	村西 1 000 m	111°45′55″	35°57′18″	4.5	2019	3	23	三角堰法

续附表 2

序号	泉名	汇入河名	水系	施测地点				坐标		流量(L/s)	施测时间			施测方法
				县(市、区)	乡(镇)	村	断面位置	东经	北纬		年	月	日	
554	李家庄泉	岔口河	汾河	尧都区	土门镇	李家庄村	村西 500 m	111°08′07″	36°14′19″	0.1	2004	4	24	
				尧都区	土门镇	李家庄村	村西 500 m	111°08′07″	36°14′19″	0.063 4	2009	3	17	体积法
				尧都区	土门镇	李家庄村	村西 500 m	111°25′49″	36°12′39″	0.01	2019	3	26	体积法
555	魏家汕	岔口河	汾河	尧都区	土门镇	魏家汕村	村东北 50 m	111°04′30″	36°12′49″	0.076 5	2009	3	17	体积法
				尧都区	土门镇	魏家汕村	村北 200 m	111°24′30″	36°12′49″	0	2019	3	26	
556	吴家庄泉	岔口河	汾河	尧都区	土门镇	吴家庄村	村西北 50 m	111°28′04″	36°16′12″	0.087 5	2009	3	17	体积法
				尧都区	土门镇	吴家庄村	村西 50 m,柏油路边	111°25′03″	36°12′44″	0.07	2019	3	26	调查法
557	吴村泉	太涧河	汾河	尧都区	吴村镇	吴村	政府门口 30 m	111°33′02″	36°11′06′	4.5	2004	4	23	
				尧都区	吴村镇	吴村	镇政府门前	111°33′02″	36°11′06′	0	2009	3	16	
				尧都区	吴村镇	吴村	村中,镇政府对面	111°32′16″	36°11′28″	0	2019	3	26	
558	坡头泉	岔口河	汾河	尧都区	土门镇	坡头村	村中	111°21′55″	36°13′25″	3.5	2004	4	24	
				尧都区	土门镇	坡头村	村中	111°21′55″	36°13′25″	1.11	2009	3	17	体积法
				尧都区	土门镇	坡头村	村中心	111°21′56″	36°13′25″	0.06	2019	3	26	体积法
559	王汾泉	岔口河	汾河	尧都区	土门镇	王汾村	村南 50 m	111°24′56″	36°13′09″	4.5	2004	4	24	
				尧都区	土门镇	王汾村	村南 50 m	111°04′10″	36°13′07″	0.081 2	2009	3	17	体积法
				尧都区	土门镇	王汾村	村南 50 m	111°24′50″	36°13′07″	0.07	2019	3	26	调查法
560	韩家峪泉 1	岔口河	汾河	尧都区	土门镇	韩家峪村	西南 500 m	111°25′18″	36°12′13″	0.092 3	2009	3	17	体积法
				尧都区	土门镇	韩家峪村	村西北 200 m	111°25′17″	36°12′13″	0	2019	3	26	
561	韩家峪泉 2	岔口河	汾河	尧都区	土门镇	韩家峪村	西南 600 m	111°25′16″	36°12′13″	0.09	2009	3	17	体积法
				尧都区	土门镇	韩家峪村	村西北 200 m	111°25′16″	36°12′12″	0	2019	3	26	

续附表 2

序号	泉名	汇入河名	水系	施测地点				坐标		流量 (L/s)	施测时间			施测方法
				县(市、区)	乡(镇)	村	断面位置	东经	北纬		年	月	日	
562	山泉泉	岔口河	汾河	尧都区	土门镇	山泉村	村中	111°22′15″	36°12′20″	1.1	2004	4	25	
				尧都区	土门镇	山泉村	村中	111°22′15″	36°12′20″	0.175	2009	3	17	体积法
				尧都区	土门镇	山泉村	村西南 500 m	111°22′15″	36°12′40″	0.10	2019	3	26	体积法
563	刘村泉	汾河	汾河	尧都区	刘村镇	北刘	村东 500 m	111°27′56″	36°07′51″	0.827 3	2009	3	22	体积法
564	参峪泉	汾河	汾河	尧都区	刘村镇	参峪村	村西 1 000 m	111°23′42″	36°07′33″	0.2	2004	4	25	
				尧都区	刘村镇	参峪村	村西 1 500 m	111°23′42″	36°07′33″	0.244 6	2009	3	18	体积法
				尧都区	刘村镇	参峪村	村西北 500 m	111°23′42″	36°07′33″	0.07	2019	3	27	体积法
565	蒂庄泉	涝河	汾河	尧都区	大阳镇	蒂庄村	村东 3 000 m	111°45′59″	36°03′43″	0.429 2	2009	3	19	体积法
				尧都区	大阳镇	蒂庄村	村东 3 000 m	111°45′59″	36°02′44″	0.28	2019	3	22	调查法
566	尧陵泉	涝河	汾河	尧都区	大阳镇	太平	村南 2 000 m	111°47′04″	36°04′11″	0.360 4	2009	3	19	体积法
567	马刨泉	涝河	汾河	尧都区	大阳镇	南郊村	村东 500 m	111°46′45″	36°03′11″	1.2	2004	4	17	
				尧都区	大阳镇	南郊村	村南 500 m	111°46′45″	36°03′11″	0.086	2009	3	19	体积法
				尧都区	大阳镇	南郊村	村东南 1 000 m 处	111°46′45″	36°03′11″	0.72	2019	3	21	体积法
568	堤村泉	柏村河	汾河	尧都区	大阳镇	南郊村	村南 200 m	111°46′45″	36°03′11″	0.3	2004	4	17	
569	刘家庄泉	洰河	汾河	尧都区	大阳镇	刘家庄	西北 2 000 m	111°42′35″	36°00′47″	0.268	2009	3	29	体积法
				尧都区	贺家庄乡	刘家庄	村西北 300 m	111°42′24″	36°00′40″	0.01	2019	3	24	容积法
570	高化庄泉 1	洰河	汾河	尧都区	贺家庄乡	高化庄	村西 100 m	111°40′25″	35°59′44″	19	2004	4	22	
				尧都区	贺家庄乡	高花庄	村东 1 000 m	111°40′25″	35°59′44″	1.14	2009	3	20	体积法
				尧都区	贺家庄乡	高化庄	村中桥南 100 m	111°40′25″	35°59′43″	1.8	2019	3	23	三角堰法
571	高化庄泉 2	洰河	汾河	尧都区	贺家庄乡	高花庄	村东 1 050 m	111°40′26″	35°59′43″	0.251 4	2009	3	20	体积法
				尧都区	贺家庄乡	高化庄	村中桥南 150 m	111°40′25″	35°59′42″	0.61	2019	3	23	三角堰法

续附表 2

序号	泉名	汇入河名	水系	施测地点				坐标		流量	施测时间			施测方法
				县(市、区)	乡(镇)	村	断面位置	东经	北纬	(L/s)	年	月	日	
572	高化庄泉 3	洰河	汾河	尧都区	贺家庄乡	高花庄	村东 2 000 m	111°41′25″	35°59′42″	0.443 9	2009	3	20	体积法
				尧都区	贺家庄乡	高化庄	村中桥东 100 m	111°40′27″	35°59′46″	0	2019	3	23	
573	金子沟泉	洰河	汾河	尧都区	贺家庄乡	西角里	村南 200 m	111°41′37″	35°57′57″	2.5	2004	4	22	
				尧都区	贺家庄乡	西角里	村南 200 m	111°41′37″	35°57′57″	2.17	2009	3	20	体积法
				尧都区	贺家庄乡	东下庄	村东北 300 m	111°40′15″	35°58′15″	1.9	2019	3	23	调查法
574	浮峪河泉	洰河	汾河	尧都区	贺家庄乡	浮峪河	东南 200 m	111°42′39″	36°08′23″	0.450 5	2009	3	25	体积法
575	老母泉	洰河	汾河	尧都区	大阳镇	老母	村南 200 m	111°47′21″	36°02′33″	0.216 7	2009	3	25	体积法
576	尧陵泉	杨村河	汾河	尧都区	大阳镇	太平村	村南 2 000 m	111°47′04″	36°04′11″	0	2019	3	21	
577	浮峪河泉	赵南河	汾河	尧都区	贺家庄乡	浮峪河	村东南 200 m	111°42′36″	35°59′07″	1.8	2019	3	23	三角堰法
578	黄鹿泉	汾河	汾河	尧都区	县底镇	翟村	村东北 1 000 m,砖厂内	111°36′53″	36°00′26″	0	2019	3	24	
579	李子角泉	汾河	汾河	尧都区	县底镇	李子角	村东 500 m	111°38′43″	35°59′36″	0	2019	3	24	
580	羊舍庄泉	太涧河	汾河	尧都区	魏村镇	羊舍庄村	村南 50 m	111°30′41″	36°13′08″	0	2019	3	26	
581	刘村泉 1	汾河	汾河	尧都区	刘村镇	北刘村	村东 300 m	111°27′56″	36°07′51″	2.6	2019	3	26	体积法
582	刘村泉 2	汾河	汾河	尧都区	刘村镇	北刘村	北刘村委对面 50 m	111°27′27″	36°07′41″	0	2019	3	26	
583	刘村泉 3	汾河	汾河	尧都区	刘村镇	北刘村	村东 100 m,省道边	111°27′46″	36°07′48″	0	2019	3	26	
584	嘉泉村泉	汾河	汾河	尧都区	刘村镇	嘉泉村	嘉泉村西北 2 000 m,省道边	111°28′16″	36°09′11″	0.16	2019	3	26	体积法
585	城居泉	汾河	汾河	尧都区	金殿镇	城居村	村中	111°25′03″	36°02′48″	2.5	2019	3	27	体积法
586	新风泉	汾河	汾河	尧都区	金殿镇	新风村	村中	111°24′39″	36°02′41″	10.0	2019	3	27	流速仪法
587	龙祠跃进渠	席坊沟	汾河	尧都区	金殿镇	晋掌村	村东 50 m	111°22′17″	36°03′58″	516	2019	3	27	流速仪法
588	龙祠返修渠	席坊沟	汾河	尧都区	金殿镇	河南村	村东 50 m	111°22′58″	36°04′09″	263	2019	3	27	流速仪法
589	龙祠母子河	席坊沟	汾河	尧都区	金殿镇	河南村	村南 50 m	111°22′53″	36°04′07″	530	2019	3	27	流速仪法

续附表 2

序号	泉名	汇入河名	水系	施测地点				坐标		流量(L/s)	施测时间			施测方法
				县(市、区)	乡(镇)	村	断面位置	东经	北纬		年	月	日	
590	龙祠红卫渠	席坊沟	汾河	尧都区	金殿镇	河南村	村东北 50 m	111°23′00″	36°04′22″	648	2019	3	27	流速仪法
591	龙祠自来水厂	席坊沟	汾河	尧都区	金殿镇	龙祠村	村南 100 m	111°22′13″	36°04′20″	700	2019	3	27	调查法
592	东亢泉	汾河	汾河	尧都区	贾得乡	东亢村	村南 500 m	111°32′16″	35°58′58″	0	2019	3	28	
593	河底泉	豁都峪	汾河	尧都区	河底乡	河底村	村中心	111°11′05″	36°08′47″	0.085	2009	3	24	体积法
				尧都区	河底乡	河底村	村东 50 m	111°11′09″	36°08′52″	0.04	2019	3	27	调查法
594	靳家川泉	豁都峪	汾河	尧都区	河底乡	靳家川村	村东北 1 000 m	111°13′23″	36°11′05″	0	2019	3	27	
595	桑汕泉	仙洞沟涧河	汾河	尧都区	枕头乡	桑汕	西北 3 000 m	111°17′47″	36°09′03″	2.7	2004	4	27	
				尧都区	枕头乡	桑汕	村西北 2 000 m	111°17′47″	36°09′03″	2.17	2009	3	18	体积法
				尧都区	枕头乡	前米居村	村西北 500 m	111°17′47″	36°09′02″	3.7	2019	3	27	体积法
596	龙王庙泉	席坊沟	汾河	尧都区	金殿镇	龙祠村	康泽龙王庙内	111°22′08″	36°04′26″	0.535 3	2009	3	24	体积法
				尧都区	金殿镇	龙祠村	康泽龙王庙内	111°22′08″	36°04′26″	0	2019	3	27	
597	金子泉	洰河	汾河	尧都区	县底镇	金子	水库左后侧	111°40′19″	36°00′56″	0.067 9	2009	3	20	体积法
				尧都区	县底镇	许村	村东 1 000 m,坝下,建有蓄水池	111°40′19″	36°00′55″	0	2019	3	24	
598	和尚沟泉	滏河	汾河	襄汾县	大邓乡	龙王庙	西河和尚沟内	111°36′49″	35°52′23″	0.27	2009	3	17	体积法
				襄汾县	大邓乡	洞沟	洞沟村西 800 m	111°36′49″	35°52′23″	0.04	2019	3	30	容积法
599	马跑泉	滏河	汾河	襄汾县	大邓乡	龙王庙	西河南沟内	111°37′45″	35°51′58″	0.75	2009	3	17	体积法
				襄汾县	大邓乡	龙王庙	龙王庙西南 500 m	111°37′48″	35°52′03″	0.24	2019	3	30	容积法
600	黑老顶泉	邓庄河	汾河	襄汾县	大邓乡	黑老顶	西沟内	111°37′11″	35°53′27″	0.12	2009	3	17	体积法
				襄汾县	大邓乡	洞沟	洞沟村北 1 800 m	111°37′11″	35°53′28″	0	2019	3	30	

续附表 2

序号	泉名	汇入河名	水系	施测地点				坐标		流量(L/s)	施测时间			施测方法
				县(市、区)	乡(镇)	村	断面位置	东经	北纬		年	月	日	
601	浪泉 1	浪泉河	汾河	襄汾县	襄陵镇	浪泉	村中	111°20′43″	36°01′06″	9.3	1987	4	29	
				襄汾县	襄陵镇	浪泉	村中	111°20′43″	36°01′06″	2.7	2004	4	15	
				襄汾县	襄陵镇	浪泉	西北 100 m	111°20′43″	36°01′06″	3.1	2009	3	16	流速仪法
				襄汾县	襄陵镇	浪泉	浪泉村东 100 m	111°20′43″	36°01′07″	1.2	2019	3	31	三角堰法
602	浪泉 2	浪泉河	汾河	襄汾县	襄陵镇	浪泉	村西 300 m	111°20′21″	36°00′54″	0.14	2009	3	16	体积法
				襄汾县	襄陵镇	浪泉	浪泉堡村东 50 m	111°20′21″	36°00′54″	0.04	2019	3	31	三角堰法
603	娥黄泉	浪泉河	汾河	襄汾县	襄陵镇	景村	村中	111°19′30″	36°00′23″	9	1987	4	29	
				襄汾县	襄陵镇	景村	村中	111°19′30″	36°00′23″	8.3	2004	4	15	
				襄汾县	襄陵镇	景村	村中	111°19′30″	36°00′23″	9.6	2009	3	16	流速仪法
				襄汾县	襄陵镇	景村	景村东南角	111°19′28″	36°00′16″	6.0	2019	3	31	流速仪法
604	黑水泉	蒲河	汾河	襄汾县	襄陵镇	南太柴	村东 300 m	111°20′13″	36°01′04″	34.9	2009	3	16	流速仪法
605	娥英泉	浪泉河	汾河	襄汾县	襄陵镇	西阳	水池外	111°19′26″	36°00′07″	15	1987	4	29	
				襄汾县	襄陵镇	西阳	水池外	111°19′26″	36°00′07″	17	2004	4	15	
				襄汾县	襄陵镇	西阳	村中	111°19′26″	36°00′07″	22.2	2009	3	16	流速仪法
				襄汾县	襄陵镇	西阳	西阳村东北角	111°19′26″	36°00′08″	9.0	2019	3	31	流速仪法
606	九龙泉	浪泉河	汾河	襄汾县	襄陵镇	薛村	西南 200 m	111°19′34″	36°00′46″	6.5	2004	4	15	
				襄汾县	襄陵镇	薛村	西南 200 m	111°19′34″	36°00′46″	5.6	2009	3	16	体积法
				襄汾县	襄陵镇	薛村	薛村西南角	111°19′32″	36°00′48″	0.01	2019	3	31	三角堰法
607	东刘沟泉 1	汾河	汾河	襄汾县	南贾镇	东刘电灌站	北 300 m	111°24′30″	35°47′49″	0.8	1987	5	6	
				襄汾县	南贾镇	东刘电灌站	电灌站北 300 m	111°24′30″	35°47′49″	17	2004	4	17	
				襄汾县	南贾镇	东刘	村东 500 m	111°24′30″	35°47′49″	0.25	2009	3	16	体积法
				襄汾县	南贾镇	上鲁	上鲁村东北 700 m	111°24′29″	35°47′50″	0.10	2019	3	30	容积法

续附表 2

序号	泉名	汇入河名	水系	施测地点				坐标		流量	施测时间			施测方法
				县(市、区)	乡(镇)	村	断面位置	东经	北纬	(L/s)	年	月	日	
608	东刘沟泉 2	汾河	汾河	襄汾县	南贾镇	东刘	村东 200 m	111°24′19″	35°47′47″	0.6	2009	3	16	体积法
				襄汾县	南贾镇	上鲁	上鲁村东北 500 m	111°24′20″	35°47′47″	0.50	2019	3	30	容积法
609	黑水泉	汾河	汾河	襄汾县	南贾镇	大柴	村北 200 m	111°23′44″	35°50′51″	39	2004	4	15	
610	石沟泉	汾河	汾河	襄汾县	南贾镇	石沟	西南 200 m	111°25′11″	35°46′59″	0.8	1987	5	6	
				襄汾县	南贾镇	石沟	西南 200 m	111°25′11″	35°46′59″	0.1	2004	4	17	
				襄汾县	南贾镇	石沟	西南 200 m	111°25′11″	35°46′59″	0	2009	3	16	
				襄汾县	南贾镇	上鲁	上鲁村东南 1 700 m	111°25′11″	35°46′58″	0	2019	3	30	
611	下尉泉 1	汾河	汾河	襄汾县	南贾镇	下尉	村西 200 m	111°24′14″	35°49′24″	0.9	2004	4	17	
				襄汾县	南贾镇	下尉	村南 300 m	111°24′14″	35°49′24″	1	2009	3	16	体积法
				襄汾县	南贾镇	下尉	下尉西南 500 m	111°24′13″	35°49′24″	0.05	2019	3	30	容积法
612	下尉泉 2	汾河	汾河	襄汾县	南贾镇	下尉	村南 2 000 m	111°24′09″	35°49′10″	2.5	2009	3	16	体积法
				襄汾县	南贾镇	下尉	下尉西南 100 m	111°24′10″	35°49′10″	0.07	2019	3	30	容积法
613	北靳渠泉	汾河	汾河	襄汾县	南辛店	北靳	北靳村北 400 m	111°24′29″	35°56′13″	0.10	2019	3	30	三角堰法
614	鸡儿架泉	西汾沟	汾河	乡宁县	关王庙乡	西汾沟	沟西 1 500 m	110°59′45″	35°49′53″	0	1987	4	28	
				乡宁县	关王庙乡	西汾沟	沟西 1 500 m	110°59′45″	35°49′53″	1.6	2004	3	23	
				乡宁县	关王庙乡	西峰沟	村沟西 1 000 m	111°00′40″	35°49′37″	0	2019	3	26	三角堰法
615	大神头泉	黄华峪	汾河	乡宁县	关王庙乡	大神头	西北 200 m	110°54′09″	35°43′09″	28	2004	3	28	
				乡宁县	关王庙乡	大神头	西北 200 m	110°54′09″	35°43′09″	0.009 3	2009	3	29	三角堰法
				乡宁县	关王庙乡	大神头	村西北 200 m	110°54′09″	35°43′09″	0.82	2019	3	27	容积法
616	小碑泉	三官峪	汾河	乡宁县	双鹤乡	小碑	西南沟	111°05′53″	35°56′15″	0.1	1987	5	5	
				乡宁县	双鹤乡	小碑	西南沟	111°05′53″	35°56′15″	0.2	2004	3	26	
				乡宁县	双鹤乡	小碑	西北 100 m	111°05′53″	35°56′15″	0	2009	3	18	
				乡宁县	双鹤乡	小碑	村西北 100 m	111°05′54″	35°56′14″	0	2019	3	29	容积法

续附表 2

序号	泉名	汇入河名	水系	施测地点				坐标		流量(L/s)	施测时间			施测方法
				县(市、区)	乡(镇)	村	断面位置	东经	北纬		年	月	日	
617	西凹泉 1	三官峪	黄河	乡宁县	管头镇	西凹	西南	111°02′01″	35°59′24″	0.1	1987	5	5	
				乡宁县	管头镇	西凹	西南	111°02′01″	35°59′24″	0.1	2004	3	27	
618	西凹泉 2	三官峪	汾河	乡宁县	双鹤乡	西凹	村东南山腰上	111°02′16″	35°59′47″	0.15	2019	3	29	容积法
619	八宝庄泉	黄华峪	汾河	乡宁县	关王庙乡	八宝庄	村口	110°54′00″	35°42′09″	0.80	2019	3	27	容积法
620	瓜峪泉	瓜峪河	汾河	乡宁县	西交口乡	瓜峪	村西北 300 m	110°44′31″	35°43′12″	1.0	2019	3	27	容积法
621	土谷堆泉	遮马峪河	汾河	乡宁县	西交口乡	土谷堆	村东南 800 m	110°42′32″	35°45′28″	0.48	2019	3	27	容积法
622	南坪泉	遮马峪河	汾河	乡宁县	西交口乡	南坪	村西南 300 m	110°42′08″	35°45′20″	0.60	2019	3	27	容积法
623	西风沟泉	马壁峪	汾河	乡宁县	关王庙乡	西风沟	村南 50 m	111°00′01″	35°49′50″	0.30	2019	3	29	容积法
624	柴未沟泉	马壁峪	汾河	乡宁县	关王庙乡	老凹掌	村对 300 m	111°00′25″	35°56′28″	0.15	2019	3	26	容积法
625	后沟泉	马壁峪	汾河	乡宁县	关王庙乡	后沟	村路边	110°59′09″	35°56′16″	0.20	2019	3	26	容积法
626	大黄沟泉	马壁峪	汾河	乡宁县	关王庙乡	大黄沟	村北沟	111°01′25″	35°56′34″	0.32	2019	3	26	容积法
627	东凹村泉	马壁峪	汾河	乡宁县	关王庙乡	东凹	村东南 150 m	111°02′26″	35°56′13″	0.45	2019	3	27	调查法
628	东凹泉	马壁峪	汾河	乡宁县	关王庙乡	东凹泉	东凹村沟	111°02′26″	35°56′13″	0.15	2019	3	29	调查法
629	桥上村泉	西汾沟	汾河	乡宁县	枣岭乡	桥上	村南 50 m	110°57′01″	35°55′13″	0	2019	3	25	调查法
630	前刁家洼泉	西汾沟	汾河	乡宁县	双鹤乡	前刁家凹	村北 150 m	110°56′15″	35°54′46″	0.80	2019	3	27	容积法
631	辛家湾泉	黄华峪	汾河	乡宁县	关王庙乡	辛家湾	村西北 700 m	110°56′20″	35°53′53″	0.30	2019	3	26	容积法
632	后湾上泉 1	三官峪	汾河	乡宁县	双鹤乡	芦儿上	村南 3 080 m	111°01′44″	35°58′55″	0.25	2019	3	29	调查法
633	后湾上泉 2	三官峪	汾河	乡宁县	双鹤乡	芦儿上	村南 3 000 m	111°01′52″	35°59′06″	0.22	2019	3	29	三角堰法
634	万上泉	三官峪	汾河	乡宁县	双鹤乡	芦儿上	村西南 300 m	111°01′31″	35°59′24″	0.20	2019	3	29	调查法
635	西海泉	釜河	汾河	曲沃县	史村镇	西海	原农大院内	111°35′43″	35°42′23″	170	1966	1	2	
				曲沃县	史村镇	西海		111°35′43″	35°42′23″	126	1987	4	24	
				曲沃县	史村镇	西海		111°35′43″	35°42′23″	0	2004	4	25	
				曲沃县	史村镇	西海	水神庙北	111°35′43″	35°42′23″	0	2009	3	18	
				曲沃县	史村镇	西海	东 50 m	111°35′43″	35°42′22″	0	2019	3	18	

续附表 2

序号	泉名	汇入河名	水系	施测地点				坐标		流量 (L/s)	施测时间			施测方法
				县(市、区)	乡(镇)	村	断面位置	东经	北纬		年	月	日	
636	高显北泉	釜河	汾河	曲沃县	高显镇	高显		111°26′01″	35°43′59″	2.5	2004	4	25	
				曲沃县	高显镇	高显	村北 1 000 m	111°26′01″	35°43′59″	0.3	2009	3	18	体积法
				曲沃县	高显镇	高显	东北 2 000 m	111°26′01″	35°43′59″	0	2019	3	18	
637	汾阴温泉	排碱沟	汾河	曲沃县	高显镇	汾阴	村中	111°23′37″	35°42′12″	5.6	2009	3	18	体积法
				曲沃县	高显镇	汾阴	村中	111°23′37″	35°42′12″	0	2019	3	18	
638	太子滩温泉	排碱沟	汾河	曲沃县	高显镇	南太许	县城西北 2 500 m	111°28′20″	35°40′25″	83	2004	4	25	
				曲沃县	高显镇	南太许	温泉管理站	111°28′20″	35°40′25″	41.7	2009	3	18	
				曲沃县	高显镇	南太许	温泉管理站	111°28′20″	35°40′27″	31.2	2019	3	18	
639	杨家窑泉	樊村河	汾河	曲沃县	高显镇	东闫	村南 1 500 m	111°33′54″	35°33′42″	0.14	2009	3	18	体积法
				曲沃县	北董乡	东阎	南 2 000 m	111°33′45″	35°33′32″	0	2019	3	18	
640	溢沟泉	溢沟	汾河	曲沃县	高显镇	东闫	村南 4 000 m	111°34′02″	35°33′23″	0.43	2009	3	18	体积法
641	李村沟泉	汾河	汾河	曲沃县	里村镇	李村	西北 2 500 m	111°26′17″	35°45′52″	0.18	2009	3	18	体积法
642	庄头沟泉	釜河	汾河	曲沃县	曲村镇	新建	南 200 m	111°30′39″	35°42′49″	0	2019	3	18	
643	沸泉 1	浍河	汾河	曲沃县	北董乡	景明	村南 1 000 m	111°32′31″	35°34′13″	540	2004	4	22	
				曲沃县	北董乡	景明	一库坝下	111°32′31″	35°34′13″	370	2009	3	19	
644	沸泉 2	浍河	汾河	曲沃县	北董乡	景明	村南 1 000 m	111°32′25″	35°34′27″	520	2004	4	22	
				曲沃县	北董乡	景明	二库坝下	111°32′25″	35°34′27″	352	2009	3	19	
645	龙王泉	樊村河	汾河	曲沃县	北董乡	南林交	村西 1 000 m	111°31′52″	35°34′35″	66	1987	4	23	
				曲沃县	北董乡	南林交	村西 1 000 m	111°31′52″	35°34′35″	34	2004	4	22	
				曲沃县	北董乡	南林交	村南 500 m	111°31′52″	35°34′35″	23.5	2009	3	21	流速仪法
				曲沃县	北董乡	南林交	村东南 500 m	111°31′53″	35°34′40″	30.0	2019	3	21	流速仪法

续附表 2

序号	泉名	汇入河名	水系	施测地点				坐标		流量(L/s)	施测时间			施测方法
				县(市、区)	乡(镇)	村	断面位置	东经	北纬		年	月	日	
646	裴南庄泉	浍河	汾河	曲沃县	北董乡	裴南庄	村南 1 000 m	111°29′03″	35°34′59″	1.12	2009	3	21	体积法
				曲沃县	北董乡	裴南庄	南 2 000 m	111°29′00″	35°34′56″	0	2019	3	21	
647	涌沟泉(坝内)	浍河	汾河	曲沃县	北董乡	薛庄	涌沟坝上 1 000 m	111°28′02″	35°35′16″	18.1	2009	3	21	流速仪法
				曲沃县	北董乡	薛庄	南 2 000 m	111°28′02″	35°35′16″	0	2019	3	21	
648	涌沟泉(坝外)	浍河	汾河	曲沃县	北董乡	薛庄	南 600 m	111°28′06″	35°35′24″	0.10	2019	0	0	三角堰法
649	原沟泉	浍河	汾河	曲沃县	北董乡	窑院	西南 1 000 m	111°27′05″	35°35′39″	0.32	2009	3	21	体积法
				曲沃县	北董乡	窑院	村西南 500 m	111°27′04″	35°35′37″	0.04	2019	3	21	体积法
650	里村沟泉	汾河	汾河	曲沃县	里村镇	里村	西 2 000 m	111°26′15″	35°45′50″	0	2009	3	18	
651	金沙泉 1	浍河	汾河	侯马市	凤城乡	山根底	水坝上游 200 m	111°26′43″	35°35′29″	0.25	2009	3	23	体积法
				侯马市	上马乡	山根底	山根底东 500 m	111°26′39″	35°35′52″	0	2019	3	27	
652	金沙泉 2	浍河	汾河	侯马市	凤城乡	金沙	村南 2 000 m	111°25′19″	35°35′03″	0.37	2009	3	23	体积法
				侯马市	上马乡	金沙村	金沙村南 1 100 m	111°25′09″	35°35′10″	0.11	2019	3	27	容积法
653	金沙水库泉	浍河	汾河	侯马市	上马乡	金沙村	金沙村南 1 800 m 金沙水库	111°25′15″	35°34′43″	0.17	2019	3	27	容积法
654	大水沟泉	浍河	汾河	侯马市	凤城乡	金沙	西南 2 500 m	111°25′08″	35°35′01″	1.25	2009	3	23	体积法
				侯马市	上马乡	金沙村	金沙村南 1 200 m	111°25′08″	35°35′02″	0	2019	3	27	
655	成家山泉 1	浍河	汾河	侯马市	上马街道办	成家山	村南 200 m	111°22′30″	35°33′40″	0.3	2004	4	16	
656	成家山泉 2	浍河	汾河	侯马市	上马街道办	成家山	东南 500 m	111°22′30″	35°33′40″	0.4	2004	4	16	

续附表2

序号	泉名	汇入河名	水系	施测地点				坐标		流量(L/s)	施测时间			施测方法
				县(市、区)	乡(镇)	村	断面位置	东经	北纬		年	月	日	
657	南泉	浍河	汾河	侯马市	上马街道办	成家山	村南 100 m	111°22′30″	35°33′40″	0.1	2009	3	24	体积法
				侯马市	上马街道办	成家山	成家山南 200 m	111°22′34″	35°33′42″	0.1	2019	3	27	
658	北泉	浍河	汾河	侯马市	上马街道办	成家山	行家山沟内	111°22′27″	35°33′45″	0.15	2009	3	24	体积法
				侯马市	上马街道办	成家山	成家山西北 500 m	111°22′27″	35°33′45″	0.15	2019	3	27	
659	张家沟泉	浍河	汾河	侯马市	上马街道办	成家山	东北 1 000 m	111°22′40″	35°34′07″	0.28	2009	3	24	体积法
				侯马市	上马街道办	单家营	单家营村南 3 000 m	111°22′37″	35°34′14″	0	2019	3	27	
660	马家山泉	浍河	汾河	侯马市	上马街道办	马家山	村东 400 m	111°22′12″	35°33′42″	0.30	2004	4	16	
				侯马市	上马街道办	马家山	村东 200 m	111°22′12″	35°33′42″	0.25	2009	3	24	体积法
				侯马市	上马街道办	马家山	马家山东北 300 m	111°22′09″	35°33′43″	0.30	2019	3	27	
661	后水泉	浍河	汾河	侯马市	上马街道办	马家山	东北	111°21′33″	35°33′35″	0.32	2009	3	24	体积法
				侯马市	上马街道办	李家山	李家山村东北 600 m	111°21′33″	35°33′36″	0.22	2019	3	27	

续附表 2

序号	泉名	汇入河名	水系	施测地点				坐标		流量(L/s)	施测时间			施测方法
				县(市、区)	乡(镇)	村	断面位置	东经	北纬		年	月	日	
662	李家山泉	浍河	汾河	侯马市	上马街道办	李家山	村东 300 m	111°21′10″	35°33′25″	0.20	2004	4	16	
				侯马市	上马街道办	李家山	村东 500 m	111°21′10″	35°33′25″	0.19	2009	3	24	体积法
				侯马市	上马街道办	李家山	李家山村东北 300 m	111°21′19″	35°33′33″	0.10	2019	3	27	
663	斗龙沟泉	浍河	汾河	侯马市	上马街道办	斗龙沟	东南 100 m	111°20′00″	35°33′34″	1.0	2004	4	15	
				侯马市	上马街道办	斗龙沟	村南 1 000 m	111°20′00″	35°33′34″	0.41	2009	3	24	体积法
				侯马市	上马街道办	斗龙沟	斗龙沟村南 200 m	111°20′02″	35°33′33″	0.20	2019	3	27	
664	马皮泉	浍河	汾河	侯马市	上马街道办	复兴	沟南 300 m	111°24′37″	35°34′41″	1.17	2009	3	23	体积法
				侯马市	上马街道办	马皮沟	马皮沟村南 800 m	111°24′36″	35°34′42″	0.15	2019	3	27	容积法
665	复兴泉	复兴沟	汾河	侯马市	上马街道办	复兴村	村中	111°23′56″	35°34′59″	1.5	2009	3	23	体积法
				侯马市	上马街道办	复兴村	复兴村南 50 m	111°23′56″	35°34′59″	1.4	2019	3	27	
666	北冶泉	浍河	汾河	翼城县	浇底乡	北冶	村北 500 m	111°46′56″	35°45′50″	1.43	2009	4	7	体积法
				翼城县	王庄乡	北冶	村东北 300 m	111°46′57″	35°45′50″	0.05	2019	3	31	容积法
667	杨家庄泉	浍河	汾河	翼城县	浇底乡	浇底	浇底村东 3 000 m	111°55′47″	35°49′33″	0.19	2009	3	31	体积法
				翼城县	浇底乡	杨家庄	村中	111°55′48″	35°49′33″	有水无量	2019	3	31	
668	杨家庄泉－新	浍河	汾河	翼城县	浇底乡	杨家庄	村中	111°55′48″	35°49′34″	0.18	2019	3	31	容积法

续附表 2

序号	泉名	汇入河名	水系	施测地点				坐标		流量（L/s）	施测时间			施测方法
				县（市、区）	乡（镇）	村	断面位置	东经	北纬		年	月	日	
669	南梁泉	浍河	汾河	翼城县	南梁镇	牛家坡	村中	111°45′51″	35°40′14″	620	1966	1	2	
				翼城县	南梁镇	牛家坡	村中	111°45′51″	35°40′14″	290	1987	4	26	
				翼城县	南梁镇	牛家坡	村中	111°45′51″	35°40′14″	0	2004	3	28	
				翼城县	南梁镇	牛家坡	村中	111°45′51″	35°40′14″	0	2009	3	15	
670	西沟泉	续鲁峪河	汾河	翼城县	南梁镇	兴石	村西 400 m	111°53′11″	35°36′46″	0.205	2009	3	16	体积法
				翼城县	西闫镇	西沟	村西 100 m	111°53′11″	35°36′47″	有水无量	2019	3	30	
671	安坡泉	滏河	汾河	翼城县	王庄乡	安坡	村北 1 000 m	111°39′38″	35°50′20″	0.11	2009	4	1	体积法
				翼城县	王庄乡	马尾山	村西北 400 m	111°39′38″	35°50′20″	有水无量	2019	3	31	
672	牛家坡泉	二曲河	汾河	翼城县	南梁镇	牛家坡	村中	111°45′51″	35°40′13″	0	2019	3	30	
673	下涧峡泉	二曲河	汾河	翼城县	南梁镇	下涧峡	村中	111°45′27″	35°40′11″	0	2019	3	30	
674	桥上村泉	翟家桥河	汾河	翼城县	桥上镇	桥上	村中	111°55′47″	35°42′56″	0.13	2019	3	30	容积法
675	上良狐泉	翟家桥河	汾河	翼城县	隆化镇	上良狐	村南 2 000 m	111°59′47″	35°42′37″	有水无量	2019	3	30	
676	辛庄泉	浍河	汾河	翼城县	王庄乡	辛庄	村东南 130 m	111°43′49″	35°43′18″	0	2019	3	31	
677	东庄泉	滏河	汾河	翼城县	王庄乡	东庄	村北 50 m	111°40′14″	35°49′06″	0	2019	3	31	
678	唐城泉	滏河	汾河	翼城县	里砦镇	唐城	村西北 200 m	111°36′13″	35°44′10″	0	2019	3	31	
679	溢沟泉	樊村河	汾河	绛县	古绛镇	王家窑	东北 1 000 m	111°35′51″	35°30′56″	0	2019	3	18	
680	连庄泉	兰村河	沁河	古县	永乐乡	连庄村	连庄村西 500 m	112°08′36″	36°06′01″	0.55	2019	3	24	容积法
681	半沟泉	沁河	沁河	安泽县	府城镇	湾里村	村北 150 m	112°17′28″	36°12′56″	4.9	2009	4	8	三角堰法
				安泽县	府城镇	大黄村	村北 50 m	112°17′29″	36°12′55″	5.4	2019	3	22	三角堰法
682	胡义沟泉	沁河	沁河	安泽县	府城镇	湾里村	湾里村北 1 000 m	112°16′12″	36°13′37″	0.16	2009	4	8	体积法
				安泽县	府城镇	湾里村	村东北 1 500 m	112°16′16″	36°13′40″	0.35	2019	3	22	三角堰法

续附表 2

序号	泉名	汇入河名	水系	施测地点				坐标		流量(L/s)	施测时间			施测方法
				县(市、区)	乡(镇)	村	断面位置	东经	北纬		年	月	日	
683	龙王庙泉	石槽河	沁河	安泽县	府城镇	沟口村	村西 1 000 m	112°21′07″	35°55′28″	0.827	2009	4	10	体积法
				安泽县	马壁乡	沟口村	村西 1 000 m	112°21′07″	35°55′29″	0.14	2019	3	26	体积法
684	张家沟泉	沁河	沁河	安泽县	府城镇	义唐村	村南 10 m	112°11′30″	36°09′41″	0.06	2009	4	11	体积法
				安泽县	府城镇	义唐村	村南 10 m	112°11′28″	36°09′41″	0.19	2019	3	24	三角堰法
685	坡底泉	沁河	沁河	安泽县	府城镇	坡底村	大桥上游 10 m	112°09′48″	36°10′08″	0.064	2009	4	11	体积法
				安泽县	府城镇	坡底村	大桥上游 10 m	112°09′49″	36°10′08″	0	2019	3	24	
686	牛角沟	东洪驿河	沁河	安泽县	和川镇	上田村	村东 30 m	112°24′21″	36°18′06″	0.8	2009	4	7	三角堰法
				安泽县	和川镇	上田村	村东 30 m	112°24′21″	36°18′60″	1.5	2019	3	21	三角堰法
687	上田沟泉	东洪驿河	沁河	安泽县	和川镇	上田村	村北 50 m	112°24′22″	36°18′60″	1.3	2009	4	7	三角堰法
				安泽县	和川镇	上田村	村东北 50 m	112°24′21″	36°19′00″	2.4	2019	3	21	三角堰法
688	小西沟泉	蔺河	沁河	安泽县	唐城镇	唐城村	永鑫焦化厂对面 50 m	112°11′00″	36°22′47″	0.404	2009	4	6	体积法
				安泽县	唐城镇	唐城村	永鑫焦化厂西 50 m	112°10′58″	36°22′48″	1.8	2019	3	22	三角堰法
689	荆村泉	马壁河	沁河	安泽县	马壁乡	荆村	村东 50 m	112°07′51″	35°58′35″	4.9	2009	4	9	三角堰法
				安泽县	马壁乡	荆村	村东 50 m	112°07′51″	35°58′35″	2.4	2019	3	26	三角堰法
690	南架泉	马壁河	沁河	安泽县	马壁乡	南架村	村西 100 m	112°08′47″	35°58′11″	1.3	2009	4	9	三角堰法
				安泽县	马壁乡	南架村	村北 150 m	112°08′52″	35°58′10″	0.37	2019	3	26	三角堰法
691	南架泉 1 号	马壁河	沁河	安泽县	马壁乡	南架村	村北 180 m 上	112°08′52″	35°58′11″	0.49	2019	3	26	体积法
				安泽县	马壁乡	南架村	村北 110 m 下	112°08′52″	35°58′11″	0.64	2019	3	26	体积法
692	秦必泉	马壁河	沁河	安泽县	马壁乡	秦必村	村东 200 m	112°13′28″	35°55′38″	0.284	2009	4	9	三角堰法
				安泽县	马壁乡	秦必村	村东 200 m	112°13′29″	35°55′37″	0	2019	3	26	

续附表 2

序号	泉名	汇入河名	水系	施测地点				坐标		流量	施测时间			施测方法
				县(市、区)	乡(镇)	村	断面位置	东经	北纬	(L/s)	年	月	日	
693	龙王庙泉	蔺河	沁河	安泽县	唐城镇	龙王庙	东北 200 m	112°12′01″	36°23′00″	3	2009	4	6	三角堰法
				安泽县	唐城镇	唐城村	村委会东 50 m	112°12′02″	36°23′02″	5.1	2019	3	22	三角堰法
694	关家沟泉	沁河	沁河	安泽县	府城镇	关胜玲	村东半山腰处	112°15′32″	36°10′59″	0	2019	3	22	
695	佛寨沟泉	李垣河	沁河	安泽县	府城镇	佛寨村	村中心	112°04′50″	36°22′25″	0.26	2019	3	24	三角堰法
696	大东沟泉	李垣河	沁河	安泽县	府城镇	圪塔沟村	村南 200 m	112°04′57″	36°21′58″	0.22	2019	3	24	三角堰法
697	圪塔沟泉	李垣河	沁河	安泽县	府城镇	圪塔沟村	村南 180 m	112°04′56″	36°21′58″	0.13	2019	3	24	三角堰法
698	西沟泉	李垣河	沁河	安泽县	府城镇	上古村	村南 30 m	112°04′23″	36°20′41″	0.24	2019	3	24	三角堰法
699	第四沟泉	郭都河	沁河	安泽县	府城镇	第四沟村	村西 200 m	112°20′10″	36°11′40″	0.09	2019	3	24	三角堰法
700	南窑沟泉	泗河	沁河	安泽县	良马乡	东秦家湾	村东 130 m	112°25′39″	36°15′44″	0.35	2019	3	25	三角堰法
701	大脑凹沟泉	泗河	沁河	安泽县	良马乡	东秦家湾	村东 120 m	112°25′40″	36°15′45″	0.19	2019	3	25	三角堰法
702	前豆庄沟泉	泗河	沁河	安泽县	良马乡	三岔口村	村西 80 m 入河口	112°26′48″	36°16′11″	0.24	2019	3	25	三角堰法
703	秦义沟泉	泗河	沁河	安泽县	杜村乡	唐村	村西 50 m	112°22′42″	36°02′43″	0.08	2019	3	25	三角堰法
704	大井沟泉	王村河	沁河	安泽县	冀氏镇	桑坪村	村东南 100 m	112°11′52″	36°02′09″	3.6	2019	3	25	三角堰法
705	李庄沟泉	王村河	沁河	安泽县	冀氏镇	男窑村	村东 150 m	112°10′08″	36°02′48″	2.7	2019	3	25	三角堰法
706	漫地沟泉	王村河	沁河	安泽县	冀氏镇	漫地村	村西南 50 m	112°10′10″	36°02′48″	0.35	2019	3	25	三角堰法
707	口子沟泉	马壁河	沁河	安泽县	马壁乡	口子村	村南沟口	112°05′47″	36°00′27″	0.29	2019	3	26	体积法
708	金圪垛沟泉	马壁河	沁河	安泽县	马壁乡	金圪垛村	村东南沟口 300 m	112°06′16″	35°59′56″	0.40	2019	3	26	三角堰法
709	下旺沟泉	马壁河	沁河	安泽县	马壁乡	下旺村	村东北 30 m 沟口	112°07′10″	35°59′15″	1.0	2019	3	26	三角堰法
710	阎家沟泉	马壁河	沁河	安泽县	马壁乡	阎家沟	村北 20 m 路边	112°12′44″	35°55′40″	0.19	2019	3	26	三角堰法
711	庙庄泉	石槽河	沁河	安泽县	马壁乡	庙庄村	村南 20 m	112°22′32″	35°55′15″	0.72	2019	3	26	三角堰法
712	圪洞沟泉	石槽河	沁河	安泽县	马壁乡	庙庄村	村南 80 m	112°22′23″	35°55′15″	0.37	2019	3	26	三角堰法
713	岭坡底泉	三交河	沁河	浮山县	寨圪塔乡	岭坡底	村中	112°00′30″	35°56′02″	1.3	2004	3	29	
				浮山县	寨圪塔乡	岭坡底	村中	112°00′23″	35°55′59″	0	2019	3	27	

附　图

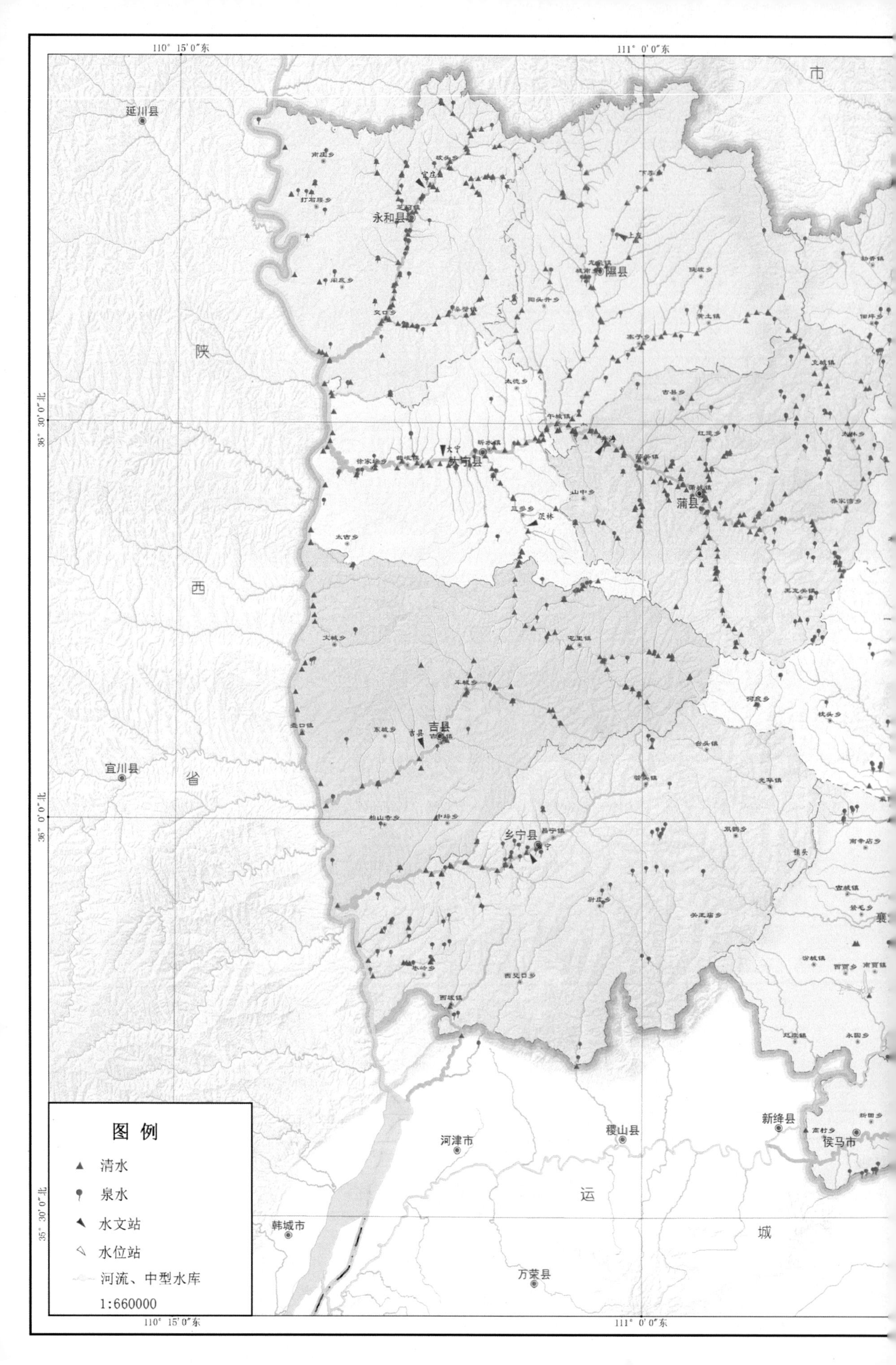
110° 15′0″东
111° 0′0″东
36° 30′0″北
36° 0′0″北
35° 30′0″北
延川县
永和县
隰县
大宁县
蒲县
吉县
乡宁县
宜川县
陕
西
省
市
河津市
稷山县
新绛县
侯马市
韩城市
万荣县
运
城
图例
清水
泉水
水文站
水位站
河流、中型水库
1:660000

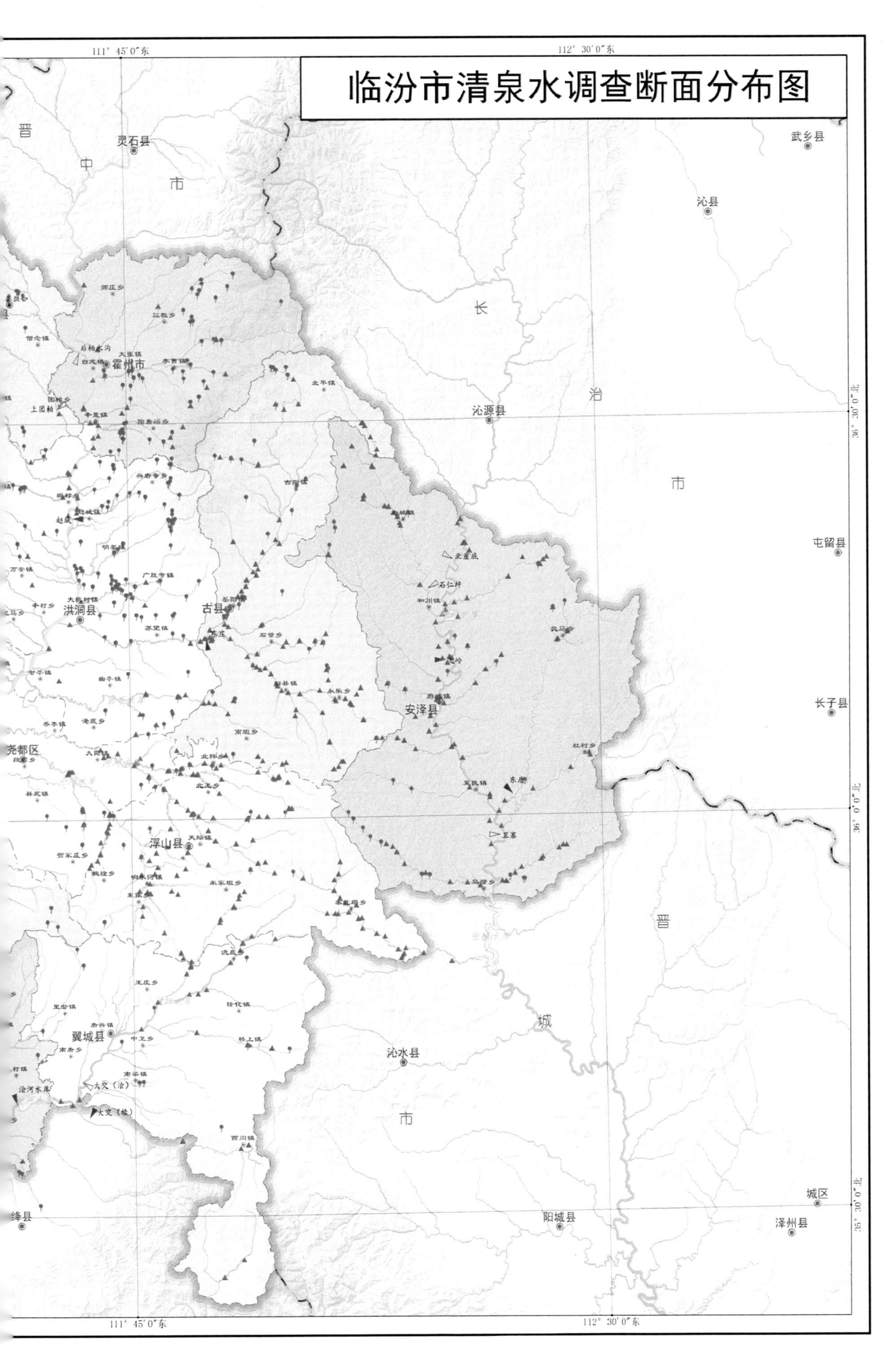

临汾市清泉水调查断面分布图
111° 45′0″东
112° 30′0″东
36° 30′0″北
36° 0′0″北
35° 30′0″北
晋
中
市
灵石县
长
治
市
武乡县
沁县
沁源县
屯留县
长子县
霍州市
洪洞县
古县
安泽县
尧都区
浮山县
翼城县
晋
城
市
沁水县
阳城县
城区
泽州县
绛县
北底底
石仁衬
东庄
东磨
卫寨
大交（涂）
大交（绕）
涂河水库

临汾市黄河水系清泉水调查断面分布图
111° 0′0″东
37° 0′0″北
36° 30′0″北
吕
梁
市
石楼县
交口县
永和县
隰县
大宁县
蒲县
南庄乡
打石腰乡
阁底乡
交口乡
芝河镇
官庄
坡头乡
桑壁镇
阳头升乡
太德乡
下李乡
上友
龙泉镇
城南乡
陡坡乡
黄土镇
寨子乡
古县乡
克城镇
徐家垛乡
曲峨镇
昕水镇
午城镇
井沟
红道乡
蒲城镇
山中乡
三多乡
黑龙关镇
太林乡
乔家湾乡
勍香镇
佃坪乡

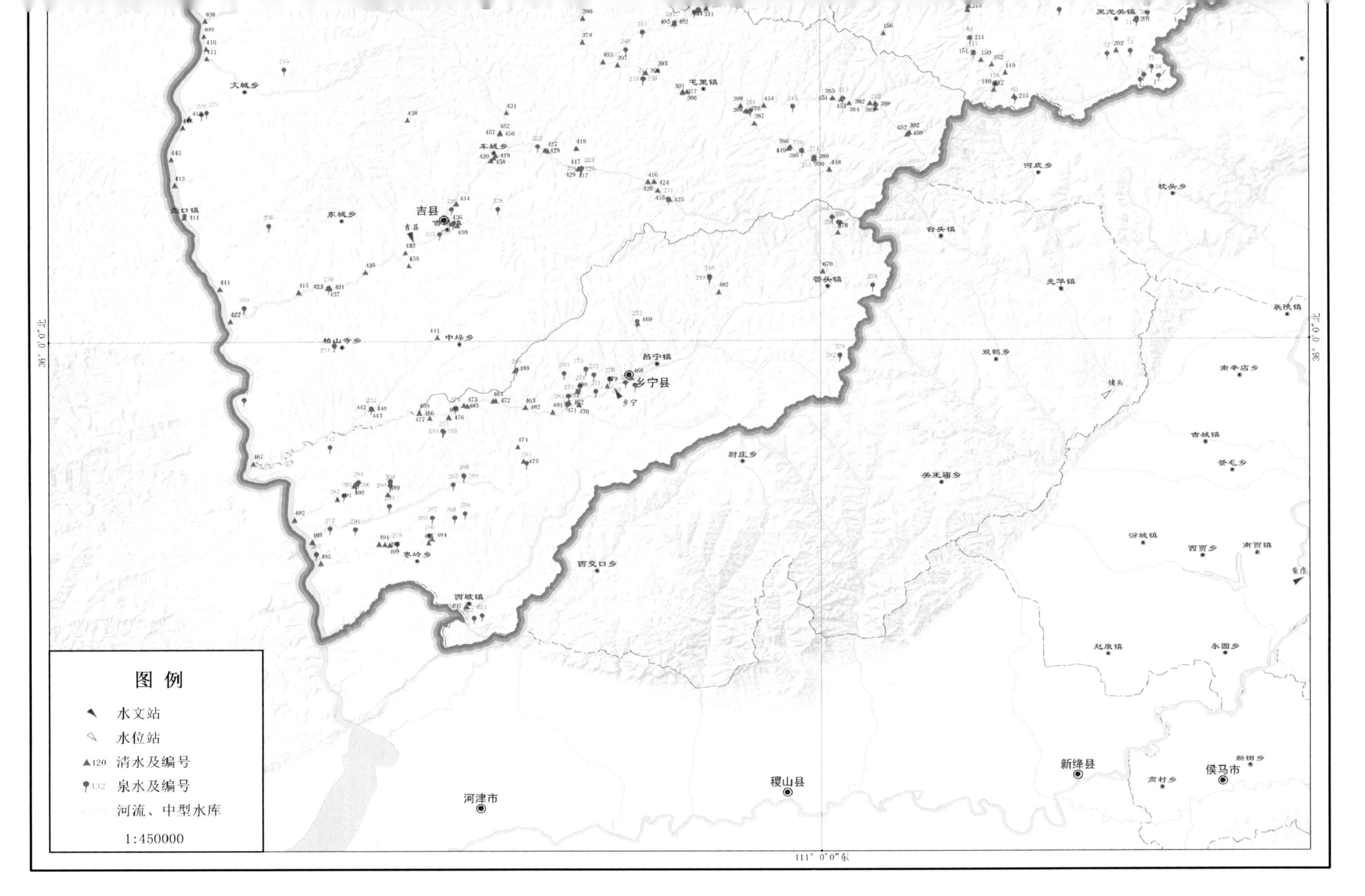
图 例
水文站
水位站
120 清水及编号
132 泉水及编号
河流、中型水库
1:450000
吉县
乡宁县
河津市
稷山县
新绛县
侯马市
西坡镇
西交口乡
昌宁镇
光华镇
台头镇
关王庙乡
双鹤乡
柏山寺乡
中垛乡
东城乡
屯里镇
车城乡
壶口镇
文城乡
管头镇
财庄乡

临汾市汾河水系清泉水调查断面分布图

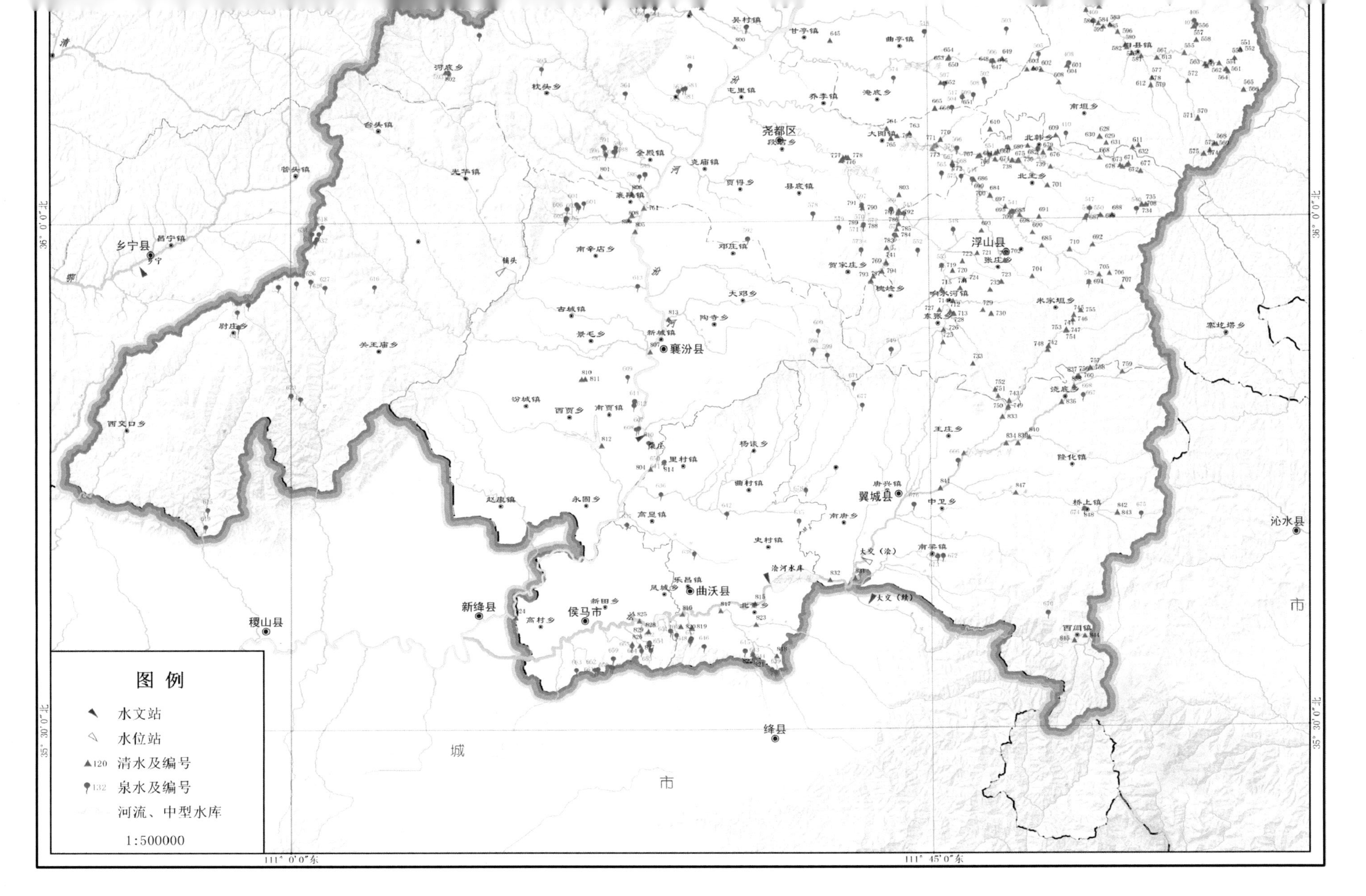

图例
水文站
水位站
120 清水及编号
132 泉水及编号
河流、中型水库
1:500000
36° 0′0″北
35° 30′0″北
111° 0′0″东
111° 45′0″东
乡宁县
昌宁镇
管头镇
台头镇
光华镇
河底乡
枕头乡
关王庙乡
西交口乡
尉庄乡
稷山县
新绛县
侯马市
高村乡
新田乡
曲沃县
乐昌镇
凤城乡
北董乡
史村镇
绛县
城
市
襄汾县
新城镇
陶寺乡
大邓乡
邓庄镇
南辛店乡
古城镇
景毛乡
汾城镇
西贾乡
南贾镇
赵康镇
永固乡
高显镇
里村镇
杨谈乡
曲村镇
翼城县
唐兴镇
南唐乡
中卫乡
南梁镇
王庄乡
隆化镇
桥上镇
西阎镇
浍河水库
大交（浍）
大交（桥）
沁水县
浮山县
张庄乡
响水河镇
东张乡
米家垣乡
槐埝乡
贺家庄乡
尧都区
县底镇
贾得乡
尧庙镇
金殿镇
襄陵镇
屯里镇
乔李镇
大阳镇
北韩乡
北王乡
南垣乡
曲亭镇
甘亭镇
吴村镇
峪底乡
寨圪塔乡
佛底乡
镇头
汾
河
清
鄂

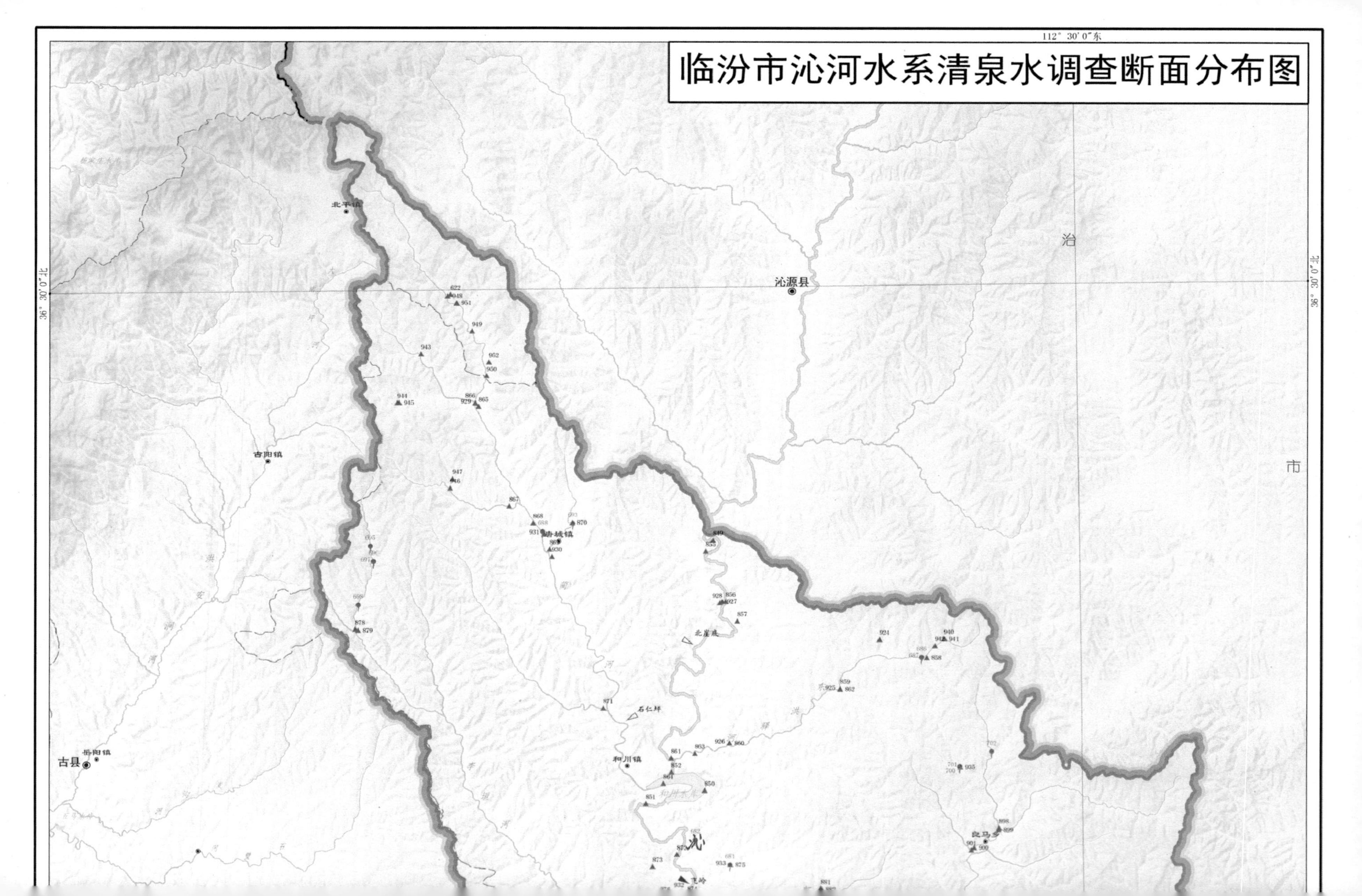

临汾市沁河水系清泉水调查断面分布图
112° 30′0″东
36° 30′0″北
沁源县
北平镇
古阳镇
古县
岳阳镇
郭道镇
和川镇
石仁坪
北崖底
良马乡
冀岭
沁
治
市

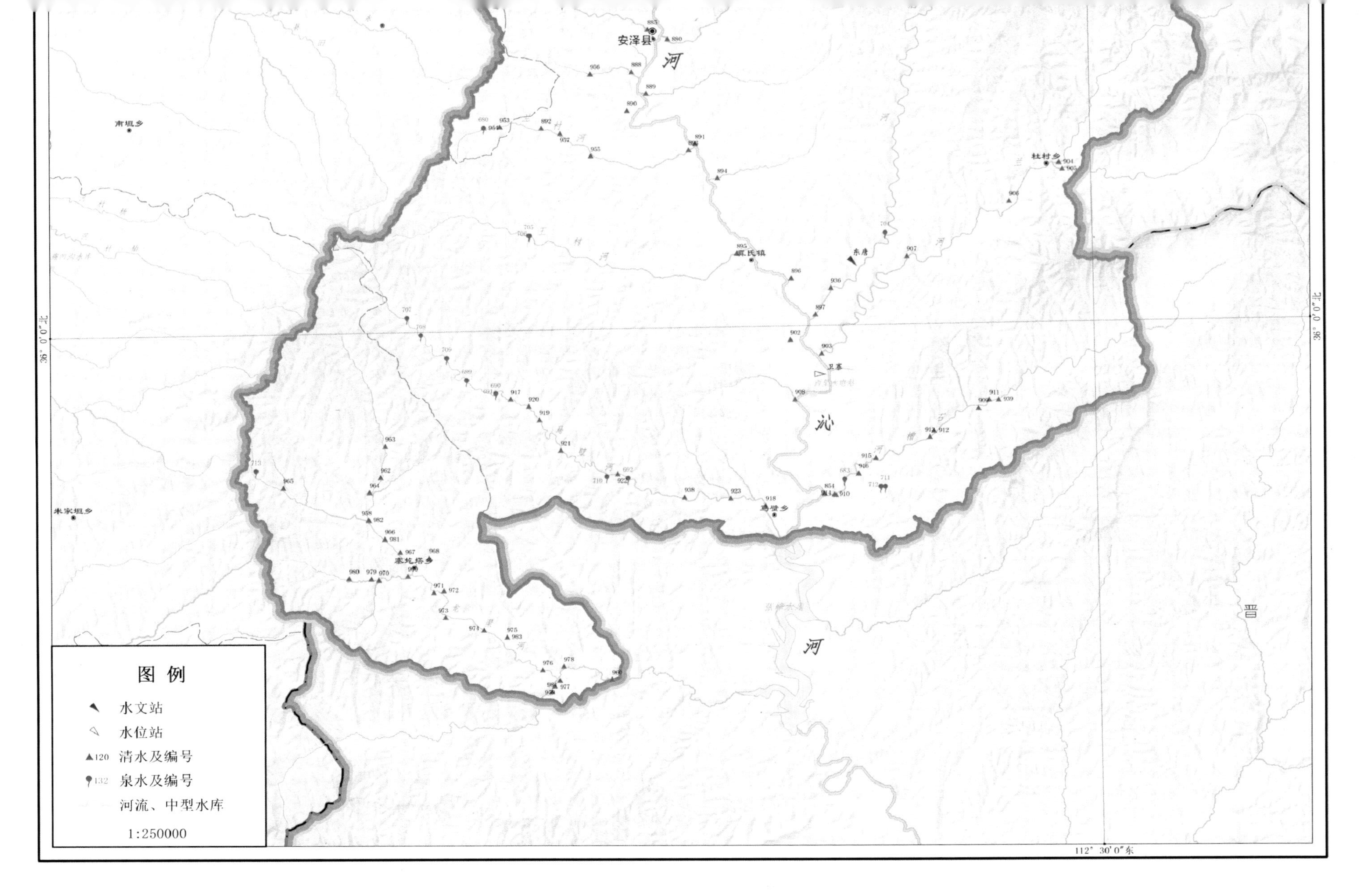

图例
水文站
水位站
清水及编号
泉水及编号
河流、中型水库
1:250000
36°0′0″北
112°30′0″东
安泽县
杜村乡
东唐
沁
河
晋

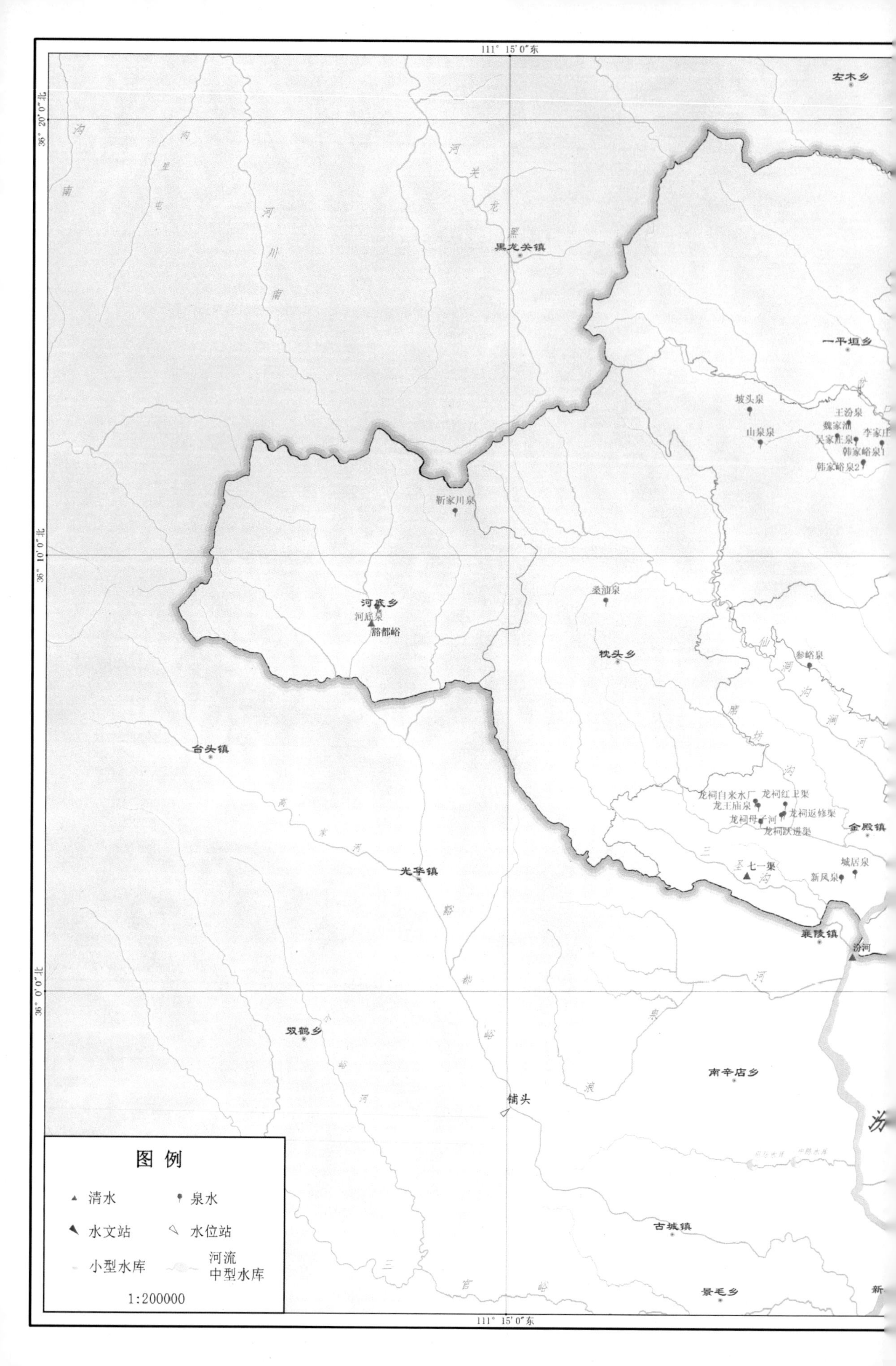

111° 15′0″东
36° 20′0″北
36° 10′0″北
36° 0′0″北
左木乡
黑龙关镇
一平垣乡
坡头泉
王汾泉
魏家泊
李家庄
山泉泉
吴家庄泉
韩家峪泉1
韩家峪泉2
靳家川泉
河底乡
河底泉
豁都峪
桑湄泉
枕头乡
参峪泉
台头镇
龙祠自来水厂
龙祠红卫渠
龙王庙泉
龙祠返修渠
龙祠母子河
龙祠跃进渠
金殿镇
光华镇
七一渠
城居泉
新风泉
襄陵镇
汾河
双鹤乡
南辛店乡
铺头
古城镇
景毛乡
图例
清水
泉水
水文站
水位站
小型水库
河流
中型水库
1:200000

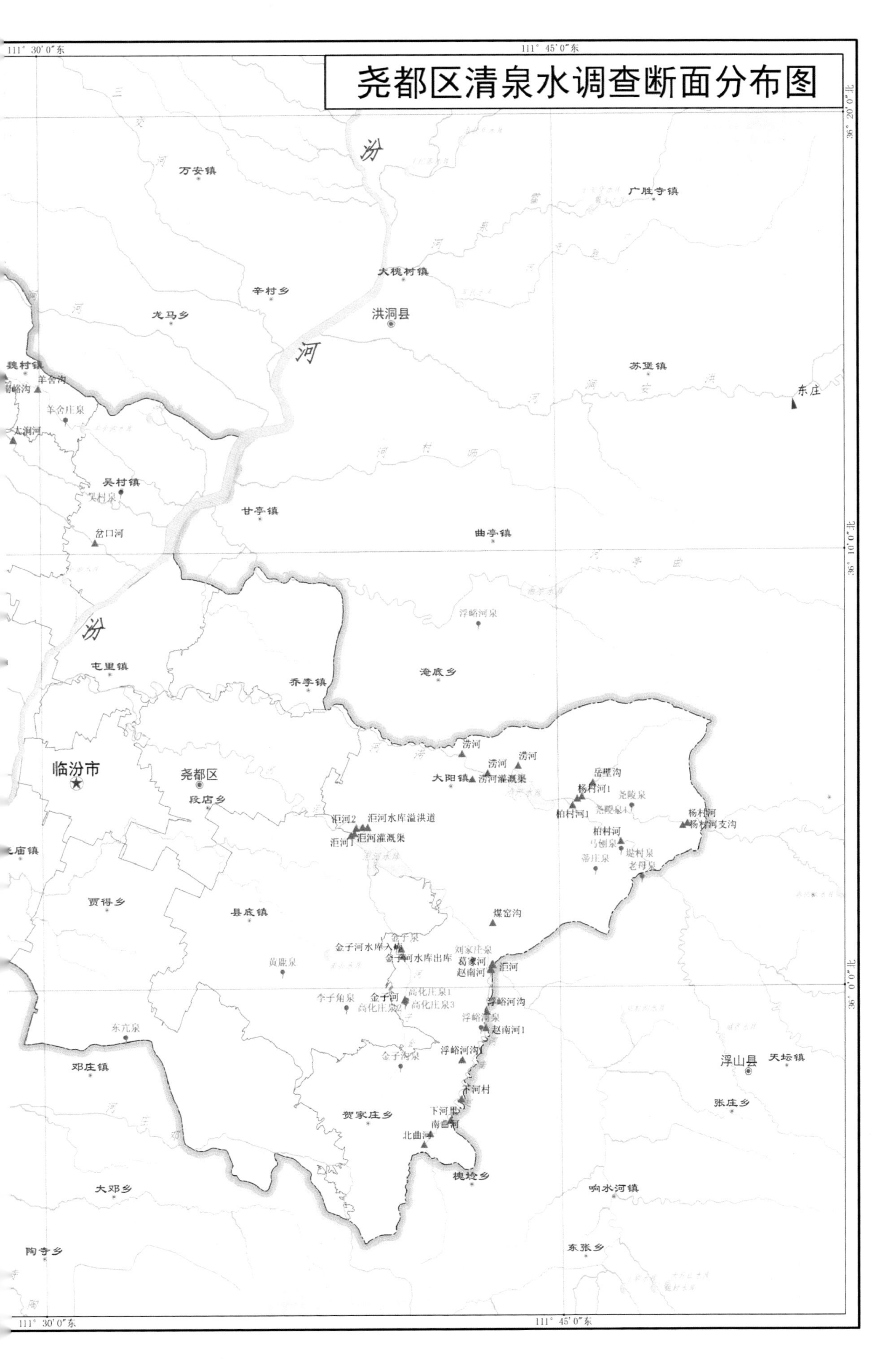

尧都区清泉水调查断面分布图
111° 30′ 0″东
111° 45′ 0″东
36° 20′ 0″北
36° 10′ 0″北
36° 0′ 0″北
汾河
万安镇
广胜寺镇
大槐树镇
辛村乡
龙马乡
洪洞县
苏堡镇
东庄
魏村镇
羊舍沟
羊舍庄泉
太涧河
吴村镇
吴村泉
甘亭镇
曲亭镇
岔口河
浮峪河泉
屯里镇
乔李镇
淹底乡
临汾市
尧都区
段店乡
大阳镇
涝河
涝河灌溉渠
岳壁沟
杨村河1
尧陵泉
柏村河1
杨村河
杨村河支沟
柏村河
马刨泉
堤村泉
蒂庄泉
老母泉
汩河2
汩河水库溢洪道
汩河1
汩河灌溉渠
贾得乡
县底镇
煤窑沟
金子泉
金子河水库入库
金子河水库出库
刘家庄泉
葛家河
赵南河
汩河
黄鹿泉
李子角泉
金子河
高花庄泉1
高花庄泉2
高花庄泉3
浮峪河沟
浮峪河泉
赵南河1
东亢泉
金子沟泉
浮峪河沟
浮山县
天坛镇
邓庄镇
下河村
张庄乡
贺家庄乡
下河里
南曲河
北曲河
槐埝乡
大邓乡
响水河镇
陶寺乡
东张乡

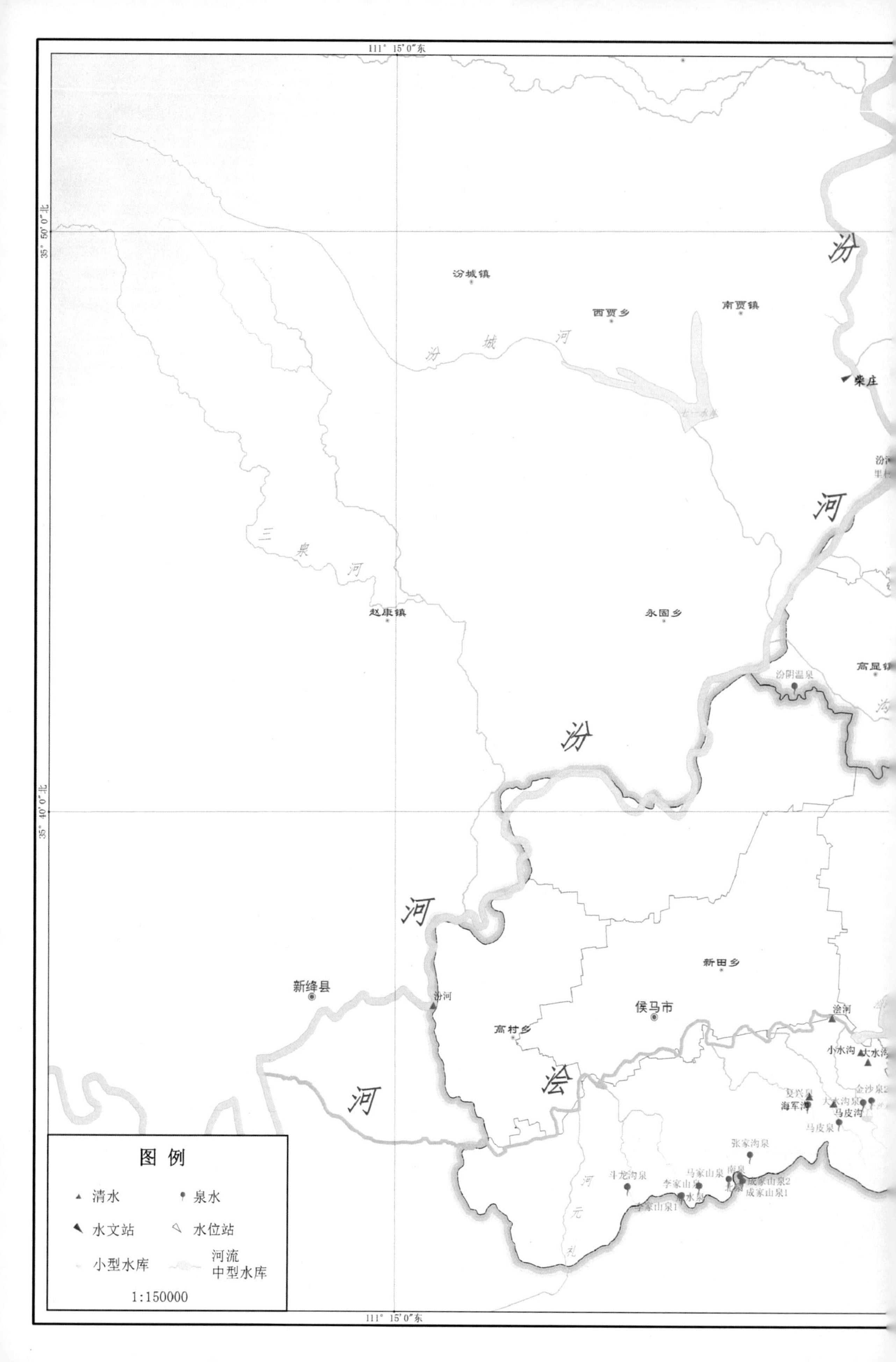
111° 15′0″东
35° 50′0″北
35° 40′0″北
汾
汾城镇
西贾乡
南贾镇
汾 城 河
柴庄
河
三 泉 河
赵康镇
永固乡
汾阴温泉
高显镇
汾
河
新田乡
新绛县
汾河
侯马市
浍河
高村乡
小水沟
浍
河
复兴泉
海军沟
马皮沟
马皮泉
张家沟泉
斗龙沟泉
马家山泉
南泉
李家山泉
水泉
成家山泉2
成家山泉1
李家山泉1
图 例
清水
泉水
水文站
水位站
小型水库
河流
中型水库
1:150000
111° 15′0″东

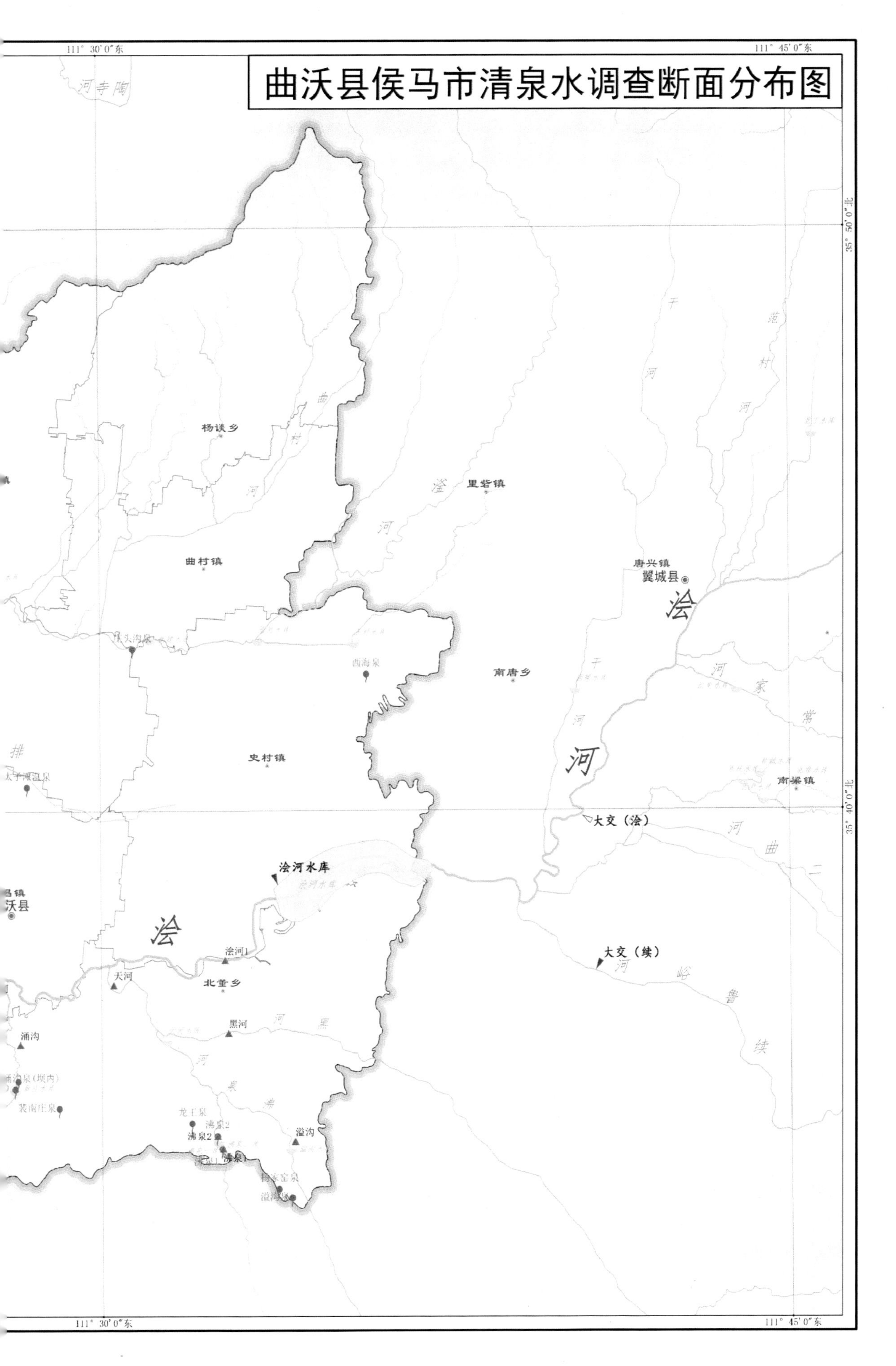

曲沃县侯马市清泉水调查断面分布图
111° 30′ 0″东
111° 45′ 0″东
35° 50′ 0″北
35° 40′ 0″北
杨谈乡
里砦镇
曲村镇
唐兴镇
翼城县
南唐乡
西海泉
史村镇
南梁镇
大交（浍）
浍河水库
浍
浍河1
天河
北董乡
大交（续）
黑河
涌沟
裴南庄泉
龙王泉
沸泉2
沸泉1
滏沟
浍
河
干
河
范
村
河
曲
村
河
河
家
常
河
曲
二
河
峪
鲁
续
河
黑
河
泉
沸
排

翼城县清泉水调查断面分布图
111° 45′0″东
112° 0′0″东
35° 50′0″北
35° 40′0″北
贺家庄乡
槐埝乡
响水河镇
米家垣乡
东张乡
浍
河
安城泉
东庄泉
滑家河
杨家庄泉
浇底乡
浇底河
杨家庄泉-新
史演河
石门沟
田家河
西坂河
羊尾坡河
王庄乡
西坂河口
北冶泉
陆化镇
里砦镇
唐城泉
唐兴镇
翼城县
翟家桥河
中石门沟
苇庄泉
中卫乡
桥上镇
桥上村泉
翟家桥河口
上交沟
良狐沟
上良狐村泉
南唐乡
史村镇
南梁镇
南梁泉
牛家坡泉
下涧峡泉
大交（浍）

西沟泉
续鲁峪河1
西闫镇
续鲁峪河1
十河
绛县
沇西河
沇西河
允
西
河
35° 30′0″北
35° 20′0″北
111° 45′0″东
112° 0′0″东
图 例
清水
泉水
水文站
水位站
小型水库
河流
中型水库
1:180000

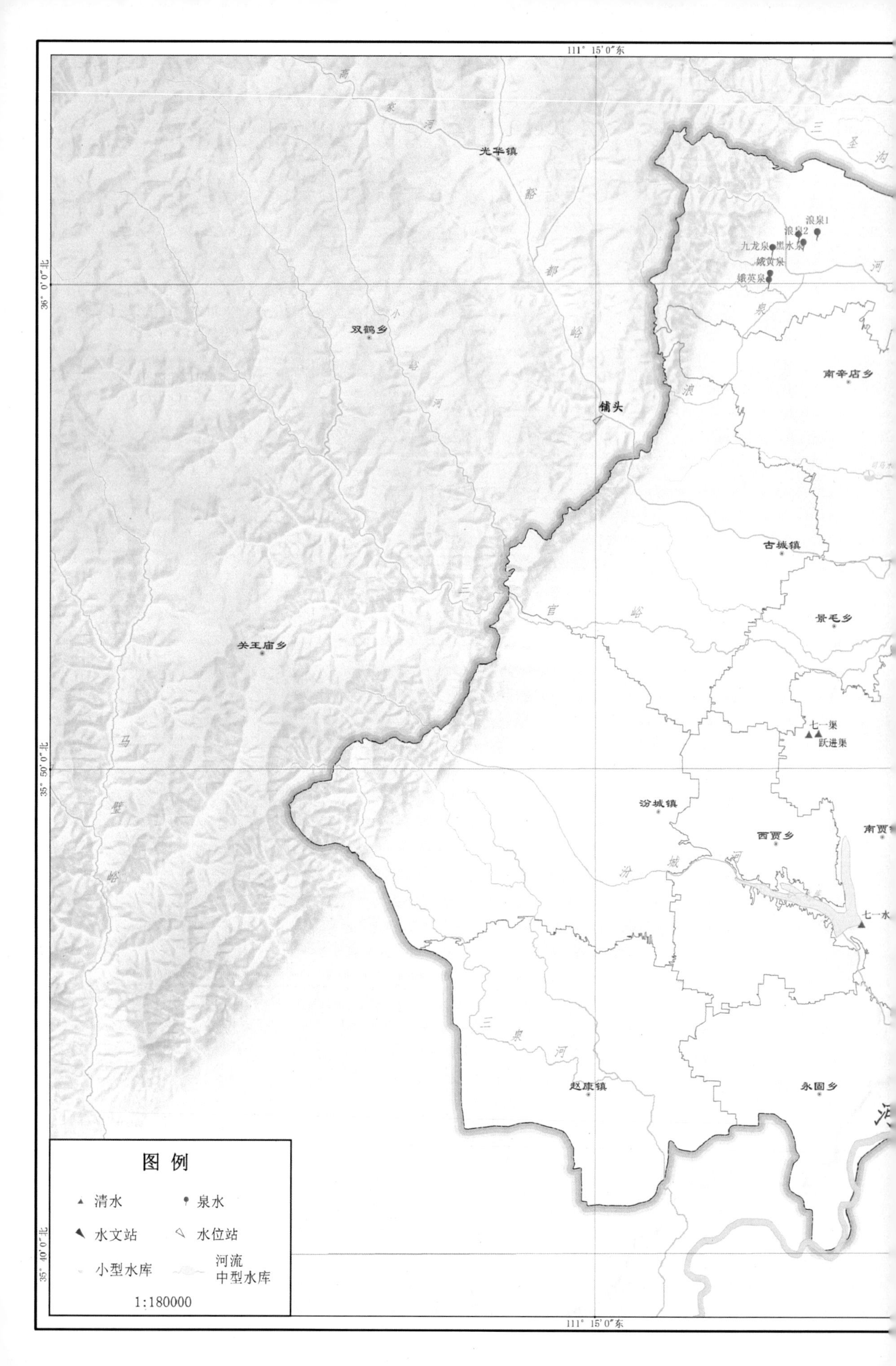
111° 15′0″东
36° 0′0″北
35° 50′0″北
35° 40′0″北
光华镇
双鹤乡
关王庙乡
铺头
南辛店乡
古城镇
景毛乡
汾城镇
西贾乡
赵康镇
永固乡
浪泉1
浪泉2
九龙泉
黑水泉
娥英泉
七一渠
跃进渠
图例
清水
泉水
水文站
水位站
小型水库
河流
中型水库
1:180000
111° 15′0″东

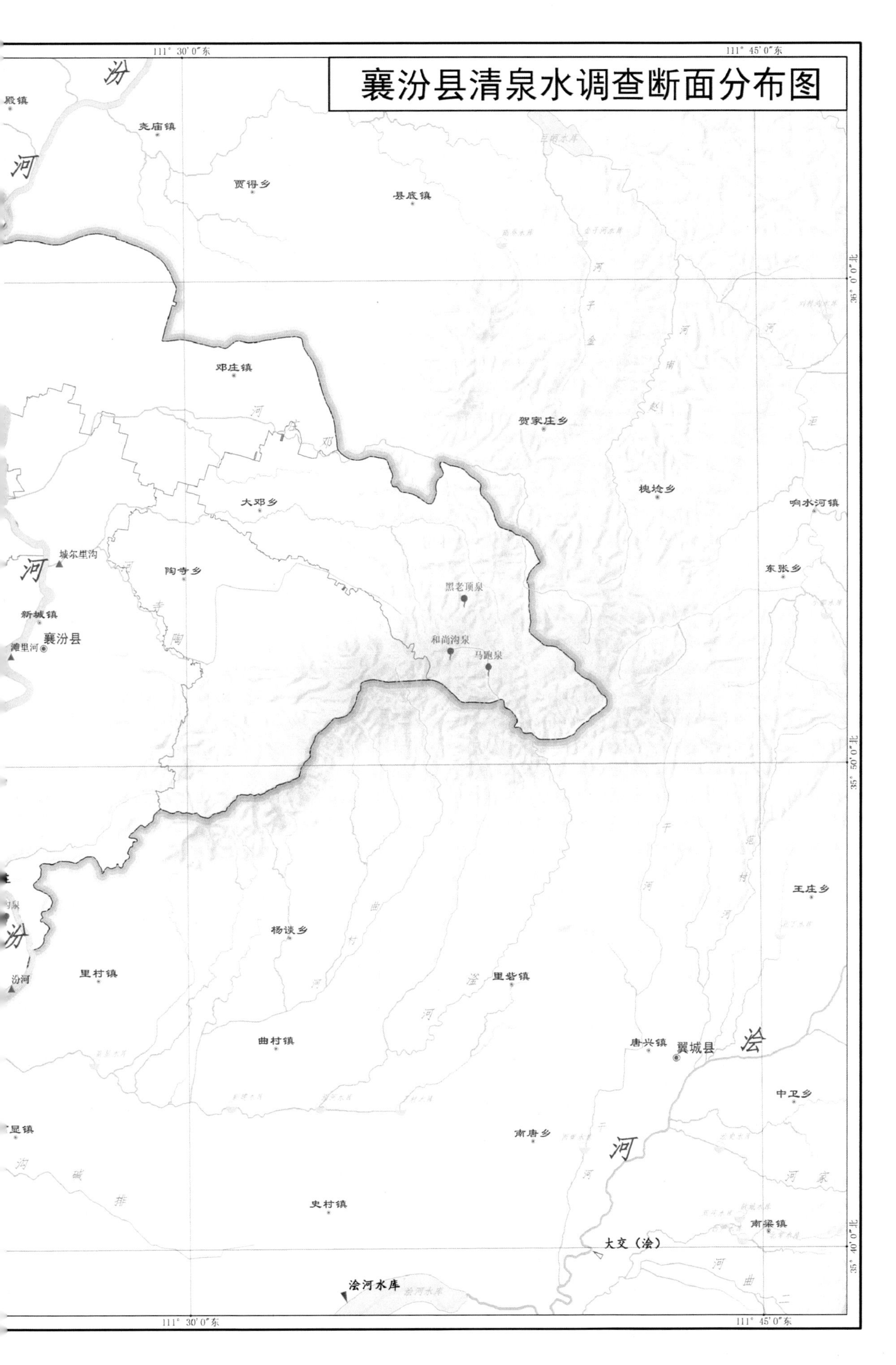

襄汾县清泉水调查断面分布图
111° 30′ 0″东
111° 45′ 0″东
36° 0′ 0″北
35° 50′ 0″北
35° 40′ 0″北
汾河
殿镇
尧庙镇
贾得乡
县底镇
邓庄镇
贺家庄乡
槐埝乡
响水河镇
大邓乡
城尔里沟
陶寺乡
东张乡
黑老顶泉
新城镇
襄汾县
滩里河
和尚沟泉
马跑泉
王庄乡
杨谈乡
里村镇
汾河
里砦镇
曲村镇
唐兴镇
翼城县
浍
中卫乡
南唐乡
河
史村镇
南梁镇
大交（浍）
浍河水库

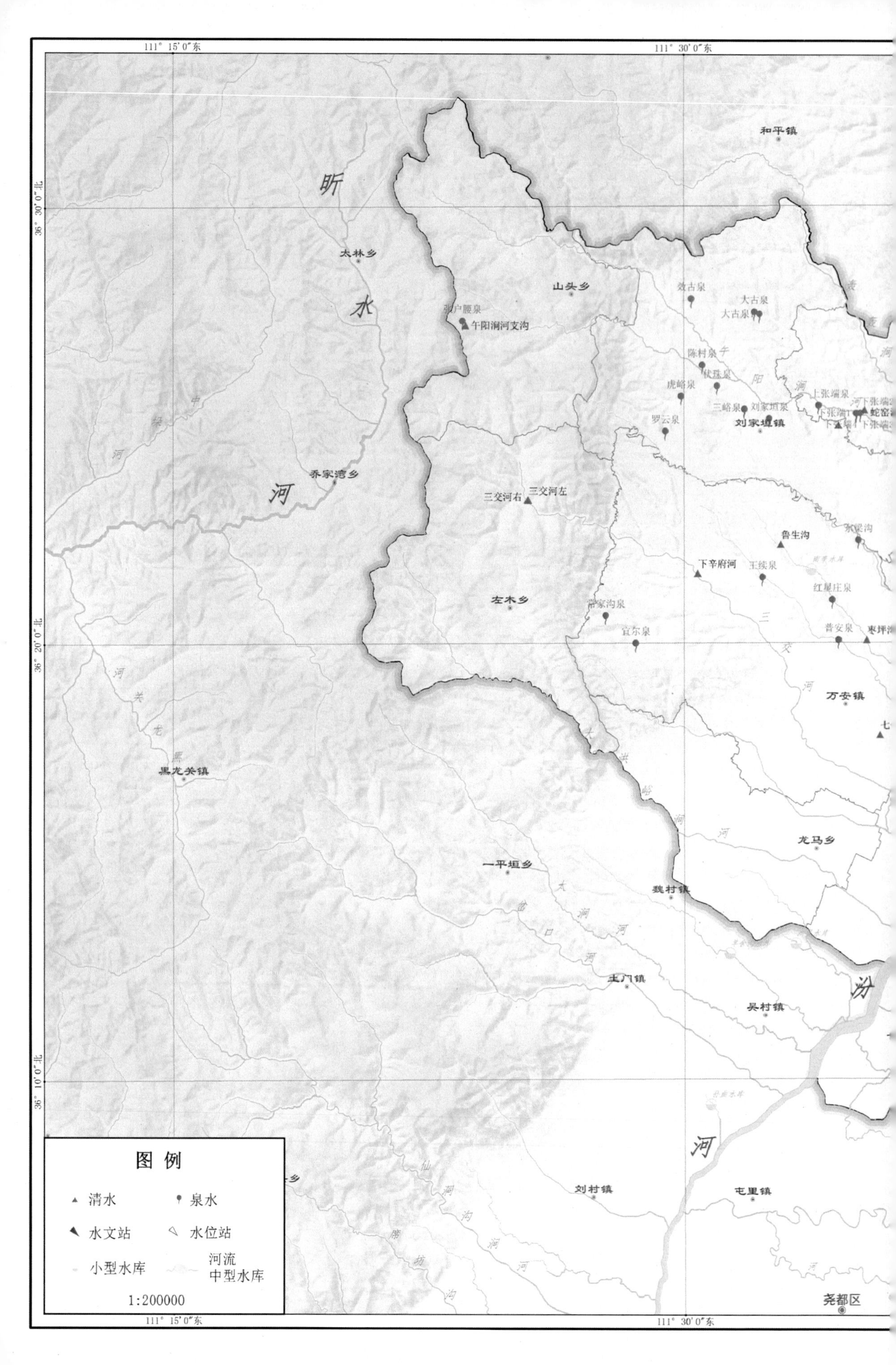
111° 15′0″东
111° 30′0″东
36° 30′0″北
36° 20′0″北
36° 10′0″北
和平镇
昕
水
河
太林乡
山头乡
效古泉
大古泉
大古泉
午阳涧河支沟
陈村泉
伏珠泉
虎峪泉
三峪泉
刘家垣泉
刘家垣镇
罗云泉
上张端泉
乔家湾乡
三交河右
三交河左
鲁生沟
下辛府河
王续泉
红星庄泉
左木乡
宜尔泉
普安泉
万安镇
黑龙关镇
龙马乡
一平垣乡
魏村镇
土门镇
吴村镇
汾
河
刘村镇
屯里镇
尧都区
图例
清水
泉水
水文站
水位站
小型水库
河流
中型水库
1:200000

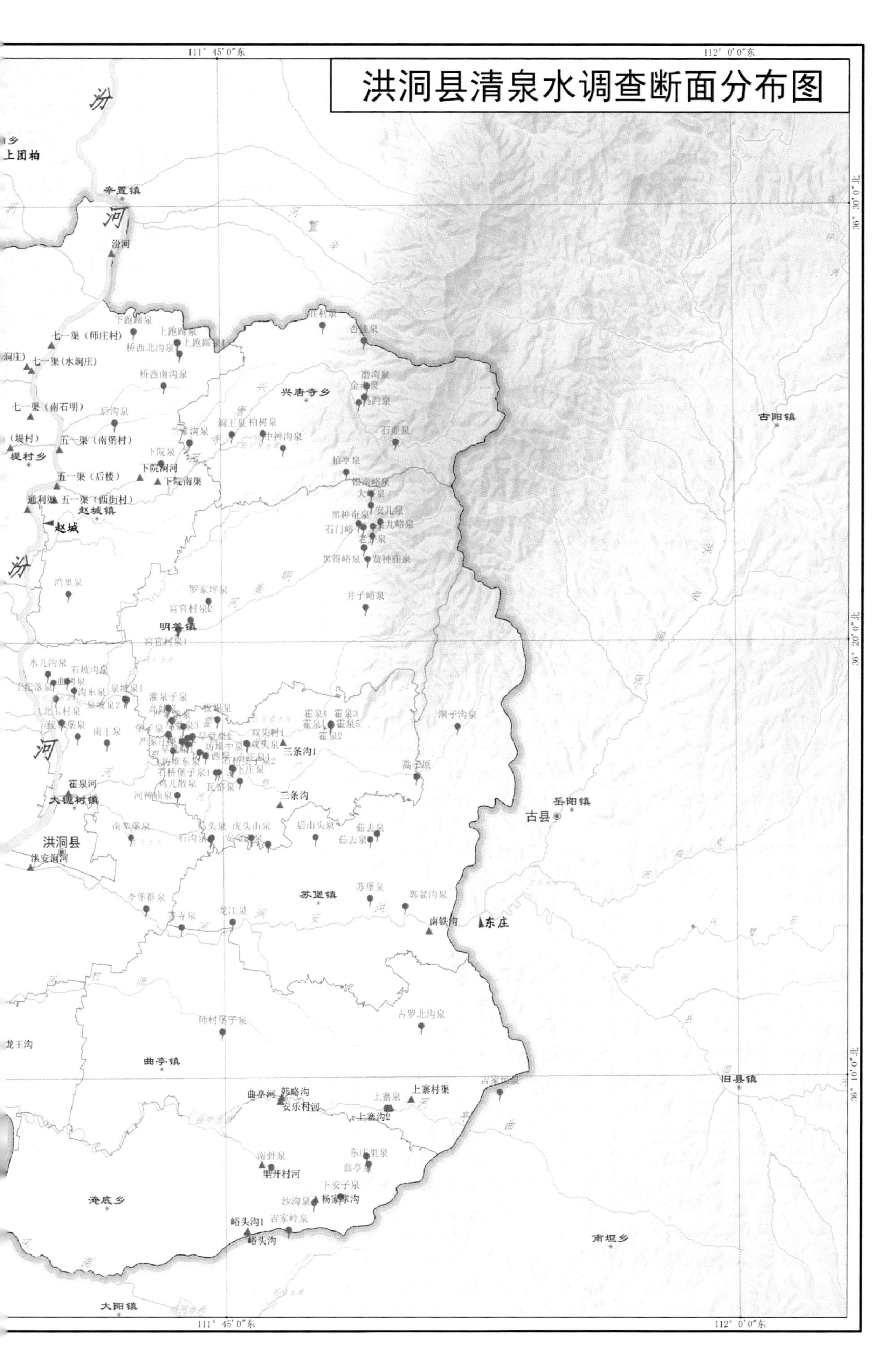
洪洞县清泉水调查断面分布图
111° 45′0″东
112° 0′0″东
36° 30′0″北
36° 20′0″北
36° 10′0″北
上团柏
辛置镇
汾河
兴唐寺乡
古阳镇
提村乡
赵城镇
赵城
明姜镇
大槐树镇
洪洞县
洪安涧河
霍泉河
三条沟
苏堡镇
南铁沟
东庄
古县
岳阳镇
曲亭镇
曲亭河
韩略沟
安乐村河
上寨村渠
旧县镇
淹底乡
里开村河
杨家庄沟
峪头沟
峪头沟1
南垣乡
大阳镇
龙王沟
广胜寺镇
七一渠（师庄村）
七一渠（水洞庄）
七一渠（南石明）
五一渠（南堡村）
五一渠（后楼）
五一渠（西街村）
通利渠
下院涧河
下院南渠
三条沟1
上寨沟2

古县清泉水调查断面分布图
111° 45′ 0″东
112° 0′ 0″东
112° 15′ 0″东
36° 30′ 0″北
大张镇
李曹镇
北平镇
古阳镇
兴唐寺乡
唐城镇
北崖底
宽平泉3
宽平泉1
宽平泉2
宽平泉
水眼沟泉
芦家庄
党家坡沟
交里沟
青石崖沟
蔺河
窑沟河
半沟
宫佛沟
涉水崖泉
大南坪泉
大南坪沟
小南坪泉
小南坪沟
乔家墓泉
涉水崖
石滩河
安吉沟
古阳泉
大峪南坡泉
泽泉沟
下辛佛沟
多沟泉
多沟
朱头沟
上哲才沟
韩母沟

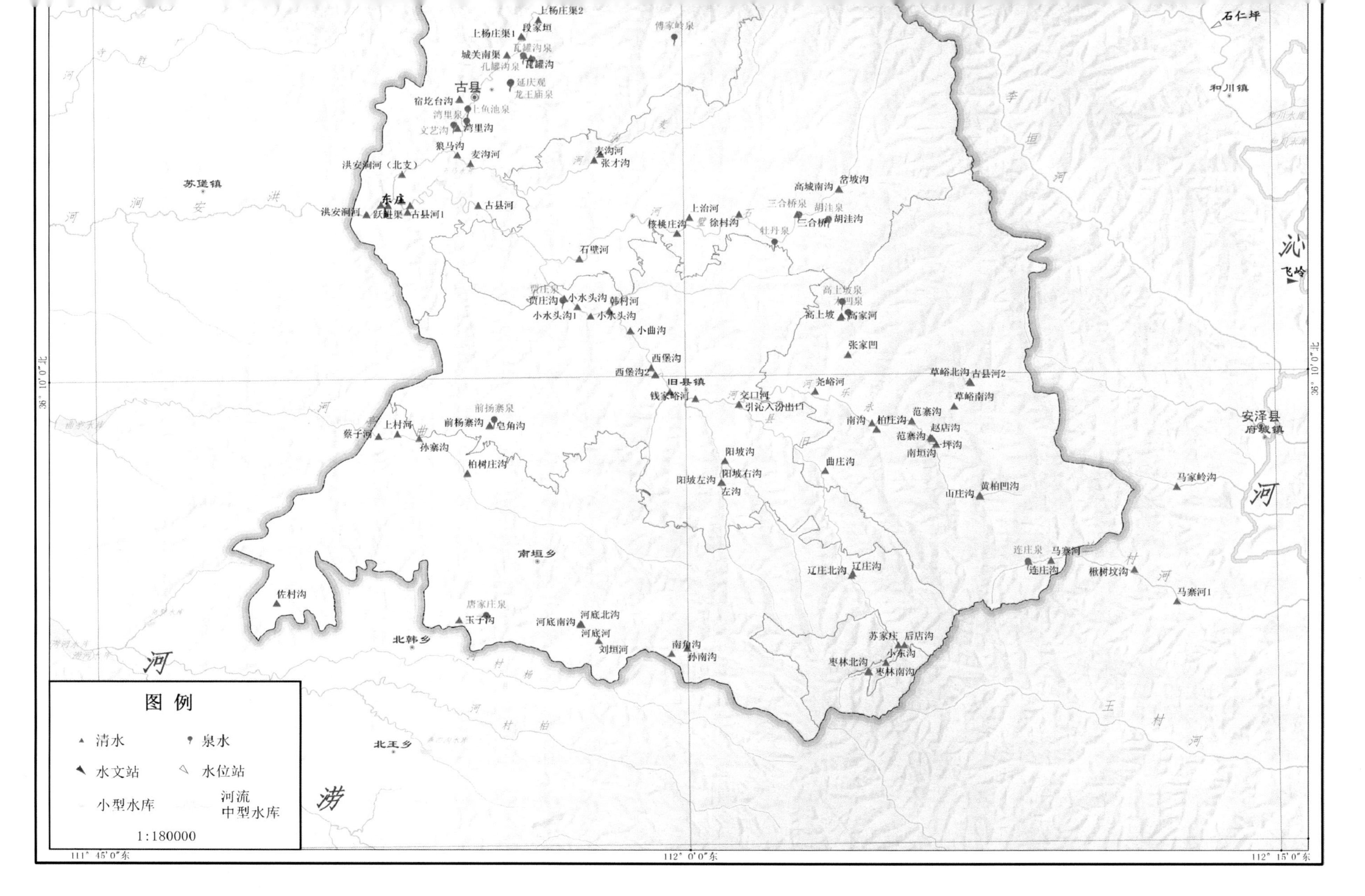
图例
清水
泉水
水文站
水位站
小型水库
河流
中型水库
1:180000
古县
旧县镇
东庄
南垣乡
北韩乡
北王乡
苏堡镇
和川镇
安泽县
府城镇
石仁坪
飞岭
沁
河
涝
河
上杨庄渠2
段家垣
上杨庄渠1
瓦罐沟泉
城关南渠
瓦罐沟
孔罐沟泉
延庆观
龙王庙泉
傅家岭泉
宿圪台沟
上鱼池泉
湾里泉
文艺沟
湾里沟
狼马沟
麦沟河
张才沟
洪安涧河（北支）
洪安涧河
跃进渠
古县河1
古县河
石壁河
核桃庄沟
上治河
徐村沟
三合桥泉
三合桥
胡洼泉
胡洼沟
高城南沟
岔坡沟
牡丹泉
贾庄泉
贾庄沟
小水头沟
小水头沟1
韩村河
小曲沟
高上坡泉
高上坡
高家河
张家凹
西堡沟
西堡沟2
钱家峪河
交口河
引沁入汾出口
尧峪河
草峪北沟
古县河2
草峪南沟
南沟
柏庄沟
范寨沟
赵店沟
坪沟
南垣沟
阳坡沟
阳坡右沟
阳坡左沟
左沟
曲庄沟
山庄沟
黄柏凹沟
马家岭沟
前杨寨泉
前杨寨沟
皂角沟
蔡子河
上村河
孙寨沟
柏树庄沟
佐村沟
唐家庄泉
玉子沟
河底南沟
河底北沟
河底河
刘垣河
南角沟
孙南沟
辽庄北沟
辽庄沟
苏家庄
后店沟
小东沟
枣林北沟
枣林南沟
连庄泉
连庄沟
马寨河
楸树坟沟
马寨河1
36° 10′ 0″北
111° 45′ 0″东
112° 0′ 0″东
112° 15′ 0″东

安泽县清泉水调查断面分布图
112° 0′0″东
112° 15′0″东
112° 30′0″东
36° 30′0″北
36° 20′0″北
北平镇
古阳镇
沁源县
上庄沟
山沟
麻家山沟
宝丰河
蔺河1
岭底沟
重阳沟
梁八沟
庞壁沟
小西沟泉
马山沟
龙王庙泉
小西沟
唐城镇
龙王庙沟
排水渠(议宁)
佛寨沟泉
大东沟泉
圪塔沟泉
西沟泉
交口河
古阳沟
沁河1
仪亭河
河源养鱼厂
柏木河
河源养鱼厂1
罗云河
北崖底
旋风宜沟
秀才沟
楼子沟
牛角沟
七狼沟
上田沟泉
东洪驿河1
东洪驿河2
柳八沟
上田沟
上县沟
石仁坪
牛草沟
东洪驿河3
东洪驿河4
土条沟
和川镇
沁河4
蔺河
沁河2
沁河3
前豆庄沟泉
宋店沟
大脑凹沟泉
南窑沟泉
将军沟
边寨沟
良马乡
小关道河
南河
胡文沟泉
胡文沟
河家沟
半沟泉
大岭沟
半沟

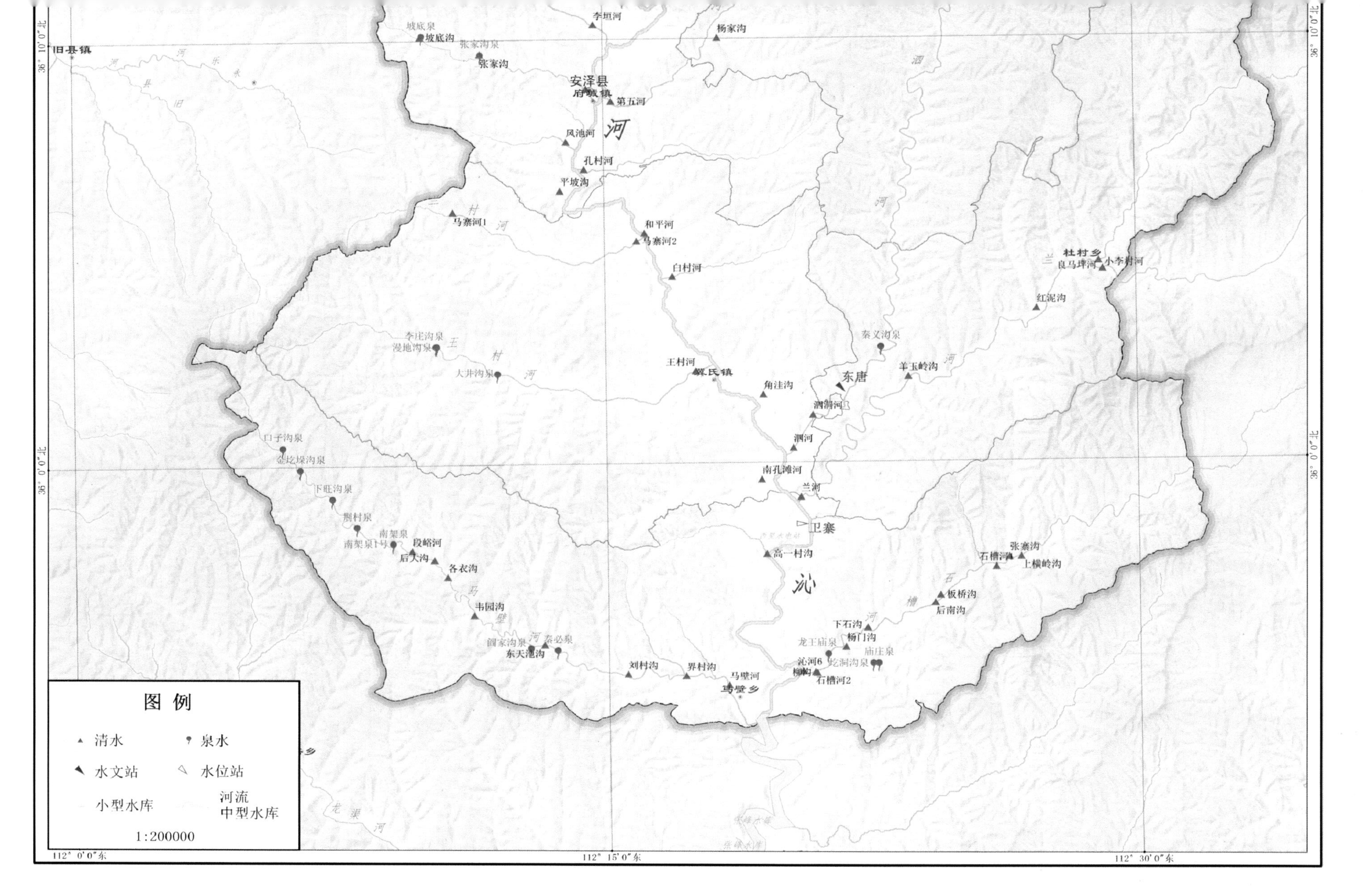
图例
清水
泉水
水文站
水位站
小型水库
河流
中型水库
1:200000
36° 10′ 0″北
36° 0′ 0″北
112° 0′ 0″东
112° 15′ 0″东
112° 30′ 0″东
旧县镇
安泽县
府城镇
李垣河
杨家沟
坡底泉
坡底沟
张家沟泉
张家沟
第五河
风池河
孔村河
平坡沟
马寨河1
和平河
马寨河2
白村河
李庄沟泉
漫地沟泉
大井沟泉
王村河
冀氏镇
角洼沟
东唐
秦文沟泉
羊玉岭沟
泗洞河
泗河
南孔滩河
兰河
卫寨
高一村沟
沁
杜村乡
良马坪河
小李村河
红泥沟
石槽河1
张寨沟
上横岭沟
板桥沟
后南沟
下石沟
杨门沟
龙王庙泉
庙庄泉
沁河6
柳沟
圪洞沟泉
石槽河2
马壁河
马壁乡
界村沟
刘村沟
阎家沟泉
秦必泉
东天池沟
韦园沟
各衣沟
后大沟
段峪河
南架泉
南架泉1号
荆村泉
下旺沟泉
金圪垛沟泉
口子沟泉
河
王
村
马
壁
石
槽
兰
村
泗
旧
县
乐
龙
渠

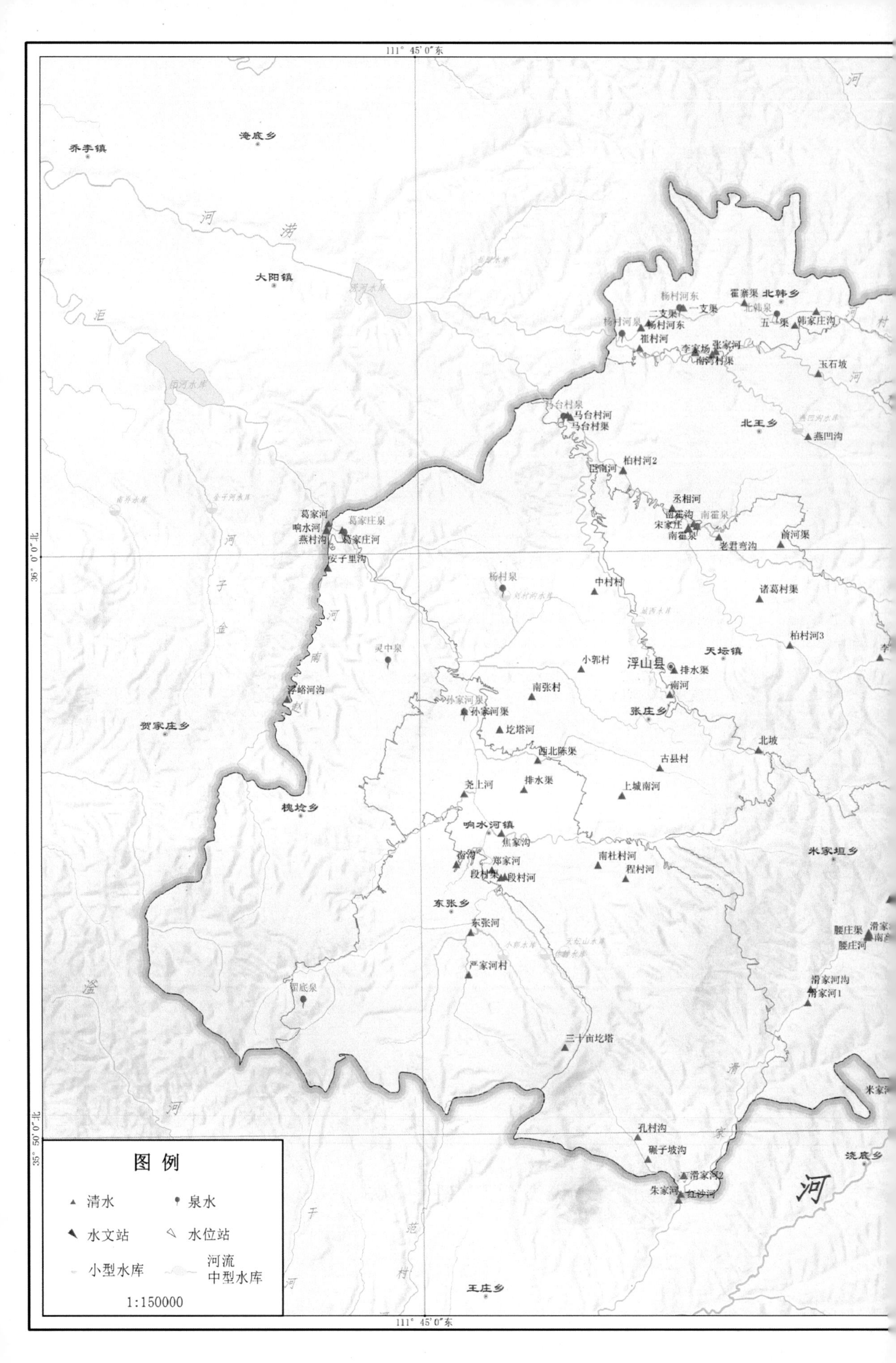

111° 45′0″东
乔李镇
淹底乡
大阳镇
河
涝
洰
浮山县
天坛镇
张庄乡
北韩乡
北王乡
贺家庄乡
槐埝乡
响水河镇
东张乡
米家垣乡
王庄乡
流底乡
杨村河东
霍寨渠
一支渠
二支渠
杨村河泉
杨村河东
崔村河
李家场
张家河
南河村渠
五一渠
韩家庄沟
玉石坡
马台村泉
马台村河
马台村渠
燕凹沟
柏村河2
丞相河
南霍泉
宋家庄
南霍泉
老君弯沟
前河渠
葛家河
响水河
燕村沟
葛家庄泉
葛家庄河
安子里沟
杨村泉
中村村
诸葛村渠
柏村河3
灵中泉
小郭村
排水渠
南河
南张村
浮峪河沟
孙家河泉
孙家河渠
圪塔河
西北陈渠
北坡
古县村
尧上河
排水渠
上城南河
焦家沟
郑家河
段村渠
段村河
南杜村河
程村河
东张河
严家河村
腰庄渠
腰庄河
滑家河沟
滑家河1
留底泉
三十亩圪塔
孔村沟
碾子坡沟
滑家河2
朱家河
红沙河
36° 0′0″北
35° 50′0″北
图例
清水
泉水
水文站
水位站
小型水库
河流
中型水库
1:150000

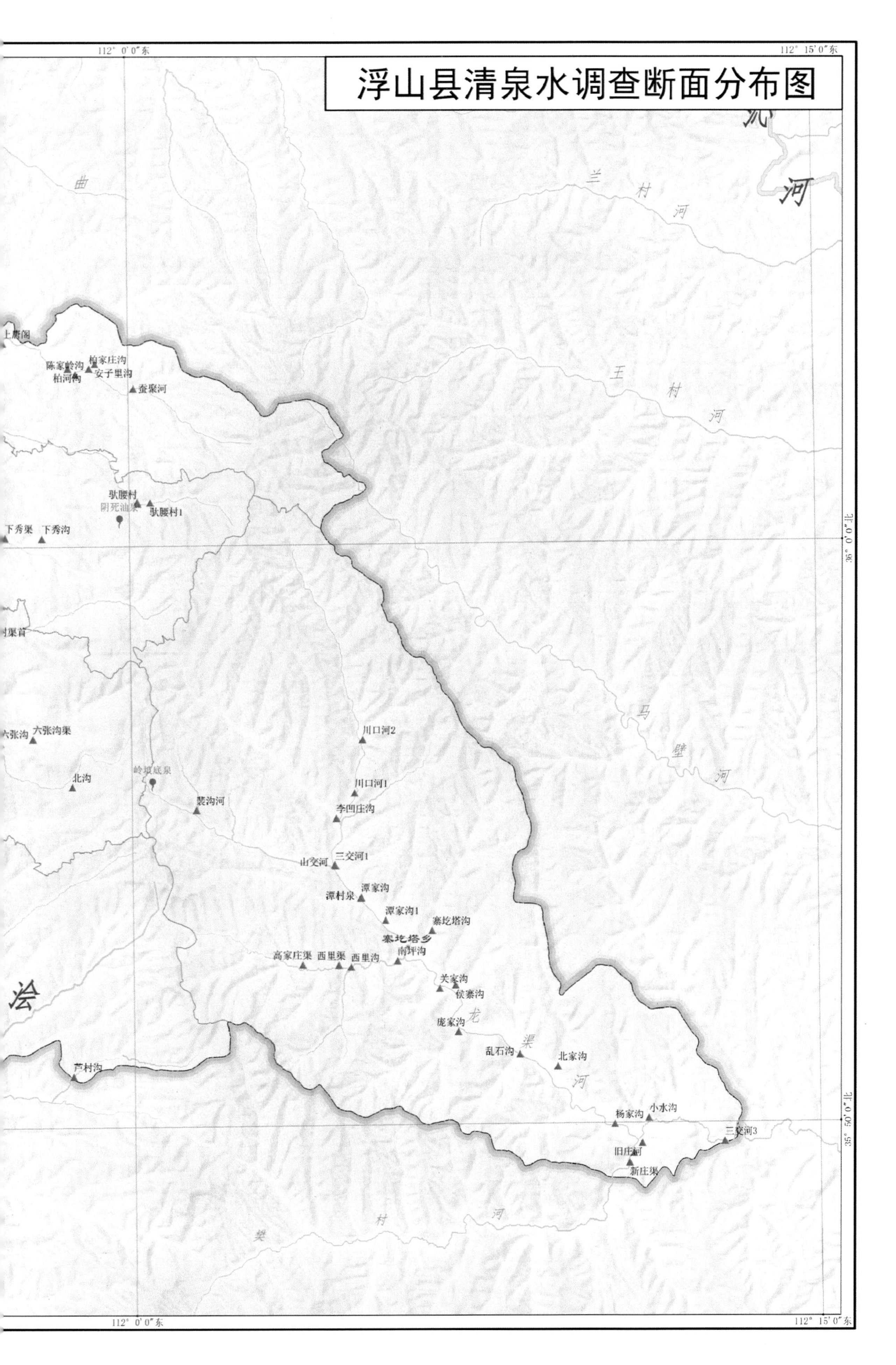
浮山县清泉水调查断面分布图
112° 0′0″东
112° 15′0″东
沁 河
兰 村 河
曲
陈家岭沟
柏家庄沟
安子里沟
柏河沟
王 村 河
耿腰村
耿腰村1
下秀渠
下秀沟
36° 0′0″北
马 壁 河
六张沟
六张沟渠
北沟
川口河2
岭坝底泉
川口河1
裴沟河
李四庄沟
山交河
三交河1
潭家沟
潭村泉
潭家沟1
寨圪塔沟
寨圪塔乡
高家庄渠
西里渠
西里沟
南坪沟
关家沟
侯寨沟
浍
龙 渠 河
庞家沟
乱石沟
北家沟
芦村沟
杨家沟
小水沟
35° 50′0″北
三交河3
旧庄河
新庄渠
樊 村 河

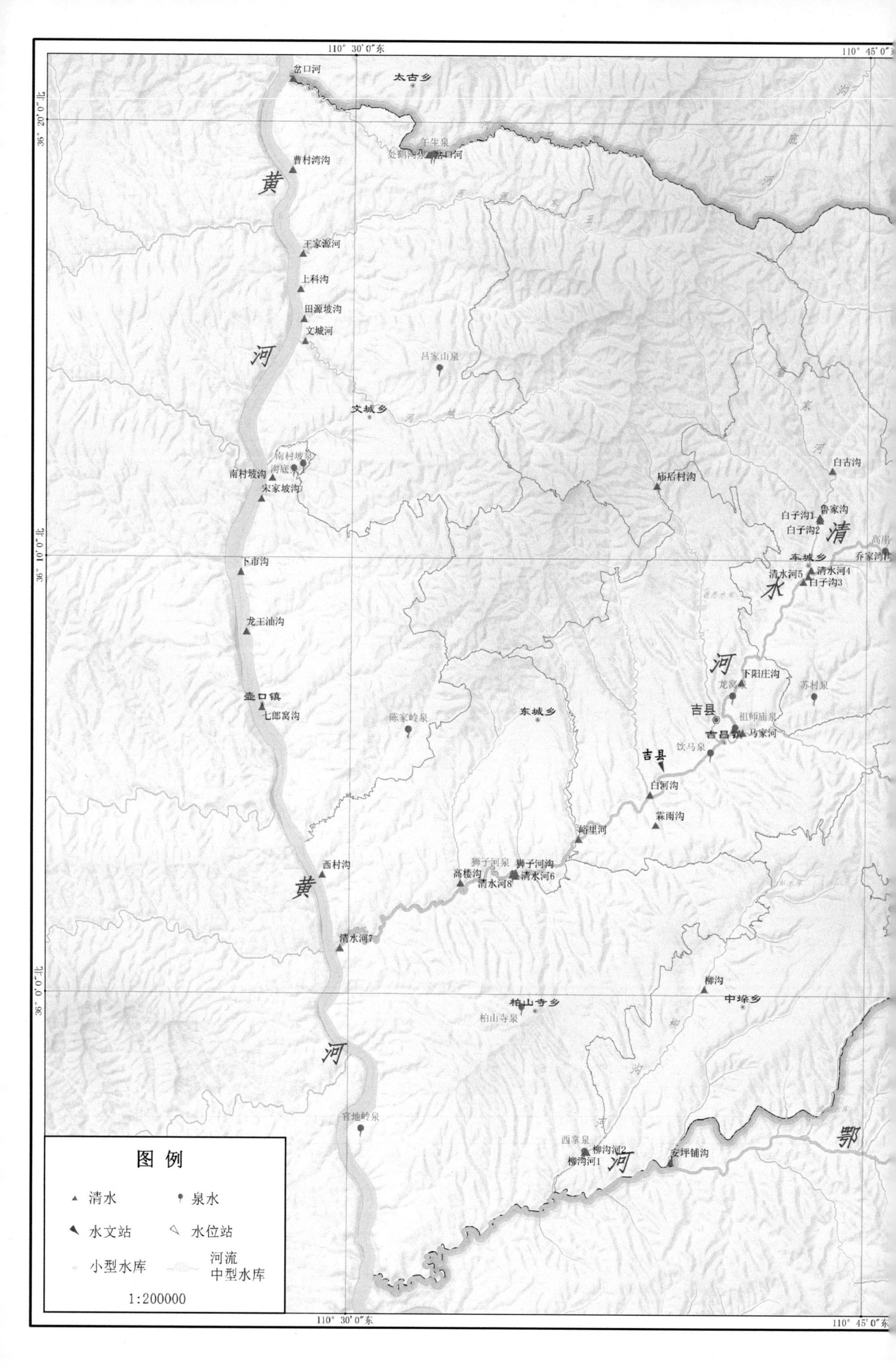

110° 30′0″东
110° 45′0″东
36° 20′0″北
36° 10′0″北
36° 0′0″北
黄
河
黄
河
清
水
河
鄂
岔口河
太古乡
午牛泉
处鹤湾泉
岔口河
曹村湾沟
王家源河
上科沟
田源坡沟
文城河
吕家山泉
文城乡
南村坡泉
沟底
南村坡沟
宋家坡沟
庙后村沟
白古沟
鲁家沟
白子沟1
白子沟2
车城乡
乔家湾
清水河5
清水河4
白子沟3
下市沟
龙王油沟
壶口镇
七郎窝沟
陈家岭泉
东城乡
下阳庄沟
龙窝泉
苏村泉
吉县
祖师庙泉
吉昌镇
马家河
饮马泉
吉县
白河沟
霖雨沟
峪里河
西村沟
狮子河泉
狮子河沟
高楼沟
清水河8
清水河6
清水河7
柳沟
中垛乡
柏山寺乡
柏山寺泉
官地岭泉
西掌泉
柳沟河2
柳沟河1
安坪铺沟
图例
清水
泉水
水文站
水位站
小型水库
河流
中型水库
1:200000

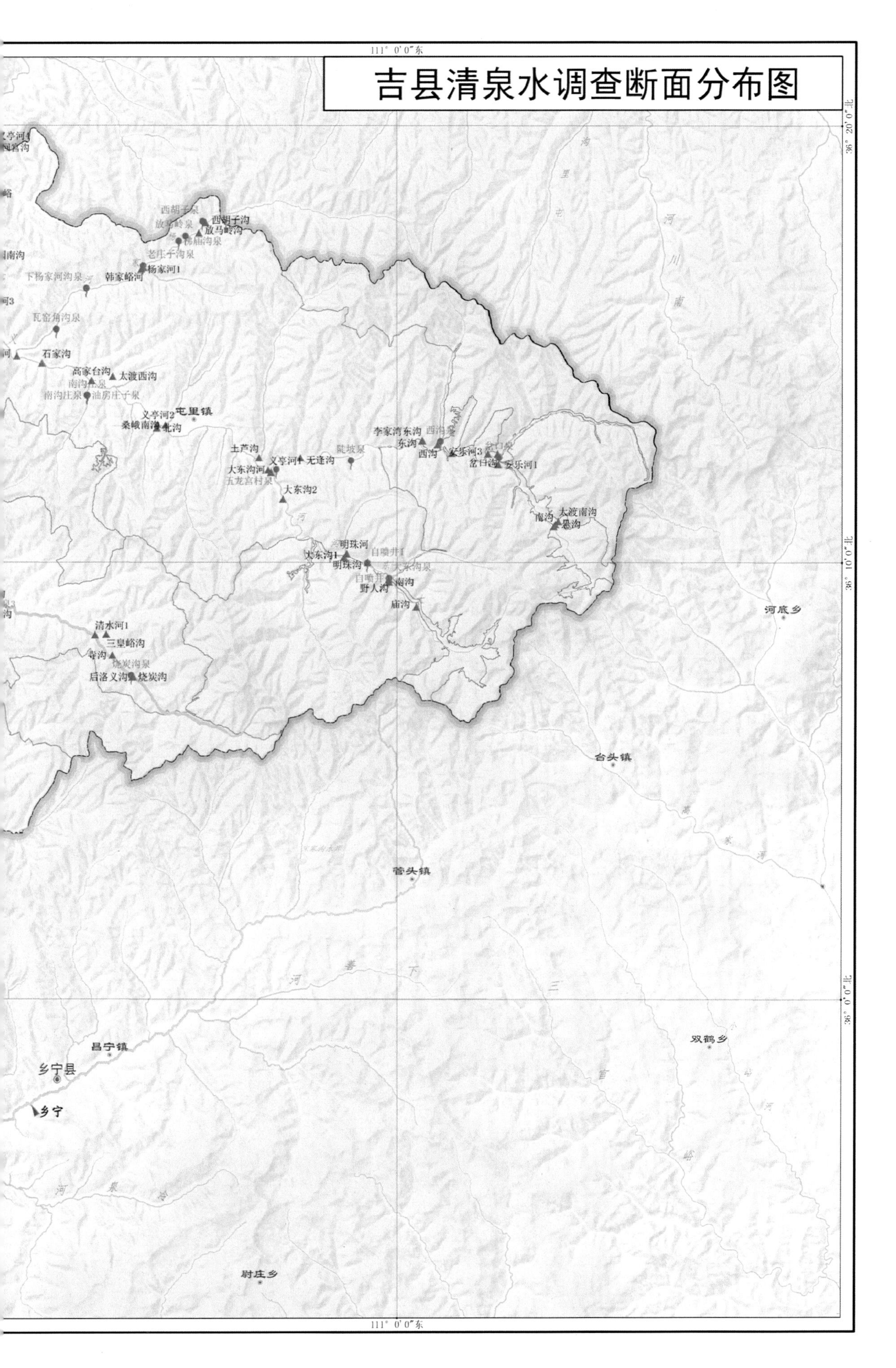
吉县清泉水调查断面分布图
111° 0′0″东
36° 20′0″北
36° 10′0″北
36° 0′0″北
西胡子泉
西胡子沟
放马岭泉
放马岭沟
佛庙沟泉
老庄子沟泉
杨家河1
下杨家河沟泉
韩家峪河
瓦窑角沟泉
石家沟
高家台沟
太渡西沟
南沟庄泉
油房庄子泉
义亭河2
桑峨南沟
北沟
屯里镇
土芦沟
义亭河1
无逢沟
陡坡泉
大东沟河
五龙宫村泉
大东沟2
李家湾东沟
西沟泉
东沟
西沟
安乐河3
岔口泉
岔口沟
安乐河1
南沟
太渡南沟
墨沟
明珠河
大东沟1
自喷井1
明珠沟
大东沟泉
自喷井
南沟
野人沟
庙沟
河底乡
清水河1
三皇峪沟
寺沟
烧炭沟泉
后洛义沟
烧炭沟
台头镇
管头镇
昌宁镇
乡宁县
乡宁
双鹤乡
尉庄乡

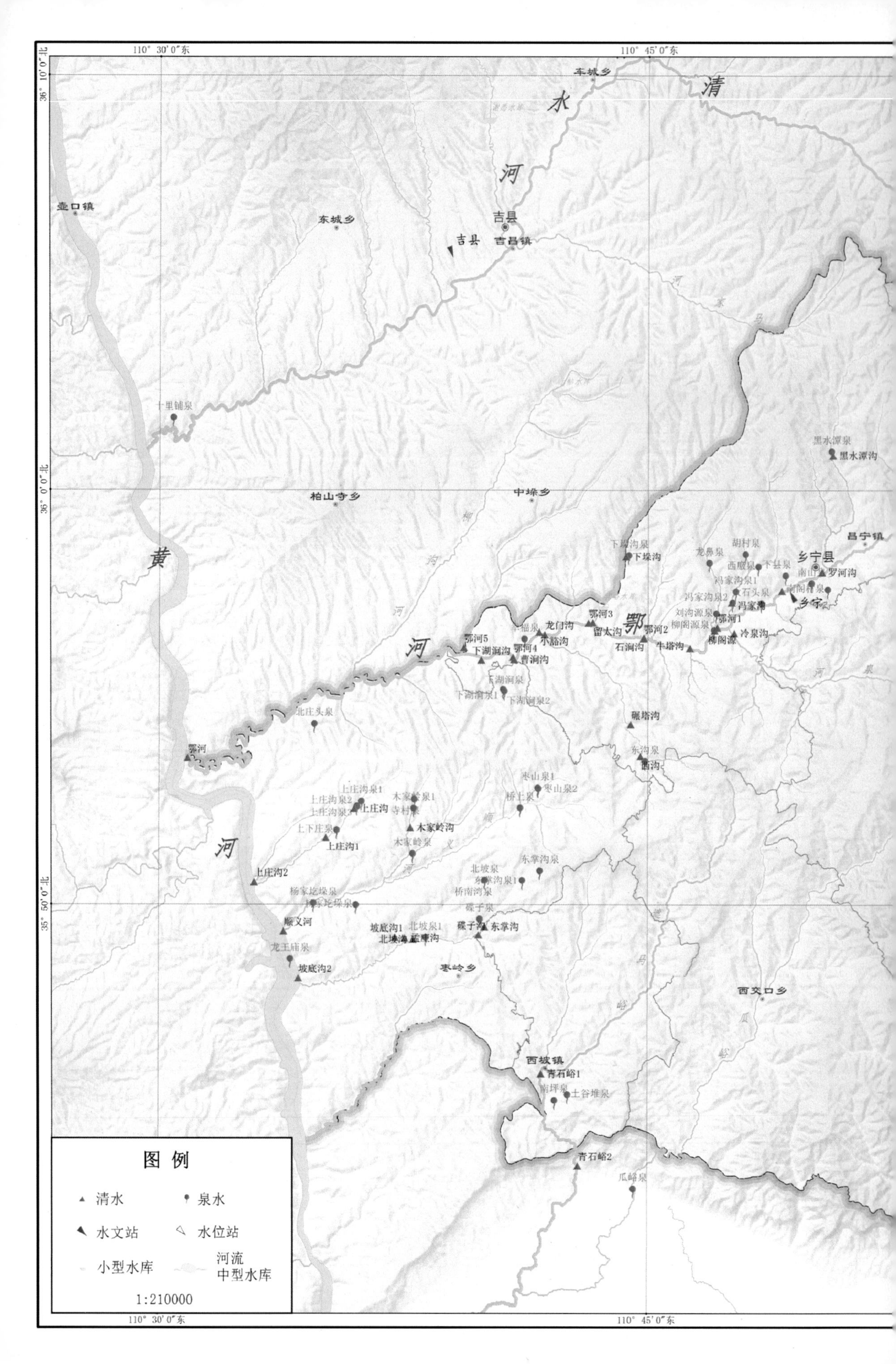

110° 30′0″东
110° 45′0″东
36° 10′0″北
36° 0′0″北
35° 50′0″北
车城乡
清
水
河
吉县
吉县
吉昌镇
壶口镇
东城乡
十里铺泉
黑水潭泉
黑水潭沟
柏山寺乡
中垛乡
昌宁镇
黄
下垛沟泉
下垛沟
龙泉泉
胡村泉
西峨泉
下县泉
乡宁县
南山
罗河沟
冯家沟泉1
石头泉
冯家沟泉2
冯家沟
乡宁
刘沟源泉
鄂河1
柳阁源泉
柳阁源
冷泉沟
鄂河3
留太沟
鄂
鄂河2
石涧沟
牛塔沟
龙门沟
木塔沟
鄂河5
下湖涧沟
鄂河4
曹涧沟
河
下湖涧泉
下湖涧泉1
下湖涧泉2
北庄头泉
碾塔沟
东沟泉
西沟
鄂河
枣山泉1
枣山泉2
桥上泉
上庄沟泉1
上庄沟泉2
上庄沟泉3
上庄沟
木家岭泉1
寺村泉
木家岭沟
上下庄泉
上庄沟1
木家岭泉
河
上庄沟2
北坡泉
东掌沟泉
东掌沟泉1
桥南湾泉
杨家圪垛泉
礤子泉
顺义河
礤子沟
东掌沟
坡底沟1
北坡泉1
北坡沟
龙王庙泉
坡底沟2
枣岭乡
西交口乡
西坡镇
青石峪1
南坪泉
土谷堆泉
青石峪2
瓜峪泉
图 例
清水
泉水
水文站
水位站
小型水库
河流
中型水库
1:210000

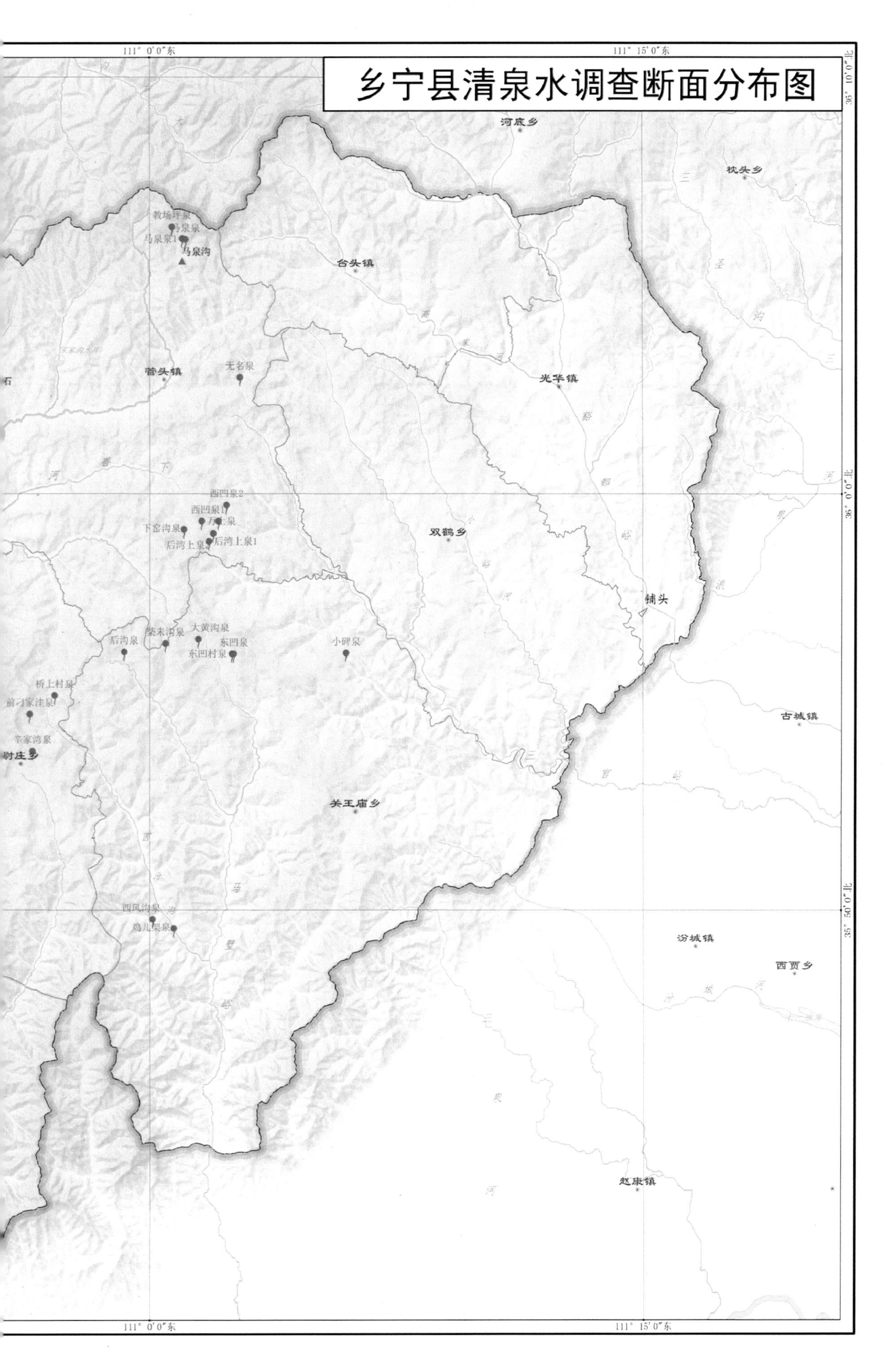

乡宁县清泉水调查断面分布图
111° 0′0″东
111° 15′0″东
36° 10′0″北
36° 0′0″北
35° 50′0″北
河底乡
枕头乡
台头镇
教场坪泉
马泉泉
马泉泉1
马泉沟
管头镇
无名泉
光华镇
西四泉2
西巴泉1
万士泉
下窑沟泉
后湾上泉2
后湾上泉1
双鹤乡
铺头
柴禾沟泉
大黄沟泉
后沟泉
东四泉
东四村泉
小碑泉
桥上村泉
前刁家洼泉
辛家湾泉
尉庄乡
古城镇
关王庙乡
西风沟泉
鸡儿泉泉
汾城镇
西贾乡
赵康镇

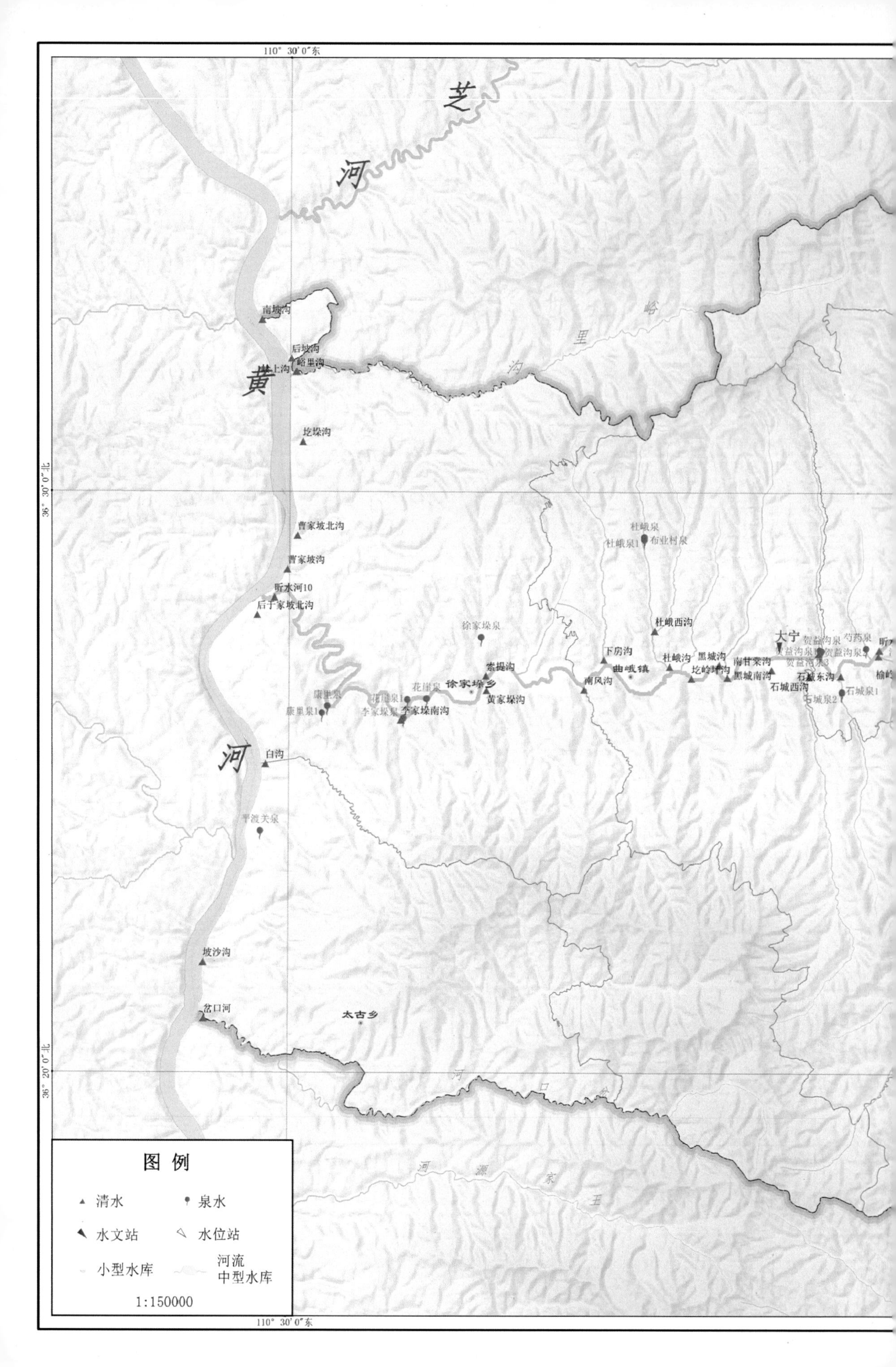

110° 30′0″东
芝
河
黄
河
南坡沟
后坡沟
峪里沟
圪垛沟
里
峪
沟
36° 30′0″北
曹家坡北沟
曹家坡沟
昕水河10
后于家坡北沟
杜峨泉
杜峨泉1
布业村泉
杜峨西沟
徐家垛泉
下房沟
大宁
贺益沟泉
芍药泉
索提沟
曲峨镇
杜峨沟
黑城沟
南甘棠沟
贺益沟泉1
贺益沟泉2
贺益沟泉3
徐家垛乡
南风沟
圪岭坪沟
黑城南沟
石城东沟
花崖泉
黄家垛沟
石城西沟
石城泉1
石城泉2
康里泉
花崖泉1
康里泉1
李家垛泉
李家垛南沟
白沟
平渡关泉
坡沙沟
岔口河
太古乡
36° 20′0″北
河
口
分
河
源
家
王
图例
清水
泉水
水文站
水位站
小型水库
河流
中型水库
1:150000
110° 30′0″东

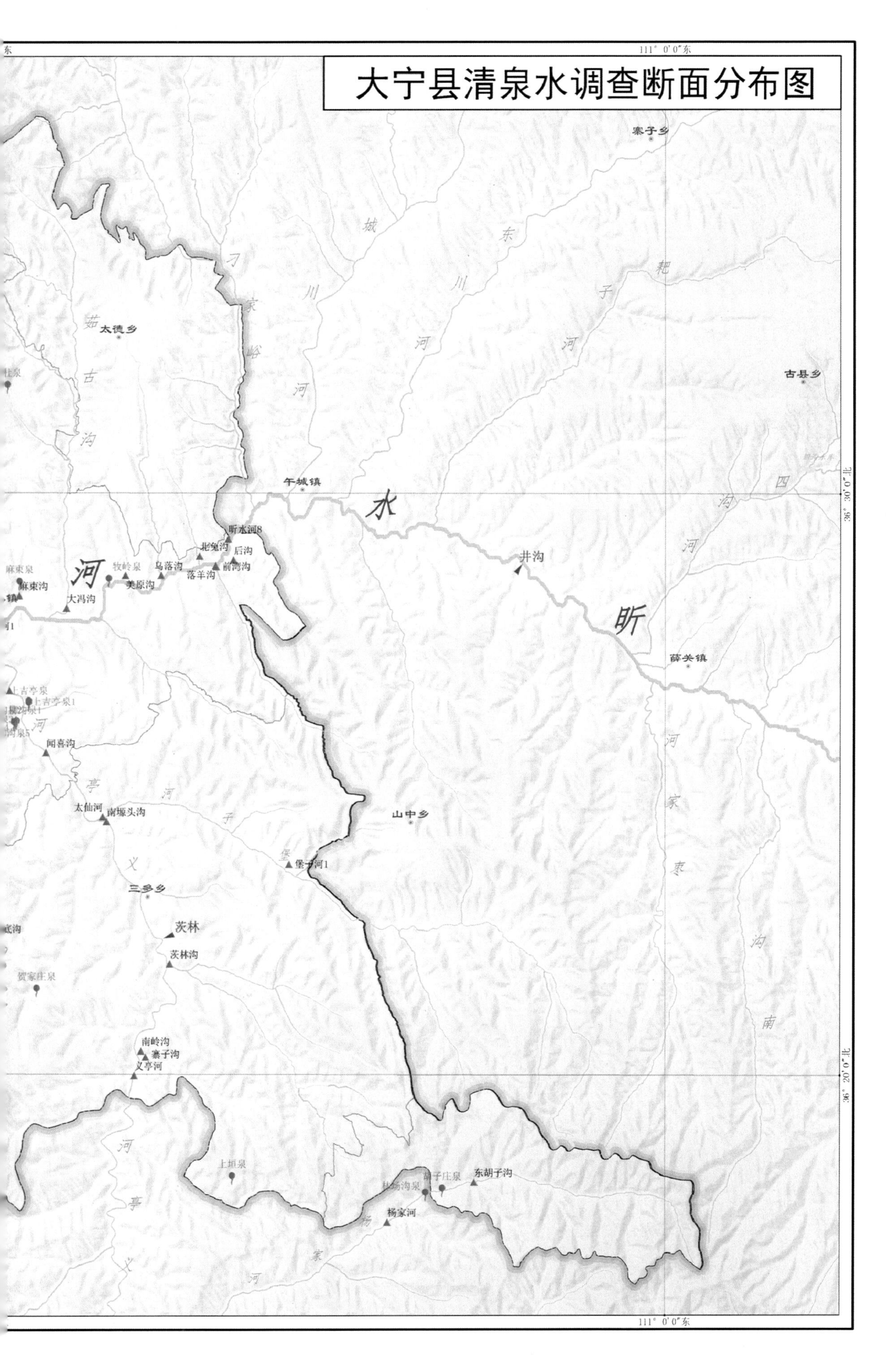
大宁县清泉水调查断面分布图
111° 0′0″东
寨子乡
城
川
东
川
耙
子
河
刁
家
峪
河
河
茹
太德乡
古
沟
古县乡
午城镇
水
四
沟
河
36° 30′0″北
昕水河8
北兔沟
后沟
前湾沟
落羊沟
乌落沟
美原沟
牧岭泉
河
麻束泉
麻束沟
大冯沟
井沟
昕
薛关镇
上古亭泉
闻喜沟
亭
河
子
太仙河
南堧头沟
山中乡
河
家
枣
堡
堡子河1
义
三多乡
茨林
茨林沟
贺家庄泉
沟
南
南岭沟
寨子沟
义亭河
36° 20′0″北
河
上垣泉
林场沟泉
东胡子沟
杨家河
亭
杨
家
河
义
111° 0′0″东

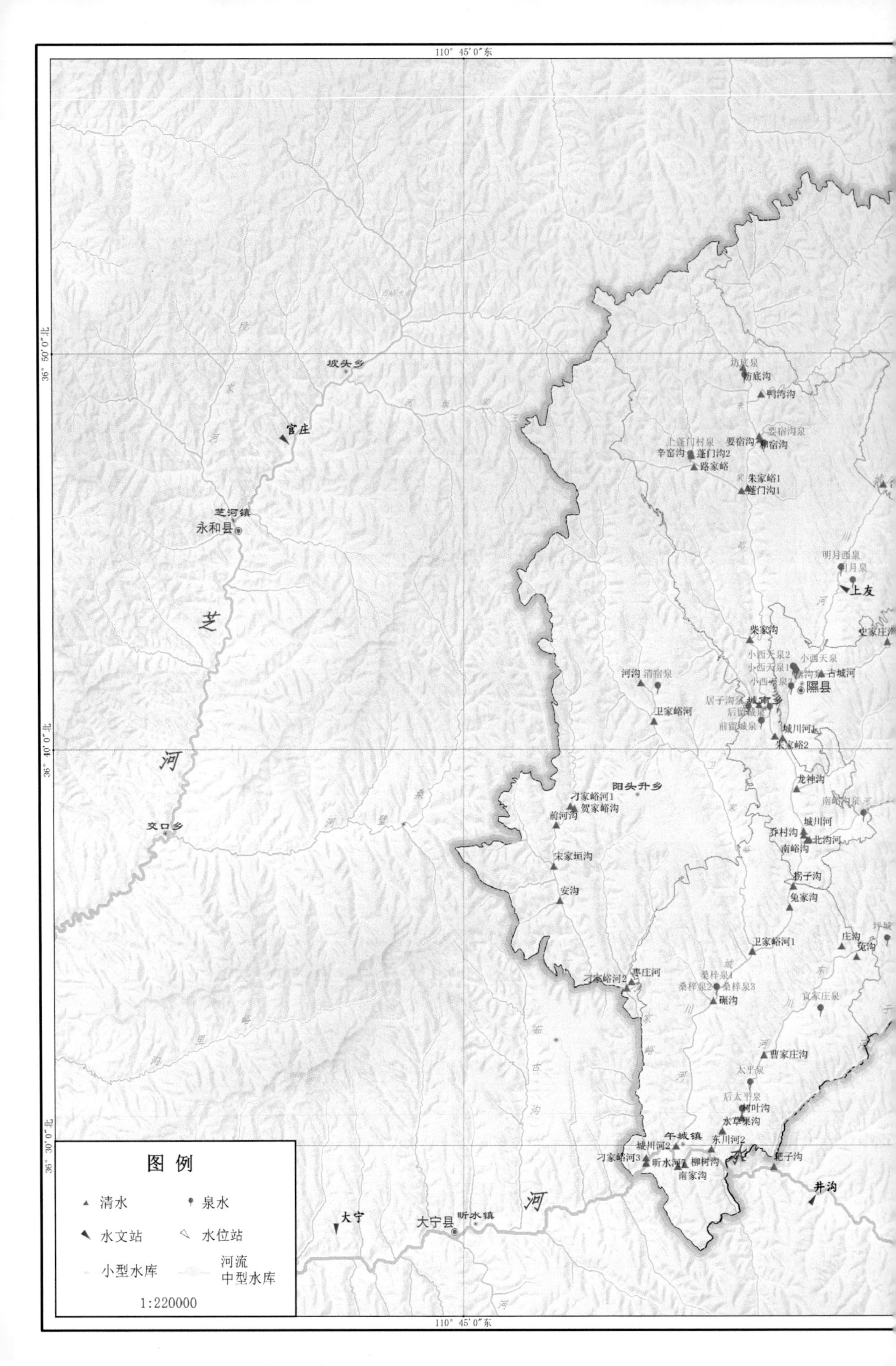

110° 45′0″东
36° 50′0″北
36° 40′0″北
36° 30′0″北
坡头乡
官庄
芝河镇
永和县
芝
河
交口乡
坊底泉
坊底沟
鸭湾沟
上蓬门村泉
要宿沟泉
要宿沟
辛窑沟
蓬门沟2
路家峪
朱家峪1
蓬门沟1
明月西泉
明月泉
上友
柴家沟
史家庄
小西天泉2
小西天泉
小西天泉1
古城河
河沟
清宿泉
隰县
居子沟泉
后留城泉
卫家峪河
前留城泉
城川河1
朱家峪2
阳头升乡
龙神沟
刁家峪河1
贺家峪沟
前河沟
南峪沟泉
城川河
乔村沟
北沟河
南峪沟
宋家垣沟
拐子沟
安沟
兔家沟
卫家峪河1
庄沟
枣庄河
刁家峪河2
桑梓泉1
桑梓泉2
桑梓泉3
碾沟
宜家庄泉
曹家庄沟
太平泉
后太平泉
树叶沟
水草渠沟
午城镇
东川河2
城川河2
刁家峪河3
昕水河
柳树沟
南家沟
耙子沟
井沟
河
大宁
大宁县
昕水镇
图例
清水
泉水
水文站
水位站
小型水库
河流
中型水库
1:220000

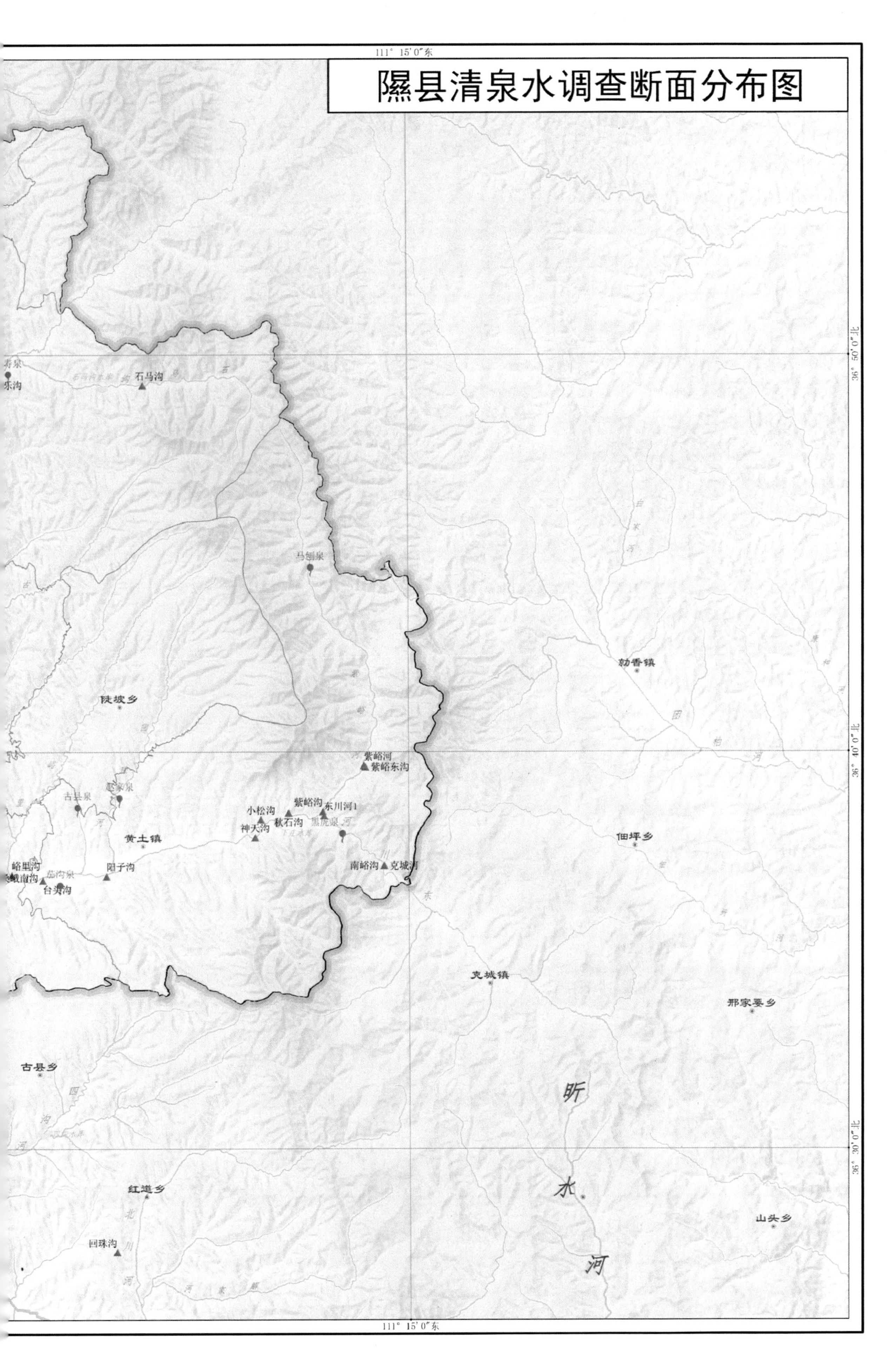

隰县清泉水调查断面分布图
111° 15′0″东
36° 50′0″北
36° 40′0″北
36° 30′0″北
石马沟
马刨泉
陡坡乡
紫峪河
紫峪东沟
古县泉
黄土镇
小松沟
紫峪沟
东川河1
秋石沟
神天沟
黑虎泉
阳子沟
南峪沟
克城河
台头沟
峪里沟
勍香镇
佃坪乡
克城镇
邢家要乡
古县乡
红道乡
回珠沟
山头乡
昕水河

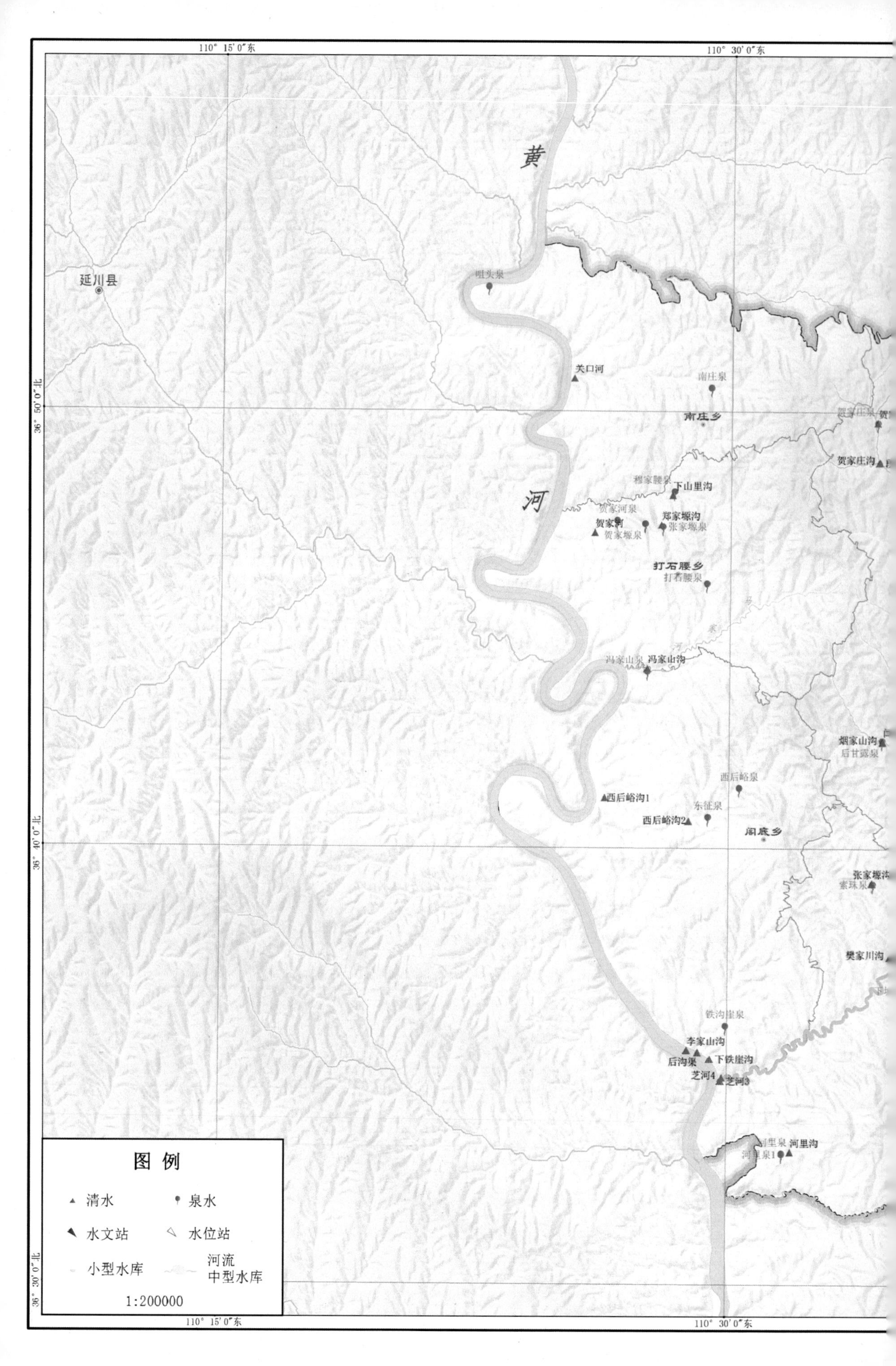

110° 15′0″东
110° 30′0″东
36° 50′0″北
36° 40′0″北
36° 30′0″北
黄
河
延川县
关口河
南庄泉
南庄乡
贺家庄沟
穆家腰泉
下山里沟
贺家河泉
郑家塬沟
贺家河
张家塬泉
贺家塬泉
打石腰乡
打石腰泉
冯家山泉
冯家山沟
烟家山沟
后甘露泉
西后峪泉
西后峪沟1
东征泉
西后峪沟2
阎底乡
索珠泉
樊家川沟
铁沟崖泉
李家山沟
后沟泉
下铁崖沟
芝河4
芝河3
河里泉
河里沟
河里泉1
图例
清水
泉水
水文站
水位站
小型水库
河流
中型水库
1:200000

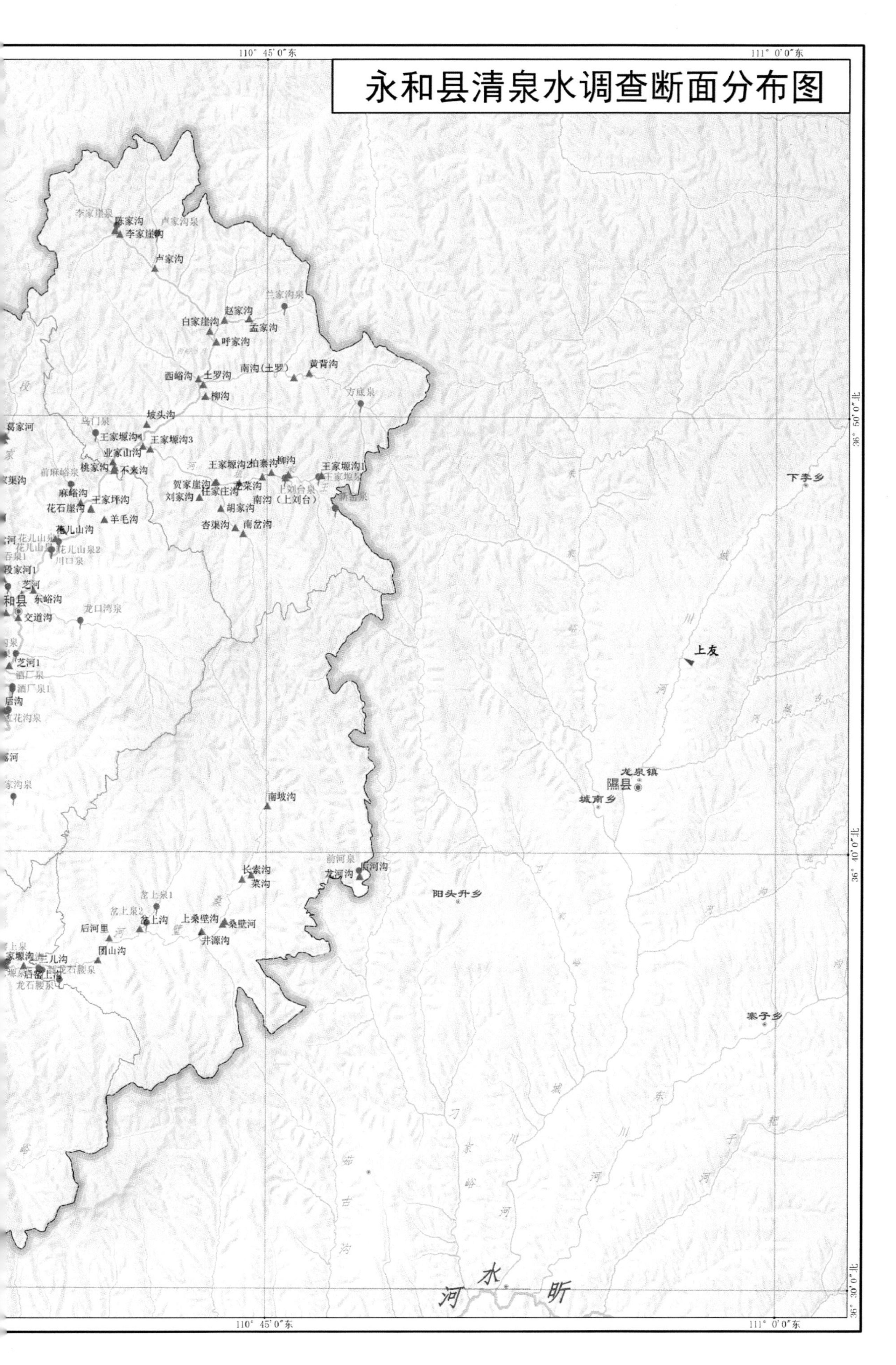
永和县清泉水调查断面分布图
110° 45′0″东
111° 0′0″东
36° 50′0″北
36° 40′0″北
36° 30′0″北
李家崖泉
陈家沟
李家崖沟
卢家沟泉
卢家沟
兰家沟泉
赵家沟
白家崖沟
孟家沟
呼家沟
南沟(土罗)
黄背沟
西峪沟
土罗沟
柳沟
方底泉
坡头沟
葛家河
王家塬沟4
王家塬沟3
业家山沟
桃家沟
不来沟
前麻峪泉
王家塬沟2
柏寨沟
柳沟
王家塬沟1
贺家崖沟
任家庄沟
上刘台泉
南沟（上刘台）
刘家沟
麻峪沟
王家坪沟
花石崖沟
羊毛沟
胡家沟
杏渠沟
南岔沟
花儿山沟
花儿山泉
花儿山泉2
川口泉
段家河1
芝河
东峪沟
和县
交道沟
龙口湾泉
芝河1
酒厂泉
酒厂泉1
后沟
红花沟泉
南坡沟
前河泉
龙河沟
后河沟
长索沟
菜沟
岔上泉1
岔上泉2
岔上沟
上桑壁沟
桑壁河
后河里
井源沟
团山沟
龙石腰泉
下李乡
上友
龙泉镇
隰县
城南乡
阳头升乡
寨子乡
昕
水
河

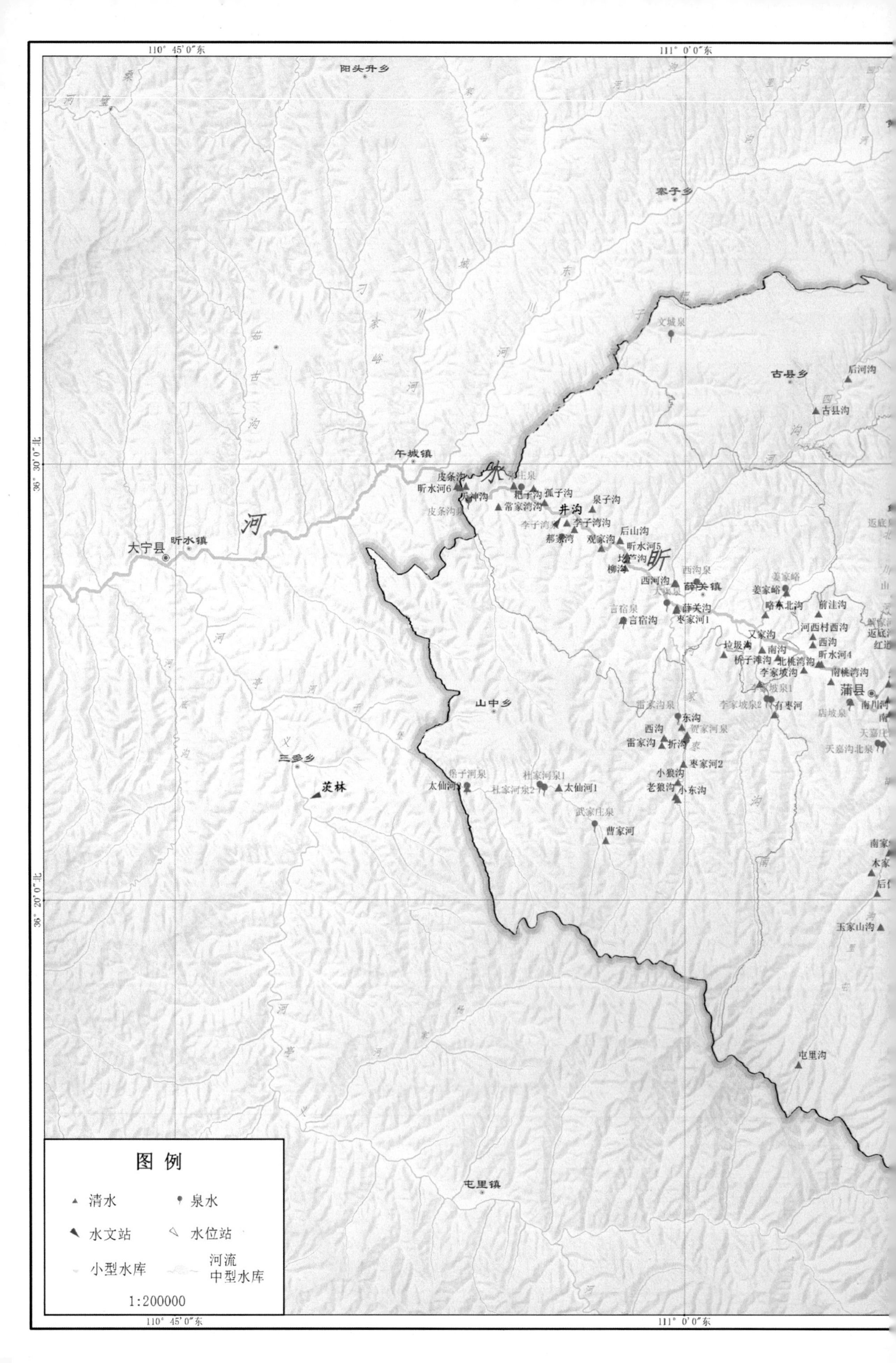

110° 45′0″东
111° 0′0″东
36° 30′0″北
36° 20′0″北
阳头升乡
寨子乡
古县乡
后河沟
古县沟
文城泉
午城镇
皮条沟
昕水河6
大宁县
昕水镇
河
昕
孤子沟
常家湾沟
井沟
泉子沟
李子湾沟
后山沟
观家沟
昕水河5
柳沟
西河沟
西沟泉
薛关镇
薛关沟
言宿泉
言宿沟
姜家峪
略东北沟
前注沟
河西村西沟
西沟
又家沟
垃圾沟
南沟
昕水河4
北桃湾沟
李家坡沟
南桃湾沟
蒲县
山中乡
三多乡
茨林
东沟
西沟
雷家沟
折沟
枣家河2
小狼沟
老狼沟
小东沟
杜家河泉1
太仙河1
武家庄泉
曹家河
玉家山沟
屯里沟
屯里镇
图例
清水
泉水
水文站
水位站
小型水库
河流
中型水库
1:200000

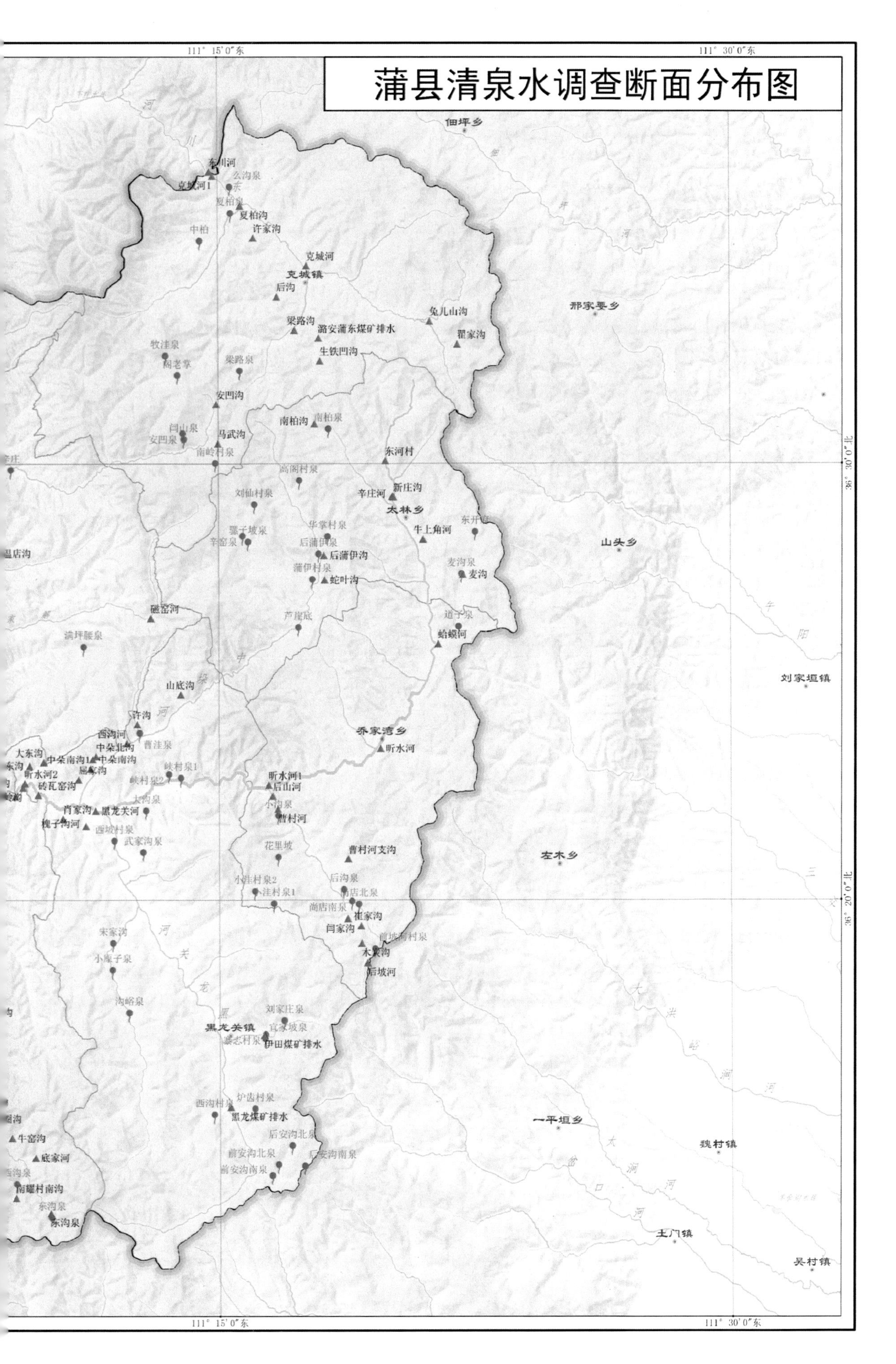

蒲县清泉水调查断面分布图
111° 15′0″东
111° 30′0″东
佃坪乡
东川河
公沟泉
克城河1
夏柏泉
夏柏沟
中柏
许家沟
克城河
克城镇
后沟
兔儿山沟
邢家要乡
梁路沟
潞安蒲东煤矿排水
翟家沟
牧洼泉
生铁凹沟
阎老草
梁路泉
安凹沟
南柏沟
南柏泉
闫山泉
安凹泉
马武沟
南岭村泉
东河村
36° 30′0″北
高阁村泉
刘仙村泉
辛庄河
新庄沟
太林乡
牛上角河
华掌村泉
骡子坡泉
辛窑泉
后蒲伊泉
后蒲伊沟
山头乡
温店沟
麦沟泉
麦沟
蒲伊村泉
蛇叶沟
磁窑河
道子泉
芦崖底
蛤蟆河
滴坪腰泉
刘家垣镇
山底沟
许沟
乔家湾乡
昕水河
西沟河
中朵北沟
曹洼泉
大东沟
中朵南沟1
中朵南沟
峡村泉1
屈家沟
昕水河2
峡村泉2
昕水河1
后山河
砖瓦窑沟
大沟泉
小沟泉
肖家沟
黑龙关河
槐子沟河
西坡村泉
曹村河
武家沟泉
花里坡
曹村河支沟
左木乡
小洼村泉2
后沟泉
洼村泉1
36° 20′0″北
崔家沟
闫家沟
宋家沟
后坡河
小崖子泉
沟峪泉
刘家庄泉
黑龙关镇
官家坡泉
伊田煤矿排水
西沟村泉
炉齿村泉
黑龙煤矿排水
一平垣乡
牛窑沟
后安沟北泉
魏村镇
底家河
前安沟北泉
后安沟南泉
前安沟南泉
南耀村南沟
东沟泉
土门镇
吴村镇

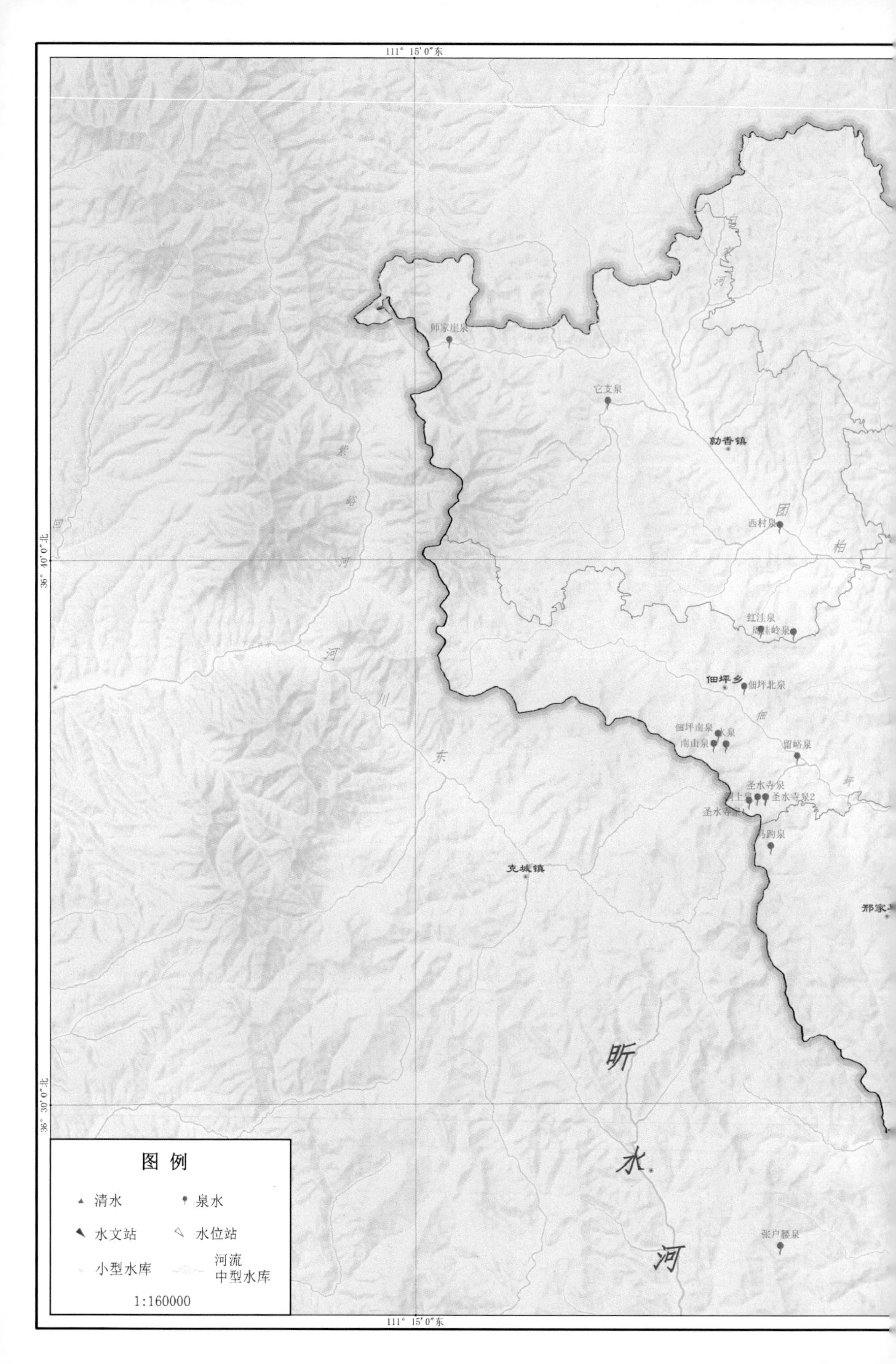

111° 15′ 0″东
36° 40′ 0″北
36° 30′ 0″北
师家崖泉
它支泉
勍香镇
西村泉
团
柏
红洼泉
佃坪乡
佃坪北泉
佃
佃坪南泉
南山泉
留峪泉
圣水寺泉
圣水寺泉2
克城镇
紫
峪
河
河
川
东
昕
水
河
张户腰泉
图 例
清水
泉水
水文站
水位站
小型水库
河流
中型水库
1:160000
111° 15′ 0″东

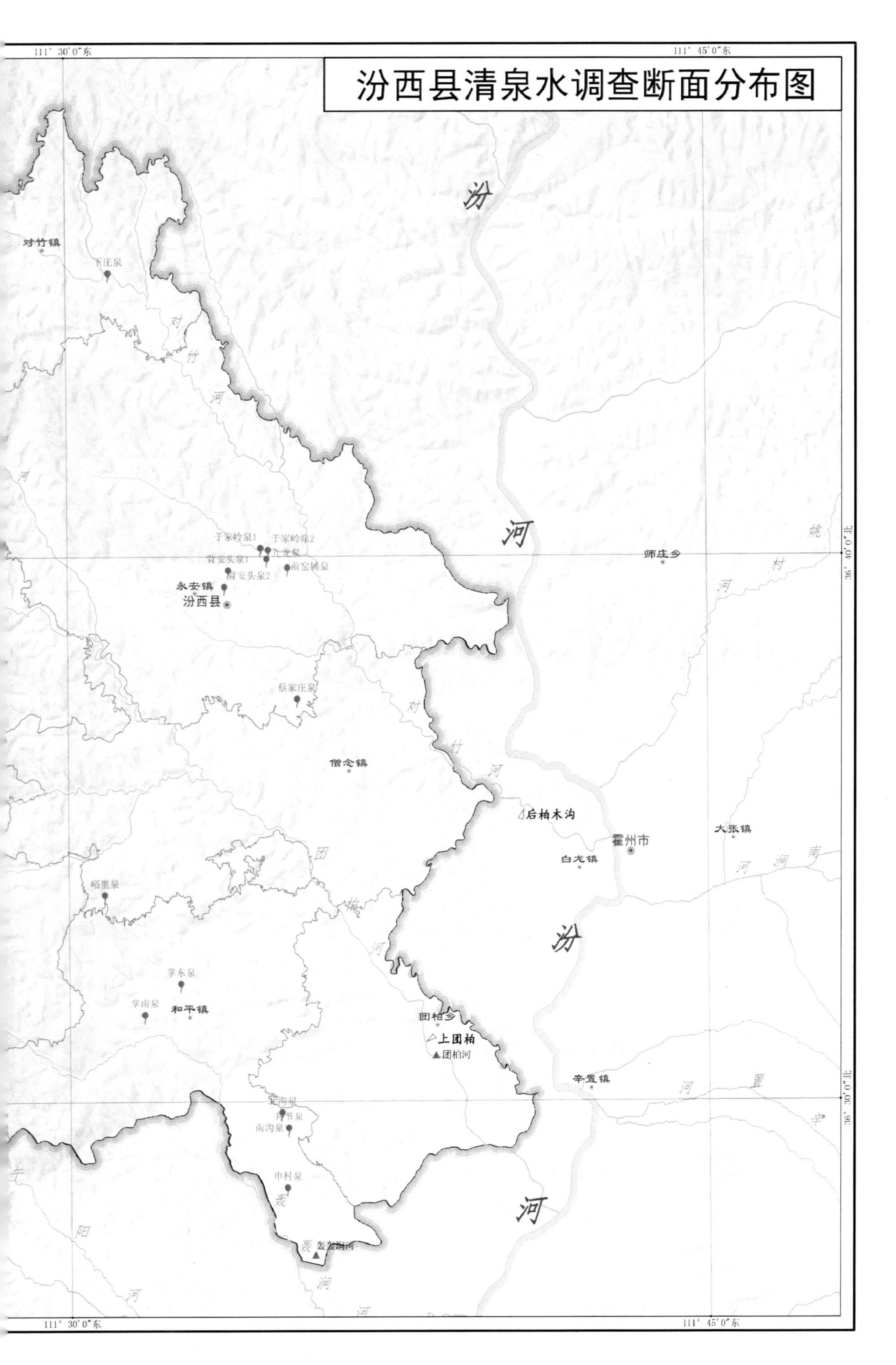

汾西县清泉水调查断面分布图
111° 30′0″东
111° 45′0″东
对竹镇
下庄泉
对
竹
河
汾
河
于家岭泉1
于家岭泉2
九龙泉
背安头泉1
背安头泉2
前窑铺泉
永安镇
汾西县
师庄乡
姚
村
河
36°40′0″北
蔡家庄泉
对
竹
河
僧念镇
后柏木沟
霍州市
大张镇
白龙镇
南
涧
河
峪里泉
团
柏
河
汾
掌东泉
掌南泉
和平镇
团柏乡
上团柏
团柏河
辛置镇
辛
置
河
36°30′0″北
南沟泉
申村泉
河
午
阳
河
轰
涧
河
111° 30′0″东
111° 45′0″东

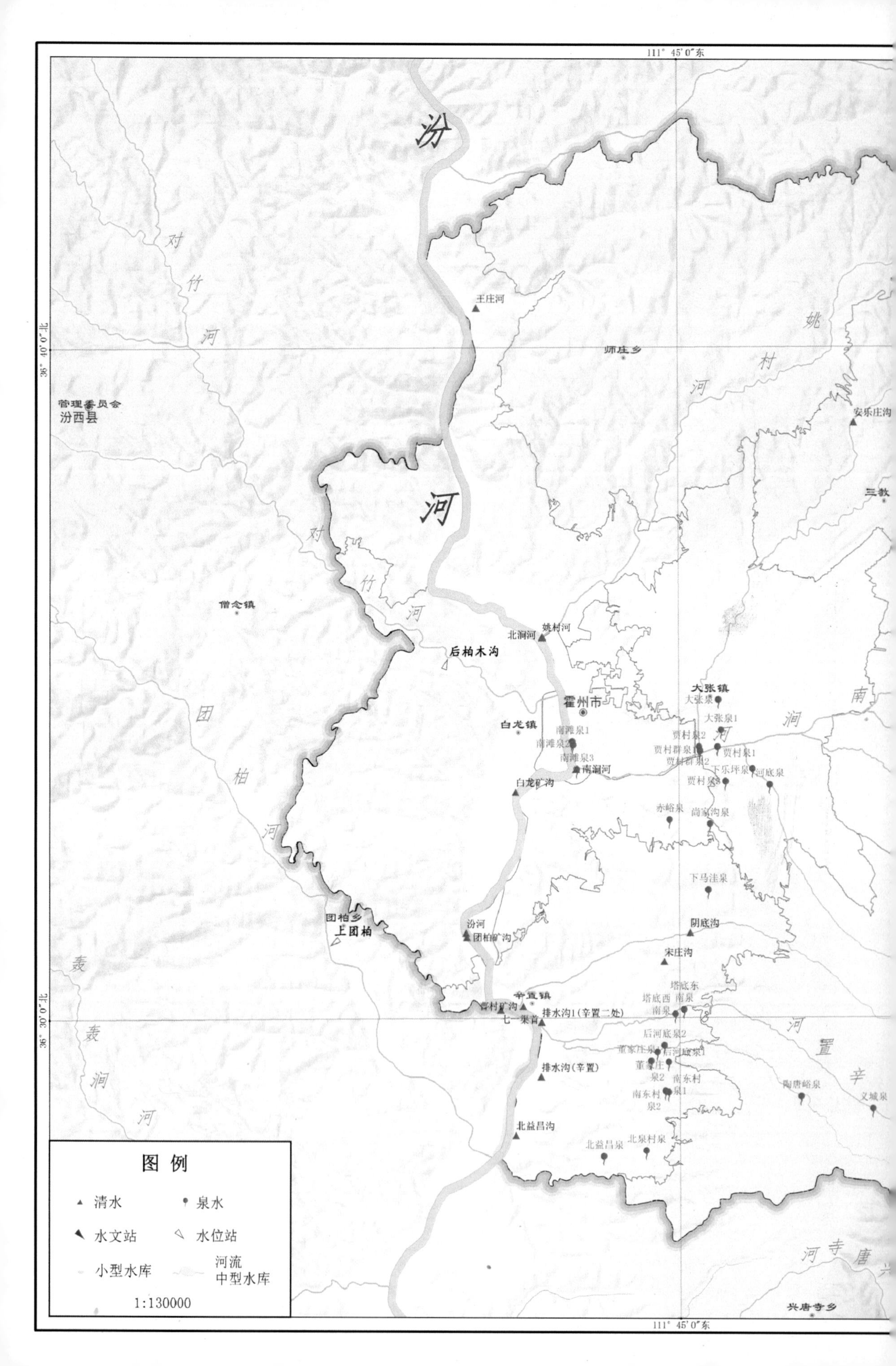

111° 45′0″东
汾
河
对
竹
河
36° 40′0″北
管理委员会
汾西县
王庄河
师庄乡
姚
村
河
安乐庄沟
三教
对
竹
河
僧念镇
北涧河
姚村河
后柏木沟
团
柏
河
大张镇
大张泉
霍州市
大张泉1
白龙镇
南滩泉1
南滩泉2
南滩泉3
南涧河
贾村泉2
贾村群泉1
贾村泉1
贾村群泉2
下乐坪泉
河底泉
贾村泉3
白龙矿沟
南
涧
河
赤峪泉
尚家沟泉
下马洼泉
团柏乡
上团柏
汾河
团柏矿沟
阴底沟
宋庄沟
辛置镇
塔底东
塔底西 南泉
南泉
曹村矿沟
七一渠首
排水沟1(辛置二处)
36° 30′0″北
后河底泉2
董家庄泉1
后河底泉1
董家庄泉2
南东村泉1
南东村泉2
排水沟(辛置)
陶唐峪泉
义城泉
辛
置
河
轰
轰
涧
河
北益昌沟
北益昌泉
北泉村泉
图 例
清水
泉水
水文站
水位站
小型水库
河流
中型水库
1:130000
河寺唐
兴唐寺乡
111° 45′0″东

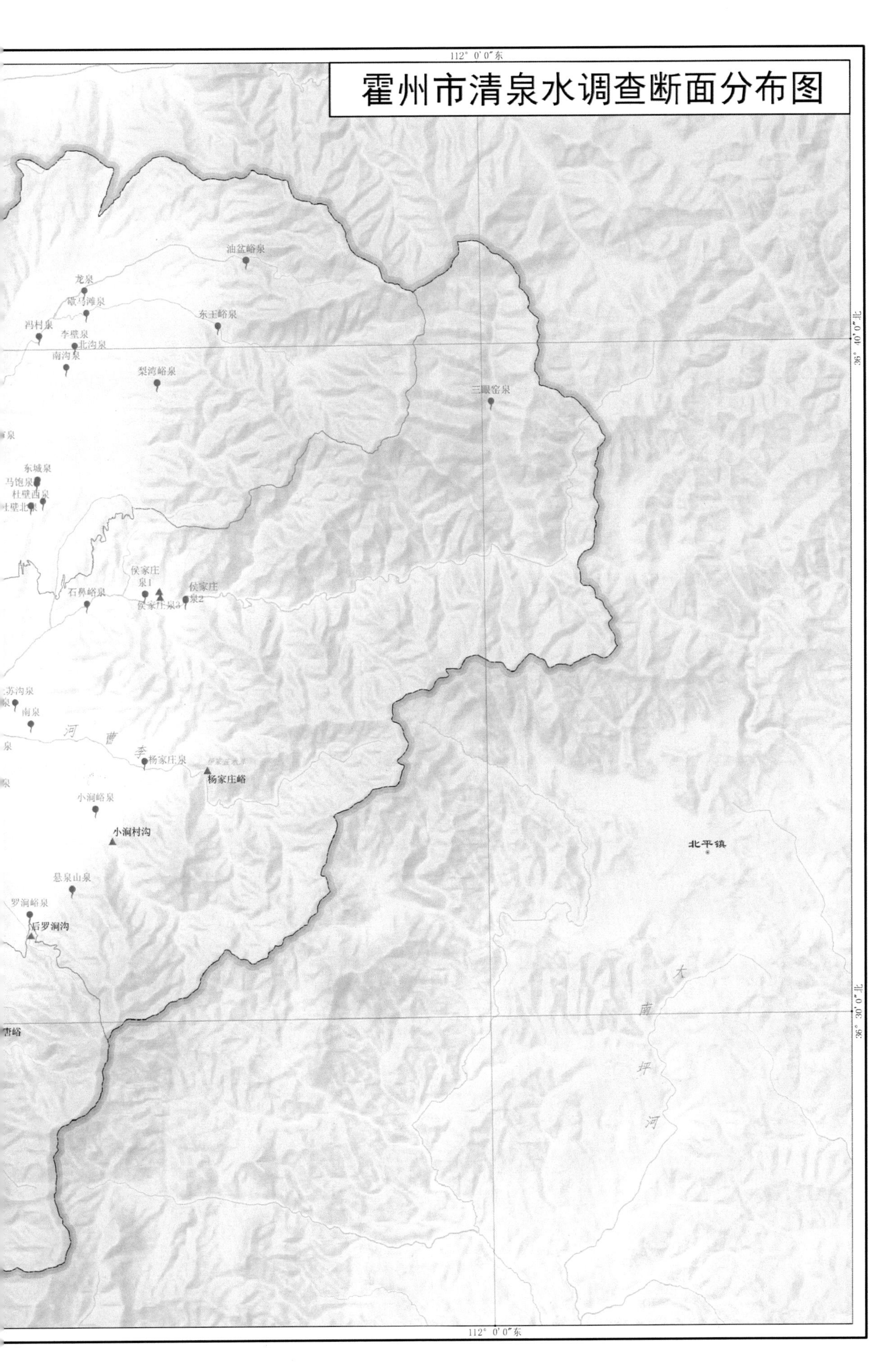

霍州市清泉水调查断面分布图
112° 0′0″东
36° 40′0″北
36° 30′0″北
油盆峪泉
龙泉
东王峪泉
冯村泉
李壁泉
北沟泉
南沟泉
梨湾峪泉
三眼窑泉
东城泉
侯家庄泉1
侯家庄泉2
侯家庄泉3
石鼻峪泉
南泉
杨家庄泉
杨家庄峪
小涧峪泉
小涧村沟
北平镇
悬泉山泉
罗涧峪泉
后罗涧沟
大南坪河
李曹河

参考文献

[1] 山西省水文水资源勘测局. 山西河流特征[K]. 太原:山西省水文水资源勘测局,2015.
[2] 临汾市水利局. 临汾市水资源公报(2018)[K]. 临汾:临汾市水资办,2019.
[3] 临汾市水利局. 临汾市第二次水资源评价总报告[R]. 临汾:临汾市水资办等,2004.
[4] 临汾市统计局. 临汾市情概览(2018)[R]. 临汾:临汾市统计局,2019.
[5] 山西省水利厅. 山西省清泉水流量调查成果[M]. 郑州:黄河水利出版社,2011.
[6] 山西省水利厅. 山西省水文计算手册[M]. 郑州:黄河水利出版社,2011.
[7] 山西省水利厅. 山西省岩溶泉域水资源保护[M]. 北京:中国水利水电出版社,2008.